精密工程测量

李宗春　主编

范百兴　冯其强　何　华　杨　振　郭迎钢　张冠宇　刘忠贺　编著

科 学 出 版 社

北　京

内 容 简 介

精密工程测量是工程测量学的核心内容，本书安排 9 章进行阐述。第 1 章绪论，介绍精密工程测量的定义、特点和发展等内容。第 2 章精密工程控制网，介绍平面控制网计算基准面选定方法，控制网的质量指标、基准与基准变换，以及几种特殊的控制网。第 3 章精密角度测量，介绍 4 种电子度盘测角原理和 iGPS 测角原理。第 4 章精密距离测量，介绍电磁波测距、激光干涉测距、激光三角法测距、光学频率梳测距和量子精密测距。第 5 章精密高差测量，介绍电子水准仪测量、三角高程测量和液体静力水准测量。第 6 章精密定向测量，介绍天文定向测量和陀螺经纬仪定向测量。第 7 章精密准直测量，介绍波带板激光准直、光学准直测量、立方镜姿态测量及其在航天器测量中的应用。第 8 章精密坐标测量，介绍经纬仪交会坐标测量、工业摄影测量、基于激光跟踪仪的坐标测量及基于距离交会的坐标测量。第 9 章变形监测网稳定性分析，介绍常用的稳定性分析方法。

本书可作为大地测量学与测量工程等专业的研究生教材，也可作为相关专业科研和工程技术人员的参考用书。

图书在版编目(CIP)数据

精密工程测量 / 李宗春主编. -- 北京 : 科学出版社，2024. 11. -- ISBN 978-7-03-080148-7

Ⅰ. TB22

中国国家版本馆 CIP 数据核字第 2024AW1448 号

责任编辑：杨　红　郑欣虹/责任校对：杨　赛
责任印制：赵　博/封面设计：迷底书装

科学出版社 出版
北京东黄城根北街 16 号
邮政编码：100717
http://www.sciencep.com

三河市骏杰印刷有限公司印刷
科学出版社发行　各地新华书店经销
*

2024 年 11 月第 一 版　开本：787×1092　1/16
2025 年 3 月第二次印刷　印张：16 1/4
字数：400 000

定价：79.00 元
（如有印装质量问题，我社负责调换）

前　　言

精密工程测量是工程测量的发展前沿，引领着工程测量的前进方向。我国的精密工程测量肇始于 20 世纪 50 年代，并随着国家大规模基础设施建设、制造业由弱到强而发展，始终与国民经济建设和国防建设"同频共振"。大型土木工程（地铁、厂矿、大坝、桥隧）建设与维护、大型武器装备（飞机、舰船、导弹、卫星）研制与试验等都离不开精密工程测量的支撑。精密工程测量的发展模式可表述为"道高一尺，魔高一丈"的治乱循环。"魔"为新的测量需求，"道"为当前的测量技术水平，精密工程测量就在这博弈中踔厉前行。

1992 年，张正禄教授领衔编著了国内第一部《精密工程测量》教材，为广大工程测量专业学生与相关专业人员学习和了解精密工程测量知识提供了极大便利。1993 年，吴翼麟教授领衔编著了《特种精密工程测量》，内容翔实，同样是一部优秀教材。两位先生同为国内精密工程测量领域的大师，所著教材对精密工程测量学科从形成到发展起到了奠基和推动作用。2002 年，华锡生教授领衔编著了《精密工程测量技术及应用》，对精密工程测量的理论和技术予以更新扩充。2010 年，赵吉先教授领衔编著了《精密工程测量》，言简意赅、内容紧凑。这些教材都被我校选为教科书。2021 年，李清泉教授的专著《动态精密工程测量》出版，展示了我国在动态精密工程测量方面的最新成果，令人大开眼界。

我校的工程测量专业创办于 20 世纪 70 年代，办学伊始，我校就很注重精密工程测量方向的教学与科研。李广云教授是国内最早从事经纬仪工业测量系统研究的专家之一，率先出版了《工业测量系统》一书，揭开了我国工业测量系统研究的序幕。此后，我校陆续研究并开发了以全站仪、激光跟踪仪、数字相机等为传感器的精密三维坐标测量技术，基于国产高精度陀螺经纬仪及国产小型自动天文定向系统的精密定向测量技术，充实了精密工程测量的技术阵营。我校一方面注重先进理论和技术的研究，另一方面注重工程应用与技术创新，将精密工程测量技术应用于航空航天、汽车、船舶、电子、水利、冶金、重工业、核工业等相关领域中，助推了经济和社会发展。

编者 1991 年入读解放军测绘学院工程测量本科专业，在 30 余年的学习和工作中，编者有幸亲历我国精密工程测量的高速发展，遂将其作为教学和科研的主攻方向，此生结缘、难以割舍。在精密工程测量的教学工作中，编者深感需要一部新教材，故不揣浅陋，编写本教材。李宗春负责全书各章节的编写工作，郭迎钢参与了第 2.1 节、第 8.4 节、第 8.6 节、第 9.4 节内容的编写，何华参与了第 4 章、第 5.3 节、第 6.1 节内容的编写，杨振参与了第 7 章内容的编写，冯其强参与了第 8.1 节、第 8.2 节内容的编写，范百兴参与了第 8.5 节、第 8.7 节内容的编写，张冠宇、刘忠贺参与了第 9 章的编写。全书由李宗春负责统稿。

　　在本书编写过程中参考了众多文献，不能一一注出，在此对相关作者表示衷心的感谢！

　　由于编者水平有限，书中如有不妥之处，敬请读者批评指正。

编　者

2023 年 10 月于信息工程大学

目　　录

第1章 绪 论

精密工程测量是工程测量的发展前沿和技术潮头,引领着工程测量前进的方向。自 1949 年 10 月 1 日至党的十一届三中全会前,我国的精密工程测量在该阶段的主要任务是为大型水利枢纽工程、城市地铁、城市高耸建(构)筑物及特大型桥隧工程等提供精密施工放样和变形监测服务,测量技术的自主程度较高,但与国外先进理论和技术相比差距较大。

党的十一届三中全会后,经过 40 余年夙夜匪懈的建设,中国经历了巨大的经济和社会转型,成为世界第二大经济体,精密工程测量理论与技术更加丰富(李清泉,2021),精密工程测量实践更是大放异彩(宋超智等,2019),为实现中国梦奉献了智慧和汗水。总结既有成功经验,有利于坚定专业发展信心,明晰专业发展方向,为新时代加油助力。

1.1 精密工程测量的定义和特点

1.1.1 精密工程测量的定义

吴翼麟(1997)对精密工程测量给出了比较权威的解释:特种精密工程测量是以经典的测绘学理论与方法为基础,运用现代测绘科技新理论、新方法与新技术,针对工程与工业建设中的具体问题,使用专门的仪器设备,以高精度与高科技的特殊方法采集数据、进行数据处理,为获得所需要的数据与图像资料而进行的测量工作。

张正禄等(2006)对精密工程测量给出了非常简约的解释:精密工程测量主要是研究地球空间中具体几何实体的精密测量描绘和抽象几何实体的精密测设实现的理论、方法和技术。

《精密工程测量规范》(GB/T 15314—1994)中对精密工程测量的界定为:它是以绝对测量精度达到毫米量级,相对测量精度达到 $1×10^{-5}$,以先进的测量方法、仪器和设备,在特殊条件下进行的测量工作。此界定有一定的时效性,读者可关注其变化情况。

此外,还有许多学者(华锡生和黄腾,2002;赵吉先等,2010;李广云和范百兴,2017)也给出了精密工程测量的定义,篇幅所限,不再赘述。

本书推荐《测绘学名词》(第四版)中关于精密工程测量的定义:采用高精度的测量仪器和专用设备,利用相应的测量方法和数据处理手段,使测量的绝对精度达到毫米量级及以上或相对精度达到 10^{-5} 以上要求的工程测量工作。

1.1.2 精密工程测量的特点

与普通工程测量相比,精密工程测量有如下特点。

(1)高精度。能达到毫米、亚毫米甚至更高。如果把工程测量比作一支多兵种合成部队,精密工程测量大概相当于其中的"狙击手"。高精度是精密工程测量的首要特征,例如,目前的高铁轨道板铺设精度要求优于 ±2mm,新一代粒子加速器工程元件安装精度高达 ±5μm。

(2)特殊测量条件。除了在常温、常压的地表上测量,还可在太空、水下、地下、核辐射、强电磁场等环境中工作。

（3）形式各样的测量对象和测量服务。与基础测绘相比，测量对象涉及更多领域，测量服务从以几何量为主，趋向于提供一揽子解决方案。

（4）采用专用的测量仪器及系统。通用测量仪器及系统提供服务不能满足需求，需要采用甚至研发专门的测量仪器及系统。

（5）采用特定的技术手段及测量方法。

（6）在较多状况下无规范可循。

（7）许多大型精密工程测量无先例可循。

从上述特点可以看出，精密工程测量是工程测量领域中的"担大任者"，必将持续在国民经济建设和国防建设中发挥重要作用。

1.2　精密工程测量服务的主要领域

精密工程测量服务于国民经济和国防建设多个领域，尤其为交通工程、水利工程、土木工程、航空航天、船舶、射电天文、核物理等领域做出了极大的贡献，助力打造出一枚枚闪闪发亮的中国"国家名片"。

截至 2023 年底，中国高速公路运营里程超过了 18.4 万 km，高速铁路运营里程超过了 4.5 万 km，均居世界第一；高等级航道的里程达到了 1.7 万 km；全国颁证民用运输机场 259 个；城市轨道交通运营里程超过了 11233km。中国水电装机容量约为 4.21 亿 kW，保持世界领先地位。全球装机容量前十大水电站有 5 座在中国，全球单机 700MW 以上的装机有 68% 在中国，中国水电的建设、管理、运行水平和能力已居世界前列。

以北京奥运场馆工程和各城市高耸地标建筑为代表的大型工程，反映了我国现代建筑施工能力的显著提升。

截至 2023 年底，中国"载人航天工程"共成功发射了 5 艘无人飞船、12 艘载人飞船、6 艘无人货运飞船、2 个空间实验室和 1 座载人空间站，并将 32 人次航天员送入太空。中国"探月工程"，先后发射了"嫦娥一号""嫦娥二号"两颗月球测绘卫星，"嫦娥三号""嫦娥四号"月面着陆及巡视探测器，"嫦娥五号"探测器完成了月面取样任务并顺利返回。2020 年，中国成功发射了火星探测器"天问一号"，首次火星探测任务着陆火星取得成功。2020 年 7 月 31 日上午，北斗三号全球卫星导航系统正式开通，49 颗"北斗"嵌满星空。中国已基本建成沿海内陆相结合、高低纬度相结合、各种射向范围相结合的航天发射格局，能够满足载人飞船、空间站舱段、深空探测器及各类卫星的多样化发射需求。

国产歼-10、歼-20、直-20、运-20 等军用飞机量产并装备部队，有效维护了国土安全。

海军辽宁舰、山东舰和福建舰三艘航母，50 多艘国产神盾驱逐舰以及为数众多的各类军用舰艇，为保障我蓝色国土安全提供了核心力量。中国总计装备了 7 艘远洋航天测量船，组成了强大的海上航天测控网，服务于国家的航天事业。

位于上海的 $\phi 65m$ 天马望远镜在同类望远镜排名中位列世界第四、亚太第一，在东亚甚长基线干涉测量（very long baseline interferometry，VLBI）观测网中居核心地位。中国的 500m 口径球面射电望远镜（five-hundred-meter aperture spherical telescope，FAST）是世界最大单口径的射电望远镜，与号称"地面最大的机器"的德国波恩 100m 口径望远镜相比，灵敏度提高约 10 倍；与美国阿雷西博（Arecibo）300m 口径望远镜相比，综合性能提高约 10 倍。

北京正负电子对撞机（Beijing electron positron collider，BEPC）是中国第一台高能加速器。上海光源（Shanghai synchrotron radiation facility，SSRF）是中国大陆第一台高性能的中能第三代同步辐射光源，在科学界和工业界有着广泛的应用价值。全球首座第四代核电站——山东荣成石岛湾高温气冷堆核电站正式投入商业运行，标志着我国在第四代核电技术研发和应用领域达到世界领先水平。

1.3 我国精密工程测量进展

得益于工程建设的牵引及测绘学等相关学科的进步，我国的精密工程测量得以又好又快地发展，展现了"百花齐放、争奇斗艳"的景象。以典型物理实验装置（如粒子加速器工程）和重要天文观测设备（如射电天文望远镜，简称射电望远镜或望远镜）为应用对象，剖析精密工程测量理论、方法和仪器的发展历程。

1.3.1 粒子加速器工程精密测量技术

加速器工程对相邻元件相对定位精度要求很高，而对元件的绝对定位精度要求一般较低。众所周知，点位误差椭圆的优点是意义明确、直观性强，但与平差基准有关，不能直观地表示控制网相邻精度。为解决此问题，张正禄和李晓东（1989）引入了局部相对误差椭圆的概念，它与整网的平差基准选取无关，能直观反映网点之间的相邻精度，值得在精密工程控制网平差中推广应用。

郑国忠（1981）对超高精度环形网的布设方案及精密测量仪器作了较系统的介绍，为我国彼时即将开展的 BEPC 建设提供了很好的借鉴。

郑国忠（1982）将国外使用的数学模型扭曲法介绍到国内，为国内精密工程控制网的设计提供了一种好用的分析工具。

在 BEPC 开工之前，孔祥元和魏克让（1983）对已有的高能粒子加速器控制网进行了研讨，归纳为测半径的"中心环形网"和不测半径的"直伸环形网"两种布网方案，准确界定了不同方案的特点，并且指出"结合具体工程，进一步研究有关精密控制测量的布网方案、观测方法及仪器设备等，是我们工程测量领域的一项重要任务"。

黄志文（1992）介绍了 BEPC 首级精密工程控制网的任务、网形设计、精度保证措施、实测方法和所达到的精度等情况。该工程的长期安全运行证明了首级网达到了高精度、高稳定、高可靠性的设计和施测要求。

刘仁钊和刘延明（2007）介绍了精密工程测量控制网的布设、测量实施和数据处理的通用作业方法，并结合 SSRF 精密工程控制网，说明了通用作业方法的可行性。

于成浩（2008）针对 SSRF 精密准直测量的需求，对加速器三维准直测量技术进行了深入的研究。应用全站仪、激光跟踪仪和关节臂构建三维控制网，保证了直线加速器、增强器和储存环的成功出束，达成全部设计指标，助力储存环的整体建设进度提前了半年。

蔡国柱（2014）通过对大型粒子加速器准直特性的研究和磁铁外部靶标的设计，将准直过程划分为靶标标定、控制网和现场调节实现三个基本环节。认为统一的空间控制网平差模式更适应于加速器控制网测量，完备了三维控制网在加速器准直中的应用，最终保证了重离子冷却储存环的准直标准不确定度达到±0.1mm。

范百兴（2013）提出了基于激光跟踪仪精密距离观测值建立激光干涉测距三维网平差技术；建立了测站四自由度和测站六自由度的三维边角网平差模型，实现了多台激光跟踪仪在整平和不整平状态下的测站平移和旋转参数的求解；构建了广义统一空间精密测量网（unified spatial metrology network, USMN）平差模型，克服了USMN平差模型的缺点，可满足多种测量技术联合测量的特殊需求。

杨凡（2014）研究了基于激光跟踪仪准直测量的三维控制网建立方法，提出自由建站与多站拼接相结合的测量方案，并结合中国散裂中子源工程叙述了加速器控制网的建立过程。针对激光跟踪仪不整平状态的自由建站与多站拼接测量方式，建立了三维控制网通用平差模型，获得了亚毫米级高精度三维控制网。

王巍（2016）针对合肥光源升级改造工程的实际需求，对比分析了多种联合空间三维平差方法的差异，提出了一种新的磁铁轨道平滑方法，并搭建实验平台对激光跟踪仪现场不确定度检定方法进行了研究。

汪昭义（2021）研究了基于激光跟踪仪和摄影测量系统的融合算法，以及附加长距离约束的融合算法，通过仿真和现场实验数据验证了其可行性。

郭迎钢（2021）以高精度工程控制网为研究对象，构建了抗差马氏光束法平差模型，提出了一种公共点最优权值的单纯型搜索算法，设计了基于三联全站仪法和二联激光跟踪仪系统的三维导线网构建方法，提出了一种稳定点选取的平方型 M_{split} 相似变换法，有效应对了加速器工程的测量需求。

1.3.2　射电天文望远镜精密测量技术

射电天文望远镜通常选择面天线作为信号汇聚装置。为满足射电天文观测的高要求，面天线的尺寸不断增大、表面精度不断提高，对精密工程测量技术提出了极大挑战。

郑国忠（1985）对国际上的射电望远镜精密测量技术进行了综述，揭开了国内在该领域研究和应用的帷幕。

邵锡惠等（1988）采用改装的19/1318摄影经纬仪，对某卫星地面站15m天线在两个工作仰角下各拍摄了4个像对，点位测量精度优于±0.6mm。

付子傲（1990）将T2000电子经纬仪与PC-1500袖珍计算机联机进行了实验，实现了数据采集、处理的自动化，并应用于15m抛物面天线的校准测量，点位测量精度优于±0.6mm。

李宗春等（2005）针对某卫星通信天线面积大、结构非圆对称、精度要求高的特点，建立了由6个9～16m高的测量墩构成的精密控制网，用T3000A测角、TC2003测边，边角网的点位精度优于±0.3mm。用3台T3000A电子经纬仪组成交会测量系统，系统的尺度精度优于 10^{-5}，交会精度优于±0.3mm。经过多次调整，主面的表面精度优于±0.5mm，满足了电气测试的要求。

许文学（2006）、王保丰等（2007）针对探月工程50m测控天线的安装及检测，成功地将全站仪测量系统和工业摄影测量系统应用其中，工作效率大大提高，为现场安装提供了有力的测量保障。

李宗春等（2012）综合运用全站仪、激光扫描、工业摄影测量等多种测量技术，提出了一种无固定观测墩的精密施工控制网布设方法，克服了软土地质结构条件的影响；将激光扫描测量技术引入天线背架整体检测，精度优于±1.0mm，效率较全站仪检测提高 3 倍；针对天线主面面型及主面、副面和馈源位姿关系精确调整的高要求，提出了一整套摄影测量解决方案，包括引入高精度尺度基准、编码标志扩容为 1002 个、摄影测量控制网的优化设计，摄影测量点位精度为±0.1mm，主面精度优于±0.6mm，成功实现了主面、副面和馈源的统一精确调整，较圆满地解决了天马望远镜制造、安装、校准全过程的测量难题。

栾京东等（2014）给出了一个用激光跟踪仪检测 4.6m×4.8m 紧缩场表面精度的案例。在该类天线的检测和装配过程中，过去一般采用经纬仪测量系统，效率相对较低，该案例采用激光跟踪测量系统，结果显示该紧缩场静区面型精度达到 26μm，整体型面精度达到 27μm，馈源定位在 3 个坐标方向的误差在 40μm 以内，满足了设计要求。电测结果验证了天线型面测量结果的正确性。

1. 天线热变形测量

热变形会改变天线反射面的轴线和焦距、恶化面形，导致天线效率和指向精度降低。

卢成静等（2007）针对星载天线热真空环境下变形测量需求，将工业摄影测量系统置于保护罐中，成功获取了星载天线的热真空变形规律。

李干等（2013）采用精密全站仪测量系统，对 ϕ65m 天马望远镜背架结构日照温度效应开展研究，为反射面采用主动面设计提供了依据。

孙继先等（2014）采用工业摄影测量、倾斜仪测量及天文实测等多种仪器和方法，研究了德令哈 ϕ13.7m 毫米波射电望远镜的热变形规律，并根据实时测量的主面温度分布，实现了副面自适应调焦补偿，使天线效率提高近 1 倍，同时改善了指向精度。

蒋山平等（2022）将太阳模拟器外热流模拟法和非接触摄影测量法结合应用在某天线的地面模拟热变形测试试验中，在天线 1.5m 口径范围内的测量精度优于 15μm（包含因子 k=2），能满足测试精度指标要求。

2. FAST 工程

周荣伟等（2012）介绍了 FAST 工程的三项技术创新：一是选址，二是轻型馈源索支撑，三是主动反射面。FAST 主反射面由 4600 块边长为 11m 的三角形反射面板拼接而成，采用数字近景摄影测量的方法（张瑜，2012）对 FAST 单元面板进行检测，测量精度达到±2.5mm，调整后的单元面板的面型精度达到了±3.0mm。

FAST 工程控制网由 23 个基准墩组成，丁辰等（2016）对基准墩所构成的大地基准控制网（平面网）进行测量方案设计，并进行了相应的精度估算，可以达到标校基准控制网中误差优于±0.3mm、整体基准控制网中误差优于±1.0mm 的设计要求。

王鸿飞等（2016）针对纯几何意义下的三维短边测边网中观测时段、仪器结构、量高误差及气象参数等因素对测距的影响进行了分析研究，提出了旨在提高斜距测量精度的措施，并在以 FAST 为例的全组合精密测边三维网的设计中得到有效检验。

1.3.3 精密工程测量仪器和系统

测量仪器和测量系统是精密工程测量的重要组成部分，以下举数例以介绍。

1. 静力水准仪

杜为民和蔡惟鑫（1990）在 BEPC 工程中采用了探针式模拟静力水准仪，经测试相邻两测头间高差的标准偏差优于±0.07mm。

杨学存（2005）研发了一款超声波静力水准仪，量程大于 100mm，测量精度可达±0.1mm。

何晓业等（2006，2007a，2007c）研发了以电荷耦合器件（charge coupled device，CCD）位移传感器为核心的静力水准仪，量程为 10mm，测量精度可达±0.01mm，并用于 BEPCⅡ（何晓业等，2007b）和 SSRF（何晓业和吴军，2010）工程中。

郭晓菲等（2012）研发了以磁致伸缩位移传感器为核心的 JSY-ID 型静力水准仪，量程为 150mm，测量精度可达±0.1mm。欧同庚等（2013）采用了基于大量程百分表（0~30mm）加步进电机的检测装置，整体检测 JSY-ID 型静力水准仪的分辨率及其指标，测试结果表明其指标满足要求。

孙丽等（2021）研制了一款基于等强度梁的双光纤光栅静力水准仪，能够自行消除温度变化和液面高度变化造成的误差。试验测得其灵敏度为 15.765pm/mm，且具有良好的线性度、迟滞性和重复性，相关系数均在 0.99 以上，静态误差为 3.455%，符合土木工程结构健康监测的要求。

2. 引张线仪

CW-YZII 型遥测引张线仪由武汉地震科学仪器研究院研制，采用 CCD 位移传感器，其量程为 30mm，测量精度达±0.5mm。该仪器已用于众多水利工程中（赵义飞等，2013）。

李农发等（2014）研制了一款光机引张线仪，其分辨率为 0.02mm，最大系统误差为 0.05mm。

3. 激光跟踪仪

激光跟踪仪是建立高精度三维控制网的"利器"。但激光跟踪仪的测角精度低于测距精度，故控制网的精度受仪器测角精度的制约很大。

范百兴等（2014a）只利用激光跟踪仪的高精度测距值，构成三维测边网，可以有效提高三维坐标精度。采用秩亏自由网平差模型，在拟稳点选择合理的情况下，点位误差优于±20μm，由三维坐标平差值反算点间距离与其观测值之差优于±10μm。该技术有较高的应用价值。

范百兴等（2014b）基于激光跟踪仪任意姿态下的三维边角网平差模型并顾及边角合理赋权，在 700m×10m×10m 狭长空间内建立高精度的三维控制网，控制网点位的均方根误差为±0.18mm，平均边长为 35.6m，相对点位误差为 1/20 万。

郭迎钢等（2020c）为了实现受限空间内的精密坐标传递，建立了二联激光跟踪仪测量系统，并设计了其施测及数据处理方法。当相邻测站有公共点时，该系统能提高坐标转换的精度；当无公共点时，在 9m 的距离上，坐标传递精度优于 0.22mm，定向旋转角精度接近 1″。该系统适用于通视条件不佳的精密坐标传递场景。

4. 工业摄影测量系统

工业摄影测量采用回光反射标志实现摄影测量中特征点的自动提取，能够大幅度提高测量系统的自动化程度，其测量精度为摄影测量距离的 1/20000 至 1/100000。一般分为单相机脱机测量系统和多相机动态测量系统，此外，还包括利用单相机、单像片进行位姿测量、点位测量和变形测量等特殊测量系统（冯其强等，2013）。

1）单相机脱机测量系统

国外的单相机脱机测量系统以美国 GSI 公司的 V-STARS S8 工业摄影测量系统为典型代表，国内以信息工程大学的 MetroIn-DPM 工业摄影测量系统为典型代表，其关键部件有量测相机、编码标志、定向靶、基准尺等，核心技术有相机检校、像点高精度自动提取、像片概略定向、像点自动匹配、自检校光束法平差等。

2）多相机动态测量系统

通过近景摄影测量技术来获取运动物体三维空间运动参数，需要两台或两台以上的相机同步获取被测目标的二维影像。杨阳（2015）对双目位姿测量展开了研究，提出了一种基于模型的双目位姿参数求解方法。刘少创等（2015）报道了一例"嫦娥三号"月面巡视探测器高精度定位的研究进展。高精度的定位技术是"嫦娥三号"月面巡视探测器在月表实施科学探测任务的重要保障，该文提出了适用于月面环境无高精度控制点的立体图像条带网定位方法。在室内试验场内进行了新方法和传统光束平差方法的对比验证，结果表明新方法在稳定性和计算效率方面优于后者，探测器定位精度相当。

3）单像片位姿测量系统

单像片位姿测量是利用一张像片实现对被测目标位置及姿态测量的技术，在航天器交会对接、飞机空中加油等过程中有着重要的应用。王永强（2017）等开发了一套基于点特征的单像片位姿测量系统，在 6m 距离上姿态精度可达 ±18′。汪启跃和王中宇（2017）利用高精度旋转平台几何摄像机的方式对航天器位姿参数进行解算，在 5m 范围内系统位姿测量误差小于 ±3′，点位测量误差小于 ±0.02mm。张祖勋等（2022）开发了一套基于摄影测量原理的工业级三维手持扫描测量系统，并利用单张像片位姿测量原理通过标志点反向定位实现了扫描仪实时定位定姿。

4）单像片点位测量系统

富帅（2015）研制了一种面向大型工件现场测量的光笔式视觉测量系统，在 2~10m 空间内对距离标称值为 320mm 的标准件测量，标准差小于 ±0.095mm。程志强等（2016）开发了一套基于点特征的单像片点位测量系统，在 4m 距离上点位精度可达 ±0.3mm。

5）单像片变形测量系统

单像片变形测量系统通过计算被测目标的图像像素位移，再利用相机主距、摄影距离等信息计算得到被测目标的实际变形量，在土木工程结构变形监测中具有良好的应用前景（胡小聪，2019；赵芳等，2021；刘少平等，2021；邵新星等，2021）。

1.4 前景与展望

精密工程测量的发展离不开"需求"和"可能"。"需求"是指工程建设对精密工程测量提出的具体要求，这是精密工程测量发展的外部驱动。"可能"是指在本学科及相关学科支持下的技术创新，这是精密工程测量发展的内在源泉。

1.4.1 工程需求

论证中的渤海海峡跨海通道（总长约 183km，其中海域线路长 110.5km）、琼州海峡跨海通道等工程，以及城市轨道交通工程建设的深入推进，对桥隧工程的施工放样及变形测量技术提出了极高的要求。

以运-20 入役和 C919 飞机首飞成功为标志，中国航空工业进入新的发展阶段，为精密工程测量技术在航空制造业中的应用提供了更好的机遇。

中国探月工程四期已经启动，未来有望在月球南极建立国际月球科研站和实现载人登月。中国航天事业的强力推进，为精密工程测量搭建了重要的创新应用平台。

我国已经成为世界造船大国和世界修船中心，正从有影响力的造船大国向世界造船强国迈进，精密工程测量服务船舶工程和海洋装备工程的应用空间不断拓展。

预警雷达是国家防御体系中的重要组成部分，以战略预警雷达为代表的电子装备迅猛发展，离不开精密工程测量技术的鼎力支持。

中国科学院新疆天文台于 2022 年 9 月 21 日在新疆奇台开工建造 ϕ110m 全可动射电望远镜，最高观测频段为 115GHz，其设计指标当世第一，对精密工程测量技术提出了极大挑战。

第四代光源在我国上海、北京、合肥、武汉等多地争相建设，以及论证中的中国环形正负电子对撞机（circular electron positron collider，CEPC）（设计周长 100km），对精密三维工程控制网及准直测量技术提出了严峻挑战。

1.4.2　技术创新

以工程需求为牵引，以本学科及相关学科发展为基础，精密工程测量技术创新有着广阔的天地。

1）新型测量系统研制

为应对高精度、高效率、特殊环境的测量需求，要采用各类位移传感器，研制新型测量系统。

视觉测量系统具有非接触、采样频率高、采集信息丰富等优势，可用于太空、水下、强电磁辐射等特殊环境，发展潜力巨大。将视觉测量技术与其他测量技术深度融合，能产生自动化程度和智能化程度更高的新型测量系统。

针对粒子加速器工程的特高精度要求（0.01mm/200m），研发新型测量系统，如新型静力水准测量系统和新型引张线准直测量系统。除了要不断提高传感器自身的分辨率，还要关注其他影响因素，如重力异常、固体潮等对静力水准产生的系统影响。

新型高精度测距传感器的出现，对构建实用的精密空间距离交会测量系统意义重大。

针对超精密成型和超精细加工的高要求，研发微米纳米测量系统。

2）精密三维控制网

针对大型跨海跨江工程及粒子加速器工程等，开展精密三维控制网的理论研究及工程实践。

随着似大地水准面模型在全国范围内的普遍建立与精度提高，全球导航卫星系统（global navigation satellite system，GNSS）可实现平面坐标与正常高同步测量，成为高精度三维工程控制测量的重要手段。

将激光跟踪仪、电子水准仪、引张线仪、静力水准仪等多传感器及技术融合，建立大尺寸精密三维控制网，应对新型粒子加速器工程对控制测量的需求。

3）施工放样技术

施工放样应着重解决超长隧道、超高建筑物、超大体量建筑物的高精度、高效率和自动化的测量需求。

精密陀螺全站仪为超长地下工程高精度定向提供了技术保证。

隧道开挖中，依托新型智能导向系统指导盾构机精确掘进，可提高隧道成型质量。

激光准直仪、激光投点器、数字正垂仪等仪器为高塔及超高层建筑等施工环境下的平面基准传递、轴线测控、垂直度测量等提供了高精度的测量手段。

对于超大体量建筑物，研制专用的放样工装及相应的测量系统，提高施工放样的效率和自动化程度。

4）变形监测技术

随着重要工程建筑物的大量运行及地质环境的变化，工程及地表的安全监测与分析日益重要，对变形监测的精度和周期等方面提出了新的要求，高精度、自动化、实时动态监测已成为现代变形监测的特点。

在数据采集方面，数字近景摄影测量、三维激光扫描、地基合成孔径雷达干涉测量（ground-based interferometric synthetic aperture radar, GB-InSAR），能以毫米级甚至亚毫米级的精度获得监测表面的细部变化。将 D-InSAR 和 Pixel-tracking SAR 技术融合，可以获得三维的、完整的大梯度地表形变。

在分析预报方面，目前的研究集中在对长序列的单模型分析及组合模型分析，如回归分析、小波分析、卡尔曼滤波、人工神经网络、时间序列分析等方法及其组合应用；后续的分析预报研究可关注各类监测点间的空间同步相关分析、几何量和物理量的联合分析，以及点面监测的优化组合与联合分析。

思考与练习

（1）对比了解精密工程测量概念的演进。

（2）精密工程测量的特点有哪些？

（3）搜集整理事关中国"国家名片"中的精密工程测量应用案例，总结其技术亮点。

第 2 章　精密工程控制网

工程测量控制网，简称为工程控制网，或工测网，是为工程建设布设的测量控制网。按工程建设的三个阶段，可分为测图控制网、施工测量控制网和变形监测网。一般而言，精密工程控制网主要是指精密的施工测量控制网和变形监测网。精密工程控制网的建立及数据处理技术，是工程测量的重要研究内容之一。

从维度来看，精密工程控制网可分为高程控制网、平面控制网和三维控制网。高程控制网一般用几何水准测量、三角高程测量的方法来建立；平面控制网可采用导线测量、三角测量、三边测量、边角测量、GNSS 等单一方法或几种方法联合起来建立；三维控制网可采用GNSS、边角网、测边网、测角网等方法建立。

2.1　平面控制网计算基准面选定方法

工程控制网数据处理中，各观测元素必须依据规则曲面上的数学关系进行平差计算。因地球表面十分复杂，无法直接作为计算基准面，所以要选择适当的数学曲面作为计算基准面，并将野外观测元素归算至基准面（翟翊等，2009；Lu et al.，2014）。大地测量一般以椭球面为计算基准面，地面水平方向观测值通过垂线偏差改正、标高差改正和截面差改正归算至椭球面上；为了控制测图和简化计算过程，还需要进一步将椭球面元素归算至投影平面。相关研究多围绕参考椭球的建立（李世安等，2005；王磊等，2013）、投影方式的选择及投影变形的限制（李祖锋等，2010；尹晖等，2016；张辛等，2014）展开。小范围内的工程控制网一般以平面或球面为计算基准面，范围较大时以椭球面为基准面。陈永奇（1993）以椭球面为基准面，讨论了美国超导超级对撞机工程的双重正形投影及观测量投影归化问题。吴迪军等（2012a，2012b）以椭球面为计算基准面，设计了基于国际地球参考框架（international terrestrial reference frame，ITRF）2005 的港珠澳大桥桥梁工程坐标系和隧道工程坐标系。王鸿飞等（2016）以高精度组合测边网的模式建立了 FAST 工程的基准控制网，以平面为计算基准面，回避了垂线偏差和高程异常变化的影响。

以上文献均以特定工程为背景，研究重点在于具体工程的基准面选择、坐标系定义、投影变形限制等问题，未能形成便捷、实用的工程控制网计算基准面选择方法。在小范围上，以 SA（Spatial Analyzer）为代表的三维测量分析软件广泛应用于航空、航天、粒子加速器、核能源等众多行业。在粒子加速器隧道控制网的测量中，目前多用激光跟踪仪自由设站进行观测（范百兴等，2014a；杨振等，2018a），用 SA 等软件进行数据处理。SA 等三维数据处理软件多以平面为基准面，未考虑观测值归算等问题。由于国内已建成的加速器规模都比较小，这种测量和数据处理模式是能够满足要求的，但对于设计周长 100km 的 CEPC，有必要对测量及数据处理等问题展开讨论，基准面的选择就是其中一个问题。本节对比水平方向和距离观测值在不同计算基准面下的归算精度差异，讨论实用的基准面选取规则，为选取精密工程控制网计算基准面提供参考（郭迎钢等，2020b）。

2.1.1 计算基准面选定经验

计算基准面是建立观测值之间几何关系的依据。按照"平面+高程"的方式处理工程控制网数据时，首先需要在观测元素上加入某些改正数，使之转化为基准面上相应的元素，即观测值的归算。具体包括：将垂线方向改化为基准面的法线方向，将具有一定高程的观测元素改化为基准面上的元素，对方向值进行改化。基准面既要求与测区的大地水准面接近，使归算的元素与大地水准面上的相应元素差别越小越好；又要求其形式尽量简单，简化计算过程。符合这两个要求的几何面有平面、球面、椭球面等，计算基准面如图 2.1 所示。

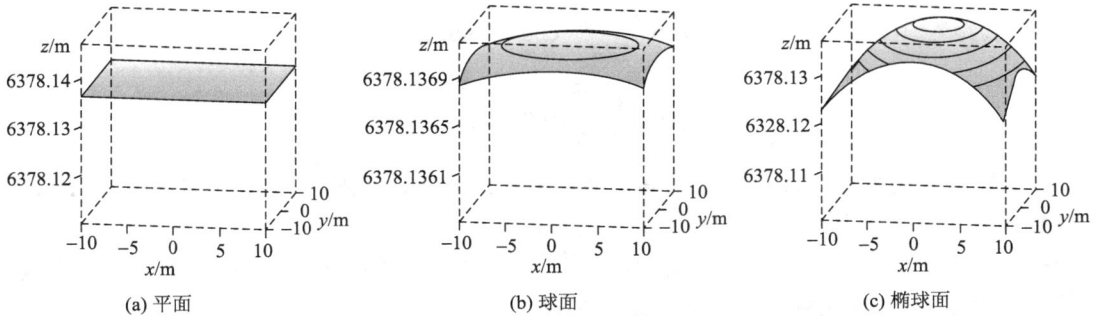

图 2.1 计算基准面

对于部分工程测量任务，测区规模较小、精度要求不高，多选取平面为计算基准面，即不进行方向和距离改正。焦人希（1980）在《平面测量学之理论及实务》中指出，"因地球面上 20km 之边长的球面角超有 1″，且随着边长的减小急速减小，因此在 10km 以内的三角控制测量中以平面视之，求其所当求，弃其所当弃，求其恰到好处，容许其可以容许程度的误差"。一些空间跨度较小的工程，如 FAST、BEPC、兰州重离子加速器、SSRF、中国散裂中子源等粒子加速器工程，以及欧洲核子研究组织（Conseil Européenn pour la Recherche Nucléaire，CERN）直径 200m 的环形质子同步加速器工程（Myers and Schopper，2013）等，均采用平面为计算基准面。

当以平面为计算基准面产生的变形无法满足工程精度需求时，就需要选择与水准面更为贴合的数学曲面。球面和旋转椭球面是较为常用的计算基准面，也有学者研究过三轴椭球与大地水准面的符合程度（Bursa and Fialova，1993）。CERN 直径 2.2km 的超级质子同步加速器选择球面为计算基准面（Decae and Gervaise，1960；Gervaise and Wilson，1987）。CERN 直径约 8.6km 的大型正负电子对撞机选择旋转椭球面为计算基准面（Mayoud，1987）。高铁等空间跨度很大的工程，一般也以大地椭球为基准面，然后投影到高斯平面上进行计算。该过程中存在两次归算的精度损失，即地面上的观测距离归算到参考椭球面上所产生的精度损失及参考椭球面上的距离归化到平面上所产生的精度损失。其中长度变形较为显著，一般要求变形引起的相对误差小于 1/40000～1/10000。

从以上经验可知，当测区较小时，选择平面为计算基准面可以避免观测成果的归算；当测区较大但精度要求不高时，选择球面为计算基准面能减少观测成果归算的步骤；当测区大且精度要求高时，选择旋转椭球面等复杂曲面为计算基准面，严格按照野外观测元素归算公式进行归算，能够避免归算过程不严格造成的精度损失。此经验可以对一般的低精度工程进行概略指导。为满足精密工程毫米级以上的精度需求，需要对基准面的选定开展具体讨论。

2.1.2　基准面对水平方向观测值的影响

水平方向观测值的归算包括垂线偏差改正 $^H\delta_1$、标高差改正 $^H\delta_2$ 和法截线方向的截面差改正 $^H\delta_3$，通常称为三差改正。当三差改正可以被忽略时，选择平面或球面为基准面；当必须严格进行三差改正时，选择旋转椭球面为计算基准面。已知三差改正公式为（熊介，1988）

$$
\begin{cases}
^H\delta_1 = -(\xi \sin A - \eta \cos A)\tan \alpha_1 \\[2mm]
^H\delta_2 = \dfrac{e^2 H_2 \rho}{2M_2}\cos^2 B_2 \sin 2A \\[2mm]
^H\delta_3 = -\dfrac{e^2 S^2 \rho}{12 N_1^2}\cos^2 B_1 \sin 2A
\end{cases}
\tag{2.1}
$$

式中，ξ 和 η 分别为垂线偏差在子午圈和卯酉圈上的分量；A 为目标点的大地方位角；α_1 为垂直角；e 为参考椭球的第一偏心率；H_2 为目标点的大地高；$\rho = 206265''$；M_2 为照准点的子午圈曲率半径；B_2 为目标点的大地纬度；S 为观测点到照准点的大地线长；B_1 为观测点的大地纬度；N_1 为观测点的卯酉圈曲率半径。

1）垂线偏差改正

垂线偏差一般小于 $10''$，对于垂直角 α_1 约为 $0°$ 的控制网，$^H\delta_1$ 的数值一般小于 $0.1''$。取 $\xi = 5''$、$\eta = -3''$，$\alpha_1 = 1°$，则 $^H\delta_1$ 随方位角 A 的变化如图 2.2（a）所示。对于发射塔架、深竖井等存在大垂直角观测值的工程，取 $\alpha_1 = 45°$，则 $^H\delta_1$ 随方位角 A 的变化如图 2.2（b）所示。

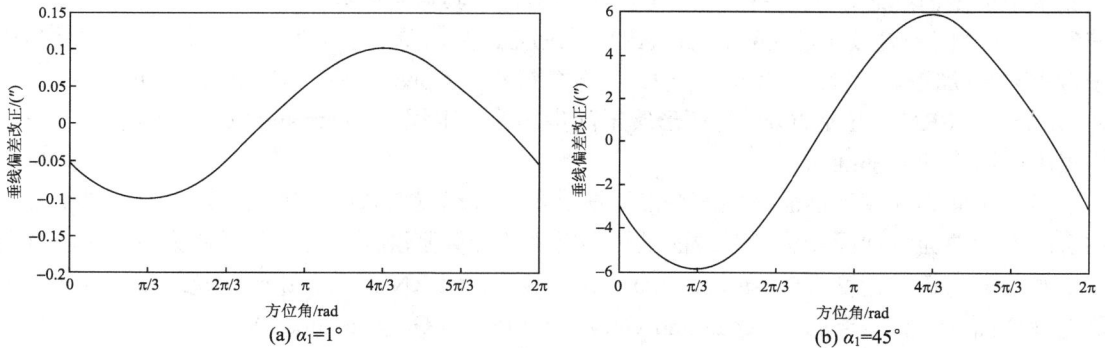

图 2.2　垂线偏差改正随方位角的变化图

由图 2.2 可知，当垂直角较小时，$^H\delta_1$ 的数值较小，可以不顾及此项改正；当垂直角较大时，$^H\delta_1$ 的数值较大，必须进行严格的归算，以保证野外测量精度。

2）标高差改正

标高差改正 $^H\delta_2$ 主要与目标点的大地高有关，$^H\delta_2 \leqslant \dfrac{e^2 H_2 \rho}{2M_2}$。由于 $e^2 \approx 1/150$、$\rho/M_2 \approx 1/30$，则 $^H\delta_2 \leqslant \dfrac{H_2}{9000}$。为了使水平方向归算精度优于 $0.001''$，H_2 的数值应小于 9m，

即如果照准点高出参考面 9m 以上，则需要加标高差改正。

3）截面差改正

截面差改正 $^{H}\delta_3$ 主要与大地线长 S 有关，$\left| ^{H}\delta_3 \right| \leqslant \dfrac{e^2 S^2 \rho}{12 N_1^2}$。由于 $e^2 \approx 1/150$、

$\rho / N_1^2 \approx \dfrac{1}{5 \times 10^{-9}}$，则 $^{H}\delta_3 \leqslant \dfrac{S^2}{9 \times 10^{-6}}$。当 S=30km 时，$^{H}\delta_3 \leqslant 0.001''$，因此一般情况可以忽略截面差改正。

2.1.3　基准面对距离观测值的影响

从简化计算的角度考虑，基准面的选择顺序应该由平面、球面到椭球面。当距离观测值在不同基准面上的差异低于精度要求时，就应该选择更为严密的计算基准面。以下通过对比平面距离与球面大圆弧、球面大圆弧与椭球面法截线及旋转椭球与三轴椭球的法截线长度差异，分析选择不同基准面时距离观测值的精度损失情况。

1）平面距离与球面大圆弧的差异

如图 2.3（a）所示，A、B 两点为地面上两点，AB 的球面大圆弧为 S，AB 的平面直线长度为 d。令 $\delta = S - d$，为球面大圆弧长和平面直线距离的差值。取球的半径 R 为 6378.137km，根据 S 与 d 的几何关系，得

$$\delta = 2R \times \arcsin\left(\frac{d}{2R} \right) - d \tag{2.2}$$

δ 随 d 的变化规律如图 2.3（b）所示。

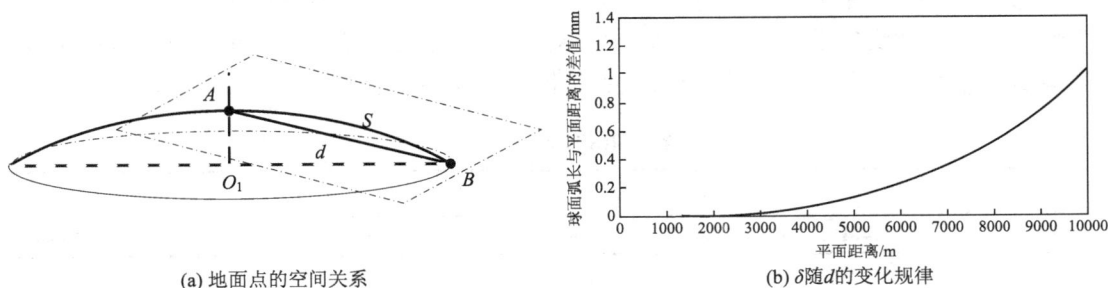

（a）地面点的空间关系　　　　　　　　　　　（b）δ 随 d 的变化规律

图 2.3　球面大圆弧与平面直线的关系

由图 2.3（b）可知，δ 与 d 呈正相关关系；δ 随着 d 的增大而增大，且随着 d 的增大，曲线的斜率也不断增大。取 d 的一些代表性数值及对应的 δ 列于表 2.1。

表 2.1　d 的代表性数值及对应的 δ

d/km	δ/mm
0.01	1.0232×10^{-9}
0.1	1.0243×10^{-6}
1	1.0242×10^{-3}
5	0.1280
10	1.0242

由表 2.1 可知，在 1km 的测区范围内，δ 的值约为 $1\,\mu\mathrm{m}$，高于一般工程的精度需求，完全可以忽略；在 5km 的测区范围内，δ 的值约为 0.13mm，对于 1mm 精度要求的测量任务可忽略其影响，即可以选择平面为计算基准面。

由于 δ 的大小与球半径 R 也有关系，当地面点的海拔较高时，可以选择与当地水准面符合程度更好的球面作为计算基准面。取 $d=5\mathrm{km}$，计算得到 δ 随 R 的变化，如图 2.4 所示。

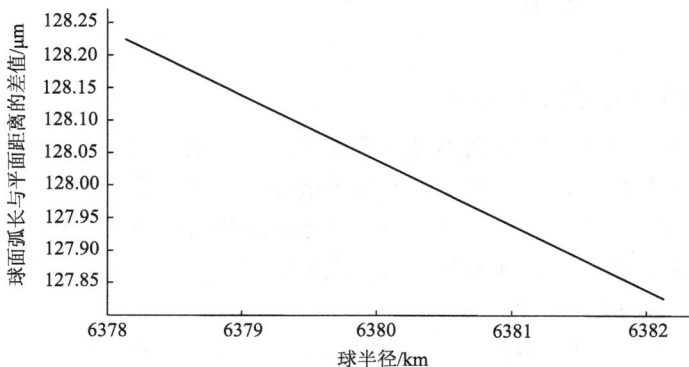

图 2.4　δ 随 R 的变化规律

由图 2.4 可知，随着 R 的增大，δ 近似按线性减小；R 每增大 1km，δ 约减小 $0.3\,\mu\mathrm{m}$；海拔从 0km 升高至 8km，δ 减小 $2.4\,\mu\mathrm{m}$。由此可见，高程的变化对 δ 的影响非常小，可以忽略。

2）球面大圆弧与椭球面法截线的差异

当以平面为计算基准面无法满足工程精度需求时，需选择更精确的地球形状模型。旋转椭球面与球面相比更接近地球真实形状，但球面的数学表达比椭球面简单。以下对球面与旋转椭球面上的距离观测值进行对比分析。参考椭球取 GRS80 椭球，其几何参数如表 2.2 所示。

表 2.2　GRS80 椭球的几何参数

a /m	b /m	c /m	f	e^2	e'^2
6378137	6356752.31414	6399593.62586	1/298.257222101	0.00669438002290	0.00673949677548

参考椭球定向要严格满足"两个平行条件"，即椭球短轴平行于地球自转轴、大地起始子午面平行于天文起始子午面。则在点 P 上，参考球与参考椭球的空间关系如图 2.5 所示。

旋转椭球面上的大地线与平面上的直线、球面上的大圆弧具有类似的特性。采用大地线，可以使椭球面上的测量计算建立在严密的数学基础之上。但采用大地线也会引入复杂的理论，使计算过程形式上变得冗杂。椭球面上两点之间的大地线长度 $\tilde{S}$ 与法截线长度 $\bar{S}$ 的差值为（熊介，1988）

$$\bar{S}-\tilde{S}=\frac{S^3}{360N^4}\eta^4\sin^2 2A \qquad (2.3)$$

式中，A 为方位角；N 为卯酉圈曲率半径；$\eta^2=e'^2\cos^2 B$，e' 为第二偏心率，B 为大地纬度。

取纬度 $B=0$，方位角 $A=\pi/4$，当 $S=100\mathrm{km}$ 时，$\bar{S}-\tilde{S}=0.000001\mathrm{mm}$，因此完全可以用法截线来代替大地线进行分析。法截线 $\bar{S}$ 与圆弧 S 的关系如图 2.6 所示。

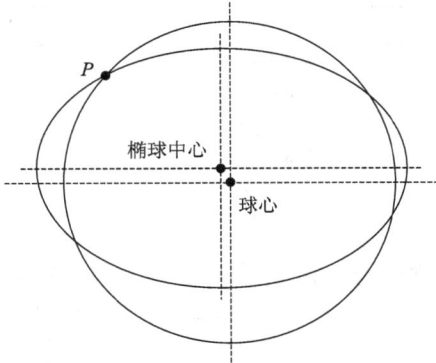

图 2.5　参考球与参考椭球的空间关系

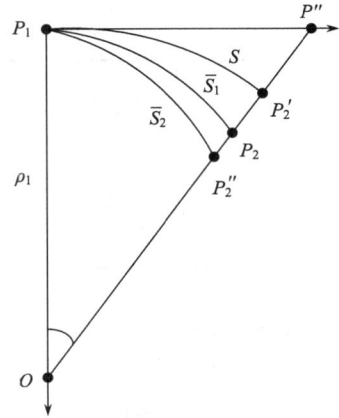

图 2.6　法截线 $\overline{S}$ 与圆弧 S 的关系

经熊介（1981）推导，略去 $\dfrac{\overline{S}^3}{\rho^3 N^2}$ 以上各项（$\overline{S}=100\text{km}$ 时，该项小于 10^{-13}mm），有

$$S = \overline{S} - \frac{\overline{S}^3}{6N^2} - \frac{\overline{S}^3}{3N^2}\eta^2\cos^2 A + \frac{3\overline{S}^4}{8N^3}\eta^2\tan B\cos A + \frac{1}{\rho_1}\left(\frac{\overline{S}^3}{2N} + \frac{\overline{S}^3}{2N}\eta^2\cos^2 A - \frac{\overline{S}^4}{2N^2}\eta^2\cos A\right) - \frac{\overline{S}^3}{3\rho_1^2}$$

（2.4）

式中，ρ_1 为辅助圆半径；N 为卯酉圈曲率半径；$\eta^2 = e'^2\cos^2 B$，e' 为第二偏心率，B 为大地纬度。

实际应用中，辅助圆的半径常取 $\rho_1 = R_A$（平均曲率半径）或 $\rho_1 = N$ 或 $\rho_1 = R$。研究表明（熊介，1981），圆心角一定时，半径为 R_A 的圆弧最接近于法截线弧长，半径为 R 的圆弧次之，半径为 N 的圆弧误差最大。取 $\rho_1 = R = 6378.137\text{km}$，则

$$\delta_1 = \overline{S} - S \leqslant \frac{e'^2}{12N^2}\overline{S}^3$$

（2.5）

δ_1 随 $\overline{S}$ 的变化规律如图 2.7 所示。

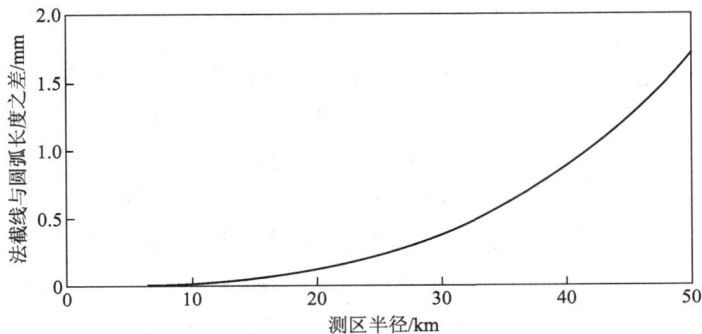

图 2.7　δ_1 随 $\overline{S}$ 的变化规律

由图 2.7 可知，随着 $\overline{S}$ 的增大，δ_1 不断增大，且曲线的斜率也不断增大。δ_1 即为计算距离时，以球面或椭球面为计算基准面的差异。取一些具有代表性的 $\overline{S}$ 数值及对应的 δ_1 列于表 2.3。

表 2.3　　$\overline{S}$ 的代表性数值及对应的 δ_1

$\overline{s}$ /km	δ_1 /mm
1	$1.3806×10^{-5}$
5	0.0017
10	0.0138
25	0.2157
50	1.7257

由表 2.3 可知，在 5km 的测区范围内，δ_1 的影响约为 2 μm，高于一般工程的精度要求，可忽略；在 25km 测区范围内，δ_1 的影响约为 0.22mm，对于 1mm 精度要求的测量任务可忽略其影响。因此，当测区范围小于 25km 时，可选择球面为计算基准面。

3）旋转椭球与三轴椭球的法截线长度差异

依据全球大地水准面差距图可知地球更接近于三轴椭球，但对于局部地球而言，三轴椭球是否可以与大地水准面更好地符合，需要结合工程区域实际的大地水准面形状进行分析。以下对比分析旋转椭球与三轴椭球上的长度差异。

三轴椭球的标准方程为

$$\frac{X^2}{a_1^2} + \frac{Y^2}{a_2^2} + \frac{Z^2}{b^2} = 1 \tag{2.6}$$

式中，a_1、a_2、b 分别为赤道长半径、赤道短半径、极半径。

确定三轴椭球还需要已知赤道长半径的经度 L_0。定义赤道扁率 $\alpha_e = \dfrac{a_1 - a_2}{a_1}$，极扁率 $\alpha = \dfrac{a_1 - b}{a_1}$，法扁率 $\alpha_1 = \dfrac{a_2 - b}{a_2}$，将 3 个三轴椭球的参数列于表 2.4。

表 2.4　　3 个三轴椭球的参数

年份	作者	a_1 /m	α^{-1}	α_e^{-1}	$(a_1 - a_2)$ /m	L_0 （W）/ (°)
1878	Clarke	6378206	293.2	13720	465	8.0
1938	Heiskanen	6378388	297.8	18120	352	23.0
1971	Brusa	6378173	297.78	92800	68	14.8

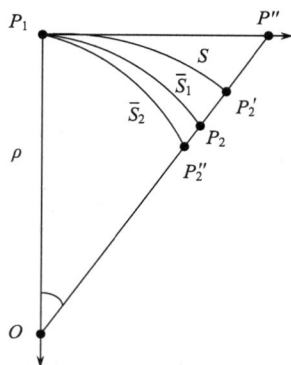

图 2.8　$\overline{S}_1$ 与 $\overline{S}_2$ 的关系

取 Brusa 三轴椭球进行分析。椭球定位定向时选择的大地原点不同，定位定向后椭球的空间姿态也不同。为简化分析过程，以 Brusa 三轴椭球长半轴与椭球面的交点 $P(B = 0°，L = 14.8°W，H = 0)$ 为大地原点，且认为旋转椭球与三轴椭球在该点处相切、两个椭球的短轴均与地轴平行。由于 α^{-1} 远小于 α_e^{-1}，旋转椭球与三轴椭球在子午面上的差异要远大于在赤道面上的差异。在子午面上进行分析，$\overline{S}_1$ 与 $\overline{S}_2$ 的关系如图 2.8 所示，$\overline{S}_1$ 为旋转椭球的法截线，$\overline{S}_2$ 为三轴椭球的法截线。

取式（2.4）的主项

$$S - \overline{S} = \frac{\overline{S}^3}{12N^2}(2\cos^2 A - 1)\eta^2 \tag{2.7}$$

由于 $\overline{S}_1$ 和 $\overline{S}_2$ 对应于同一圆弧 S，取方位角 $A = 0$，则

$$\overline{S}_1 + k_1\overline{S}_1^{\ 3} = \overline{S}_2 + k_2\overline{S}_2^{\ 3} \tag{2.8}$$

运用科学计算软件 Mathematica 将 $\overline{S}_2$ 表述为 $\overline{S}_1$ 的多项式（李厚朴，2012；边少锋和李厚朴，2018），有

$$\overline{S}_2 = \sqrt[3]{\frac{2}{G}} + \frac{\sqrt[3]{G}}{\sqrt[3]{32k_1}} \tag{2.9}$$

式中，$G = 27k_1^{\ 2}(\overline{S}_1 + k_2\overline{S}_1^{\ 3}) + \sqrt{108k_1^{\ 3} + 27k_1^{\ 2}\left(\overline{S}_1 + k_2\overline{S}_1^{\ 3}\right)^2}$；$k_1 = \dfrac{\eta_1^{\ 2}}{12N_1^{\ 2}}$，对应为旋转椭球的参数；$k_2 = \dfrac{\eta_2^{\ 2}}{12N_2^{\ 2}}$，对应为三轴椭球的参数。

同一圆弧对应的三轴椭球与旋转椭球法截线长度之差为

$$\delta_2 = \overline{S}_2 - \overline{S}_1 = \sqrt[3]{\frac{2}{G}} + \frac{\sqrt[3]{G}}{\sqrt[3]{32k_1}} - \overline{S}_1 \tag{2.10}$$

将表 2.2 和表 2.4 中的相应参数代入，得到 δ_2 随 $\overline{S}_2$ 的变化规律，如图 2.9 所示。

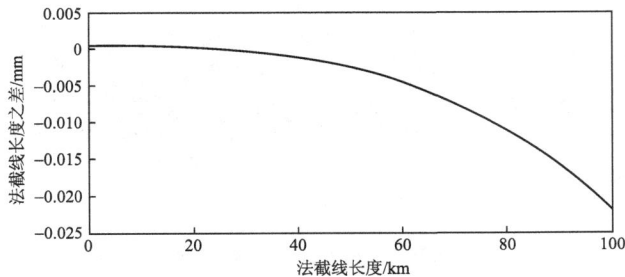

图 2.9　δ_2 随 $\overline{S}_2$ 的变化规律

观察图 2.9 可知，随着 $\overline{S}_2$ 的增大，δ_2 的绝对值不断减小至零，然后逐渐增大；当 $\overline{S}_2 = 100\text{km}$ 时，$|\delta_2| = 0.022\text{mm}$，可以忽略两者的差异。因为三轴椭球与旋转椭球法截线长度的差异很小，而且三轴椭球的数学性质复杂、计算烦琐，所以无须考虑三轴椭球等更复杂的地球数学模型。

2.1.4　基准面选取规则

由以上分析可知，基准面的选择对水平方向和距离观测值都有影响。基准面选择时，可以先在基准面对水平方向观测值影响的基础上分析三差改正是否可忽略。若三差改正不可忽略，则选择旋转椭球面为计算基准面；若三差改正可忽略，再根据基准面对距离观测值的影响进一步选择。基准面选择流程图如图 2.10 所示。

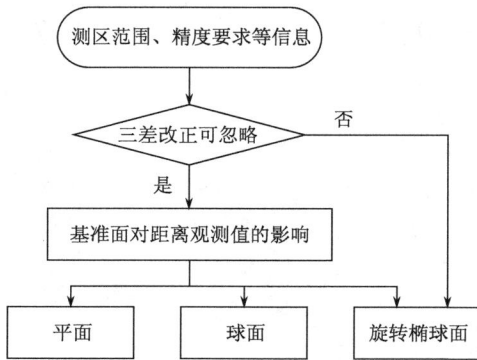

图 2.10　基准面选择流程图

当三差改正不可忽略时，需要根据基准面对距离观测值的影响来选择计算基准面。取纬度 $B = \pi / 4$，当基准面选择导致的距离观测值差异小于工程精度要求的 1/3 时，选择数学表达式更为简单的基准面。由式（2.2）和式（2.5）可建立基准面选取参考图，如图 2.11 所示。

图 2.11 中，以测区半径 l 为横坐标，以精度要求 m 为纵坐标，图 2.11 中白色区域表示以平面为计算基准面，浅灰色区域表示以球面为计算基准面，深灰色区域表示以椭球面为计算基准面。应用时，需先根据测区边长和精度要求得到基准面选择坐标 (l, m)，根据 (l, m) 所在区域选择相应的曲面为计算基准面。如图 2.11 中虚线所示为 $m = 1\text{mm}$ 的情况，当测区半径小于 7km 时，选择平面为基准面；当测区半径小于 29km 时，选择球面为基准面；当测区大于 29km 时，选择旋转椭球面为基准面。

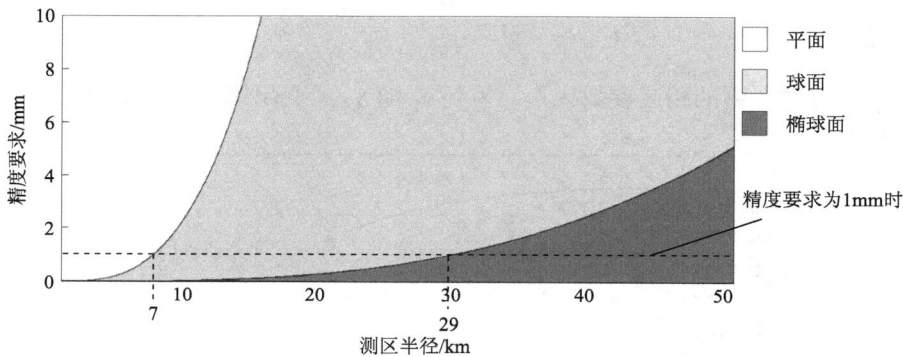

图 2.11　基准面选取参考图

2.2　控制网的精度指标

设控制网平差的高斯–马尔可夫（Gauss-Markov, GM）模型为

$$\begin{cases} l = \tilde{l} + \Delta = Ax + \Delta \\ E(\Delta) = 0, \sum_{\Delta\Delta} = \sum_{ll} = \sigma_0^2 Q_{ll} = \sigma_0^2 P^{-1} \end{cases} \tag{2.11}$$

式中，l 为观测值；$\tilde{l}$ 和 Δ 为其真值和真误差；x 为参数；A 为其系数阵。

分别以估值 $-v$、$\hat{x}$ 表示 Δ 和 x，在 $v^{\mathrm{T}} Pv = \min$ 的情况下，可得

$$\begin{cases} \hat{x} = Q_{\hat{x}\hat{x}} u \\ Q_{\hat{x}\hat{x}} = N^{-1} \\ N = A^{\mathrm{T}} PA \\ u = A^{\mathrm{T}} Pl \end{cases} \tag{2.12}$$

以及

$$Q_{vv} = P^{-1} - AQ_{\hat{x}\hat{x}}A^{\mathrm{T}} = Q_{ll} - Q_{\hat{l}\hat{l}} \tag{2.13}$$

记

$$R = Q_{ll}P = I - AQ_{\hat{x}\hat{x}}A^{\mathrm{T}}P \tag{2.14}$$

则可推得

$$v = A\hat{x} - l = AN^{-1}A^{\mathrm{T}}Pl - l = -Rl \tag{2.15}$$

又

$$v = -Rl = -R(\tilde{l} + \Delta) = -R\tilde{l} - R\Delta \tag{2.16}$$

因

$$R\tilde{l} = (I - AQ_{\hat{x}\hat{x}}A^{\mathrm{T}}P)\tilde{l} = \tilde{l} - AQ_{\hat{x}\hat{x}}A^{\mathrm{T}}P\tilde{l} = \tilde{l} - AQ_{\hat{x}\hat{x}}A^{\mathrm{T}}PAx = \tilde{l} - Ax = 0 \tag{2.17}$$

所以

$$v = -Rl = -R\Delta \tag{2.18}$$

式（2.13）～式（2.18）在控制网可靠性分析中有用，其中，R 为可靠性矩阵。R 不满秩，所以不可能根据观测值或其改正数由式（2.16）求出真误差。

在上述 GM 模型中，A 为设计矩阵（或图形矩阵，用于控制网设计阶段）或系数矩阵（用于控制网数据处理阶段）；$Q_{\hat{x}\hat{x}}$ 或 $\Sigma_{\hat{x}\hat{x}} = \sigma_0^2 Q_{\hat{x}\hat{x}}$（设计阶段）或 $\Sigma_{\hat{x}\hat{x}} = \hat{\sigma}_0^2 Q_{\hat{x}\hat{x}}$（数据处理阶段）为控制网的精度矩阵。

应该说，精度矩阵是控制网最全面、最理想的精度指标，因此，针对控制网的设计，Grafarend 借用 Taylor 和 Karman 在流体力学中的研究成果，提出了准则矩阵（criterion matrix）的概念和构造方法。但由于精度矩阵不直观、使用不方便（尽管数学中有矩阵大小的比较方法），以及构造过程中的一些问题（如基准信息的考虑），在实践中很少应用。

一般的做法是从精度矩阵中导出一些纯量指标。分为整体精度指标和局部精度指标，在工程测量中，后者尤为重要。下面的讨论以平面控制网为例，高程控制网或三维控制网可以此类推。

2.2.1　整体精度指标

对精度矩阵 $\Sigma_{\hat{x}\hat{x}}$ 作谱分解

$$\Sigma_{\hat{x}\hat{x}} = S\Lambda S^{\mathrm{T}} \tag{2.19}$$

式中，谱矩阵 $\Lambda = \mathrm{diag}\{\lambda_1 \quad \lambda_2 \quad \cdots \quad \lambda_t\}$，$\lambda_1$、$\lambda_2$、$\cdots$、$\lambda_t$ 为 $\Sigma_{\hat{x}\hat{x}}$ 的特征值，由大到小排列；模矩阵 $S = (s_1 \quad s_2 \quad \cdots \quad s_t)$，由 $\Sigma_{\hat{x}\hat{x}}$ 与 λ_1、λ_2、$\cdots$、λ_t 对应的单位正交特征向量组成。

定义控制网的整体精度指标如下。

1）控制网的算术平均方差（arithmetic mean variance，简记为 A）

$$D_a = \frac{1}{t}\sum_{i=1}^{t}\lambda_i = \frac{1}{t}\mathrm{tr}(\Sigma_{\hat{x}\hat{x}}) \tag{2.20}$$

式中，tr( ) 为对矩阵求迹。

控制网的算术平均均方根差（root-mean-square deviation）为 $\sigma_a = \sqrt{D_a}$ 。

2）控制网的几何平均方差（geometric mean variance，简记为 D）

$$D_g = \sqrt[t]{\prod_{i=1}^{t} \lambda_i} = \sqrt[t]{\det(\boldsymbol{\Sigma}_{\hat{x}\hat{x}})} \tag{2.21}$$

式中，det( ) 为对矩阵求行列式值。

控制网的几何平均均方根差为 $\sigma_g = \sqrt{D_g}$。

3）控制网的本征方差（eigenelement variance，简记为 E）

$$D_\lambda = \lambda_1 = \lambda_{\max}(\boldsymbol{\Sigma}_{\hat{x}\hat{x}}) \tag{2.22}$$

控制网的本征均方根差为 $\sigma_\lambda = \sqrt{D_\lambda}$。

4）控制网的方差宽（variance split，简记为 S）

$$D_\Delta = \lambda_1 - \lambda_t \tag{2.23}$$

5）控制网的方差比（C）

$$D_c = \frac{\lambda_t}{\lambda_1} \tag{2.24}$$

D_c 实际上又是 $\boldsymbol{\Sigma}_{\hat{x}\hat{x}}$ 的条件数。

6）控制网的范数方差（norm variance，简记为 N）

$$D_f = \|\boldsymbol{\Sigma}_{\hat{x}\hat{x}}\|_f \tag{2.25}$$

式中，$f=1$、2、∞ 对应矩阵的三种范数

$$D_1 = \|\boldsymbol{\Sigma}_{\hat{x}\hat{x}}\|_1 = \max_j \sum_{i=1}^{t} |d_{ij}| \tag{2.26}$$

$$D_2 = \|\boldsymbol{\Sigma}_{\hat{x}\hat{x}}\|_2 = \lambda_{\max}(\boldsymbol{\Sigma}_{\hat{x}\hat{x}}) = \lambda_1 = D_\lambda \tag{2.27}$$

$$D_\infty = \|\boldsymbol{\Sigma}_{\hat{x}\hat{x}}\|_\infty = \max_i \sum_{j=1}^{t} |d_{ij}| \tag{2.28}$$

式中，d_{ij} 为 $\boldsymbol{\Sigma}_{\hat{x}\hat{x}}$ 的元素，$i, j=1,2,\cdots,t$。

2.2.2 局部精度指标

由 $\boldsymbol{Q}_{\hat{x}\hat{x}}$ 中抽取与某一点 i 的坐标 $(\hat{x}_i, \hat{y}_i)$ 相对应的子块

$$\boldsymbol{Q}_i = \begin{pmatrix} q_{\hat{x}_i\hat{x}_i} & q_{\hat{x}_i\hat{y}_i} \\ q_{\hat{y}_i\hat{x}_i} & q_{\hat{y}_i\hat{y}_i} \end{pmatrix}$$

则有

（1）坐标中误差。

$$m_{x_i} = \pm\sigma_0\sqrt{q_{\hat{x}_i\hat{x}_i}}$$
$$m_{y_i} = \pm\sigma_0\sqrt{q_{\hat{y}_i\hat{y}_i}} \tag{2.29}$$

（2）Helmert 点位误差（σ_a 的应用）。

$$m_{P_i} = \pm\sqrt{m_{x_i}^2 + m_{y_i}^2} = \pm\sigma_0\sqrt{q_{\hat{x}_i\hat{x}_i} + q_{\hat{y}_i\hat{y}_i}} = \pm\sqrt{\lambda_1 + \lambda_2} \tag{2.30}$$

式中，$\lambda_1 = \dfrac{1}{2}\sigma_0^2\left(q_{\hat{x}_i\hat{x}_i} + q_{\hat{y}_i\hat{y}_i} + \sqrt{\left(q_{\hat{x}_i\hat{x}_i} - q_{\hat{y}_i\hat{y}_i}\right)^2 + 4q_{\hat{x}_i\hat{y}_i}^2}\right)$；

$\lambda_2 = \dfrac{1}{2}\sigma_0^2\left(q_{\hat{x}_i\hat{x}_i} + q_{\hat{y}_i\hat{y}_i} - \sqrt{\left(q_{\hat{x}_i\hat{x}_i} - q_{\hat{y}_i\hat{y}_i}\right)^2 + 4q_{\hat{x}_i\hat{y}_i}^2}\right)$。

（3）Werkmeister 点位误差（σ_g 的应用）。

$$m'_{P_i} = \pm\sigma_0\sqrt{\det(\boldsymbol{Q}_i)} = \pm\sigma_0\sqrt{q_{\hat{x}_i\hat{x}_i}q_{\hat{y}_i\hat{y}_i} - q_{\hat{x}_i\hat{y}_i}^2} = \pm\sqrt{\lambda_1\lambda_2} \tag{2.31}$$

（4）点位平均方差 $\dfrac{\lambda_1 + \lambda_2}{2}$ 或 $\sqrt{\lambda_1\lambda_2}$。

（5）点位特征方差 λ_1。

（6）点位在任意方向上的中误差。设点 i 的真误差为 Δ_{P_i}，Δ_{P_i} 在坐标轴方向上的分量为 Δ_{x_i}、Δ_{y_i}。则 Δ_{P_i} 在方位 φ 方向上的分量为

$$\Delta_{\varphi_i} = \Delta_{x_i}\cos\varphi + \Delta_{y_i}\sin\varphi \tag{2.32}$$

写成中误差形式为

$$m_{\varphi_i} = \pm\sqrt{m_{x_i}^2\cos^2\varphi + m_{y_i}^2\sin^2\varphi + m_{x_iy_i}\sin 2\varphi} \tag{2.33}$$

或写成

$$m_{\varphi_i} = \pm\sigma_0\sqrt{q_{\varphi_i\varphi_i}} \tag{2.34}$$

$$q_{\varphi_i\varphi_i} = q_{\hat{x}_i\hat{x}_i}\cos^2\varphi + q_{\hat{y}_i\hat{y}_i}\sin^2\varphi + q_{\hat{x}_i\hat{y}_i}\sin 2\varphi \tag{2.35}$$

m_{φ_i} 的极值为 $e = \sqrt{\lambda_1}$，　$f = \sqrt{\lambda_2}$，极值方向与 φ_0 相关

$$\varphi_0 = \dfrac{1}{2}\tan_\alpha^{-1}\dfrac{2q_{\hat{x}_i\hat{y}_i}}{q_{\hat{x}_i\hat{x}_i} - q_{\hat{y}_i\hat{y}_i}} \tag{2.36}$$

若 $q_{\hat{x}_i\hat{y}_i}\tan\varphi_0 > 0$，则 φ_0 为 e 的方向 φ_e；否则，φ_0 为 f 的方向 φ_f。

m_{φ_i} 的图像称为点 i 的点位误差曲线，如图 2.12 所示。m_{φ_i} 有两个特例：

其一，当 $q_{\hat{x}_i\hat{x}_i} = q_{\hat{y}_i\hat{y}_i}$ 且 $q_{\hat{x}_i\hat{y}_i} = 0$ 时

$$m_{\varphi_i} = m_{\hat{x}_i} = m_{\hat{y}_i} = \pm\sigma_0\sqrt{q_{\hat{x}_i\hat{x}_i}} = \pm\sigma_0\sqrt{q_{\hat{y}_i\hat{y}_i}} = \pm\sqrt{\lambda_1} = \pm\sqrt{\lambda_2} = \dfrac{m_{P_i}}{\sqrt{2}} \tag{2.37}$$

误差曲线为圆，见图 2.12（a）。

其二，当 $q_{\hat{x}_i\hat{y}_i} = \pm\sqrt{q_{\hat{x}_i\hat{x}_i}q_{\hat{y}_i\hat{y}_i}}$ 时

$$m_{\varphi_i} = m_{P_i}\cos(\varphi \mp \varphi_e)；\quad \varphi_e = \pm\tan_\alpha^{-1}\sqrt{\dfrac{q_{\hat{y}_i\hat{y}_i}}{q_{\hat{x}_i\hat{x}_i}}}；\quad \lambda_1 = \sigma_0^2\left(q_{\hat{x}_i\hat{x}_i} + q_{\hat{y}_i\hat{y}_i}\right)；\quad \lambda_2 = 0 \tag{2.38}$$

误差曲线为相切的两个圆，见图 2.12（b）。

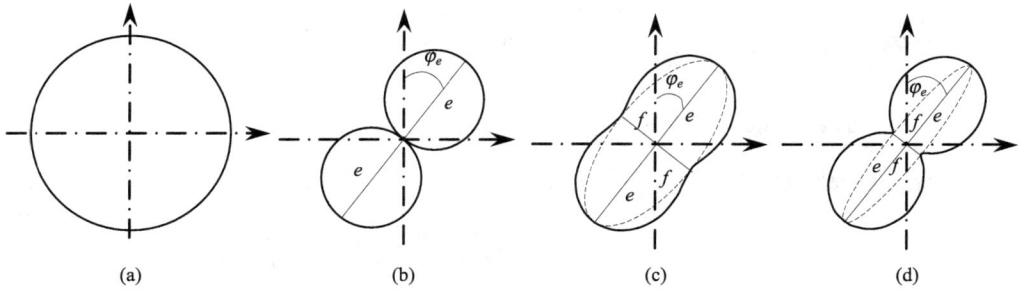

图 2.12　点位误差曲线（虚线为点位误差椭圆）

点位误差曲线的内切椭圆称为该点的点位误差椭圆，点位误差椭圆是点位误差曲线的近似表示。在数学上，点位误差曲线是点位误差椭圆的垂足曲线（或投影曲线）。

（7）坐标差中误差。由

$$\begin{pmatrix} \Delta\hat{x}_{ij} \\ \Delta\hat{y}_{ij} \end{pmatrix} = \begin{pmatrix} -1 & 0 & 1 & 0 \\ 0 & -1 & 0 & 1 \end{pmatrix} \begin{pmatrix} \hat{x}_i \\ \hat{y}_i \\ \hat{x}_j \\ \hat{y}_j \end{pmatrix} \tag{2.39}$$

得

$$\begin{pmatrix} m^2_{\Delta\hat{x}_{ij}} & m_{\Delta\hat{x}_{ij}\Delta\hat{y}_{ij}} \\ m_{\Delta\hat{y}_{ij}\Delta\hat{x}_{ij}} & m^2_{\Delta\hat{y}_{ij}} \end{pmatrix} = \sigma_0^2 \begin{pmatrix} q_{\Delta\hat{x}_{ij}\Delta\hat{y}_{ij}} & q_{\Delta\hat{x}_{ij}\Delta\hat{y}_{ij}} \\ q_{\Delta\hat{y}_{ij}\Delta\hat{x}_{ij}} & q_{\Delta\hat{y}_{ij}\Delta\hat{y}_{ij}} \end{pmatrix}$$

$$= \sigma_0^2 \begin{pmatrix} q_{\hat{x}_i\hat{x}_i} + q_{\hat{x}_j\hat{x}_j} - 2q_{\hat{x}_i\hat{x}_j} & q_{\hat{x}_i\hat{y}_i} + q_{\hat{x}_j\hat{y}_j} - q_{\hat{x}_i\hat{y}_j} - q_{\hat{x}_j\hat{y}_i} \\ q_{\hat{y}_i\hat{x}_i} + q_{\hat{y}_j\hat{x}_j} - q_{\hat{y}_j\hat{x}_i} - q_{\hat{y}_i\hat{x}_j} & q_{\hat{y}_i\hat{y}_i} + q_{\hat{y}_j\hat{y}_j} - 2q_{\hat{y}_i\hat{y}_j} \end{pmatrix} \tag{2.40}$$

当 i、j 两点的误差曲线均为圆且相互独立时，有

$$\begin{pmatrix} m^2_{\Delta x_{ij}} & m_{\Delta x_{ij}\Delta y_{ij}} \\ m_{\Delta y_{ij}\Delta x_{ij}} & m^2_{\Delta y_{ij}} \end{pmatrix} = \frac{m^2_{P_i} + m^2_{P_j}}{2} \begin{pmatrix} 1 & 0 \\ 0 & 1 \end{pmatrix} \tag{2.41}$$

与点位误差曲线和点位误差椭圆类似，将 $q_{\Delta\hat{x}_{ij}\Delta\hat{y}_{ij}}$、$q_{\Delta\hat{y}_{ij}\Delta\hat{y}_{ij}}$、$q_{\Delta\hat{x}_{ij}\Delta\hat{y}_{ij}}$ 与 $q_{\hat{x}_i\hat{x}_i}$、$q_{\hat{y}_i\hat{y}_i}$、$q_{\hat{x}_i\hat{y}_i}$ 作比较，可以得到 i、j 两点相对误差曲线与相对误差椭圆的概念及其算法。仿前述，将相应公式罗列为

$$m_{\varphi_{ij}} = \pm\sigma_0\sqrt{q_{\varphi_{ij}\varphi_{ij}}} \tag{2.42}$$

$$q_{\varphi_{ij}\varphi_{ij}} = q_{\Delta\hat{x}_{ij}\Delta\hat{x}_{ij}}\cos^2\varphi + q_{\Delta\hat{y}_{ij}\Delta\hat{y}_{ij}}\sin^2\varphi + q_{\Delta\hat{x}_{ij}\Delta\hat{y}_{ij}}\sin 2\varphi \tag{2.43}$$

$$\begin{cases} e_{ij} = \sigma_0\sqrt{\dfrac{q_{\Delta\hat{x}_{ij}\Delta\hat{x}_{ij}} + q_{\Delta\hat{y}_{ij}\Delta\hat{y}_{ij}} + \sqrt{(q_{\Delta\hat{x}_{ij}\Delta\hat{x}_{ij}} - q_{\Delta\hat{y}_{ij}\Delta\hat{y}_{ij}})^2 + 4q^2_{\Delta\hat{x}_{ij}\Delta\hat{y}_{ij}}}}{2}} \\ f_{ij} = \sigma_0\sqrt{\dfrac{q_{\Delta\hat{x}_{ij}\Delta\hat{x}_{ij}} + q_{\Delta\hat{y}_{ij}\Delta\hat{y}_{ij}} - \sqrt{(q_{\Delta\hat{x}_{ij}\Delta\hat{x}_{ij}} - q_{\Delta\hat{y}_{ij}\Delta\hat{y}_{ij}})^2 + 4q^2_{\Delta\hat{x}_{ij}\Delta\hat{y}_{ij}}}}{2}} \end{cases} \tag{2.44}$$

$$m_{ij} = \pm\sqrt{e_{ij}^2 + f_{ij}^2} \xrightarrow{\text{当} i、j \text{误差曲线为圆且相互独立时}} \pm\sqrt{m_{P_i}^2 + m_{P_j}^2} \xrightarrow{\text{当} m_{P_i} = m_{P_j} = m_P \text{时}} \sqrt{2}m_P \tag{2.45}$$

$$\varphi_0 = \frac{1}{2}\tan_\alpha^{-1}\frac{2q_{\Delta\hat{x}_{ij}\Delta\hat{y}_{ij}}}{q_{\Delta\hat{x}_{ij}\Delta\hat{x}_{ij}} - q_{\Delta\hat{y}_{ij}\Delta\hat{y}_{ij}}} \tag{2.46}$$

若 $q_{\Delta\hat{x}_{ij}\Delta\hat{y}_{ij}}\tan\varphi_0 > 0$，则 φ_0 为 e 的方向 φ_e；否则，φ_0 为 f 的方向 φ_f。

（8）边长中误差。由

$$\hat{s}_{ij} = \sqrt{\Delta\hat{x}_{ij}^2 + \Delta\hat{y}_{ij}^2}$$

线性化

$$\delta_{\hat{s}_{ij}} = \cos\alpha_{ij}^{[0]}\delta_{\Delta\hat{x}_{ij}} + \sin\alpha_{ij}^{[0]}\delta_{\Delta\hat{y}_{ij}}$$

得

$$m_{\hat{s}_{ij}} = \pm\sigma_0\sqrt{q_{\Delta\hat{x}_{ij}\Delta\hat{x}_{ij}}\cos^2\alpha_{ij}^{[0]} + q_{\Delta\hat{y}_{ij}\Delta\hat{y}_{ij}}\sin^2\alpha_{ij}^{[0]} + q_{\Delta\hat{x}_{ij}\Delta\hat{y}_{ij}}\sin 2\alpha_{ij}^{[0]}} \tag{2.47}$$

当 i、j 两点的误差曲线均为圆且相互独立时，有

$$m_{\hat{s}_{ij}} = \pm\sqrt{\frac{m_{P_i}^2 + m_{P_j}^2}{2}} \xrightarrow{\text{令} m_{P_i} = m_{P_j} = m_P} m_P \tag{2.48}$$

（9）方位角中误差。由

$$\hat{\alpha}_{ij} = \tan_\alpha^{-1}\frac{\Delta\hat{y}_{ij}}{\Delta\hat{x}_{ij}}$$

线性化

$$\delta_{\hat{\alpha}_{ij}} = \frac{\rho}{s_{ij}^{[0]}}\left(-\sin\alpha_{ij}^{[0]}\delta_{\Delta\hat{x}_{ij}} + \cos\alpha_{ij}^{[0]}\delta_{\Delta\hat{y}_{ij}}\right)$$

得

$$m_{\hat{\alpha}_{ij}} = \pm\frac{\sigma_0}{s_{ij}^{[0]}}\rho\sqrt{q_{\Delta\hat{x}_{ij}\Delta\hat{x}_{ij}}\sin^2\alpha_{ij}^{[0]} + q_{\Delta\hat{y}_{ij}\Delta\hat{y}_{ij}}\cos^2\alpha_{ij}^{[0]} - q_{\Delta\hat{x}_{ij}\Delta\hat{y}_{ij}}\sin 2\alpha_{ij}^{[0]}} \tag{2.49}$$

当 i、j 两点的误差曲线均为圆且相互独立时，有

$$m_{\hat{\alpha}_{ij}} = \frac{\pm\sqrt{m_{P_i}^2 + m_{P_j}^2}}{\sqrt{2}s_{ij}}\rho \xrightarrow{\text{令} m_{P_i} = m_{P_j} = m_P} \frac{m_P}{s_{ij}}\rho \tag{2.50}$$

式（2.42）还可以写成

$$m_{ij} = \pm\sqrt{m_{\Delta\hat{x}_{ij}}^2 + m_{\Delta\hat{y}_{ij}}^2} = \pm\sqrt{m_{s_{ij}}^2 + \left(\frac{m_{\beta_{ij}}}{\rho}\right)^2 s_{ij}^2} \tag{2.51}$$

如若将 $\delta_{\hat{\alpha}_{ij}}$ 表示成

$$\delta_{\hat{\alpha}_{ij}} = \frac{\rho}{s_{ij}^{[0]}}\left(\sin\alpha_{ij}^{[0]}\delta_{\hat{x}_i} - \sin\alpha_{ij}^{[0]}\delta_{\hat{x}_j} - \cos\alpha_{ij}^{[0]}\delta_{\hat{y}_i} + \cos\alpha_{ij}^{[0]}\delta_{\hat{y}_j}\right) \tag{2.52}$$

则可以得到

$$m_{\hat{\alpha}_{ij}\hat{x}_i} = \frac{\sigma_0^2}{s_{ij}^{[0]}} \rho \left(q_{\hat{x}_i\hat{x}_i} \sin\alpha_{ij}^{[0]} - q_{\hat{y}_i\hat{x}_i} \cos\alpha_{ij}^{[0]} - q_{\hat{x}_j\hat{x}_i} \sin\alpha_{ij}^{[0]} + q_{\hat{y}_j\hat{x}_i} \cos\alpha_{ij}^{[0]} \right) \tag{2.53}$$

当 i、j 两点的误差曲线均为圆且相互独立时，有

$$m_{\hat{\alpha}_{ij}\hat{x}_i} = \frac{\sin\alpha_{ij}^{[0]}\rho}{2s_{ij}^{[0]}} m_{P_i}^2 \tag{2.54}$$

（10）水平角中误差。由

$$\hat{\beta}_{jik} = \hat{\alpha}_{ik} - \hat{\alpha}_{ij} = \tan_\alpha^{-1}\frac{\Delta\hat{y}_{ik}}{\Delta\hat{x}_{ik}} - \tan_\alpha^{-1}\frac{\Delta\hat{y}_{ij}}{\Delta\hat{x}_{ij}}$$

线性化

$$\delta_{\hat{\beta}_{jik}} = \rho \left(\frac{\sin\alpha_{ik}^{[0]}}{s_{ik}^{[0]}} - \frac{\sin\alpha_{ij}^{[0]}}{s_{ij}^{[0]}} \quad -\frac{\cos\alpha_{ik}^{[0]}}{s_{ik}^{[0]}} + \frac{\cos\alpha_{ij}^{[0]}}{s_{ij}^{[0]}} \quad \frac{\sin\alpha_{ij}^{[0]}}{s_{ij}^{[0]}} \quad -\frac{\cos\alpha_{ij}^{[0]}}{s_{ij}^{[0]}} \quad -\frac{\sin\alpha_{ik}^{[0]}}{s_{ik}^{[0]}} \quad \frac{\cos\alpha_{ik}^{[0]}}{s_{ik}^{[0]}} \right)$$

$$\times \left(\delta_{\hat{x}_i} \quad \delta_{\hat{y}_i} \quad \delta_{\hat{x}_j} \quad \delta_{\hat{y}_j} \quad \delta_{\hat{x}_k} \quad \delta_{\hat{y}_k} \right)^{\mathrm{T}}$$

得

$$m_{\hat{\beta}_{jik}}^2 = \sigma_0^2\rho^2 \begin{pmatrix} \dfrac{\sin\alpha_{ik}^{[0]}}{s_{ik}^{[0]}} - \dfrac{\sin\alpha_{ij}^{[0]}}{s_{ij}^{[0]}} \\[2mm] -\dfrac{\cos\alpha_{ik}^{[0]}}{s_{ik}^{[0]}} + \dfrac{\cos\alpha_{ij}^{[0]}}{s_{ij}^{[0]}} \\[2mm] \dfrac{\sin\alpha_{ij}^{[0]}}{s_{ij}^{[0]}} \\[2mm] -\dfrac{\cos\alpha_{ij}^{[0]}}{s_{ij}^{[0]}} \\[2mm] -\dfrac{\sin\alpha_{ik}^{[0]}}{s_{ik}^{[0]}} \\[2mm] \dfrac{\cos\alpha_{ik}^{[0]}}{s_{ik}^{[0]}} \end{pmatrix}^{\mathrm{T}} \begin{pmatrix} q_{\hat{x}_i\hat{x}_i} & q_{\hat{x}_i\hat{y}_i} & q_{\hat{x}_i\hat{x}_j} & q_{\hat{x}_i\hat{y}_j} & q_{\hat{x}_i\hat{x}_k} & q_{\hat{x}_i\hat{y}_k} \\ q_{\hat{y}_i\hat{x}_i} & q_{\hat{y}_i\hat{y}_i} & q_{\hat{y}_i\hat{x}_j} & q_{\hat{y}_i\hat{y}_j} & q_{\hat{y}_i\hat{x}_k} & q_{\hat{y}_i\hat{y}_k} \\ q_{\hat{x}_j\hat{x}_i} & q_{\hat{x}_j\hat{y}_i} & q_{\hat{x}_j\hat{x}_j} & q_{\hat{x}_j\hat{y}_j} & q_{\hat{x}_j\hat{x}_k} & q_{\hat{x}_j\hat{y}_k} \\ q_{\hat{y}_j\hat{x}_i} & q_{\hat{y}_j\hat{y}_i} & q_{\hat{y}_j\hat{x}_j} & q_{\hat{y}_j\hat{y}_j} & q_{\hat{y}_j\hat{x}_k} & q_{\hat{y}_j\hat{y}_k} \\ q_{\hat{x}_k\hat{x}_i} & q_{\hat{x}_k\hat{y}_i} & q_{\hat{x}_k\hat{x}_j} & q_{\hat{x}_k\hat{y}_j} & q_{\hat{x}_k\hat{x}_k} & q_{\hat{x}_k\hat{y}_k} \\ q_{\hat{y}_k\hat{x}_i} & q_{\hat{y}_k\hat{y}_i} & q_{\hat{y}_k\hat{x}_j} & q_{\hat{y}_k\hat{y}_j} & q_{\hat{y}_k\hat{x}_k} & q_{\hat{y}_k\hat{y}_k} \end{pmatrix} \begin{pmatrix} \dfrac{\sin\alpha_{ik}^{[0]}}{s_{ik}^{[0]}} - \dfrac{\sin\alpha_{ij}^{[0]}}{s_{ij}^{[0]}} \\[2mm] -\dfrac{\cos\alpha_{ik}^{[0]}}{s_{ik}^{[0]}} + \dfrac{\cos\alpha_{ij}^{[0]}}{s_{ij}^{[0]}} \\[2mm] \dfrac{\sin\alpha_{ij}^{[0]}}{s_{ij}^{[0]}} \\[2mm] -\dfrac{\cos\alpha_{ij}^{[0]}}{s_{ij}^{[0]}} \\[2mm] -\dfrac{\sin\alpha_{ik}^{[0]}}{s_{ik}^{[0]}} \\[2mm] \dfrac{\cos\alpha_{ik}^{[0]}}{s_{ik}^{[0]}} \end{pmatrix}$$

当 i、j、k 三点的误差曲线均为圆且相互独立时，可推得

$$m_{\hat{\beta}_{jik}}^2 = \frac{\rho^2}{2} \left\{ \frac{\left(s_{jk}^{[0]}\right)^2 m_{P_i}^2 + \left(s_{ik}^{[0]}\right)^2 m_{P_j}^2 + \left(s_{ij}^{[0]}\right)^2 m_{P_k}^2}{\left(s_{ij}^{[0]} s_{ik}^{[0]}\right)^2} \right\} \tag{2.55}$$

上述大部分局部精度指标可统一表示成

$$\boldsymbol{\Sigma}_f = \boldsymbol{f}^{\mathrm{T}} \boldsymbol{\Sigma}_{\hat{x}\hat{x}} \boldsymbol{f} \tag{2.56}$$

式中，$f = \boldsymbol{f}^{\mathrm{T}}\hat{\boldsymbol{x}}$。

2.3　控制网的可靠性指标

可靠性理论研究测量数据中的粗差问题。误差的存在由多余观测来揭示；同样，多余观测也是研究粗差的基础，可靠性问题示意如图 2.13 所示。

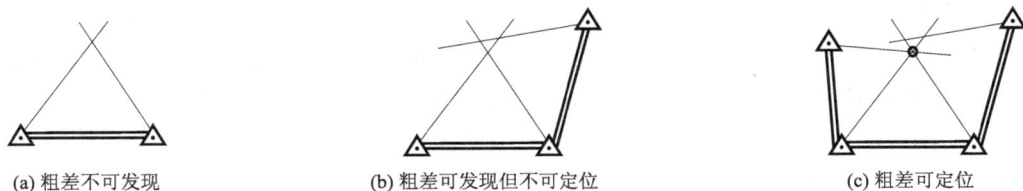

(a) 粗差不可发现　　　　(b) 粗差可发现但不可定位　　　　(c) 粗差可定位

图 2.13　可靠性问题示意

多余观测导致平差，从而可求出观测值改正数 v_i。v_i 既可用来做精度统计，也可用来做粗差检验。传统做法是，当 $|v_i| \geqslant 2\sigma_{l_i}$ 时，将其作为粗差。但是，最小二乘法具有善于掩盖粗差的特点（图 2.14），其观测值为 $\alpha + \Delta_\alpha$、$\beta + \Delta_\beta + \nabla_\beta$、$\gamma + \Delta_\gamma$，平差改正数为 $v_\alpha = v_\beta = v_\gamma = -(\Delta_\alpha + \Delta_\beta + \Delta_\gamma)/3 - \nabla_\beta/3$，粗差在各观测值改正数上反映的情况也不一样。这说明仅仅靠 v_i 进行粗差检验还不够准确。粗差检验的重要性及其复杂性，促进了可靠性理论的建立。

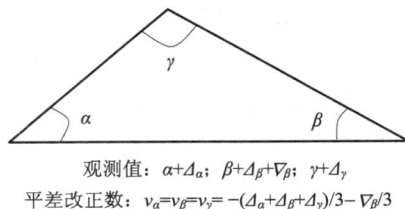

观测值：$\alpha + \Delta_\alpha$；$\beta + \Delta_\beta + \nabla_\beta$；$\gamma + \Delta_\gamma$
平差改正数：$v_\alpha = v_\beta = v_\gamma = -(\Delta_\alpha + \Delta_\beta + \Delta_\gamma)/3 - \nabla_\beta/3$

图 2.14　最小二乘法善于掩盖粗差

在测量界最早提出可靠性理论的是荷兰测量学家 Baarad。之后，许多测量学家对此进行了广泛深入的研究。

对于一个测量系统（如一个控制网、一项放样工作）来说，可靠性研究的任务是：①测量系统发现粗差的能力；②测量系统抵抗不可发现粗差对平差结果影响的能力。上述两任务分别称为测量系统的内、外可靠性。

2.3.1　可靠性矩阵与多余观测分量

可靠性矩阵 $\boldsymbol{R}$ 的表达式为

$$\boldsymbol{R} = \boldsymbol{Q}_{vv}\boldsymbol{P} = \mathbf{I} - \boldsymbol{A}\boldsymbol{Q}_{\hat{x}\hat{x}}\boldsymbol{A}^{\mathrm{T}}\boldsymbol{P} \tag{2.57}$$

残差 v 和 $\boldsymbol{R}$ 的关系式为

$$v = -\boldsymbol{R}l = -\boldsymbol{R}\varDelta \tag{2.58}$$

设 l 含粗差 ∇_l，对应 v 改变了 ∇_v

$$v + \nabla_v = -\boldsymbol{R}(l + \nabla_l) \tag{2.59}$$

或

$$\nabla_v = -\boldsymbol{R}\nabla_l \tag{2.60}$$

记 $\boldsymbol{R} = \left(r_{ij}\right)_{n \times n}$ 且 $r_i = r_{ii}$，i、$j = 1, 2, \cdots, n$。则

$$\nabla_{v_i} = -r_i \nabla_{l_i} - \sum_{\substack{j=1 \\ j \neq i}}^{n} r_{ij} \nabla_{l_j} \tag{2.61}$$

式中，r_i 为第 i 个观测值的多余观测分量。

可靠性矩阵 $\boldsymbol{R}$ 具有以下性质。

（1）$\boldsymbol{R}$ 为幂等阵，即 $\boldsymbol{R}^n = \boldsymbol{R}$。

幂等阵的性质有：①特征值为 0 或 1；②rank$\boldsymbol{R}$=tr$\boldsymbol{R}$；③（$\boldsymbol{I}$–$\boldsymbol{R}$）也是幂等阵；④$\boldsymbol{x}^{\mathrm{T}}\boldsymbol{R}\boldsymbol{x} \geqslant 0$，$\forall \boldsymbol{x}$；⑤若 $\boldsymbol{R}$ 对称且 r_i=0 或 1，则 r_{ij}=0，i、j=1,2,$\cdots$,n，$i \neq j$。

（2）tr$\boldsymbol{R}$=r。

证：$\mathrm{tr}\boldsymbol{R} = \mathrm{tr}(\boldsymbol{I} - \boldsymbol{A}\boldsymbol{Q}_{\hat{x}\hat{x}}\boldsymbol{A}^{\mathrm{T}}\boldsymbol{P}) \xlongequal{\mathrm{tr}(A+B)=\mathrm{tr}A+\mathrm{tr}B} \mathrm{tr}\boldsymbol{I} - \mathrm{tr}(\boldsymbol{A}\boldsymbol{Q}_{\hat{x}\hat{x}}\boldsymbol{A}^{\mathrm{T}}\boldsymbol{P})$

$\xlongequal{\mathrm{tr}(AB)=\mathrm{tr}(BA)} n - \mathrm{tr}(\boldsymbol{Q}_{\hat{x}\hat{x}}\boldsymbol{A}^{\mathrm{T}}\boldsymbol{P}\boldsymbol{A}) = n - \mathrm{tr}(\boldsymbol{Q}_{\hat{x}\hat{x}}\boldsymbol{N}) = n - t = r$

（3）$\boldsymbol{R}$ 为降秩方阵。

（4）若 $\boldsymbol{P} = \mathrm{diag}(p_1 \quad p_2 \quad \cdots \quad p_n)$，则① $0 \leqslant r_i \leqslant 1$，② $\sigma_{v_i} = \sqrt{r_i}\,\sigma_{l_i}$。

证：① $\because 0 \leqslant q_{v_iv_i} = q_{l_il_i} - q_{\hat{l}_i\hat{l}_i} \leqslant q_{l_il_i}$，$\therefore \ 0 \leqslant r_i = q_{v_iv_i}p_i \leqslant q_{l_il_i}p_i = 1$；

② $\boldsymbol{Q}_{vv} = \boldsymbol{R}\boldsymbol{Q}_{ll} \Rightarrow q_{v_iv_i} = r_i\dfrac{1}{p_i} \Rightarrow \sigma_{v_i} = \sqrt{r_i}\,\sigma_{l_i}$

由上可知，某一观测值如果存在粗差，这一粗差在该观测值平差改正数中的反应总是小于（最多等于）原始粗差量，通常远小于原始粗差量。此外，这一粗差不仅作用于该项观测值改正数，还影响其他有几何关系的观测值改正数，甚至会出现这样的情况：最大的影响不在相应的观测值改正数上，而在其他某一观测值改正数上。

两个特殊情况是：$r_i = 0$ 表示观测值为完全必要观测，粗差不能探测；$r_i = 1$ 表示观测值为完全多余，即未参加平差。

2.3.2　数据探测法

测量观测数据中的粗差判别基于数学中的统计假设检验。在这里，一般假设观测值中没有粗差，该假设称为零假设 H_0。同时，还可以与之对立地提出一个或多个对立假设，用来表征对模型误差的猜测，称为备选假设 H_{a_p}（p=1,2,$\cdots$）。借助合适的统计检验量，可在零假设和备选假设之间做出选择。

在零假设下，函数模型为 $\mathrm{E}(\boldsymbol{l}) = \boldsymbol{A}\boldsymbol{x}$，为叙述方便，将 $\boldsymbol{A}$ 写成 $\boldsymbol{A} = \begin{pmatrix} \boldsymbol{a}_1^{\mathrm{T}} & \boldsymbol{a}_2^{\mathrm{T}} & \cdots & \boldsymbol{a}_n^{\mathrm{T}} \end{pmatrix}^{\mathrm{T}}$。

现在，假设观测值中最多存在一个粗差，并且单位权方差 σ_0^2 已知，观测权阵 $\boldsymbol{P}$ 为对角阵 $\boldsymbol{P} = \mathrm{diag}(p_1 \quad p_2 \quad \cdots \quad p_n)$，则零假设可表示成

$$\mathrm{E}(l_i \mid \mathrm{H}_0) = \boldsymbol{a}_i^{\mathrm{T}}\boldsymbol{x} \quad (i=1,2,\cdots) \tag{2.62}$$

备选假设为

$$\begin{cases} \mathrm{E}(l_i \mid H_{a_i}) = \boldsymbol{a}_i^{\mathrm{T}}\boldsymbol{x} - \nabla_{l_i} \\ \mathrm{E}(l_j \mid H_{a_i}) = \boldsymbol{a}_j^{\mathrm{T}}\boldsymbol{x}, j \neq i \end{cases} \tag{2.63}$$

在零假设成立时，用标准化残差作为统计量

$$\omega_i = \frac{v_i}{\sigma_{v_i}} = \frac{v_i}{\sqrt{r_i}\,\sigma_{l_i}} = \frac{v_i}{\sigma_0\sqrt{q_{v_iv_i}}} \tag{2.64}$$

式中，$q_{v_iv_i}$ 为 $\boldsymbol{Q}_{vv} = \boldsymbol{RQ}_{ll}$ 的第 i 个对角线元素。

若 l_i 观测值不含粗差，则 ω_i 服从标准正态分布，即

$$\omega_i\,|\,\mathrm{H}_0 \sim \mathrm{N}(0,1) \tag{2.65}$$

所以，当

$$|\omega_i| > u_{\alpha/2} \tag{2.66}$$

时，认为观测值 l_i 可能含有粗差，否则认为 l_i 为正常观测值。这便是 Baarda 提出的数据探测法。

例 2.3.1　设 $v_i = 1\mathrm{cm}$，$r_i = 0.3$，$\sigma_{l_i} = 1.0\mathrm{cm}$

则

$$|\omega_i| = \frac{|v_i|}{\sqrt{r_i}\,\sigma_{l_i}} = \frac{1}{\sqrt{0.3 \times 1.0}} = 1.83 < 3 = u_{\alpha/2}$$

或

$$v_i < 3\sigma_{v_i} = 3\sqrt{r_i}\,\sigma_{l_i} = 3\sqrt{0.3} \times 1.0 = 1.64\mathrm{cm}$$

于是观测值 l_i 将被用来参加平差。

例 2.3.2　设 $v_i = 5\mu\mathrm{m}$，$r_i = 0.09$，$\sigma_{l_i} = 5\mu\mathrm{m}$

则

$$|\omega_i| = \frac{|v_i|}{\sqrt{r_i}\,\sigma_{l_i}} = \frac{5}{\sqrt{0.09 \times 5}} = 3.33 > 3 = u_{\alpha/2}$$

或

$$v_i > 3\sigma_{v_i} = 3\sqrt{r_i}\,\sigma_{l_i} = 3\sqrt{0.09} \times 5 = 4.5\mu\mathrm{m}$$

于是观测值 l_i 将被弃去。

值得注意的是，v_i 的临界值比 σ_{l_i} 小。

但是，在进行假设检验时，还应该考虑判断失误的可能性，即弃真和纳伪概率。

如图 2.15 所示，对于 u 检验（统计检验量在零假设成立时，服从标准正态分布），若弃真概率为 α，即置信水平为 $1-\alpha$，采用双尾检验，临界域为 $u_{\alpha/2}$，接受域为 $\left[-u_{\alpha/2}, u_{\alpha/2}\right]$，拒绝域为 $\left(-\infty, -u_{\alpha/2}\right)$ 和 $\left(u_{\alpha/2}, \infty\right)$。临界域 $u_{\alpha/2}$ 计算公式为

$$50\% - \alpha/2 = \frac{1}{\sqrt{2\pi}} \int_0^{u_{\alpha/2}} \mathrm{e}^{-\frac{t^2}{2}}\,\mathrm{d}t = \frac{1}{\sqrt{2\pi}} \sum_{i=0}^{n} \frac{\left(u_{\alpha/2}\right)^{(2i+1)}}{i!\left(-2\right)^i\left(2i+1\right)} \tag{2.67}$$

或迭代式

$$u_{\alpha/2} = (50\% - \alpha/2)\sqrt{2\pi} - \sum_{i=1}^{n} \frac{\left(u_{\alpha/2}\right)^{(2i+1)}}{i!\left(-2\right)^i\left(2i+1\right)} \tag{2.68}$$

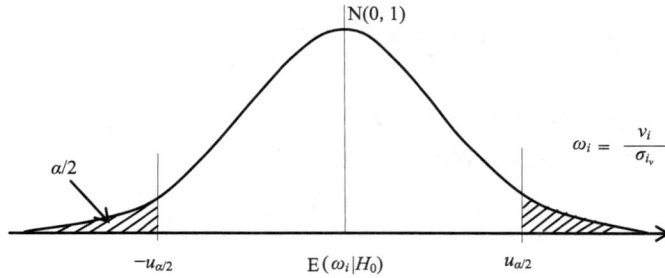

$$\omega_i = \frac{v_i}{\sigma_{i_v}}$$

α：截尾概率、显著性水平、风险度、弃真概率；$1-\alpha$：置信水平、置信度、信度；

$u_{\alpha/2}$：临界域、置信限；$|\omega_i| \leqslant u_{\alpha/2}$：接受域；$|\omega_i| > u_{\alpha/2}$：拒绝域

图 2.15　正态分布下的假设检验

现在考虑纳伪概率，如图 2.16 所示，当备选假设成立时，ω_i 的概率密度函数的形状没变，但平移了 δ_i，这时使用原检验方法时，存在纳伪概率 β_i，$\gamma_i = 1 - \beta_i$ 称为检验功效。γ_i 计算公式为

$$\gamma_i = 50\% + \frac{1}{\sqrt{2\pi}} \int_{u_{\alpha/2}}^{\delta_i} e^{-\frac{(t-\delta_i)^2}{2}} \mathrm{d}t = 50\% - \frac{1}{\sqrt{2\pi}} \sum_{i=0}^{n} \frac{(u_{\alpha/2} - \delta_i)^{(2i+1)}}{i!(-2)^i(2i+1)} \tag{2.69}$$

显然，γ_i 是 α 和 δ_i 的函数

$$\gamma_i = \gamma(\alpha, \delta_i) \tag{2.70}$$

指定 α 后，γ_i 随 δ_i 增大而增大。为保障 γ_i 不小于 γ_0，需使 δ_i 不小于 δ_0。反过来，δ_i 也是 α 和 γ_i 的函数

$$\delta_i = \delta(\alpha, \gamma_i) \tag{2.71}$$

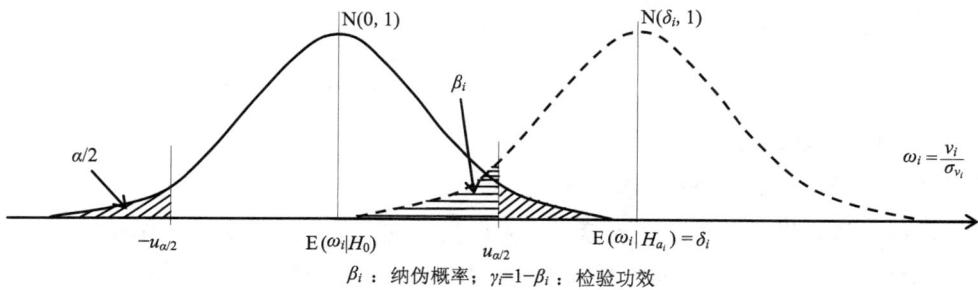

$$\omega_i = \frac{v_i}{\sigma_{v_i}}$$

β_i：纳伪概率；$\gamma_i = 1 - \beta_i$：检验功效

图 2.16　正态分布下的置信水平与检验功效

下面讨论非中心化参数 δ_i 的表达式。在备选假设成立时

$$l_i' = l_i - \nabla_{l_i} \tag{2.72}$$

$$v_i' = v_i + \nabla_{v_i} = v_i + r_i \nabla_{l_i} \tag{2.73}$$

$$\delta_i = \mathrm{E}(\omega_i \mid H_{a_i}) = \mathrm{E}(\omega_i') = \frac{\mathrm{E}(v_i')}{\sigma_{l_i}\sqrt{r_i}} = \frac{\nabla_{l_i}}{\sigma_{l_i}}\sqrt{r_i} \tag{2.74}$$

也就是说，备选假设成立时，统计量的分布为

$$\omega_i' \sim N(\delta_i, 1) \tag{2.75}$$

2.3.3 内可靠性指标

内可靠性要回答的问题是，一个观测值至少出现多大的粗差 ∇_{0l_i} 才能以所规定的检验功效 γ_0 在显著性水平为 α_0 的检验中被发现？

由上述讨论可知，若规定了 γ_0 和 α_0，则由式（2.69）可求出相应的 δ_0。Baarda 建议取 $\alpha_0 = 0.1\%$，$\gamma_0 = 80\%$，这时 $\delta_0 = 4.13$，或取 $\delta_0 = 4$。从而由式（2.74）可以得出

$$\nabla_{0l_i} = \frac{\delta_0}{\sqrt{r_i}} \sigma_{l_i} \tag{2.76}$$

为在置信水平 $1 - \alpha_0$ 和检验功效 γ_0 下可发现粗差的最小值，这是内可靠性的重要数据（图 2.17）。求出每个观测量的 ∇_{0l_i} 后，形成观测向量的 ∇_{0l}，即可发现粗差的最小值向量。

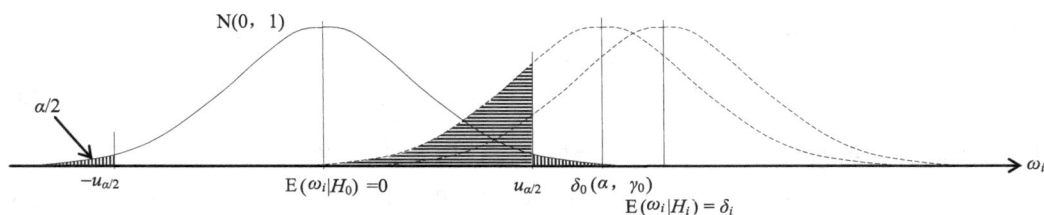

图 2.17 正态分布下的假设检验

测绘生产实践中，常常定义

$$R_i = \frac{\delta_0}{\sqrt{r_i}} \qquad (i = 1, 2, \cdots, n) \tag{2.77}$$

为观测值 l_i 的内可靠性指标。一般认为，好、中、差的标准分别是

$$R_i < 5, \; 5 \leqslant R_i \leqslant 10, \; R_i > 10 \tag{2.78}$$

2.3.4 外可靠性指标

外可靠性指标是描述控制网抵抗不可发现粗差对平差结果影响的能力指标。

设 l 含粗差 ∇_l，对 $\hat{x}$ 的影响为 $\nabla_{\hat{x}}$。由

$$(\hat{x} + \nabla_{\hat{x}}) = Q_{\hat{x}\hat{x}} A^T P(l + \nabla_l) \tag{2.79}$$

得

$$\nabla_{\hat{x}} = Q_{\hat{x}\hat{x}} A^T P \nabla_l \tag{2.80}$$

从而，得不可发现粗差对参数平差值的最大影响为

$$\nabla_{0\hat{x}} = Q_{\hat{x}\hat{x}} A^T P \nabla_{0l} \tag{2.81}$$

对于平差参数的函数 $f = f^T \hat{x}$，显然最大影响量为

$$\nabla_{0f} = f^T \nabla_{0\hat{x}} = f^T Q_{\hat{x}\hat{x}} A^T P \nabla_{0l} \tag{2.82}$$

如果仅仅考虑控制网的"总体情况"，常常定义 ∇_l 对 $\hat{x}$ 的"影响值"为

$$\left\| \boldsymbol{\nabla}_{\hat{x}} \right\| = \sqrt{\boldsymbol{\nabla}_{\hat{x}}^{\mathrm{T}} \boldsymbol{P}_{\hat{x}\hat{x}} \boldsymbol{\nabla}_{\hat{x}}} = \sqrt{\boldsymbol{\nabla}_{l}^{\mathrm{T}} \boldsymbol{P} \boldsymbol{A} \boldsymbol{Q}_{\hat{x}\hat{x}} \boldsymbol{A}^{\mathrm{T}} \boldsymbol{P} \boldsymbol{\nabla}_{l}} = \sqrt{\boldsymbol{\nabla}_{l}^{\mathrm{T}} \boldsymbol{P}(\boldsymbol{I} - \boldsymbol{R}) \boldsymbol{\nabla}_{l}} \tag{2.83}$$

令

$$\boldsymbol{\nabla}_{l} = \nabla_{l_i} \begin{pmatrix} 0 & \cdots & 0 & 1 & 0 & \cdots & 0 \end{pmatrix}^{\mathrm{T}} \tag{2.84}$$
第 i 个元素

$$\boldsymbol{P} = \mathrm{diag}\begin{Bmatrix} p_1 & p_2 & \cdots & p_n \end{Bmatrix} \tag{2.85}$$

则

$$\left\| \boldsymbol{\nabla}_{\hat{x}} \right\|_i = \nabla_{l_i} \sqrt{p_i(1 - r_i)} \tag{2.86}$$

以 ∇_{0l_i} 代替 ∇_{l_i}，得观测值 l_i 中不可发现粗差对 $\hat{x}$ 的最大"影响值"为

$$\left\| \boldsymbol{\nabla}_{\hat{x}} \right\|_i^0 = \nabla_{0l_i} \sqrt{p_i(1 - r_i)} = \frac{\delta_0}{\sqrt{r_i}} \sigma_{l_i} \sqrt{p_i(1 - r_i)} = \frac{\delta_0}{\sqrt{r_i}} \frac{\sigma_0}{\sqrt{p_i}} \sqrt{p_i(1 - r_i)} = \sigma_0 \delta_0 \sqrt{\frac{1 - r_i}{r_i}} \tag{2.87}$$

测绘生产实践中，常常定义

$$R_i' = \delta_0 \sqrt{\frac{1 - r_i}{r_i}} \qquad (i = 1, 2, \cdots, n) \tag{2.88}$$

为观测值 l_i 的外可靠性指标。一般认为，好、中、差的标准分别为

$$R_i' < 3 \text{、} 3 \leqslant R_i' \leqslant 8 \text{、} R_i' > 8 \tag{2.89}$$

2.4　基准与基准变换

2.4.1　测量控制网基准的概念

控制网基准的概念常与平差计算相联系，所以又称为平差基准。

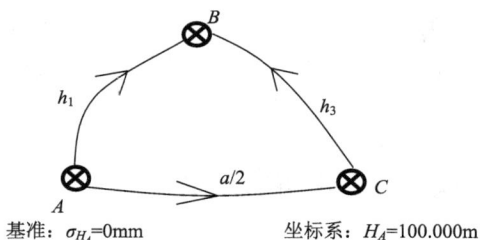

图 2.18　坐标系与基准

建立控制网的传统观测是高差、角度、距离等相对量，由此只可以得到控制网的内部相对形状，而得不到 $\boldsymbol{x}$ 和 $\boldsymbol{\Sigma}_{xx}$ 等绝对量的值。也就是说，$\boldsymbol{x}$ 和 $\boldsymbol{\Sigma}_{xx}$ 不是可估量，或者说只是条件可估量，为估计必须附加合适的条件。

如图 2.18 所示，为了求得各点的高程值，必须指定坐标系：$H_A = 100.000\text{m}$ 或其他值（当然其他值对应其他坐标系）。同样，为了求得各点高程的方差值，必须指定基准 $\sigma_{H_A} = 0\text{mm}$（一般不使用非零值）。

坐标系是求坐标的参照物；基准是求坐标误差的参照物。当两个参照物重合时，就是通常所说的起算点、已知点等；当两个参照物不重合时，坐标系是有误差的，在平差过程中可能被修改，是弱的，或者说，坐标系被强制拉到了基准处。

与坐标系和坐标变换类似，此处讨论基准和基准变换。

一般来说，对于纯粹的 n 维空间的几何控制网，当以点位和尺度比作为待定参数，被观测量是边长（或高差）和方向（或角度）时，基准的类型和个数是：尺度基准（伸缩自由度）$d_1 = C_n^0 = 1$；位置基准（平移自由度）$d_2 = C_n^1 = n$；方位基准（旋转自由度）$d_3 = C_n^2 = \frac{1}{2} n(n-1)$，$n \geqslant 2$。

本节仅以高程网和平面边角网（含导线网、测边网、不完全边角网及完全边角网）为例，前者的基准数为 1，后者不考虑尺度参数时基准数为 3。

2.4.2　高程网的基准与基准方程

在高程网的误差方程

$$\underset{n\times1}{\boldsymbol{v}} = \underset{n\times t}{\boldsymbol{A}}\,\underset{t\times1}{\boldsymbol{\delta}_{\hat{H}}} - \underset{n\times1}{\boldsymbol{l}} \quad 权：\underset{n\times n}{\boldsymbol{P}} \tag{2.90}$$

中，若未包括基准信息，则在

$$\boldsymbol{v}^{\mathrm{T}}\boldsymbol{P}\boldsymbol{v} = \min \tag{2.91}$$

下，法方程

$$\boldsymbol{N}\boldsymbol{\delta}_{\hat{H}} = \boldsymbol{u} \quad （其中 \boldsymbol{N} = \boldsymbol{A}^{\mathrm{T}}\boldsymbol{P}\boldsymbol{A}, \quad \boldsymbol{u} = \boldsymbol{A}^{\mathrm{T}}\boldsymbol{P}\boldsymbol{l}） \tag{2.92}$$

不存在唯一解。

$$\boldsymbol{\delta}_{\hat{H}} = \boldsymbol{N}^{-}\boldsymbol{u} + (\boldsymbol{I} - \boldsymbol{N}^{-}\boldsymbol{N})\boldsymbol{m} \tag{2.93}$$

式中，$\boldsymbol{m}$ 为任意向量；$\boldsymbol{N}^{-}$ 为 $\boldsymbol{N}$ 的广义逆，要求满足 $\boldsymbol{N}\boldsymbol{N}^{-}\boldsymbol{N} = \boldsymbol{N}$。

1）经典基准

高程网的经典平差基准是指定某一点高程的均方根差为零，例如，指定 $\sigma_{H_i} = 0$，或者说该点高程在平差前后不变

$$\delta_{\hat{H}_i} = 0 \tag{2.94}$$

或写成矩阵形式

$$\boldsymbol{G}_i^{\mathrm{T}}\boldsymbol{\delta}_{\hat{H}} = \boldsymbol{0} \tag{2.95}$$

式中，

$$\boldsymbol{\delta}_{\hat{H}} = \begin{pmatrix} \delta_{\hat{H}_1} & \delta_{\hat{H}_2} & \cdots & \delta_{\hat{H}_t} \end{pmatrix}^{\mathrm{T}} \tag{2.96}$$

$$\underset{t\times1}{\boldsymbol{G}_i} = \begin{pmatrix} 0 & \cdots & 0 & \underset{\underset{第\,i\,个元素}{\uparrow}}{1} & 0 & \cdots & 0 \end{pmatrix}^{\mathrm{T}} \tag{2.97}$$

式（2.97）称为高程网的经典基准方程。

2）重心基准

设各点高程近似值为 $H_i^{[0]}$（$i = 1, 2, \cdots, t$），则重心基准是指定各点高程的平均值的均方根差为 0，即 $\sigma_{\bar{H}} = 0$，或者说高程平均值在平差前后不变

$$\sigma_{\bar{H}} = 0 \tag{2.98}$$

式中，

$$\bar{H} = \frac{1}{t}\sum_{i=1}^{t}\hat{H}_i = \frac{1}{t}\sum_{i=1}^{t}\left(H_i^{[0]} + \delta_{\hat{H}_i}\right) = \bar{H}^{[0]} + \frac{1}{t}\sum_{i=1}^{t}\delta_{\hat{H}_i} = \bar{H}^{[0]} \tag{2.99}$$

从而高程改正数必须满足条件

$$\sum_{i=1}^{t}\delta_{\hat{H}_i} = 0 \tag{2.100}$$

或写成矩阵形式

$$G^\mathrm{T}\delta_{\hat{H}} = 0 \tag{2.101}$$

式（2.101）称为高程网的重心基准方程。其中，

$$\underset{t\times 1}{G} = \begin{pmatrix} 1 & 1 & \cdots & 1 \end{pmatrix}^\mathrm{T} \tag{2.102}$$

G 满足

$$AG = 0, \quad NG = 0 \tag{2.103}$$

由于该基准条件的解算等价于

$$\delta_{\hat{H}} = N^+ u \tag{2.104}$$

式中，N^+ 为 N 的伪逆（pseudo inverse 或 moore-penrose inverse），故又称为伪逆平差。

条件式 $G^\mathrm{T}\delta_{\hat{H}} = 0$ 还等价于

$$\left\| \delta_{\hat{H}} \right\| = \delta_{\hat{H}}^{\ \mathrm{T}}\delta_{\hat{H}} = \min \tag{2.105}$$

或

$$\mathrm{tr}D_{\delta_{\hat{H}}\delta_{\hat{H}}} = \sigma_0^2 \mathrm{tr}Q_{\delta_{\hat{H}}\delta_{\hat{H}}} = \min \tag{2.106}$$

所以又称为最小范数解、全迹最小自由网平差。前者对应 N 的最小范数逆 $N_m^- = N(NN)^-$，N 的最小范数逆 N_m^- 要求满足 $NN_m^-N = N$、$(N_m^-N)^\mathrm{T} = N_m^-N$，$N_m^-$ 不唯一，但 $\delta_{\hat{H}} = N_m^-u$ 唯一，$N^+ = N_m^-N_m^-N$。

该平差最初由 Meissel 于 1962 年提出，称为秩亏自由网平差。系统的讨论可参考相关文献（陶本藻，1984，2001）。

3）拟稳基准

拟稳基准的实质是指定 $\sigma_{\bar{H}_P} = 0$，或

$$\delta_{\bar{H}_P} = 0 \tag{2.107}$$

式中，

$$\bar{H}_P = \frac{\sum\limits_{i=1}^{t} w_i \left(\hat{H}_i + \delta_{\hat{H}_i} \right)}{\sum\limits_{i=1}^{t} w_i} = \frac{\sum\limits_{i=1}^{t} w_i H_i^{[0]}}{\sum\limits_{i=1}^{t} w_i} + \frac{\sum\limits_{i=1}^{t} w_i \delta_{\hat{H}_i}}{\sum\limits_{i=1}^{t} w_i} = \bar{H}_P^{[0]} + \delta_{\bar{H}_P} = \bar{H}_P^{[0]} \tag{2.108}$$

从而高程改正数须满足条件

$$\sum_{i=1}^{t} w_i \delta_{\hat{H}_i} = G^\mathrm{T}W\delta_{\hat{H}} = 0 \tag{2.109}$$

式中，

$$W = \mathrm{diag}\begin{pmatrix} w_1 & w_2 & \cdots & w_t \end{pmatrix}, w_i \geqslant 0 \quad (i = 1, 2, \cdots, t) \tag{2.110}$$

拟稳基准可以看作重心基准的推广，相应的性质也可做类似的推广。拟稳平差的名称由周江文（1987）提出，详细的资料可参见相关文献。

4）带基准条件的参数平差解

由

$$v = A\delta_{\hat{H}} - l \quad 权：P \tag{2.111}$$

$$G_i^{\mathrm{T}}\delta_{\hat{H}} = 0 \tag{2.112}$$

在 $v^{\mathrm{T}}Pv = \min$ 下，组成

$$\varphi = v^{\mathrm{T}}Pv + k^{\mathrm{T}}(G_i^{\mathrm{T}}\delta_{\hat{H}} - 0) = (A\delta_{\hat{H}} - l)^{\mathrm{T}}P(A\delta_{\hat{H}} - l) + k^{\mathrm{T}}(G_i^{\mathrm{T}}\delta_{\hat{H}}) \tag{2.113}$$

令 $\dfrac{\partial \varphi}{\partial \delta_{\hat{H}}} = 0$ 得

$$\begin{cases} N\delta_{\hat{H}} + G_i k = u \\ G_i^{\mathrm{T}}\delta_{\hat{H}} = 0 \end{cases} \tag{2.114}$$

在式（2.114）的第一式两边均乘以 G^{T} 并利用 $AG = 0$，　$NG = 0$ 可得

$$k = 0 \tag{2.115}$$

从而可求得方程组的解

$$\delta_{\hat{H}} = Q_r u \tag{2.116}$$

$$Q_{\delta_{\hat{H}}\delta_{\hat{H}}} = Q_r N Q_r \tag{2.117}$$

$$Q_r = (N + G_i G_i^{\mathrm{T}})^{-1} \tag{2.118}$$

或者对式（2.114）直接矩阵求逆解算，这样也可推广到附合网平差的计算。

2.4.3　平面边角网的基准与基准方程

1）经典基准

平面边角网经典基准表述为

$$\begin{cases} \sigma_{\hat{x}_k} = 0 \\ \sigma_{\hat{y}_k} = 0 \\ \sigma_{\hat{\alpha}_{ij}} = 0 \end{cases} \tag{2.119}$$

或

$$\begin{cases} \delta_{\hat{x}_k} = 0 \\ \delta_{\hat{y}_k} = 0 \\ \delta_{\hat{\alpha}_{ij}} = \dfrac{\rho}{s_{ij}}(\sin\alpha_{ij}^{[0]}\delta_{\hat{x}_i} - \cos\alpha_{ij}^{[0]}\delta_{y_i} - \sin\alpha_{ij}^{[0]}\delta_{\hat{x}_j} + \cos\alpha_{ij}^{[0]}\delta_{\hat{y}_j}) = 0 \end{cases} \tag{2.120}$$

写成 $G_i^{\mathrm{T}}\delta_{\hat{x}} = 0$ 的形式，则有

$$G_i^{\mathrm{T}} = \begin{pmatrix} 0 & \cdots & 0 & 0 & 0 & 0 & \cdots & 0 & 0 & 0 & 0 & \cdots & 0 & 1 & 0 & 0 & \cdots & 0 \\ 0 & \cdots & 0 & 0 & 0 & 0 & \cdots & 0 & 0 & 0 & 0 & \cdots & 0 & 0 & 1 & 0 & \cdots & 0 \\ 0 & \cdots & 0 & \underset{\underset{2i-1}{\uparrow}}{\sin\alpha_{ij}^{[0]}} & \underset{\underset{2i}{\uparrow}}{-\cos\alpha_{ij}^{[0]}} & 0 & \cdots & 0 & \underset{\underset{2j-1}{\uparrow}}{-\sin\alpha_{ij}^{[0]}} & \underset{\underset{2j}{\uparrow}}{\cos\alpha_{ij}^{[0]}} & 0 & \cdots & 0 & \underset{\underset{2k-1}{\uparrow}}{0} & \underset{\underset{2k}{\uparrow}}{0} & 0 & \cdots & 0 \end{pmatrix}$$

$$\tag{2.121}$$

2）重心基准

对平面网来说，重心基准是指

$$\begin{cases} \sigma_{\bar{x}} = 0 \\ \sigma_{\bar{y}} = 0 \\ \sigma_{\bar{\alpha}} = 0 \end{cases} \tag{2.122}$$

式中，

$$\bar{x} = \frac{1}{m}\sum_{i=1}^{m}\hat{x}_i = \frac{1}{m}\sum_{i=1}^{m}(x_i^{[0]} + \delta_{\hat{x}_i}) = \bar{x}^{[0]} = \frac{1}{m}\sum_{i=1}^{m}x_i^{[0]} \tag{2.123}$$

$$\bar{y} = \frac{1}{m}\sum_{i=1}^{m}\hat{y}_i = \frac{1}{m}\sum_{i=1}^{m}(y_i^{[0]} + \delta_{\hat{y}_i}) = \bar{y}^{[0]} = \frac{1}{m}\sum_{i=1}^{m}y_i^{[0]} \tag{2.124}$$

$$\bar{\alpha} = \frac{\sum_{i=1}^{m}\left(s_i^{[0]}\right)^2 \hat{\alpha}_i}{\sum_{i=1}^{m}\left(s_i^{[0]}\right)^2} = \bar{\alpha}^{[0]} = \frac{\sum_{i=1}^{m}\left(s_i^{[0]}\right)^2 \alpha_i^{[0]}}{\sum_{i=1}^{m}\left(s_i^{[0]}\right)^2} \tag{2.125}$$

$$s_i^{[0]} = \sqrt{\left(x_i^{[0]} - \bar{x}\right)^2 + \left(y_i^{[0]} - \bar{y}\right)^2} \tag{2.126}$$

$$\alpha_i^{[0]} = \tan_\alpha^{-1}\frac{y_i^{[0]} - \bar{y}}{x_i^{[0]} - \bar{x}}, \quad \hat{\alpha}_i = \tan_\alpha^{-1}\frac{\hat{y}_i - \bar{y}}{\hat{x}_i - \bar{x}} = \tan_\alpha^{-1}\frac{y_i^{[0]} + \delta_{\hat{x}_i} - \bar{y}}{x_i^{[0]} + \delta_{\hat{y}_i} - \bar{x}} \tag{2.127}$$

从而，

$$\begin{cases} \delta_{\bar{x}} = 0 \\ \delta_{\bar{y}} = 0 \\ \delta_{\bar{\alpha}} = 0 \end{cases} \tag{2.128}$$

将式（2.128）展开，写成 $\boldsymbol{G}^{\mathrm{T}}\boldsymbol{\delta}_{\hat{x}} = \boldsymbol{0}$ 的形式，则有

$$\boldsymbol{G}^{\mathrm{T}} = \begin{pmatrix} 1 & 0 & 1 & 0 & \cdots & 1 & 0 \\ 0 & 1 & 0 & 1 & \cdots & 0 & 1 \\ -y_1^{[0]} & x_1^{[0]} & -y_2^{[0]} & x_2^{[0]} & \cdots & -y_m^{[0]} & x_m^{[0]} \end{pmatrix} \tag{2.129}$$

可先将 $\hat{\alpha}_i = \tan_\alpha^{-1}\dfrac{y_i^{[0]} + \delta_{\hat{x}_i} - \bar{y}}{x_i^{[0]} + \delta_{\hat{y}_i} - \bar{x}}$ 线性化

$$\delta_{\hat{\alpha}_i} = \frac{1}{(s_i^{[0]})^2}[-(y_i^{[0]} - \bar{y})\delta_{\hat{x}_i} + (x_i^{[0]} - \bar{x})\delta_{\hat{y}_i}] \tag{2.130}$$

所以，有

$$\sum_{i=1}^{m}(s_i^{[0]})^2\delta_{\hat{\alpha}_i} = \sum_{i=1}^{m}[-(y_i^{[0]} - \bar{y})\delta_{\hat{x}_i} + (x_i^{[0]} - \bar{x})\delta_{\hat{y}_i}]$$

$$= \sum_{i=1}^{m}(-y_i^{[0]}\delta_{\hat{x}_i} + x_i^{[0]}\delta_{\hat{y}_i}) + \bar{y}\sum_{i=1}^{m}\delta_{\hat{x}_i} + \bar{x}\sum_{i=1}^{m}\delta_{\hat{y}_i} = \sum_{i=1}^{m}(-y_i^{[0]}\delta_{\hat{x}_i} + x_i^{[0]}\delta_{\hat{y}_i}) = 0 \tag{2.131}$$

将尺度也作为待定参数时,

$$\boldsymbol{G}^{\mathrm{T}} = \begin{pmatrix} 1 & 0 & 1 & 0 & \cdots & 1 & 0 \\ 0 & 1 & 0 & 1 & \cdots & 0 & 1 \\ -y_1^{[0]} & x_1^{[0]} & -y_2^{[0]} & x_2^{[0]} & \cdots & -y_m^{[0]} & x_m^{[0]} \\ x_1^{[0]} & y_1^{[0]} & x_2^{[0]} & y_2^{[0]} & \cdots & x_m^{[0]} & y_m^{[0]} \end{pmatrix} \tag{2.132}$$

最后一个条件对应

$$\delta_{\bar{s}} = 0 \tag{2.133}$$

$$\bar{s} = \frac{\sum\limits_{i=1}^{m} s_i^{[0]} \hat{s}_i}{\sum\limits_{i=1}^{m} s_i^{[0]}} = \bar{s}^{[0]} = \frac{\sum\limits_{i=1}^{m} s_i^{[0]} s_i^{[0]}}{\sum\limits_{i=1}^{m} s_i^{[0]}} \tag{2.134}$$

$$s_i^{[0]} = \sqrt{\left(x_i^{[0]} - \bar{x}\right)^2 + \left(y_i^{[0]} - \bar{y}\right)^2} \tag{2.135}$$

$$\hat{s}_i = \sqrt{\left(\hat{x}_i - \bar{x}\right)^2 + \left(\hat{y}_i - \bar{y}\right)^2} = \sqrt{\left(x_i^{[0]} + \delta_{\hat{x}_i} - \bar{x}\right)^2 + \left(y_i^{[0]} + \delta_{\hat{y}_i} - \bar{y}\right)^2} \tag{2.136}$$

对 $\hat{s}_i = \sqrt{\left(x_i^{[0]} + \delta_{\hat{x}_i} - \bar{x}\right)^2 + \left(y_i^{[0]} + \delta_{\hat{y}_i} - \bar{y}\right)^2}$ 线性化可得

$$s_i^{[0]} \delta_{\hat{s}_i} = (x_i^{[0]} - \bar{x})\delta_{\hat{x}_i} + (y_i^{[0]} - \bar{y})\delta_{\hat{y}_i} \tag{2.137}$$

进而,

$$\begin{aligned} \sum_{i=1}^{m} s_i^{[0]} \delta_{\hat{s}_i} &= \sum_{i=1}^{m} (x_i^{[0]} - \bar{x})\delta_{\hat{x}_i} + \sum_{i=1}^{m} (y_i^{[0]} - \bar{y})\delta_{\hat{y}_i} \\ &= \sum_{i=1}^{m} x_i^{[0]} \delta_{\hat{x}_i} + \sum_{i=1}^{m} y_i^{[0]} \delta_{\hat{y}_i} - \sum_{i=1}^{m} \bar{x}\delta_{\hat{x}_i} - \sum_{i=1}^{m} \bar{y}\delta_{\hat{y}_i} \\ &= \sum_{i=1}^{m} x_i^{[0]} \delta_{\hat{x}_i} + \sum_{i=1}^{m} y_i^{[0]} \delta_{\hat{y}_i} = 0 \end{aligned}$$

3)拟稳基准

$$\boldsymbol{G}_i = \boldsymbol{W}\boldsymbol{G} \tag{2.138}$$

式中,

$$\boldsymbol{W} = \mathrm{diag}\left\{ w_{x_1} \quad w_{y_1} \quad w_{x_2} \quad w_{y_2} \quad \cdots \quad w_{x_m} \quad w_{y_m} \right\} \tag{2.139}$$

4)带基准条件的参数平差解

解式类同高程网。

2.4.4 基准变换

1)基准变换公式

设控制网的平差模型为

$$\boldsymbol{v} = \boldsymbol{A}\hat{\boldsymbol{x}} - \boldsymbol{l} \quad 权:\boldsymbol{P} \tag{2.140}$$

在 $\boldsymbol{v}^{\mathrm{T}}\boldsymbol{P}\boldsymbol{v} = \min$ 及基准 $\boldsymbol{G}_i$ 下可求得

$$\hat{x}_i = (N + G_i G_i^T) u \tag{2.141}$$

同样，在 $v^T P v = \min$ 及基准 G_j 下可求得

$$\hat{x}_j = (N + G_j G_j^T)^{-1} u \tag{2.142}$$

现在，研究 $\hat{x}_i$ 与 $\hat{x}_j$ 的关系

$$\hat{x}_j = (N + G_j G_j^T)^{-1} u \overset{u = N\hat{x}_i}{=\!=\!=} (N + G_j G_j^T)^{-1} N \hat{x}_i$$

$$= (N + G_j G_j^T)^{-1} \left(N + G_j G_j^T - G_j G_j^T \right) \hat{x}_i$$

$$= \left[I - (N + G_j G_j^T)^{-1} G_j G_j^T \right] \hat{x}_i$$

又

$$(N + G_j G_j^T)^{-1} G_j G_j^T \overset{NG=0}{=\!=\!=} (N + G_j G_j^T)^{-1} (N + G_j G_j^T) G (G_j^T G)^{-1} G_j^T = G(G_j^T G)^{-1} G_j^T$$

所以

$$\hat{x}_j = \{ I - G(G_j^T G)^{-1} G_j^T \} \hat{x}_i \tag{2.143}$$

或记为

$$\hat{x}_j = S_j \hat{x}_i \tag{2.144}$$

式中，

$$S_j = I - G(G_j^T G)^{-1} G_j^T \tag{2.145}$$

称为 S 变换矩阵。并且，还可得到

$$Q_{\hat{x}_j \hat{x}_j} = S_j Q_{\hat{x}_i \hat{x}_i} S_j^T \tag{2.146}$$

值得注意的是 S_j 与 G_i 无关。

2）S 变换矩阵的性质

$$S_j G = 0$$

$$G_j^T S_j = 0$$

$$\left(S_j \right)^n = S_j$$

$$S_n S_{n-1} \cdots S_2 S_1 = S_n$$

2.4.5　基准变换公式的应用

1）"重心基准下 $\mathrm{tr} Q_{\hat{x}\hat{x}} = \min$" 的证明

证：设控制网在某基准下的协因数阵为 $Q_{\hat{x}\hat{x}}$，现在将其变换到重心基准

$$S_r = I - G(G_j^T G)^{-1} G^T$$

$$Q_{\hat{x}_r \hat{x}_r} = S_r Q_{\hat{x}\hat{x}} S_r^T = \{ I - G(G_j^T G)^{-1} G^T \} Q_{\hat{x}\hat{x}} \{ I - G(G_j^T G)^{-1} G^T \}$$

$$= Q_{\hat{x}\hat{x}} - G(G_j^T G)^{-1} G^T Q_{\hat{x}\hat{x}} - Q_{\hat{x}\hat{x}} G(G_j^T G)^{-1} G^T + G(G_j^T G)^{-1} G^T Q_{\hat{x}\hat{x}} G(G_j^T G)^{-1} G^T$$

$$\mathrm{tr} Q_{\hat{x}_r \hat{x}_r} = \mathrm{tr} Q_{\hat{x}\hat{x}} - \mathrm{tr} \{ G(G^T G)^{-1} G^T Q_{\hat{x}\hat{x}} \}$$

$$= \mathrm{tr} Q_{\hat{x}\hat{x}} - \mathrm{tr} \{ G(G^T G)^{-1} G^T Q_{\hat{x}\hat{x}} G(G^T G)^{-1} G^T \}$$

令

$$H = G(G_j^T G)^{-1} G^T$$

则

$$\mathrm{tr} Q_{\hat{x}_r \hat{x}_r} = \mathrm{tr} Q_{\hat{x}\hat{x}} - \mathrm{tr}(H Q_{\hat{x}\hat{x}} H^T)$$

$Q_{\hat{x}\hat{x}}$ 为半正定阵，故

$$\mathrm{tr}(H Q_{\hat{x}\hat{x}} H^T) \geqslant 0$$

从而

$$\mathrm{tr} Q_{\hat{x}_r \hat{x}_r} \leqslant \mathrm{tr} Q_{\hat{x}\hat{x}}$$

证讫。

2）"v 为不变量"的证明

证：在某一基准下，

$$v = A\hat{x} - l$$

现在将其变换到另一基准 G_j，则有

$$S_j = I - G(G_j^T G)^{-1} G_j^T，\quad \hat{x}_j = S_j \hat{x}$$

$$v_j = A\hat{x}_j - l = A S_j \hat{x} - l = A[I - G(G_j^T G)^{-1} G_j^T]\hat{x} - l \xlongequal{AG=0} A\hat{x} - l = v$$

证讫。

3）"$\hat{d}^T P_{\hat{d}\hat{d}} \hat{d}$ 是不变量"的证明

证：对控制网进行两期观测，在保持近似坐标不变的情况下，分别进行重心平差，得

$$\hat{d} = \hat{x}^{[2]} - \hat{x}^{[1]}，\quad P_{\hat{d}\hat{d}} = Q_{\hat{d}\hat{d}}^+ \quad \text{（实际上 } Q_{\hat{d}\hat{d}}^+ = (Q_{\hat{x}^{[1]}} + Q_{\hat{x}^{[2]}})^+ = (N^+ + N^+)^+ = \frac{1}{2}N \text{）}$$

现在将其变换到另一基准 G_j，则有

$$S_j = I - G(G_j^T G)^{-1} G_j^T，\quad \hat{d}_j = S_j \hat{d}$$

$$Q_{\hat{d}_j \hat{d}_j} = S_j Q_{\hat{d}\hat{d}} S_j^T \quad P_{\hat{d}_j \hat{d}_j} = (S_j^T)^{-1} Q_{\hat{d}\hat{d}}^+ S_j^{-1} = (S_j^T)^{-1} P_{\hat{d}\hat{d}} S_j^{-1}$$

$$\hat{d}_j^T P_{\hat{d}_j \hat{d}_j} \hat{d}_j = (S_j \hat{d})^T (S_j^T)^{-1} P_{\hat{d}\hat{d}} S_j^{-1} (S_j \hat{d}) = \hat{d}^T S_j^T (S_j^T)^{-1} P_{\hat{d}\hat{d}} S_j^{-1} S_j \hat{d} = \hat{d}^T P_{\hat{d}\hat{d}} \hat{d}$$

证讫。

2.5　平面直伸网平差

当测量控制网网点近似位于同一直线上时，这种控制网称为直伸网，或直线网。直伸网主要用于直线形建筑物的施工放样和变形监测，例如，直线形加速器的安装测量，火箭橇试验滑轨、航母电磁弹射轨道的安装测量，桥梁、大坝的横向变形监测等。

如图 2.19 所示，设某控制网由 $m+1$ 个点组成，$(x_i^{[0]}, y_i^{[0]})$（$i = 0,1,2,\cdots,m$）位于一条直线上，其平差基准为 $\delta_{\hat{x}_0} = 0$，$\delta_{\hat{y}_0} = 0$，$\delta_{\hat{x}_m} = 0$。对该网进行了方向观测和距离观测，列误差方程式为

$$v_{r_{ij}} = -\delta_{\hat{\omega}_i} + \frac{\sin\alpha_{ij}^{[0]}}{s_{ij}^{[0]}}\rho\delta_{\hat{x}_i} - \frac{\cos\alpha_{ij}^{[0]}}{s_{ij}^{[0]}}\rho\delta_{\hat{y}_i} - \frac{\sin\alpha_{ij}^{[0]}}{s_{ij}^{[0]}}\rho\delta_{\hat{x}_j} + \frac{\cos\alpha_{ij}^{[0]}}{s_{ij}^{[0]}}\rho\delta_{\hat{y}_j} - l_{r_{ij}}$$

$$v_{s_{ij}} = -\cos\alpha_{ij}^{[0]}\delta_{\hat{x}_i} - \sin\alpha_{ij}^{[0]}\delta_{\hat{y}_i} + \cos\alpha_{ij}^{[0]}\delta_{\hat{x}_j} + \sin\alpha_{ij}^{[0]}\delta_{\hat{y}_j} - l_{s_{ij}}$$

式中，$l_{r_{ij}} = r_{ij} + \omega_i^{[0]} - \alpha_{ij}^{[0]}$；$l_{s_{ij}} = s_{ij} - s_{ij}^{[0]}$。

图 2.19　直伸网网型示意图

以 $\cos\alpha_{ij}^{[0]} = 0$、$\dfrac{\sin\alpha_{ij}^{[0]}}{s_{ij}^{[0]}} = \dfrac{1}{y_j^{[0]} - y_i^{[0]}}$ 代之得

$$v_{r_{ij}} = -\delta_{\hat{\omega}_i} + \frac{\rho}{y_j^{[0]} - y_i^{[0]}}\delta_{\hat{x}_i} - \frac{\rho}{y_j^{[0]} - y_i^{[0]}}\delta_{\hat{x}_j} - l_{r_{ij}} \tag{2.147}$$

$$v_{s_{ij}} = \text{sgn}(i-j)\delta_{\hat{y}_i} + \text{sgn}(j-i)\delta_{\hat{y}_j} - l_{s_{ij}} \tag{2.148}$$

总的误差方程式可以写为

$$\begin{pmatrix} \boldsymbol{v}_r \\ \boldsymbol{v}_s \end{pmatrix} = \begin{pmatrix} \boldsymbol{A}_r & \boldsymbol{0} \\ \boldsymbol{0} & \boldsymbol{A}_s \end{pmatrix}\begin{pmatrix} \boldsymbol{\delta}_{\hat{x}} \\ \boldsymbol{\delta}_{\hat{y}} \end{pmatrix} - \begin{pmatrix} \boldsymbol{l}_r \\ \boldsymbol{l}_s \end{pmatrix} \quad 权：\begin{pmatrix} \boldsymbol{P}_r & \boldsymbol{0} \\ \boldsymbol{0} & \boldsymbol{P}_s \end{pmatrix}$$

式中，$\boldsymbol{\delta}_{\hat{x}} = \begin{pmatrix} \delta_{\hat{x}_1} & \delta_{\hat{x}_2} & \cdots & \delta_{\hat{x}_{m-1}} \end{pmatrix}^{\mathrm{T}}$；$\boldsymbol{\delta}_{\hat{y}} = \begin{pmatrix} \delta_{\hat{y}_1} & \delta_{\hat{y}_2} & \cdots & \delta_{\hat{y}_m} \end{pmatrix}^{\mathrm{T}}$。

在最小二乘原则下组成法方程

$$\begin{pmatrix} \boldsymbol{A}_r^{\mathrm{T}}\boldsymbol{P}_r\boldsymbol{A}_r & \boldsymbol{0} \\ \boldsymbol{0} & \boldsymbol{A}_s^{\mathrm{T}}\boldsymbol{P}_s\boldsymbol{A}_s \end{pmatrix}\begin{pmatrix} \boldsymbol{\delta}_{\hat{x}} \\ \boldsymbol{\delta}_{\hat{y}} \end{pmatrix} = \begin{pmatrix} \boldsymbol{A}_r^{\mathrm{T}}\boldsymbol{P}_r\boldsymbol{l}_r \\ \boldsymbol{A}_s^{\mathrm{T}}\boldsymbol{P}_s\boldsymbol{l}_s \end{pmatrix}$$

或写成

$$\begin{pmatrix} \boldsymbol{N}_r & \boldsymbol{0} \\ \boldsymbol{0} & \boldsymbol{N}_s \end{pmatrix}\begin{pmatrix} \boldsymbol{\delta}_{\hat{x}} \\ \boldsymbol{\delta}_{\hat{y}} \end{pmatrix} = \begin{pmatrix} \boldsymbol{u}_r \\ \boldsymbol{u}_s \end{pmatrix}$$

或

$$\boldsymbol{N}_r\boldsymbol{\delta}_{\hat{x}} = \boldsymbol{u}_r$$

$$\boldsymbol{N}_s\boldsymbol{\delta}_{\hat{y}} = \boldsymbol{u}_s$$

可以解得

$$\boldsymbol{\delta}_{\hat{x}} = \boldsymbol{N}_r^{-1}\boldsymbol{u}_r$$

$$\boldsymbol{\delta}_{\hat{y}} = \boldsymbol{N}_s^{-1}\boldsymbol{u}_s$$

$$\boldsymbol{v}^{\mathrm{T}}\boldsymbol{P}\boldsymbol{v} = \begin{pmatrix} \boldsymbol{v}_r^{\mathrm{T}} & \boldsymbol{v}_s^{\mathrm{T}} \end{pmatrix}\begin{pmatrix} \boldsymbol{P}_r & \boldsymbol{0} \\ \boldsymbol{0} & \boldsymbol{P}_s \end{pmatrix}\begin{pmatrix} \boldsymbol{v}_r \\ \boldsymbol{v}_s \end{pmatrix} = \boldsymbol{v}_r^{\mathrm{T}}\boldsymbol{P}_r\boldsymbol{v}_r + \boldsymbol{v}_s^{\mathrm{T}}\boldsymbol{P}_s\boldsymbol{v}_s$$

$$\hat{\sigma}_{0r} = \sqrt{\frac{\boldsymbol{v}_r^{\mathrm{T}}\boldsymbol{P}_r\boldsymbol{v}_r}{n_r - (m-1) - k}} \quad （k\text{ 为方向测站数}）$$

$$\hat{\sigma}_{0s} = \sqrt{\frac{v_s^{\mathrm{T}} P_s v_s}{n_s - m}}$$

$$Q_{\hat{x}\hat{x}} = N_r^{-1}$$

$$Q_{\hat{y}\hat{y}} = N_s^{-1}$$

以上推导结果表明,在直伸网观测中,方向观测值仅对横向起作用,距离观测值仅对纵向起作用,二者可分开进行处理,从而使二维网问题简化为两个一维网问题,这使网的平差和设计都得以简化。

2.6 平面环形控制网

在环形粒子加速器工程施工中,需要布设环形控制网来精确放样储存环上的磁铁等设备。如图 2.20 所示的环形控制网,除了测量相邻点间距外,还测量隔一点的距离。当环的半径较大,点数也较多时,在隧道里隔一点后仍可能通视。增加了这么多观测值以后会增加很多校核条件,但后面分析将证明这么多长度观测值并不能弥补导线的主要缺点:方位角传递误差积累快。如果不仅增加隔点的边长观测,还增加隔点的方向观测,则可望显著改善方位角传递的精度,只是要注意隔点间的连线很可能离隧道壁很近,如果靠近视线有热源,则旁折光会明显降低测角的精度。

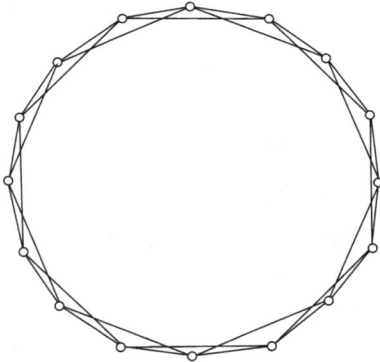

图 2.20 环形控制网

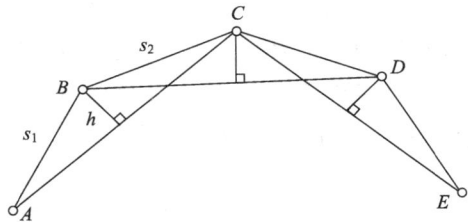

图 2.21 测高三角网

如果在相邻三点组成的狭长 $\triangle ABC$(图 2.21)中,在 A、C 点间引张一根弦线,显然这根弦线不会因附近有热源而横向弯曲。再用专门工具丈量 B 至此弦线的距离,即 $\triangle ABC$ 之高 h。可以把这看作间接测角方法。已知 $s_1 = \overline{AB}$,$s_2 = \overline{BC}$ 及高 h,推算 $\triangle ABC$ 中三个角值。

三个角值的计算公式为

$$\begin{cases} \sin\angle A = \dfrac{h}{s_1} \\ \sin\angle C = \dfrac{h}{s_2} \\ \angle B = 180° - \angle A - \angle C \end{cases} \tag{2.149}$$

由微分式（2.149）中第一、第二式可得

$$\begin{cases} \cot\angle A \cdot \mathrm{d}\angle A = \dfrac{\mathrm{d}h}{h} - \dfrac{\mathrm{d}s_1}{s_1} \\[3mm] \cot\angle B \cdot \mathrm{d}\angle B = \dfrac{\mathrm{d}h}{h} - \dfrac{\mathrm{d}s_2}{s_2} \end{cases} \tag{2.150}$$

顾及 $\tan\angle A \approx \dfrac{h}{s_1}$、$\tan\angle C \approx \dfrac{h}{s_2}$，代入式（2.150）可得

$$\mathrm{d}\angle A = \frac{\mathrm{d}h}{s_1} - \frac{\mathrm{d}s_1}{s_1} \cdot \frac{h}{s_1}$$

$$\mathrm{d}\angle C = \frac{\mathrm{d}h}{s_2} - \frac{\mathrm{d}s_2}{s_2} \cdot \frac{h}{s_2}$$

$$\mathrm{d}\angle B = -\mathrm{d}\angle A - \mathrm{d}\angle C = -\left(\frac{1}{s_1} + \frac{1}{s_2}\right)\mathrm{d}h + \frac{\mathrm{d}s_1}{s_1} \cdot \frac{h}{s_1} + \frac{\mathrm{d}s_2}{s_2} \cdot \frac{h}{s_2}$$

由此可得中误差关系式：

$$\begin{cases} m_{\angle A} = \rho\sqrt{\left(\dfrac{m_h}{s_1}\right)^2 + \left(\dfrac{h}{s_1}\right)^2 \cdot \left(\dfrac{m_{s_1}}{s_1}\right)^2} \\[4mm] m_{\angle C} = \rho\sqrt{\left(\dfrac{m_h}{s_2}\right)^2 + \left(\dfrac{h}{s_2}\right)^2 \cdot \left(\dfrac{m_{s_2}}{s_2}\right)^2} \\[4mm] m_{\angle B} = \rho\sqrt{\left(\dfrac{1}{s_1} + \dfrac{1}{s_2}\right)^2 m_h^2 + \left(\dfrac{h}{s_1}\right)^2 \cdot \left(\dfrac{m_{s_1}}{s_1}\right)^2 + \left(\dfrac{h}{s_2}\right)^2 \cdot \left(\dfrac{m_{s_2}}{s_2}\right)^2} \end{cases} \tag{2.151}$$

现在可以清楚地看到，在其他条件相同时，h 越小，$m_{\angle A}$ 也随之变小。

例如，某工程圆环之半径 $R=233.45\mathrm{m}$，$n=60$。由此可算得，$s_1 = s_2 = 24.4\mathrm{m}$，$h=1.28\mathrm{m}$，设 $m_s =\pm 0.04\mathrm{mm}$，$m_h =\pm 0.03\mathrm{mm}$，代入式（2.151）后则可得

$$m_{\angle A} = m_{\angle C} = \rho \cdot \sqrt{\left(\frac{0.03}{24.4\times 10^3}\right)^2 + \left(\frac{1.28}{24.4}\right)^2 \cdot \left(\frac{0.04}{24.4\times 10^3}\right)^2} = \pm 0.25'', \quad m_{\angle B} = \pm 0.51''$$

从实例中可见与 m_h 相比，m_s 对 $m_{\angle A}$ 的影响非常小，并假设 $s = s_1 = s_2$，因此实用上可以把式（2.151）简化为

$$\begin{cases} m_{\angle A} = \dfrac{m_h}{s}\rho \\[3mm] m_{\angle C} = \dfrac{m_h}{s}\rho \\[3mm] m_{\angle B} = 2\dfrac{m_h}{s}\rho \end{cases} \tag{2.152}$$

由上面的分析可得结论：对狭长的三角形，当边长有一定长度，测高的误差很小时，用测高来间接求角值是有利的。

下面再分析一下测量狭长三边形底边的作用，设 $d = \overline{AC}$，测量了三边 s_1、s_2 和 d 以后可

以推算三角值

$$\cos\angle B = \frac{s_1^2 + s_2^2 - d^2}{2s_1 s_2} \tag{2.153}$$

由微分式（2.153）可得

$$-\sin\angle B \mathrm{d}\angle B = \frac{s_1 \mathrm{d}s_1 + s_2 \mathrm{d}s_2 - d\mathrm{d}d}{s_1 s_2} - \frac{(s_1^2 + s_2^2 - d^2)(s_1 \mathrm{d}s_2 + s_2 \mathrm{d}s_1)}{2s_1^2 s_2^2}$$

$$= \frac{s_1 \mathrm{d}s_1 + s_2 \mathrm{d}s_2 - d\mathrm{d}d}{s_1 s_2} - \frac{2s_1 s_2 \cos\angle B(s_1 \mathrm{d}s_2 + s_2 \mathrm{d}s_1)}{2s_1^2 s_2^2} \tag{2.154}$$

$$= \frac{(s_1 - s_2 \cos\angle B)\mathrm{d}s_1 + (s_2 - s_1 \cos\angle B)\mathrm{d}s_2 - d\mathrm{d}d}{s_1 s_2}$$

因为

$$\begin{cases} s_1 - s_2 \cos\angle B = d\cos\angle A \\ s_2 - s_1 \cos\angle B = d\cos\angle C \end{cases} \tag{2.155}$$

又

$$s_1 s_2 \sin\angle B = d \cdot h \tag{2.156}$$

将式（2.155）、式（2.156）代入式（2.154）并整理后得

$$\mathrm{d}\angle B = (d\mathrm{d}d - \cos\angle A \mathrm{d}s_1 - \cos\angle C \mathrm{d}s_2) / h$$

对于狭长三角形有 $\cos\angle A \approx 1$，$\cos\angle C \approx 1$，则

$$\mathrm{d}\angle B = (d\mathrm{d}d - \mathrm{d}s_1 - \mathrm{d}s_2) / h \tag{2.157}$$

由此可得中误差关系式

$$m_b = \frac{\sqrt{m_d^2 + m_{s_1}^2 + m_{s_2}^2}}{h} \rho \tag{2.158}$$

设 $h = 1.28\mathrm{m}$，$m_d = m_{s_1} = m_{s_2} = \pm 0.04\mathrm{mm}$，则可得 $m_{\angle B} = \pm 11''.2$。

由此可见用狭长三角形三条边长推求角度的精度不高。丈量狭长三角形底边或者说丈量隔点的距离可提供校核，也有助于减少相邻点的相对点位误差，但不能提高传递方位角的精度。

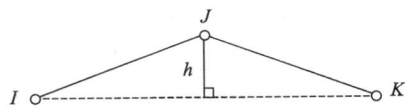

图 2.22　测高三角形

下面来讨论三角形高的误差方程式。设有相邻三点 I、J、K 组成一个狭长三角形，如图 2.22 所示。自 J 点测量了到 IK 的垂距 h。

按解析几何，IK 的直线方程式为

$$(\hat{x}_K - \hat{x}_I)y - (\hat{y}_K - \hat{y}_I)x + (\hat{y}_K - \hat{y}_I)\hat{x}_I - (\hat{x}_K - \hat{x}_I)\hat{y}_I = 0$$

J 点到该直线的距离为

$$h + v_h = \hat{h} = \frac{(\hat{x}_K - \hat{x}_I)(\hat{y}_J - \hat{y}_I) - (\hat{y}_K - \hat{y}_I)(\hat{x}_J - \hat{x}_I)}{\sqrt{(\hat{x}_K - \hat{x}_I)^2 + (\hat{y}_K - \hat{y}_I)^2}} \tag{2.159}$$

由此可导得误差方程式为

$$v_h = a_1 \delta_{\hat{x}_I} + b_1 \delta_{\hat{y}_I} + a_2 \delta_{\hat{x}_J} + b_2 \delta_{\hat{y}_J} + a_3 \delta_{\hat{x}_K} + b_3 \delta_{\hat{y}_K} + l_h \qquad (2.160)$$

式中，$a_1 = k \sin \alpha_{IK}^{[0]}$；$b_1 = -k \cos \alpha_{IK}^{[0]}$；$a_2 = -\sin \alpha_{IK}^{[0]}$；$b_2 = \cos \alpha_{IK}^{[0]}$；$a_3 = a_1 + a_2$；$b_3 = -(b_1 + b_2)$；

$k = \dfrac{s_{IK}^{[0]}}{s_{IK}^{[0]}}$；$\alpha_{IK}^{[0]} = \tan_\alpha^{-1} \dfrac{y_K^{[0]} - y_I^{[0]}}{x_K^{[0]} - x_I^{[0]}}$；

$$l_h = h^{[0]} - h = \frac{(x_K^{[0]} - x_I^{[0]})(y_J^{[0]} - y_I^{[0]}) - (y_K^{[0]} - y_I^{[0]})(x_J^{[0]} - x_I^{[0]})}{\sqrt{(x_K^{[0]} - x_I^{[0]})^2 + (y_K^{[0]} - y_I^{[0]})^2}} - h \qquad (2.161)$$

对 a_1 推导如下：

由

$$h = \frac{(x_K - x_I)(y_J - y_I) - (y_K - y_I)(x_J - x_I)}{s_{IK}} = \frac{(x_K - x_I)(y_J - y_I) - (y_K - y_I)(x_J - x_I)}{\sqrt{(x_K - x_I)^2 + (y_K - y_I)^2}}$$

得

$$\frac{\partial h}{\partial x_I} = \frac{-(y_J - y_I) + (y_K - y_I)}{s_{IJ}} - \frac{1}{s_{IK}^2}[(x_K - x_I)(y_J - y_I) - (y_K - y_I)(x_J - x_I)]\frac{\partial s_{IK}}{\partial x_I}$$

$$= \frac{-(y_J - y_I) + (y_K - y_I)}{s_{IJ}} - \frac{1}{s_{IK}^2}[(x_K - x_I)(y_J - y_I) - (y_K - y_I)(x_J - x_I)]\frac{x_I - x_K}{s_{IK}}$$

$$= \frac{1}{s_{IK}^2}[(y_K - y_I)s_{IK}^2 + (x_K - x_I)^2(y_J - y_I) - (y_K - y_I)(x_J - x_I)(x_K - x_I)]$$

$$= \frac{1}{s_{IK}^2}\{(x_K - x_I)^2[(y_K - y_I) + (y_J - y_I)] + (y_K - y_I)(y_K - y_I)^2 - (y_K - y_I)(x_J - x_I)(x_K - x_I)\}$$

$$= \frac{s_{JK}}{s_{IK}^2}(y_K - y_I)\frac{(x_K - x_I)(x_K - x_J) + (y_K - y_I)(y_K - y_J)}{s_{IK}s_{JK}}$$

$$= \frac{s_{JK}}{s_{IK}}\sin \alpha_{IK}(\cos \alpha_{JK} \cos \alpha_{IK} + \sin \alpha_{JK} \sin \alpha_{IK})$$

$$= \frac{s_{JK}}{s_{IK}}\sin \alpha_{IK} \cos(\alpha_{JK} - \alpha_{IK}) \xlongequal[\quad]{\alpha_{JK} - \alpha_{IK} \text{是小角}} \frac{s_{JK}}{s_{IK}}\sin \alpha_{IK}$$

即得 $a_1 = \dfrac{\partial h}{\partial x_I}\bigg|_0 = \dfrac{s_{JK}^{[0]}}{s_{JK}^{[0]}}\sin \alpha_{JK}^{[0]}$

仿此可以得 a_2、a_3、b_1、b_2、b_3 诸表达式。

综上，对于环形平面控制网可归纳出下列结论：

（1）在环形隧道控制网中，如能用偏距仪高精度测量狭长三角形的高，则可望显著改善方位角的传递精度。这实质上是间接高精度测角。

（2）增加多余观测值，如加测隔点的距离及观测隔点的方向，有利于提高相邻点的相对精度。

2.7　三联全站仪法建立精密三维导线

随着矿井、隧道工程、人防工程、城市地下轨道交通工程等应用需求的不断提高，对方位和高程测量提出了很高的要求，许多工程项目要在短边甚至超短边条件下进行精密坐标传递。导线测量的测站位置布设灵活，适用于此类工程，但针对通视条件差的短边坐标传递，加测陀螺方位成本高且效果不显著。对于高程网，当垂向跨度较大时，难以实施水准测量，用三角高程代替水准是有效的方式。三维工程控制网以全站仪、激光跟踪仪和工业摄影测量系统的应用为代表，多应用于工业制造和大型装备的现场安装。公共点转换法和三维导线是两种常用的三维坐标传递方法。一方面，公共点转换法的精度受到控制点数量及空间分布的影响，若应用于隧道工程，需布设大量的控制点，成本高且测量效率低；另一方面，公共点转换误差随着测站数的增加而迅速累积，经多测站转换后精度难以满足要求。利用三联脚架法构建三维导线，能够削弱对中、整平误差对测量精度的影响，应用广泛，但需要用钢尺量距法来量取仪器高和棱镜高，其理论精度为 2~3mm，无法满足高精度需求。三维支导线应用于短边坐标传递时，缺乏检核条件，可靠性存疑。

综上所述，现有的短边坐标传递方法难以满足地下工程点位精度 1mm 的实际需求。为此，本节对三联脚架法进行改进，用三联全站仪法建立精密三维导线。

2.7.1　三联全站仪法

1. 思路来源

三联脚架法可用于构建三维导线，由 3 个既能安置全站仪、又能安置角锥棱镜的脚架组成，如图 2.23（a）所示。搬站时，前进方向的两基座不动，将全站仪与前进方向的棱镜互换。一般用钢尺量取仪器高和棱镜高，其量取精度为 2~3mm，直接影响了导线点的高程精度。在精密三角高程测量中，有在 2 台全站仪上分别固定两个角锥棱镜来配合测量[图 2.23（b）]的相关实践（邹进贵等，2007），通过对向观测提高了高程精度。利用 2 台全站仪构成三维导线传递坐标时，由于缺乏后视定向条件，水平坐标的可靠性难以保证。基于此，增加 1 台全站仪，并在全站仪照准部上粘贴外觇标，构成双导线，提高坐标传递的可靠性。普通角锥棱镜的测距精度与测距入射角相关，当入射角超过 15°时，棱镜内光程的变化大于 1mm，而短边条件下的垂直角可能超过 40°，这种情况下用角锥棱镜难以保证测距的高精度。球棱镜可以在各个方向自由旋转来调整入射角，以球棱镜为合作目标可保证大垂直角情况下的测距精度。通过以上改进思路，本节提出"全站仪+球棱镜+外觇标"的三联全站仪法，如图 2.23（c）所示。

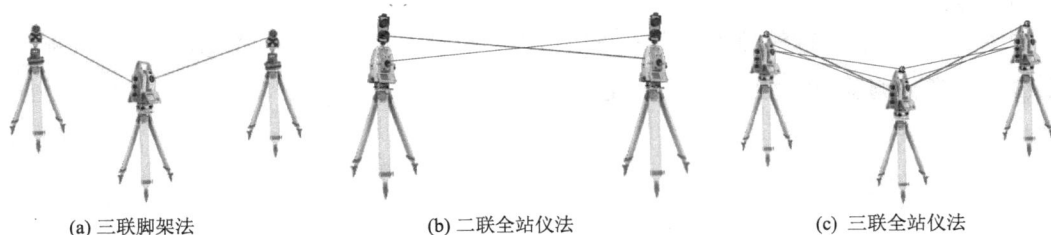

(a) 三联脚架法　　　　　(b) 二联全站仪法　　　　　(c) 三联全站仪法

图 2.23　三联全站仪法演化过程

2. 系统构成

以 1.5′球棱镜[图 2.24（a）]为测角和测距的合作目标，利用 U 形卡扣将固连平台[图 2.24（b）]固定在全站仪提手上，用强力胶将靶座[图 2.24（c）]粘在固连平台上，固定时尽可能使靶座中心位于全站仪竖轴上。两个"稳定固联"过程要保证球棱镜中心与全站仪中心几何关系的稳定。外觇标[图 2.24（d）]粘贴于照准部上，也可作为测角合作目标，可检核球棱镜的测角数据是否存在粗差。最终"全站仪+球棱镜"的组合效果如图 2.24（e）所示。

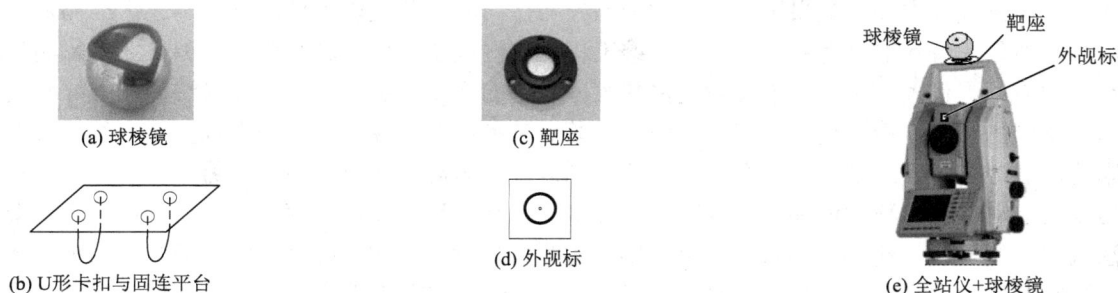

(a) 球棱镜

(c) 靶座

(b) U形卡扣与固连平台

(d) 外觇标

(e) 全站仪+球棱镜

图 2.24　全站仪的改装

3. 测量原理

为了获取三台全站仪中心的空间位置关系，需要将全站仪照准球棱镜的观测值改化到仪器中心。如图 2.25 所示，A、B 两处的全站仪分别先在盘左状态照准对方的球棱镜/外觇标，然后两台全站仪的照准部转至盘右状态后再次互瞄，则取盘左盘右状态下两次对称互瞄的水平方向/天顶距观测值的中数，就可得球棱镜/外觇标等效点的水平方向/天顶距观测值；因此球棱镜中心与仪器中心不需要严格安置在同一条铅垂线上。

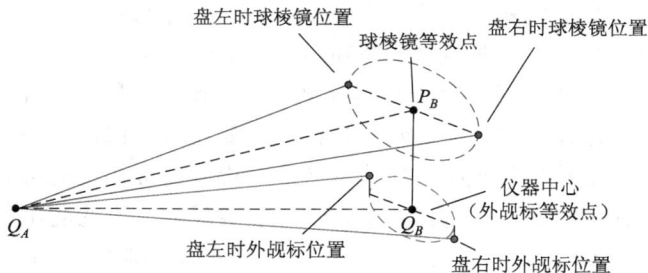

图 2.25　球棱镜/外觇标等效点与仪器中心的关系

4. 参数标定

1）球棱镜中心到仪器中心的高差

如图 2.26 所示，将球棱镜等效点 P 与仪器中心 Q 在垂直方向的距离 Δh 定义为系统参数，利用经纬仪交会测量系统对 Δh 进行标定。

(a) 球棱镜等效点与仪器中心的关系

(b) 标定过程示意图

图 2.26　系统参数标定

通过经纬仪交会测量得到球棱镜等效点 $P(P_X, P_Y, P_Z)$ 和仪器中心 $Q(Q_X, Q_Y, Q_Z)$，则

$$\Delta h = P_Z - Q_Z \tag{2.162}$$

2）全站仪测距加常数

为了保证测距精度，需要对全站仪测距加常数进行标定。本书采用简易三段法来标定加常数 K，简易三段法示意图如图 2.27 所示。

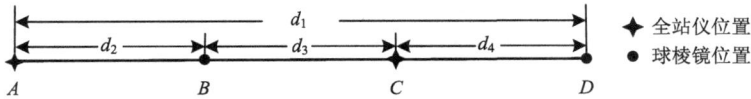

图 2.27　简易三段法示意图

在长约 30m 的平坦地面上，架设 4 个脚架 A、B、C、D，要求脚架中心近似位于一条直线上，且基座基本同高。在 B、D 处架设球棱镜，在 A 处架设全站仪，测定水平距离 d_1、d_2，在 C 处架设全站仪，测定水平距离 d_3、d_4，由几何关系可得到加常数 K 的计算公式为

$$K = (d_1 - d_2 - d_3 - d_4)/2 \tag{2.163}$$

测定了 6 台徕卡（Leica）TS50 全站仪的剩余测距加常数，如表 2.5 所示。

表 2.5　全站仪的剩余测距加常数

仪器编号	1 号	2 号	3 号	4 号	5 号	6 号
剩余测距加常数/mm	0.2	0.3	0.5	0.6	0.4	0.7

由表 2.5 可知，全站仪测距加常数与其标称值相比从 0.2~0.7mm 变化不等，如果不精确标定加常数并实施改正，则无法得到高精度距离观测值，进而影响导线点的点位精度。

5. 观测值获取及检核

为了提高观测值的精度和可靠性，观测过程采取三个策略：①采用对向观测模式，可削减大气垂直折光的影响；②既测球棱镜，又测外觇标，可检核水平方向与天顶距观测值的正确性，确保角度观测的可靠；③相邻测站的斜距观测值改化后，也可作检核。

A 测站全站仪观测 B 测站的球棱镜/外觇标时，获取观测值有水平方向 $H_{A左B左}$、$H_{A右B右}$，天顶距 $V_{A左B左}$、$V_{A右B右}$ 和斜距 S。需要将仪器中心到球棱镜中心的观测值改化为两台仪器中心之间的观测值，观测值改化示意图如图 2.28 所示。

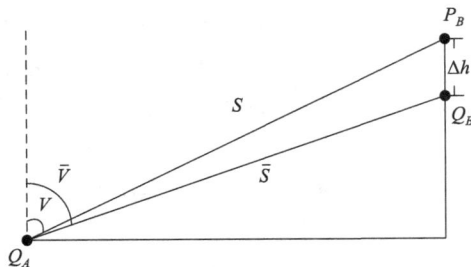

图 2.28　观测值改化示意图

1）水平方向观测值

观测水平方向时，分别瞄准球棱镜/外觇标记录对应的观测值，盘左、盘右观测后，取

$$\tilde{H} = \frac{H_{A左B左} + H_{A右B右} - 180°}{2} \tag{2.164}$$

球棱镜/外觇标的水平方向观测值可相互检核。为了提高观测值的精度和可靠性，可作 n 测回观测，取其均值为最终的水平方向观测值，即取 $\tilde{H} = \frac{1}{n}\sum_{i=1}^{n}\tilde{H}_i$。

2）天顶距观测值

求得球棱镜等效点 P_B 的天顶距

$$V_{AB} = (V_{A左B左} + 360° - V_{A右B右}) / 2 \tag{2.165}$$

将照准球棱镜等效点的天顶距改化到仪器中心，有

$$\tilde{V} = \arctan\frac{\overline{S} \cdot \sin\overline{V}_{AB}}{\overline{S} \cdot \cos\overline{V}_{AB} - \Delta h_B} \tag{2.166}$$

式中，$\overline{S} = \frac{1}{n}\sum_{i=1}^{n}S_i$ 为 n 次测距结果的平均值；$\overline{V}_{AB} = \frac{1}{n}\sum_{i=1}^{n}V_{AB_i}$ 为 n 次天顶距观测结果的平均值。观测外觇标得到的天顶距与 $\tilde{V}$ 可作相互检核。

3）斜距观测值

将全站仪 A 照准球棱镜等效点 P_B 的斜距观测值改化为仪器中心 Q_A 到 Q_B 的斜距

$$\tilde{S} = \sqrt{(\overline{S} \cdot \sin\overline{V})^2 + (\overline{S} \cdot \cos\overline{V} - \Delta h)^2} \tag{2.167}$$

式中，$\overline{S} = \frac{1}{n}\sum_{i=1}^{n}S_i$ 为 n 次测距结果的平均值。相邻全站仪对向观测的斜距观测值可作检核。

2.7.2 基于三联全站仪法的三维导线

三联全站仪法可以同时获取仪器中心的平面和高程坐标，是真正意义上的三维导线，但以仪器中心为导线点，搬站后导线点将不复存在也不可重复，因此采用该方法测定三维导线时，测量过程要一气呵成。在测量支导线时，主导线上至少两个点保持不动，支导线支出不得超过三站。这也导致该方法的劳动强度大且不允许出错，出错则需全部返工。

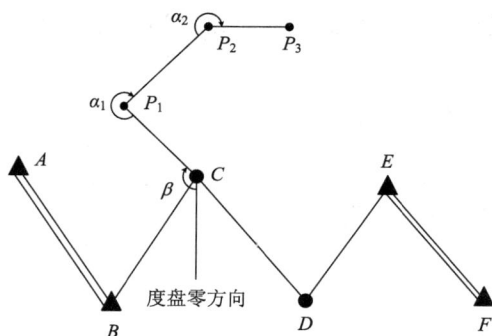

1. 作业流程

图 2.29 是一条三维导线示例图，包括附合导线 $A-B-C-D-E-F$ 和支导线 $A-B-C-P_1-P_2-P_3$。其中 β 表示测站 C 照准 P_1 方向时全站仪的水平方向读数；α 为支导线测量时的转向角。以该三维导线为例，其作业流程如下。

（1）在点 B、C、D 上架设全站仪，测站 B、C 对向观测，测站 C、D 对向观测，测量主导线上的点。

（2）点 B、C、D 上的仪器不动，在 P_1、P_2 上架设全站仪，测量支导线上的点 P_1、P_2、P_3。

图 2.29 三维导线示例图

（3）将点 B 处的全站仪连同脚架一起移动到 E 处，构成 $C-D-E$ 之间的三维导线。

2. 数据处理方法

按作业流程获取原始的观测值，经过数据检核和观测值改化，得到导线点（各测站仪器中心）之间的水平方向、天顶距和斜距观测值，以导线点三维坐标为未知参数，顾及铅垂线不平行性改正并采用 Helmert 方差分量估计，进行严密数据处理。

1）铅垂线不平行性改正

铅垂线是野外测量的基准线，受地球曲率和重力场不均匀性的影响，各测站点的铅垂线方向不平行。在小范围内，可忽略重力场非均匀性对测量结果的影响，此时测站铅垂线方向的差异只受到地球曲率的影响。全站仪调平精度一般为 $1''\sim2''$，而 200m 上铅垂线之间的差异可达 $6''$，需在数据处理中顾及测站间铅垂线不平行性的影响，以确保测量结果精确可靠。因此，设计一种铅垂线不平行性改正模型，在小范围的工程区域内，不考虑地球重力场的影响，将地球看作半径为 r 的球体，用测站法线之间的差异来代表铅垂线之间的差异；选某一测站为基准测站，计算其他测站坐标轴指向与该测站坐标轴指向之间的旋转关系，并在此基础上对各测站的水平方向及天顶距观测值进行改化。

如图 2.30 所示，有两个测站 $i(x_i,y_i,z_i)$ 和 $k(x_k,y_k,z_k)$。测站 i 的法线先绕 Y 轴（面向 Y 轴负方向）顺时针旋转 ω，再绕 X 轴（面向 X 轴负方向）逆时针旋转 φ，得到测站 k 的法线。

由图 2.30 可知，$\omega=-(x_k-x_i)/r$，$\varphi=(y_k-y_i)/r$。设 k 测站上照准空间中一点的观测值为 (α,V,S)，由于斜距观测值旋转前后不发生变化，取 $S=1$，在单位球内进行分析。在测站 k 上，以北方向为 X 轴、以法线为 Z 轴构成的左手系中，观测值 $(\alpha,V,1)$ 对应的坐标为

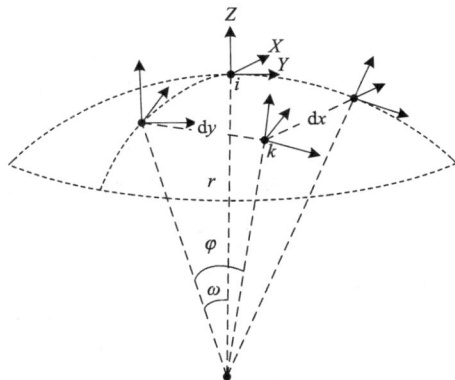

图 2.30　两个测站法线的空间关系

$$\begin{cases} x=\cos(\pi/2-V)\cos\alpha \\ y=\cos(\pi/2-V)\sin\alpha \\ z=\sin(\pi/2-V) \end{cases} \tag{2.168}$$

令 (x',y',z') 表示观测值 $(\alpha,V,1)$ 对应的空间指向在以测站 k 为原点、三轴方向与测站 i 一致的坐标系内的对应坐标。根据两测站法线之间的旋转关系可知：

$$[x',y',z']^{\mathrm{T}}=R[x,y,z]^{\mathrm{T}} \tag{2.169}$$

式中，$\boldsymbol{R}=\begin{bmatrix} \cos\omega & \sin\omega\sin\varphi & -\sin\omega\cos\varphi \\ 0 & \cos\varphi & \sin\varphi \\ \sin\omega & -\cos\omega\sin\varphi & \cos\omega\cos\varphi \end{bmatrix}$。

则测站 k 的改化观测值为

$$\begin{cases} \alpha' = \begin{cases} \arctan(y'/x') & x'>0, y'>0 \\ 2\pi - \arctan(-y'/x') & x'>0, y'<0 \\ \pi - \arctan(y'/-x') & x'<0, y'>0 \\ \pi + \arctan(y'/x') & x'<0, y'<0 \end{cases} \\ V' = \arctan\left(\dfrac{z'}{\sqrt{x'^2+y'^2}}\right) \end{cases} \tag{2.170}$$

2）误差方程

测站 $i(x_i, y_i, z_i)$ 照准导线点 $k(x_k, y_k, z_k)$ 的观测值有方位角 $\tilde{\alpha}_{ik}$、天顶距 $\tilde{V}_{ik}$ 和斜距 $\tilde{S}_{ik}$，经式（2.170）改化为 $\tilde{\alpha}'_{ik}$、$\tilde{V}'_{ik}$ 和 $\tilde{S}_{ik}$，设 $\tilde{H}'_{ik}$ 为 i 照准 k 的水平方向值，测站 i 的定向角（方向值度盘零线的坐标方位角）为 ξ_i，则观测方程为

$$\begin{cases} \tilde{\alpha}'_{ik} = \tilde{H}'_{ik} + \xi_i = \arctan\dfrac{y_k - y_i}{x_k - x_i} \\ \tilde{V}'_{ik} = \arccos\dfrac{z_k - z_i}{\tilde{S}_{ik}} \\ \tilde{S}'_{ik} = \sqrt{(x_k-x_i)^2 + (y_k-y_i)^2 + (z_k-z_i)^2} \end{cases} \tag{2.171}$$

经概算得到测站 i 的概略坐标 (x_{i0}, y_{i0}, z_{i0}) 和导线点 k 的概略坐标 (x_{k0}, y_{k0}, z_{k0})，令 $\Delta x_0 = x_{k0} - x_{i0}$，$\Delta y_0 = y_{k0} - y_{i0}$，代入式（2.171），得到 $\tilde{\alpha}'_{ik}$、$\tilde{V}'_{ik}$ 和 $\tilde{S}_{ik}$ 的近似值 α_0、V_0 和 S_0 分别为 $\alpha_0 = \arctan(\Delta y_0/\Delta x_0)$、$V_0 = \arccos(\Delta z_0/S_0)$、$S_0 = \sqrt{\Delta x_0^2 + \Delta y_0^2 + \Delta z_0^2}$。

令 $D_0 = \sqrt{(x_{k0}-x_{i0})^2 + (y_{k0}-y_{i0})^2}$ 表示 i 到 k 的平距近似值，取 i 到 k 的方位角减去 i 照准 k 时的方向值作为 i 测站的定向角初值 ξ_0。设坐标改正数分别为 $(\mathrm{d}x_i, \mathrm{d}y_i, \mathrm{d}z_i)$ 和 $(\mathrm{d}x_k, \mathrm{d}y_k, \mathrm{d}z_k)$，定向角改正数为 $\mathrm{d}\xi_i$，则观测值的误差方程为

$$\begin{cases} v_\alpha = -\mathrm{d}\xi_i - \dfrac{\Delta y_0}{D_0^2}(\mathrm{d}x_k - \mathrm{d}x_i) + \dfrac{\Delta x_0}{D_0^2}(\mathrm{d}y_k - \mathrm{d}y_i) + (\alpha_0 - \xi_0 - \tilde{H}'_{ik}) \\ v_V = \dfrac{\Delta x_0 \Delta z_0}{S_0^2 \cdot D_0}(\mathrm{d}x_k - \mathrm{d}x_i) + \dfrac{\Delta y_0 \Delta z_0}{S_0^2 \cdot D_0}(\mathrm{d}y_k - \mathrm{d}y_i) - \dfrac{D_0}{S_0^2}(\mathrm{d}z_k - \mathrm{d}z_i) + (V_0 - \tilde{V}'_{ik}) \\ v_S = \dfrac{\Delta x_0}{S_0}(\mathrm{d}x_k - \mathrm{d}x_i) + \dfrac{\Delta y_0}{S_0}(\mathrm{d}y_k - \mathrm{d}y_i) + \dfrac{\Delta z_0}{S_0}(\mathrm{d}z_k - \mathrm{d}z_i) + (S_0 - \tilde{S}_{ik}) \end{cases} \tag{2.172}$$

3）方差分量估计定权

三维导线中的水平方向值、天顶距、斜距三类观测值相互之间随机独立。先按照经验公式对三类观测值定权，则

$$P_H = \frac{m_H^2}{m_H^2} = 1, \quad P_V = \frac{m_H^2}{m_V^2}, \quad P_S = \frac{m_H^2}{m_S^2} \tag{2.173}$$

权比的确定直接影响平差结果的精度和可靠性，而各类观测值的权比难以直接确定，采用 Helmert 方差分量估计的方法来合理确定三类观测值的权比。三类观测值的协方差阵及权矩阵为

$$\boldsymbol{\Sigma}_\Delta = \begin{bmatrix} \sigma_H^2 \boldsymbol{Q}_{11} & & \\ & \sigma_V^2 \boldsymbol{Q}_{22} & \\ & & \sigma_S^2 \boldsymbol{Q}_{33} \end{bmatrix}, \boldsymbol{P} = \begin{bmatrix} \boldsymbol{P}_H & & \\ & \boldsymbol{P}_V & \\ & & \boldsymbol{P}_S \end{bmatrix} \tag{2.174}$$

$$\boldsymbol{V}_i^{\mathrm{T}} \boldsymbol{P}_i \boldsymbol{V}_i = [m_i - 2\mathrm{tr}(\boldsymbol{N}^{-1}\boldsymbol{N}_i) + \mathrm{tr}(\boldsymbol{N}^{-1}\boldsymbol{N}_i)^2]\hat{\sigma}_{0i}^2 + \sum_{j=1,\neq i}^{3} \mathrm{tr}(\boldsymbol{N}^{-1}\boldsymbol{N}_i\boldsymbol{N}_j)\hat{\sigma}_{0j}^2 \tag{2.175}$$

式中，m_i 为第 i 个分区观测量个数；$\boldsymbol{N}_i = \boldsymbol{A}_i^{\mathrm{T}}\boldsymbol{P}_i\boldsymbol{A}_i$　（$i=1,2,3$）。

将式（2.175）写为矩阵形式：

$$\boldsymbol{T}\hat{\boldsymbol{\sigma}}^2 = \boldsymbol{W}_V \tag{2.176}$$

式中，$\hat{\boldsymbol{\sigma}}^2 = [\hat{\sigma}_H^2, \hat{\sigma}_V^2, \hat{\sigma}_S^2]^{\mathrm{T}}$；$\boldsymbol{W}_V = \left[\boldsymbol{V}_H^{\mathrm{T}}\boldsymbol{P}_H\boldsymbol{V}_H, \boldsymbol{V}_V^{\mathrm{T}}\boldsymbol{P}_V\boldsymbol{V}_V, \boldsymbol{V}_S^{\mathrm{T}}\boldsymbol{P}_S\boldsymbol{V}_S\right]^{\mathrm{T}}$；

$$\boldsymbol{T} = \begin{bmatrix} m_1 - 2\mathrm{tr}(\boldsymbol{N}^{-1}\boldsymbol{N}_1) + \mathrm{tr}(\boldsymbol{N}^{-1}\boldsymbol{N}_1)^2 & \mathrm{tr}(\boldsymbol{N}^{-1}\boldsymbol{N}_1\boldsymbol{N}^{-1}\boldsymbol{N}_2) & \mathrm{tr}(\boldsymbol{N}^{-1}\boldsymbol{N}_1\boldsymbol{N}^{-1}\boldsymbol{N}_3) \\ \mathrm{tr}(\boldsymbol{N}^{-1}\boldsymbol{N}_1\boldsymbol{N}^{-1}\boldsymbol{N}_2) & m_2 - 2\mathrm{tr}(\boldsymbol{N}^{-1}\boldsymbol{N}_2) + tr(\boldsymbol{N}^{-1}\boldsymbol{N}_2)^2 & \mathrm{tr}(\boldsymbol{N}^{-1}\boldsymbol{N}_2\boldsymbol{N}^{-1}\boldsymbol{N}_3) \\ \mathrm{tr}(\boldsymbol{N}^{-1}\boldsymbol{N}_1\boldsymbol{N}^{-1}\boldsymbol{N}_3) & \mathrm{tr}(\boldsymbol{N}^{-1}\boldsymbol{N}_2\boldsymbol{N}^{-1}\boldsymbol{N}_3) & m_3 - 2\mathrm{tr}(\boldsymbol{N}^{-1}\boldsymbol{N}_3) + \mathrm{tr}(\boldsymbol{N}^{-1}\boldsymbol{N}_3)^2 \end{bmatrix}。$$

2.7.3　试验与分析

某隧道工程为安装专用设备，需引入相对精度优于 ±1mm 的大地坐标。由于隧道内部空间狭窄、遮挡严重，传统方法无法满足需求，测量工作极具挑战，可采用本节提出的三联全站仪法建立三维导线来完成此任务。

隧道外约 200m 处有两个大地平高控制点，共设计了 15 条导线边构成闭合导线进行坐标传递。其中最长边 185m，最短边 9m，最大垂直角 43°，由于通视条件较差，在主导线点上设站无法观测到所有设备点，需布设支导线进行观测。三维导线的概略分布如图 2.31 所示。

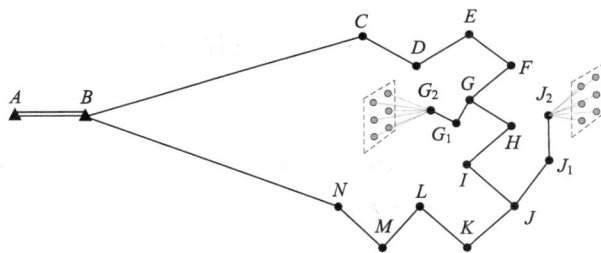

图 2.31　三维导线的概略分布

按照前述作业流程，利用 6 台改装的徕卡（Leica）TS50 全站仪施测，共测量了 3 次，三维导线基本信息见表 2.6。

表 2.6　三维导线基本信息

测量次序	导线全长/m	方位角闭合差/（″）	高程闭合差/mm	导线全长闭合差/mm	导线全长相对闭合差	用时/h
第一次	546.042	5.13	−1.31	3.1	1/178910	34
第二次	546.098	1.75	−1.39	3.1	1/175062	30
第三次	556.543	−0.24	−0.79	2.4	1/223760	22

从表 2.6 可以看出，新方法劳动强度大，随着训练次数的增加，观测员操作技能更加熟练，观测精度和效率也不断提高。

以 B 点为坐标原点，以北方向为 X 轴，以 B 点的铅垂线方向为 Z 轴的左手系为工程坐标系，以测站 N 为基准点，按以下 3 种方案对第 3 次测量数据进行处理。

1）方案一

按照传统三维导线平差，依据经验定权，水平方向值、天顶距和斜距的权比取 2∶1∶0.25。平差后，单位权中误差为±1.42″，传统三维导线平差结果如表 2.7 所示。

表 2.7　传统三维导线平差结果　　　　　　　　　　（单位：mm）

点名	X	Y	Z	m_X	m_Y	m_Z	点位中误差
N	***447.1	***425.1	**951.7	±0.00	±0.00	±0.00	±0.00
M	***277.0	***020.2	**241.5	±0.99	±0.97	±0.75	±1.58
L	***437.4	***414.8	**292.6	±0.98	±0.87	±0.75	±1.51
K	***335.1	***834.9	**813.7	±0.96	±0.85	±0.67	±1.45
J	***727.6	***885.0	**036.8	±0.92	±0.83	±0.64	±1.39
I	***340.9	***808.5	**321.1	±0.89	±0.81	±0.59	±1.34
H	***751.6	***895.9	**365.9	±0.86	±0.80	±0.40	±1.24
G	***356.4	***801.0	**485.8	±0.84	±0.78	±0.25	±1.17
F	***050.3	***140.6	**550..4	±0.79	±0.76	±0.16	±1.11
E	***179.8	***871.8	**5927	±0.77	±0.62	±0.16	±1.00
D	***227.7	***248.1	**508.8	±0.62	±0.49	±0.14	±0.80
C	***842.7	***306.3	**615.7	±0.40	±0.38	±0.13	±0.57
均方根				±0.77	±0.70	±0.45	±1.13

由表 2.7 可以看出，按传统三维导线平差方法进行平差后，12 个导线点的点位中误差之均方根值为±1.13mm，尚未达到工程要求。

2）方案二

在方案一的基础上，对观测值进行铅垂线不平行性改正。平差后，单位权中误差为±1.01″，经铅垂线不平行性改正的平差结果如表 2.8 所示。

表 2.8　经铅垂线不平行性改正的平差结果　　　　　　　　　　（单位：mm）

点名	X	Y	Z	m_X	m_Y	m_Z	点位中误差
N	***446.9	***424.9	**955.6	±0.00	±0.00	±0.00	±0.00
M	***276.9	***020.1	**245.5	±0.70	±0.69	±0.53	±1.12
L	***437.4	***414.8	**296.7	±0.70	±0.62	±0.53	±1.07
K	***335.1	***834.9	**817.7	±0.68	±0.61	±0.48	±1.03
J	***727.5	***885.0	**040.8	±0.66	±0.59	±0.46	±1.00
I	***340.9	***808.5	**325.1	±0.64	±0.58	±0.42	±0.96
H	***751.6	***895.9	**361.8	±0.62	±0.57	±0.29	±0.89
G	***356.3	***800.9	**481.7	±0.60	±0.55	±0.18	±0.83

续表

点名	X	Y	Z	m_X	m_Y	m_Z	点位中误差
F	***050.3	***140.5	**546.4	±0.57	±0.54	±0.11	±0.79
E	***179.8	***871.8	**588.6	±0.55	±0.45	±0.11	±0.72
D	***227.8	***248.1	**505.2	±0.44	±0.35	±0.10	±0.57
C	***842.9	***306.4	**612.7	±0.29	±0.27	±0.09	±0.41
均方根				±0.55	±0.50	±0.32	±0.81

由表 2.8 可知，铅垂线不平行性改正有效提高了点位精度，点位中误差的均方根为±0.81mm，但仍有 4 个点不低于±1.0mm，未达到工程要求。

3）方案三

在方案二的基础上，利用 Helmert 方差分量估计对权阵进行优化。通过分析可知，垂直折光差对长边的天顶距影响比较严重，而对短边天顶距的影响不甚显著，长边天顶距和短边天顶距可赋予不同的权。根据边长的统计情况，将长度超过 20m 的导线边定义为长边，其余为短边。对水平方向值、长边天顶距、短边天顶距、斜距 4 类观测值按照 Helmert 方差分量估计迭代定权，迭代收敛时，上述 4 类观测值的权值分别为 16.6、1.0、10.9、31.7。平差后，单位权中误差为±0.40″，Helmert 方差分量估计的平差结果如表 2.9 所示。

表 2.9　Helmert 方差分量估计的平差结果　　　　（单位：mm）

点名	X	Y	Z	m_X	m_Y	m_Z	点位中误差
N	***446.9	***424.9	**955.5	±0.00	±0.00	±0.00	±0.00
M	***276.9	***020.1	**245.4	±0.28	±0.29	±0.31	±0.51
L	***437.4	***414.8	**296.5	±0.28	±0.26	±0.31	±0.49
K	***335.1	***834.9	**817.5	±0.27	±0.26	±0.30	±0.48
J	***727.5	***885.0	**040.6	±0.26	±0.25	±0.29	±0.46
I	***340.8	***808.5	**324.9	±0.25	±0.24	±0.27	±0.44
H	***751.5	***895.9	**362.1	±0.24	±0.23	±0.23	±0.40
G	***356.3	***800.9	**482.0	±0.23	±0.23	±0.21	±0.39
F	***050.2	***140.5	**546.7	±0.22	±0.21	±0.20	±0.36
E	***179.7	***871.8	**588.9	±0.21	±0.18	±0.20	±0.34
D	***227.7	***248.1	**505.7	±0.17	±0.14	±0.17	±0.28
C	***842.9	***306.4	**613.3	±0.11	±0.10	±0.15	±0.21
均方根				±0.22	±0.21	±0.23	±0.37

由表 2.9 可知，点位中误差的均方根为±0.37mm，全部导线点精度达到工程要求。对比表 2.8 和表 2.9 可以看出，两种方案平差得到的导线点水平坐标分量基本无差异，高程坐标分量稍有差异，相当于通过方差分量估计调整了各类权重后对平面坐标闭合差、高程闭合差进行了重新分配。总体来看两种方案的平差结果具有一致性，说明平差结果是可靠的。从点位中误差和点位中误差均方根的对比可以看出，Helmert 方差分量估计显著提高了导线点平差结果的精度。

将三种方案的权比、验后单位权中误差和点位中误差均方根列于表 2.10。

表 2.10　三种方案解算结果对比

方案	权比	单位权中误差/（″）	点位中误差均方根/ mm
方案一	2∶1∶0.25	±1.42	±1.13
方案二	2∶1∶0.25	±1.01	±0.81
方案三	16.6∶1.0∶10.9∶31.7	±0.40	±0.37

由表 2.10 可知，铅垂线不平行性改正前后单位权中误差从±1.42″减小至±1.01″，点位中误差均方根由±1.13mm 减小至±0.81mm，验证了铅垂线不平行性改正的有效性；方差分量估计前后单位权中误差从±1.01″减小至±0.40″，点位中误差均方根由±0.81mm 减小至±0.37mm，表明权比的合理确定进一步提高了平差的精度。

利用三维导线方式获取了 64 个设备点的坐标。采用工业摄影测量系统进行了比对测量，获取了局部区域内 15 个控制点在摄影测量坐标系中的坐标，将这 15 个控制点的两组坐标结果进行公共点转换，公共点转换精度见表 2.11。

表 2.11　公共点转换精度　　　　　　　（单位：mm）

精度指标	X	Y	Z	点位中误差
最大偏差	0.52	0.33	0.14	0.55
最小偏差	−0.36	−0.37	−0.17	0.19
均方根	±0.22	±0.22	±0.09	±0.32

由表 2.11 可知，三联全站仪法测量支导线点坐标的外符合精度达到±0.32mm，表示支导线末端点与工业摄影测量结果符合得很好，验证了导线点坐标的精确性和可靠性。

思考与练习

（1）简述平面控制网计算基准面的选取规则。

（2）控制网的整体精度指标和局部精度指标有哪些？

（3）简述控制网可靠性指标的定义及分类。

（4）控制网的平差基准有哪些？按高程网和平面边角网列举其相应的基准方程。

（5）平面直伸网平差的要点是什么？

（6）对比分析几种典型平面环形网的特点。

（7）三联全站仪法的优缺点有哪些？其测量流程有哪些？

第 3 章　精密角度测量

精密角度测量的主要装置是经纬仪。经纬仪的发展经历了游标经纬仪、光学经纬仪和电子经纬仪三个阶段。迄今为止，游标经纬仪不再用于生产作业，仅能在仪器馆或博物馆中见到；尚有少量光学经纬仪用于教学及生产作业；电子经纬仪成为角度测量的主要仪器。本章主要讨论电子经纬仪的电子度盘测角原理，侧重在度盘读数的电子化和测微技术两个方面。

徐忠阳（2003）以角度读数过程中度盘静止还是旋转为区分条件，把电子度盘测角分为静态度盘测角和动态度盘测角，其中静态度盘又分为光栅度盘、码区度盘和条码度盘等，码区度盘和条码度盘统称为编码度盘。本章按此展开叙述。

iGPS 是继电子经纬仪之后的新概念测角装置，它已摒弃电子度盘和望远镜，采用巧妙设计，用测时间差（测角装置的旋转角速度已知）的方法确定水平角和垂直角，实现了完全意义上的自动化测角，本章予以简要介绍。

3.1　光栅度盘测角原理

3.1.1　光栅与莫尔条纹

在玻璃、树脂或金属上进行刻划，可得到一系列密集刻线，这种具有周期性的刻线分布的光学元件称为光栅（optical grating）。与长度（或直线位移）和角度（或角位移）测量有关的精密仪器都经常使用光栅式传感器。

光栅式传感器有如下特点（强锡富，2004）：

（1）精度高。光栅式传感器在测量长度或直线位移方面仅仅低于激光干涉传感器。在圆分度和角位移连续测量方面，光栅式传感器是精度最高的。

（2）大量程测量兼有高分辨力。

（3）可实现动态测量，易于实现测量及数据处理的自动化。

（4）具有较强的抗干扰能力。

利用光栅的莫尔条纹现象进行精密测量称为计量光栅。计量光栅用于长度和角度测量，分别称为长光栅和圆光栅。光栅的线条是用金刚石刀或光刻法刻制在玻璃或金属面的，也常将已刻制好的光栅复制在树脂或玻璃上，或采用全息照相法制造光栅。

长光栅有两个基本参数：一是每毫米长度范围内的栅线数，称为栅线密度；二是相邻栅线之间的距离，称为光栅距 ω。圆光栅的参数多使用整圆上的刻线数或栅距角（也称为节距角）δ 来表示，δ 是指圆光栅上相邻两条栅线之间的夹角。计量光栅一般为每毫米约有 25~125 条线的玻璃（或金属）制的光栅尺（图 3.1）或光栅盘（图 3.2）。玻璃光栅用于透射式光栅测量系统；金属光栅用于反射式光栅测量系统。

如果将两张参数相同的光栅沿线条方向小角度相叠，就会出现如图 3.3 所示的明暗相间的条纹，即莫尔条纹。

图 3.1　光栅尺

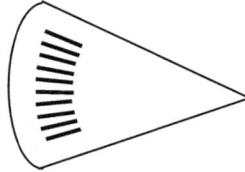

图 3.2　光栅盘

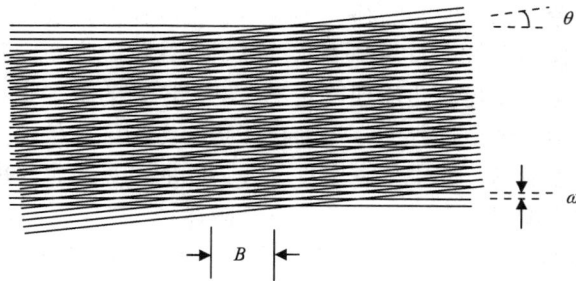

图 3.3　莫尔条纹

莫尔条纹具有以下特点。

（1）运动对应关系。当两小角度相叠的光栅沿垂直于刻线方向相对移动时，莫尔条纹就沿近似于垂直光栅移动的方向运动。当光栅移动一个光栅距 ω，莫尔条纹就移动一个条纹宽度 B，或在某点上莫尔条纹明暗变化一周期。当光栅移动方向改变时，莫尔条纹的移动方向也随之改变。因此，通过测量莫尔条纹移动的数目和方向，即可知道光栅相对移动的光栅数和方向。

（2）位移放大作用。如图 3.3 所示，设莫尔条纹宽度为 B，光栅距为 ω，两光栅的小交角为 θ，则有

$$B = \frac{\omega}{2 \tan \frac{\theta}{2}}$$ （3.1）

一般 θ 角很小，故式（3.1）可近似简化为

$$B = \frac{\omega}{\theta}$$ （3.2）

则莫尔条纹宽度 B 对光栅距 ω 的放大倍数 k 为

$$k = \frac{B}{\omega} = \frac{1}{\theta}$$ （3.3）

因 θ 角很小，故 k 值很大。例如，当 $\theta = 10'$ 时，$k \approx 344$。由此可见，莫尔条纹宽度随 θ 角的减小可调得很大，这有利于在一个条纹宽度内设置多个光电探测装置。

（3）误差平均效应。从图 3.3 可知，莫尔条纹是由光栅的大量栅线共同形成的，对光栅的刻划误差有平均作用，在很大程度上消除了栅线的局部缺陷和短周期误差的影响，个别栅线的栅距误差或断线及疵病对莫尔条纹的影响很小，从而提高了光栅传感器的测量精度。

假定单个栅距误差为 d，形成莫尔条纹的视场内有 N 条线纹数，则栅距平均误差为

$$\Delta = \pm \frac{d}{\sqrt{N}} \tag{3.4}$$

设某光栅每毫米刻线为 100 条，如果单个栅距误差为 $d=1\mu m$，用 $5\times5mm$ 的光电器件接收莫尔条纹，则 $N=5\times100=500$（条）刻线，由式（3.4）可得 $\Delta=\pm0.04\mu m$。莫尔条纹的这一特点有利于减弱栅距误差对测量结果的影响，提高测量精度。

3.1.2 光栅度盘测角装置及其测量原理

莫尔条纹现象是光栅测量技术的基础，光栅度盘利用的是圆光栅，包括径向光栅圆弧形莫尔条纹中的横向莫尔条纹，或者切向光栅的环形莫尔条纹。下面简述光栅度盘测角装置及其测量原理。

1）光栅读数头

光栅度盘测角装置实质上是一个光栅读数头，主要包括发光管、照明光学系统、光栅度盘（标尺光栅）、指示光栅、接收光学系统及光电接收管等部分，如图 3.4 所示。

发光管发出的光经聚光镜后变成一束均匀平行光，照亮光栅度盘和指示光栅，由光栅度盘和指示光栅之间的相对运动输出明暗变化的莫尔条纹信号，此信号光束经接收光学系统后到达光电接收管，光电接收管把明暗变化的光信号转换成电信号，实现脉冲计数角度测量。

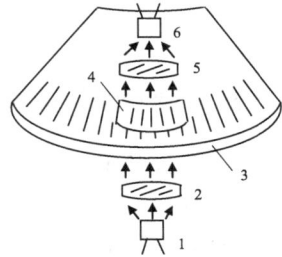

图 3.4 光栅读数头

1-发光管；2-照明光学系统；3-光栅度盘；
4-指示光栅；5-接收光学系统；6-光电接收管

2）角度测量原理

在图 3.4 中，设指示光栅、光电接收管、发光管位置固定，当光栅度盘随照准部转动时，莫尔条纹落在光电接收管上，度盘每转动一条光栅，莫尔条纹在光电接收管上就移动一个条纹宽度，光电接收管中的光电流就变化一周期（图 3.5）。如果仪器照准零方向，让仪器中的计数器置"0"状态，当度盘随照准部转动照准某目标时，流过光电接收管电流的周期数就是两方向之间所夹的光栅数。由于 δ 是已知的，计数器所计的电流周期经过处理就可以显示出角度值。

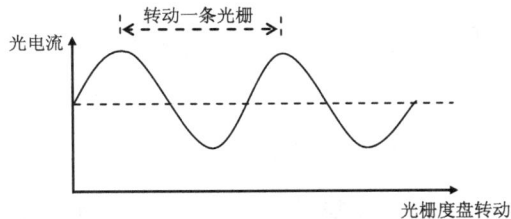

图 3.5 光栅度盘转动与光电接收管电流的关系

设光栅度盘全周的划线总数为 m，则相邻两光栅之间的夹角 δ 为

$$\delta = 360° / m \tag{3.5}$$

如果光电接收管计数器测得光栅度盘转动的光栅数为 n，则其转动的角度为

$$\beta = n \cdot \delta \tag{3.6}$$

由此可见，光栅度盘测角实质上是测定光栅转动的增加量，故常称为增量式测角。

3）光栅度盘转动方向判别

仪器在实际操作中必然会顺时针或逆时针转动，而这两种转动都可以使光栅度盘与指示光栅形成的莫尔条纹产生移动，因此光电接收管就有交变电流输出，使计数器做代数增加计数。但在角度测量时，一般要求仪器顺时针旋转时角度增大，逆时针旋转时角度减小，因此要求光栅度盘测角具有判别转动方向的能力，即当仪器照准部顺时针旋转时，计数系统做加法计数，而逆时针旋转时，做减法计数。

为了具备方向判别能力，一般在图 3.4 所示的测角装置中，再增加一个光电接收二极管，它与原来的光电二极管的间隔为莫尔条纹宽度的四分之一。如图 3.6 所示，a、b 分别为两个光电接收管，它们的间距为莫尔条纹宽度的四分之一。当光栅度盘顺时针转动时，莫尔条纹从左向右移动，a 光电接收管上电流信号超前 b 管电流信号 $90°$；当度盘逆时针转动时，莫尔条纹从右向左移动，那么 a 光电接收管上的电流信号滞后 b 管电流信号 $90°$。由于不同方向的转动使 a、b 上的电流相位差发生了变化，在电路上就可以利用这种变化来控制脉冲计数，使度盘顺时针转动时可逆计数器进行加法计数；当度盘逆时针转动时，可逆计数器进行减法计数。

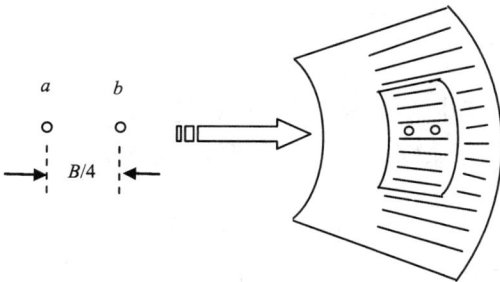

图 3.6　度盘转动方向的判别

4）电子测微技术

全站仪中的光栅度盘直径一般都在 10cm 以内，如某直径为 7cm 的光栅度盘，圆周长约为 22cm，如果每毫米的光栅刻线为 100 条，则全周的光栅线条数为 22000，由式（3.5）可得 δ 为

$$\delta = 360° / 22000 = 58.9'' \tag{3.7}$$

由此可见，直接用光栅度盘测角，其角度分辨率较低，要达到角秒级的测角精度，还需要利用角度测微技术。

如图 3.6 所示，为了实现光栅度盘转动方向的判别，设置两个间距为条纹宽度的四分之一的光电接收管，产生两个相位差为 $\pi/2$ 的电流信号。如图 3.7 所示，这两个信号有四个过零点 1、2、3、4。如果使每个过零点形成一个脉冲，则每通过一个条纹就产生四个脉冲，使脉冲周期缩短为原周期的四分之一，

图 3.7　光电接收管光电流波形图

即相当于四倍频。在该倍频法中，光电信号整形后直接产生计数脉冲，中间不必提取测微信息，故称为四倍频直接测微法。

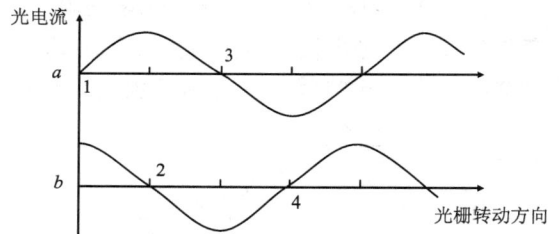

在实际装置中，为了获得四个相位差为 $90°$ 的输出信号，常采用四相取样的方法，用四块硅光电池及四相指示光栅获取四相交变信号。经四相取样电路获得四个包含直流分量的电信号为

$$\begin{cases} U_1 = A_0 + A\sin\omega t \\ U_2 = A_0 + A\cos\omega t \\ U_3 = A_0 - A\sin\omega t \\ U_4 = A_0 - A\cos\omega t \end{cases} \tag{3.8}$$

利用差分放大电路消除信号中的直流分量 A_0，于是可得四个信号

$$\begin{cases} U_{13} = U_1 - U_3 = 2A\sin\omega t \\ U_{24} = U_2 - U_4 = 2A\cos\omega t \\ U_{31} = U_3 - U_1 = -2A\sin\omega t \\ U_{42} = U_4 - U_2 = -2A\cos\omega t \end{cases} \tag{3.9}$$

将这四个信号输入过零鉴别器（整形电路）获得方波信号。该方波信号一方面用于光栅度盘转动方向判别；另一方面经微分电路输出尖脉冲作为可逆计数器的计数信号，实现四倍频角度测微。

从四倍频电子测微的原理可以看出，如果在一个莫尔条纹宽度内均匀分布多个光电接收元件，可以做到高于四倍频的直接电子测微，但由于元器件参数的差异和调整上的困难，很少采用。实际上，大多以四倍频为基础，在式（3.9）所示的四个正弦波信号的基础上经过附加电子线路处理，获得更高的所需倍频数。

图 3.8 为瑞士威特厂的 TC1 型全站仪反射式光栅度盘测角原理图。反射式光栅度盘直径为 8cm，共有 12500 条刻线，角度分划值 104″。为了达到 3″ 的最小分辨率，需要测微因子 32。由于采用反射度盘和相位指示光栅（具有特殊功能的光栅分析器），可得测微因子 2；在度盘对径位置上安置有两套如图 3.8 所示的测量装置，又得测微因子 2；再加上前面所述的四倍频测微技术，在光电接收管位置安置 4 枚硅光电池，得到 4 个相位为 90° 的正弦信号，通过这些信号的综合作用可得测微因子 8，共计 32 个测微因子。

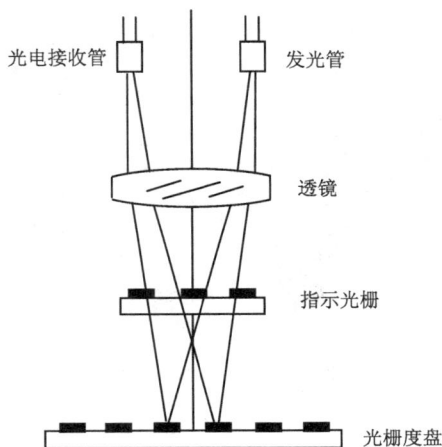

图 3.8　TC1 型全站仪反射式光栅
度盘测角原理图

某光栅度盘全周有 10800 条刻线，角度分划值为 2′。为了使角度最小显示达到 1″，首先通过光电接收管分别采样一个正弦和余弦信号，例如，参见式（3.8），在四倍频测微中获得两个正交信号

$$\begin{cases} U_1 = A_0 + A\sin\omega t \\ U_2 = A_0 + A\cos\omega t \end{cases} \tag{3.10}$$

式中，A_0 为直流分量。

设相位角 $\omega t = \varphi$，由式（3.10）可得信号相位角 φ 为

$$\varphi = \arctan\left(\frac{U_1 - A_0}{U_2 - A_0}\right) \tag{3.11}$$

通过计算可得一个周期内 $(0 \sim 2\pi)$ 的相位角 φ，再经过比例运算得到小于 2′ 的小角度，实现光栅度盘的角度测微。

3.2　码区度盘测角原理

光栅度盘有很多突出的优点，如动态性能好等；但也有致命缺陷，一旦断电或关机则角度信息不保留。在光学度盘测角中，通常用刻划和注记来区分角度信息，此即为绝对编码（以下简称编码），需要人工来解码（读数）。需要注意的是，此处的编码不同于一般意义上的编码，一般意义上的编码仅相当于此处的注记功能，此处的编码包含刻划和注记两个功能，其刻划能力（对应刻划误差）事关测量精度，由此可知编码度盘技术复杂度极高。为了实现绝对角度读数的电子化，人们发明了编码度盘。本节讨论码区度盘测角原理。

3.2.1　二进制编码度盘测角

为了实现绝对角度读数的电子化，人们首先发明了二进制编码度盘。如图 3.9 所示，在编码度盘上分成若干宽度相同的同心圆环，这种圆环称为编码度盘的"码道"；在码道数目一定的条件下，整个编码度盘又可以分成数目一定、面积相等的扇形区，称为编码度盘的"码区"。从图 3.9 中可以看出，每条码道实际上代表一个二进制位。

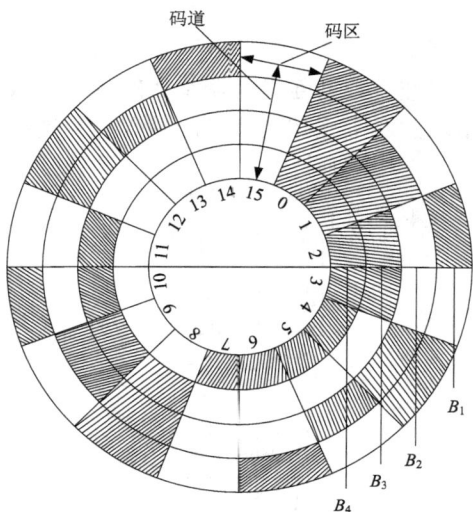

图 3.9　二进制编码度盘

设码道数为 n，则相应的码区数 S 为

$$S = 2^n \qquad (3.12)$$

将同一码区中的各码道从外到内按二进制码的方式处理成透光（1）、不透光（0）或导电（1）、不导电（0），即可形成二进制编码度盘。因每一个码区对应度盘分划中的某一角度值（表 3.1），通过光电读数装置（图 3.10）获得相应码区的二进制读数，经译码器转换成十进制值，就可实现编码度盘角度读数的自动读取与显示。

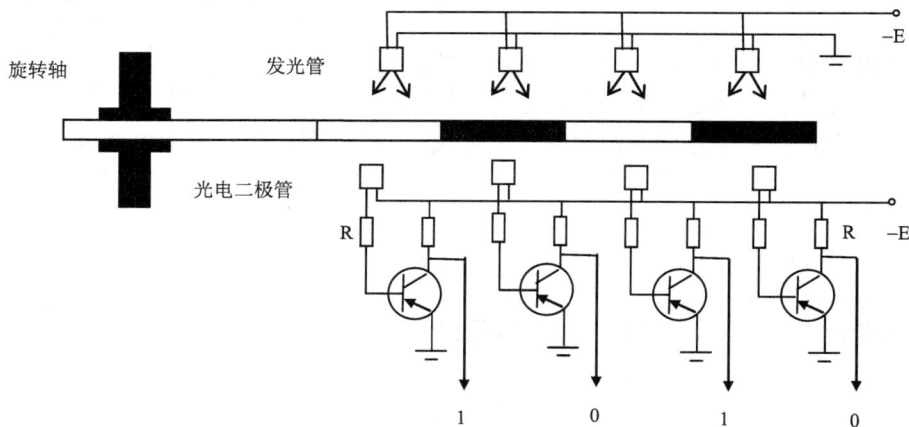

图 3.10　二进制码盘光电读数装置示意图

二进制编码度盘的角度信息是刻制在玻璃度盘上的，仪器一开机即可读取和显示角度信息，并且关机后角度信息不丢失，因此常称编码度盘测角为绝对式测角。

表 3.1　四码道编码度盘角度对照表

区间	编码	角度	区间	编码	角度
0	0000	0°00′	8	1000	180°00′
1	0001	22°30′	9	1001	202°30′
2	0010	45°00′	10	1010	225°00′
3	0011	67°30′	11	1011	247°30′
4	0100	90°00′	12	1100	270°00′
5	0101	112°30′	13	1101	292°30′
6	0110	135°00′	14	1110	315°00′
7	0111	157°30′	15	1111	337°30′

3.2.2　葛莱码盘测角

由于加工工艺公差等因素,图 3.9 中的二进制码盘有一个较大的缺陷:容易出现测量粗差。以四码道二进制码盘为例,如图 3.11 所示,在度盘处理过程中 0、15 两码区的透光、不透光之间的交界线在各码道之间不完全在一条直线上,存在锯齿误差,当光电读数装置处在虚线位置时,正确的二进制读数应为 0000(相当 0° 读数),但实际读数为 1000(相当 180° 读数),两者竟差 8 个区间,在实际测量仪器中这是不允许的。即使各码道的区间交界线为一条直线,但如果光电读数装置中的光电二极管没有严格位于一条直线上,也会出现类似的粗差。

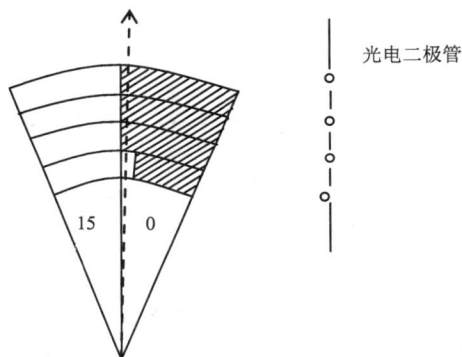

图 3.11　二进制码盘测量粗差示意图

上述粗差产生的根本原因是二进制码盘在相邻区间的交界处码道状态会有几个同时发生变化。为了解决此问题,Gray 于 1953 年发明了一种实用的编码方式——葛莱码(Gray code),也称为循环码。

4 位二进制码、葛莱码和对应的十进制数之间的关系如表 3.2 所示,可以看出,当二进制的位数为 n 时,葛莱码数也有 n 位,并且两者之间有以下逻辑关系

表 3.2　二进制码和葛莱码对照表

十进制数(D)	二进制码(B)	葛莱码(G)
0	0000	0000
1	0001	0001
2	0010	0011
3	0011	0010
4	0100	0110
5	0101	0111
6	0110	0101

续表

十进制数（D）	二进制码（B）	葛莱码（G）
7	0111	0100
8	1000	1100
9	1001	1101
10	1010	1111
11	1011	1110
12	1100	1010
13	1101	1011
14	1110	1001
15	1111	1000

$$
\begin{aligned}
G_n &= B_n \\
G_i &= B_i \cdot \overline{B}_{i+1} + \overline{B}_i \cdot B_{i+1} \\
B_i &= B_{i+1} \cdot \overline{G}_i + \overline{B}_{i+1} \cdot G_i
\end{aligned}
\tag{3.13}
$$

式中，B 为二进制码；G 为葛莱码；i 为 1 至 n–1 的整数。

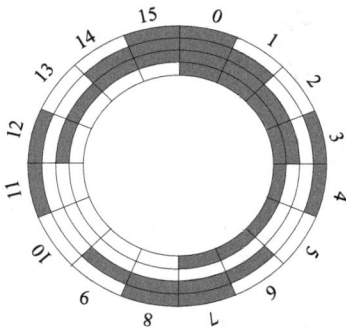

图 3.12　四码道葛莱码盘

利用葛莱码刻制的编码度盘（图 3.12）的明显特点是：任何相邻码区之间只有一个码道发生变化。因此，即使有图 3.11 所示的度盘刻线加工公差或光电二极管位置偏差，由此产生的误差理论上只影响到相邻码区，不大于一个码区对应的角度值。只要适当限制各码道的制作误差和安装误差，实际上不会产生粗差。

3.2.3　电子测微技术

从码区度盘测角原理可知，要提高角度分辨率，需要增加码区数量。而码区数量的增加，显然要减小码区弧长和面积。例如，要使角度最小分辨率达到 1″，则需码区数量为 360 ×60×60=1296000。因仪器尺寸的限制，度盘直径一般在 80mm 以内，则每码区最外沿的最大弧长 Δs 约为 0.0002mm，要制作这样小的接收元器件比较困难。因此像光栅度盘测角一样，需要在码区度盘测角的基础上，采用测微技术提高角度测量的精度。码区度盘的电子测微方法较多，下面重点介绍正弦刻缝实现角度内插的原理。

图 3.13 为某仪器的带正弦刻缝的葛莱码盘，其中外侧为八码道葛莱码刻划，内侧为全圆 128 个周期的正弦刻缝。在角度读数过程中，八码道的角度分划为 $360°/2^8 \approx 1.4°$，决定角度大数中的度、分值；然后，仪器对 128 个正弦刻缝进行内插，每一个周期内插 1000 个脉冲，这就相当于把全圆分为 128000 个分划，每一分划约为 10″，每一周期约为 2.8°，决定角度中的分、秒值。

图 3.14 为正弦刻缝与传感器分布，即缝宽按正弦变化，为了实现角度内插，在度盘下方安置了 4 个传感器，相邻间隔为 1/4 刻缝周期，相位差为 90°。每个传感器上流过的电流大小由光照在传感器上的面积来决定，而被照面积又取决于传感器与正弦刻缝的相对位置。

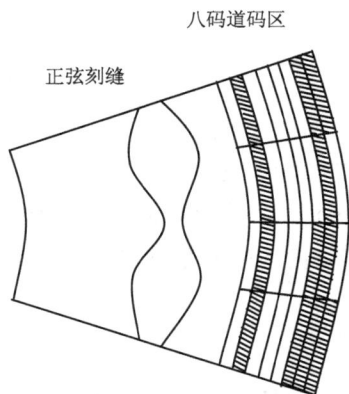

图 3.13 带正弦刻缝的葛莱码盘

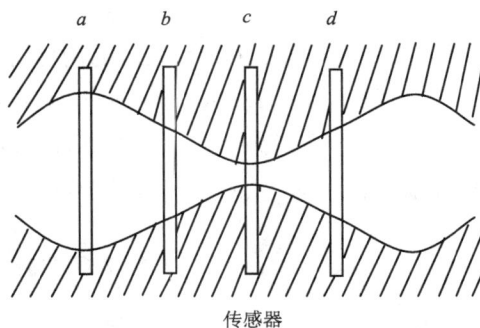

图 3.14 正弦刻缝与传感器分布

图 3.15 为度盘转动固定后正弦刻缝与 4 个传感器的关系及传感器输出电流。光电流与传感器位置的关系为

$$\begin{cases} I_a = I_0 + I\sin\varphi_0 \\ I_b = I_0 + I\sin(90° + \varphi_0) = I_0 + I\cos\varphi_0 \\ I_c = I_0 + I\sin(180° + \varphi_0) = I_0 - I\sin\varphi_0 \\ I_d = I_0 + I\sin(270° + \varphi_0) = I_0 - I\cos\varphi_0 \end{cases} \quad (3.14)$$

式中，I_0 为直流分量；φ_0 为传感器 a 位置的初相位；I 为最大光照时输出的光电流，当光强不变时，I 为恒量。

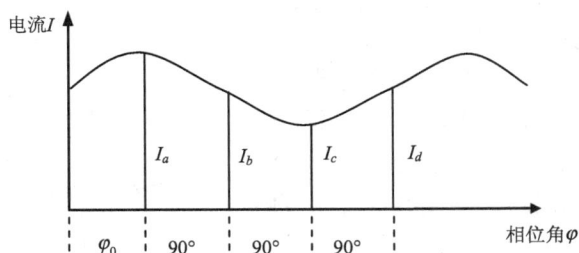

图 3.15 传感器输出电流

对式（3.14）进行变换，有

$$I_a - I_c = 2I\sin\varphi_0 \quad (3.15)$$

$$I_b - I_d = 2I\cos\varphi_0 \quad (3.16)$$

实际上，照亮正弦刻缝的发光管发光强度被某一正弦信号所调制，故式（3.14）中的 I 是时间的正弦函数，即

$$I(t) = I\sin\omega t \quad (3.17)$$

因此式（3.15）和式（3.16）可改写为

$$I_a - I_c = 2I\sin\omega t\sin\varphi_0 \quad (3.18)$$

$$I_b - I_d = 2I\sin\omega t\cos\varphi_0 \quad (3.19)$$

把式（3.18）表示的信号移相 90°，则

$$(I_a - I_c)' = 2I \cos \omega t \sin \varphi_0 \qquad (3.20)$$

将式（3.19）和式（3.20）表示的两信号相加，又有

$$2I \sin \omega t \cos \varphi_0 + 2I \cos \omega t \sin \varphi_0 = 2I \sin(\omega t + \varphi_0) \qquad (3.21)$$

比较式（3.17）和式（3.21）得相位差为 φ_0。在测量 φ_0 过程中，按每周期（相当于 2.8°）为 1000 个脉冲的方式对 φ_0 进行内插计数，即可自动实现度盘读数中的角秒级测微。

3.3 条码度盘测角原理

码区度盘是通过多码道的二进制编码或葛莱码的方式刻制而成，多码道码区度盘的加工工艺比较复杂，故成本较高。20 世纪 90 年代以后，徕卡的电子经纬仪/全站仪普遍采用了一种新的编码度盘，即条码度盘。

条码是由一组按一定编码规则排列的条、空符号，用以表示一定的字符、数字及符号组成的信息（图 3.16）。它是一维码，其注记功能与光学度盘相似度极高。条码系统是由条码符号设计、制作及扫描阅读组成的自动识别系统。

图 3.16 直线型条码示意图

条码度盘使用条码系统区分和识别度盘的角度信息，其主要特点是只需刻划一个码道。这种技术在电子水准仪的水准标尺条码自动读数中已得到广泛应用。

条码度盘的测角原理如图 3.17 所示。由发光管发出的光线通过一定光路照亮度盘上的一组条形码，该条形码由线性 CCD 阵列识别，经一个 8 位模拟数字（analog-to-digital，A/D）转换器读出，提供大约 0.27° 精度的概略读数。

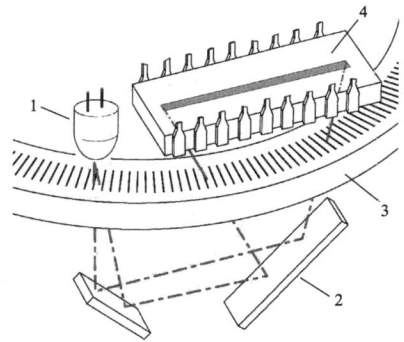

在条形码的识别过程中，首先确定 CCD 阵列上独立编码线的中心位置，其次使用适当的计算方法求得平均值，完成精密测量。为了确定位置，必须捕获至少 10 条编码线；在通常情况下，单次测量即可包含大约 60 条编码线，因此改进了角度内插精度，进一步提高了角度测量的可靠性。

在条码度盘中，对径设置多个如图 3.17 所示的条码探测装置，不仅有利于提高角度的读数精度，而且可消除度盘偏心差，例如，徕卡的 TC1800 系列全站仪（一测回方向中误差为 ±1″）对径设置有一对条码探测装置；而 TC2003 系列全站仪（一测回方向中误差为 ±0.5″）则对径设置有两对条码探测装置。

图 3.17 条码度盘测角原理

1-发光管；2-光路系统；3-条码度盘；4-线性 CCD 阵列

3.4 动态度盘测角原理

动态度盘测角系统主要由光栅度盘及其驱动系统、与仪器基座固连的固定光栅探测器和与照准部固连的活动光栅探测器，以及数字测微系统等组成。

图 3.18 为动态度盘测角原理的示意图，玻璃度盘沿径向均匀刻制有透光与不透光的黑白

光栅条纹刻划。动态度盘不像光栅度盘那样利用莫尔条纹测角，故全周的刻线数一般不是太多（如徕卡 T2000 电子经纬仪的动态度盘为 512 条刻线）。在度盘的外缘设置有与基座固连的固定光电探测器 L_S，而在内缘设置有与照准部固连且随照准部旋转的活动光电探测器 L_R。如果将 L_S 视为度盘零位，L_R 则相当于望远镜的视准方向，L_S 与 L_R 之间的夹角 φ 即为待测角度。

当执行测量指令时，度盘在驱动系统马达的带动下，以一定的速度匀速旋转。当度盘透光条纹通过光电探测器时，输出高电平；当度盘不透光条纹通过光电探测器时，则输出低电平。随着度盘的连续旋转，L_S、L_R 探测器分别输出如图 3.18 所示的方波信号。

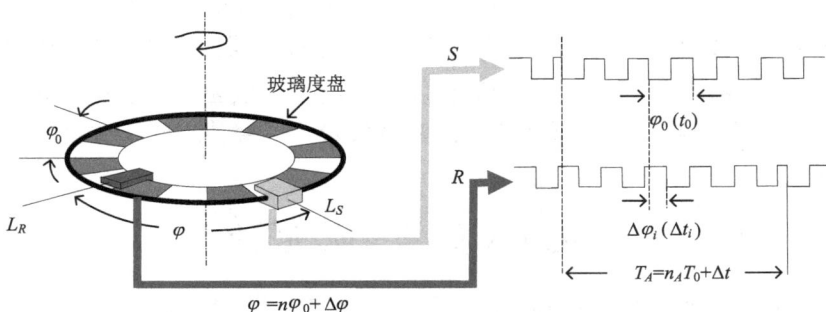

图 3.18　动态度盘测角原理示意图

设度盘一个刻划周期对应的圆周角为 φ_0，φ_0 的大小由度盘刻划总数 N 而定，即

$$\varphi_0 = 2\pi / N \tag{3.22}$$

则探测器 L_S、L_R 之间夹角 φ 可表示为

$$\varphi = n \cdot \varphi_0 + \Delta\varphi \tag{3.23}$$

式中，n 为 φ_0 的整倍数；$\Delta\varphi$ 为不足一个 φ_0 的小数。

从图 3.18 中可以看出，在度盘转速恒定的情况下，测定夹角 φ 实质上是测定某一度盘刻划分别经过 L_S、L_R 两探测器的时间差 T，即

$$T = n \cdot T_0 + \Delta t \tag{3.24}$$

式中，T_0 为 φ_0 所对应的旋转用时。

探测器 L_S、L_R 输出的两个方波信号的时间差可用自动数字测相方法测得，但只能测得不足一个周期 T_0 的小数 Δt。因度盘转速为 φ_0 / T_0，则对应某一度盘刻划的 $\Delta\varphi_i$ 可表示为

$$\Delta\varphi_i = \Delta t_i \cdot \varphi_0 / T_0 \quad (i = 1, 2, 3, \cdots, N) \tag{3.25}$$

式中，N 为度盘刻划周期总数。

取 N 个 $\Delta\varphi_i$ 的平均值作为 $\Delta\varphi$ 的最后结果，有

$$\Delta\varphi = \frac{\sum_{i=1}^{N} \Delta\varphi_i}{N} \tag{3.26}$$

由此可见，度盘全周的所有刻划都参与了 $\Delta\varphi$ 的测量，故有利于消除度盘分划误差的影响。

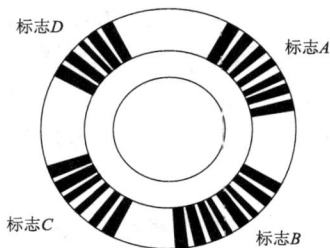

图 3.19　动态度盘粗测标志

为了确定式（3.23）中 φ_0 的整倍数 N，在动态度盘中设置了角度粗测刻划标志。如图 3.19 所示，间隔 90° 设置 4 个标志 A、B、C、D。如果测定标志 A 分别通过 L_S、L_R 探测器的时间差为 T_A（图 3.18），则待测角 φ 中整 φ_0 数 n 为

$$n = \text{INT}(T_A / T_0) \tag{3.27}$$

式中，INT( )为取整函数。

同样，通过标志 B、C、D 也可分别测得 n 值，用于相互检核。如果有差异，则自动重复测量一次，以保证 n 值的正确性。

综上所述，动态度盘测角的最大特点是度盘全周分划都参与扫描测角，有效地消除了度盘分划误差的影响。另外，通过对径设置两对 L_S、L_R 探测器，可进一步消除度盘偏心差的影响。因此，动态度盘测角原理常用于高精度电子测角，但因耗电量高、测量速度相对较慢、价格高等，徕卡公司现已不再使用。国内某仪器公司曾独立研发过该技术，但未见商品化产品。

3.5　电子度盘测角原理的比较

以上分别介绍了光栅度盘、编码度盘、动态度盘的电子测角原理与方法。为了便于读者对这几种度盘测角原理进一步认识与理解，下面做专门的比较与分析。

3.5.1　测量原理

光栅度盘测定的是照准部旋转或望远镜上下俯仰时指示光栅相对光栅度盘的转动量，其角度输出量随上述转动量的变化而累计变化，故光栅度盘测角称为增量式测角。

编码度盘的角度信息直接刻在度盘上，每一度盘区域与某一角度值具有绝对的一一对应关系，角度传感器通过对编码信息的解读即可直接显示角度信息，因此编码度盘测角常称为绝对式测角。

动态度盘的角度信息体现在随照准部旋转的传感器与固定传感器之间所形成的夹角，其为绝对式测角。

3.5.2　关机后角度信息

编码度盘的角度信息直接刻制在度盘上，动态度盘的角度信息则由两个传感器之间的夹角来表示，它们的角度信息都有具体的物质载体，因此当仪器关机时角度信息仍然保留，并且在仪器开机时即可显示角度信息。

光栅度盘测角是累计指示光栅相对于光栅度盘的转动信息，该信息是一个过程概念，因此当仪器关机后该信息即刻消失，不能保留。当仪器再次开机时，或者角度信息显示为零，或者需要预先转动仪器探测度盘零位后才能显示角度信息。

3.5.3　度盘测角误差

由于光栅度盘采用指示光栅相对光栅度盘转动的增量式测角方式，度盘光栅刻划误差、角度读数电路噪声误差等都有积累的影响；动态度盘因所有刻划参加积分扫描测角，理论上有角度读数电路噪声误差的积累，但此积累仅持续几秒钟，与光栅度盘的积累时长不可比拟，实践上可视为无积累。

编码度盘是绝对式测角方式,它直接获取度盘某一区域的角度信息,没有累计测量过程,因此不存在测角误差的积累。

3.5.4 仪器转动速度

对于增量式测角的光栅度盘,仪器一边转动时一边要采集角度信息,由于电路响应速度等方面的限制,仪器转动的速度不能太快,否则不能保证正确角度读数。正常角度测量模式下,动态度盘在仪器转动时度盘测角机构并不工作,因此对转动速度没有限制。同样,编码度盘在仪器转动过程中通常不需要采集角度信息,故对仪器转动速度没有限制。

综合以上比较分析,编码度盘测角具有较多的优势,因此在现代全站仪(电子经纬仪)中广泛采用编码度盘测角,并代表将来一段时期的发展方向。表 3.3 简明给出了不同电子度盘测角原理的比较情况。

表 3.3 不同电子度盘测角原理的比较

比较内容	光栅度盘	编码度盘	动态度盘
测量原理	增量式	绝对式	绝对式
关机后角度信息	不保留	保留	保留
度盘测角误差	积累	不积累	不积累
仪器转动速度	有限制	无限制	无限制
制造工艺	相对简单	相对复杂	很复杂

3.6 iGPS 测角原理

3.6.1 iGPS 测量简介

20 世纪 90 年代,受全球定位系统(global positioning system,GPS)的启发,美国 Arcsecond 公司开发出了 iGPS。iGPS 以红外激光发射器代替 GPS 卫星,光电接收器根据发射器投射光线的时间特征参数,计算接收器相对于发射器的方位和俯仰角;然后将模拟信号转换成数字信号,通过无线网络发送给中心控制服务器;最后通过 iGPS 自行开发的软件或第三方测量软件处理数据获得高精度的坐标及其他位置信息,并供远端的多用户共享。

iGPS 以角度作为基本观测量,所以其主机(图 3.20)相当于电子经纬仪,但与电子经纬仪在结构上存在明显区别。表 3.4 列出了二者的主要差异。

图 3.20 iGPS 主机

表 3.4 iGPS 与电子经纬仪的主要差异

比较项目	电子经纬仪	iGPS
测角原理	度盘细分,几何法	光束恒速旋转,测时间差换算角度
轴系	旋转轴,横轴,视准轴	旋转轴,两束倾斜扇形光束

		续表
比较项目	电子经纬仪	iGPS
度盘	电子度盘	无
望远镜	有	无
观测方式	人工目视或 ATR	自动
观测目标	无源或有源，人造或自然	有源人造
整平装置	有	无

　　需要说明的是，iGPS 虽可以实现自动化测角，但尚不能完全取代经纬仪，其用途主要是多台仪器组成自动化程度高的角度前方交会坐标测量系统。

3.6.2　测角原理

　　iGPS 的核心是红外激光发射器。如图 3.21 所示，发射器发出两束扇形光束，两扇形光束在水平面内成 θ 角，其名义值为 90°，分别与旋转轴成 ϕ 角，其名义值为 30°。

　　当发射器旋转的时候，两扇形光束扫出如图 3.22 所示的测量范围，有效测量半径为 50m。每一个发射器的转速不同，可据此识别不同的发射器。第三束光为选通脉冲，作为每一圈旋转的起始标志，其实质是方位角的参考线。选通脉冲的发射/接收范围以发射器"正面"为准，在方位面上±145°范围内，俯仰角的测量范围为±30°。扇形光束的垂直传播、选通脉冲的水平传播、扇形光束和选通脉冲的测程共同决定了发射器的测量范围。

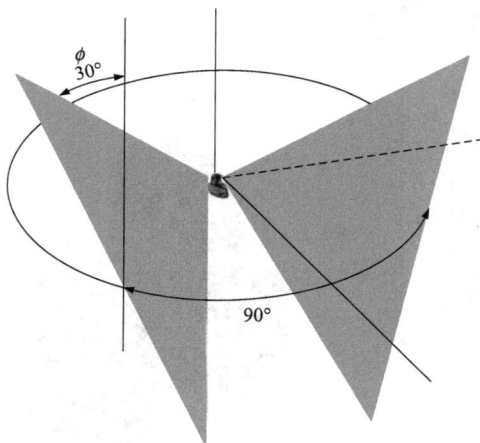

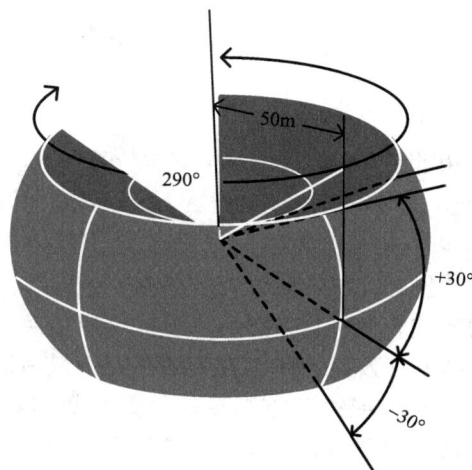

図 3.21　发射器扇形光束结构图　　　　　图 3.22　发射器工作范围示意图

　　以下分析如何得到方位角和俯仰角。如图 3.23（a）、图 3.23（b）所示，以选通脉冲作为计时零位，发射器发出的第一束扇形光束到接收器的时刻记为 t_{L_1}，第二束扇形光束到接收器的时刻记为 t_{L_2}，设发射器的旋转角速度为 ω。

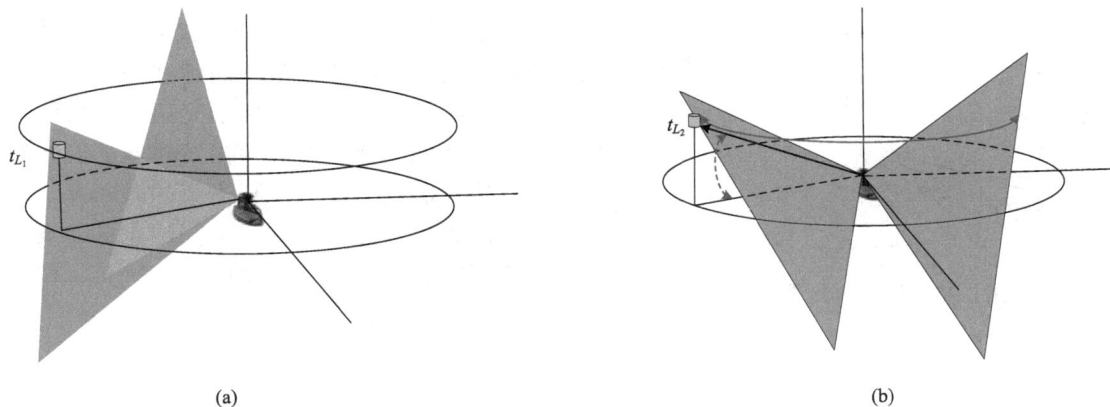

(a)　　　　　　　　　　　　(b)

图 3.23　iGPS 观测值示意图

如图 3.24 所示，设 O 为旋转中心，NOB_1P
为与旋转轴垂直的方位面。不失一般性，假设
触发选通脉冲时扇形光束 1 与方位面的交线为
ON，它相当于水平度盘的零刻划线。假设俯仰
角为正值，经 t_{L_1} 时刻时，扇形光束 1 到达接收
器处，则扇形光束 1 在方位面上的投影为 OB_1，
接收器在方位面上的投影为 OP。经 t_{L_2} 时刻时，
扇形光束 2 到达接收器处，则扇形光束 2 在方
位面上的投影为 OB_2，接收器在方位面上的投
影仍为 OP。此时，OB_1 转至 OB_1' 位置。则有
$\alpha = \angle NOB_1 = \omega t_{L_1}$，　$2\beta + \theta = \left(t_{L_2} - t_{L_1}\right)\omega$。　故
$\beta = \dfrac{\left(t_{L_2} - t_{L_1}\right)\omega - \theta}{2}$，则方位角为

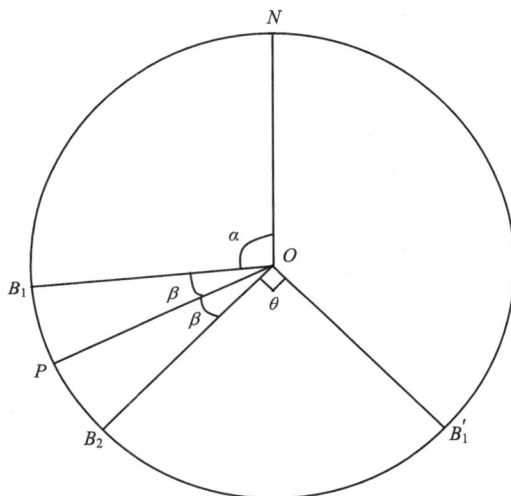

图 3.24　方位角测量示意图

$$Az = \angle NOP = \alpha + \beta = \frac{\left(t_{L_1} + t_{L_2}\right)\omega - \theta}{2} \tag{3.28}$$

如图 3.25 所示，O 为旋转中心，NOB_1P 为与旋转轴垂直的方位面，OAB 为扇形光束 1
所在平面。不失一般性，假设俯仰角为正值，经 t_{L1} 时刻时，扇形光束 1 达到接收器 P 处，
则扇形光束 1 在方位面上的投影为 OB_1，接收器在方位面上的投影为 OP，其长度为 R。则有
$B_1P = 2R\sin\dfrac{\beta}{2}$，　$PP'' = \dfrac{B_1P}{\tan\phi}$。则俯仰角为

$$El = \arctan\left(\frac{PP''}{R}\right) = \arctan\left(\frac{2\sin\dfrac{\left(t_{L_2} - t_{L_1}\right)\omega - \theta}{4}}{\tan\phi}\right) \tag{3.29}$$

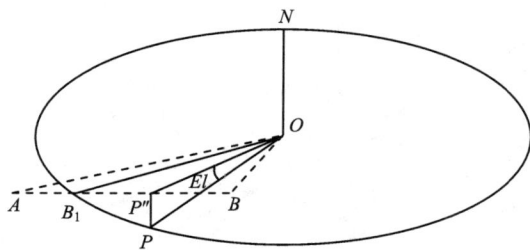

图 3.25　俯仰角测量示意图

通过以上分析可知，方位角由发射器的旋转速度、接收器接收选通脉冲和两束扇形光束的时间差，以及两扇形光束在方位面投影夹角共同决定。俯仰角由发射器的旋转速度、接收器接收两束扇形光束的时间差，以及扇形光束与旋转轴夹角共同决定。如果发射器可以整平，则方位角即为水平角，俯仰角即为垂直角。

思考与练习

（1）简述光栅度盘电子测角的原理。

（2）试比较码区度盘电子测角中二进制编码和葛莱码的特点。

（3）简述条码度盘电子测角的原理。

（4）简述动态度盘电子测角精度高的原因。

（5）对比分析几种电子度盘测角原理的特点。

（6）简述 iGPS 测角原理。

（7）对比分析电子经纬仪测角原理与 iGPS 测角原理的特点。

第4章 精密距离测量

长度（距离）是七大物理量之一，距离测量在科技发展中占有重要地位。在长期的测量实践中，人们发明了直接测距、视距测量和物理测距三类距离测量方法。直接测距是用量尺直接测定两点间的距离，在精密测距中占有一席之地；因其原理直观易懂，本章不予叙述。视距测量是利用装有视距丝装置的测量仪器配合标尺，根据相似三角形原理，间接测定两点间距离；该法测距精度一般较低，不属于精密测距范畴，本章不再介绍。物理测距是利用电磁波等物理量与距离的关系间接测定两点间的距离。本章重点介绍物理测距的基本原理和方法，主要包括电磁波测距、激光干涉测距、激光三角法测距、光学频率梳测距和量子精密测距。

4.1 电磁波测距

电磁波测距是通过测定电磁波在待测距离 D 上的往返传播时间 t_{2D} 来计算距离，有

$$D = \frac{1}{2} c t_{2D} \tag{4.1}$$

式中，c 为电磁波在大气中的传播速度，$c = c_0 / n$，c_0 为电磁波在真空中的传播速度（299792458m/s），n 为大气折射率。

根据测定 t_{2D} 的不同，电磁波测距可分为脉冲法测距和相位法测距。

4.1.1 脉冲法测距

1. 基本原理

脉冲法测距工作原理如图 4.1 所示。首先，由光脉冲发生器发射一束光脉冲，经发射光学系统射向被测目标；与此同时，由仪器内的取样棱镜取出一小部分光脉冲，送入接收光学系统，再由光电接收器转换为电脉冲（称为主波脉冲），作为计时的起点；当从目标反射回来

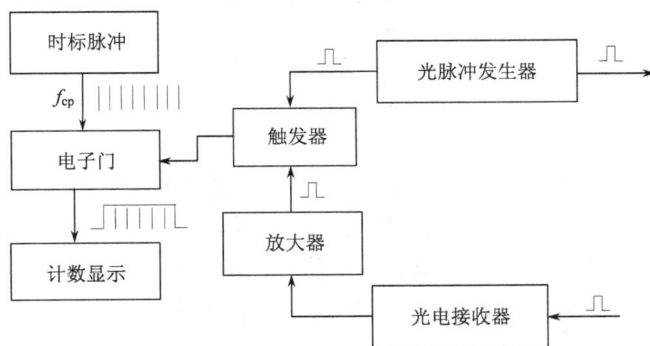

图 4.1 脉冲法测距工作原理

的光脉冲通过接收光电系统后，也被接收并转换为电脉冲（称为回波脉冲），作为计时的终点；显然，主波脉冲和回波脉冲的时间间隔，就是光脉冲在测线上往返传播的时间 t_{2D}，可用时标脉冲作为标准器来测量 t_{2D}。

时标脉冲是由时标振荡器连续产生的、具有一定时间间隔（即振荡周期）T 的电脉冲，相当于一个电子时钟。在测距前，"电子门"是关闭的，时标脉冲不能经"电子门"进入计数系统。测距时，在光脉冲发射的同一时间，主波脉冲把"电子门"打开，时标脉冲通过"电子门"进入计数系统，并开始记录时标脉冲数，直至回波脉冲将"电子门"关闭，时标脉冲停止进入计数系统。如果在"开门"和"关门"之间有 N 个时标脉冲进入计数系统，则主波脉冲和回波脉冲间的时间间隔为

$$t_{2D} = NT \tag{4.2}$$

由于一个振荡周期 T 内电磁波的传播距离（即波长 λ）是个可以预知的量（$\lambda = cT$），只要知道时标脉冲个数 N 之后，即可计算出待测距离 D。激光脉冲的能量较为集中，故脉冲法测距多用于远程、无合作反射目标的距离测量。但是，由于受到脉冲宽度和电子计数器时间分辨率的限制，直接测量的时间精度一般仅能达到 10^{-8} s，普通脉冲测距仪的距离测量精度约为米级。

2. 脉冲细分原理

普通脉冲法测距的精度约为米级，要提高测距精度，就需要提高时间测量精度，即测出不足一个时间间隔 T 的时间。瑞士威特（Wild）厂 DI3000 测距仪以半导体激光器为光源，采用时间幅值转换（time amplitude circuit，TAC）技术，测距精度达±（5mm＋$1 \times 10^{-6} \cdot D$）。

如图 4.2 所示，t_{2D} 可以精确表示为

$$t_{2D} = NT + t_a - t_b \tag{4.3}$$

式中，t_a 和 t_b 为不足一个周期的时间。

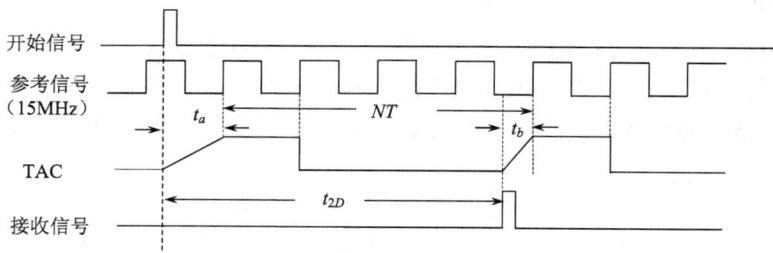

图 4.2　脉冲细分原理

TAC 电路的主要作用是将时间量（t_a 和 t_b）的测定转换为对电压幅值的测定，以提高时间的测量精度。如图 4.3 所示，当测量开始时，开关 S_1 闭合，由恒流源对电容 C 进行充电，经时间 t_a 后，S_1 由终止信号（开始充电后参考信号的第一个上沿，见图 4.2）断开（例如，由三极管的导通和截止来实现）。电容 C 上的电压 u 的大小（幅值）与充电时间 t_a 成正比，经 A/D 转换为数值后由微处理器（M_P）读出该值，相当于间接测出了时间 t_a。当微处理器读得该值后，就发出 TAC 复位信号并随即闭合 S_2，使电容 C 放电，准备下一次测量。t_b 的测量过程与 t_a 类似。

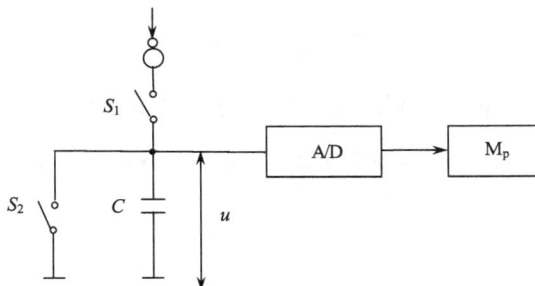

图 4.3 TAC 原理

4.1.2 相位法测距

相位法测距是测定仪器发出的连续调制波在被测距离上往返传播所产生的相位差，根据相位差求得距离。

1. 基本原理

如图 4.4（a）所示，由光源发出的光波通过调制器调制后，成为光强随高频信号变化的调制波。调制波射向测线另一端的反射器，经反射后被接收系统所接收，然后由测相系统将发射信号（又称为参考信号）与接收信号（又称为测距信号）进行相位比较。如果将调制波的往程和返程摊平，则如图 4.4（b）所示。

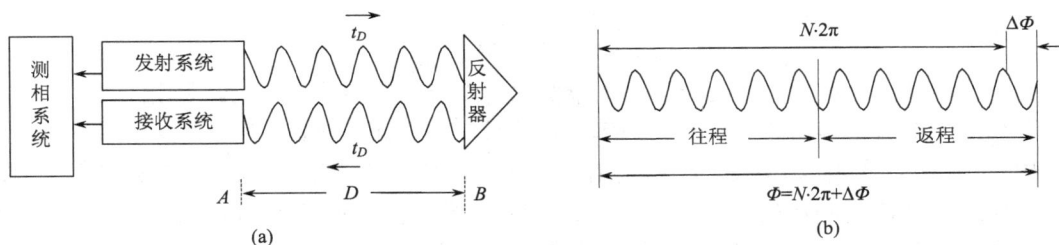

图 4.4 相位法测距原理

若能获得调制波在被测距离上往返传播所引起的相位差（或称相位延迟）Φ，则 t_{2D} 为

$$t_{2D} = \frac{\Phi}{\omega} = \frac{\Phi}{2\pi f} \tag{4.4}$$

式中，ω 和 f 分别为调制波的角频率和线频率。

由图 4.4（b）可知，调制波往返于测线之后的相位差 Φ 包括 N 个整周期变化和不足一周期的尾数 $\Delta\Phi$，若再令 $\Delta\Phi = \Delta N \cdot 2\pi$，则

$$\Phi = N \cdot 2\pi + \Delta\Phi = 2\pi(N + \Delta N) \tag{4.5}$$

将式（4.5）代入式（4.4），进而代入式（4.1），并顾及波长 λ 与频率 f 和波速 c 的关系，可得

$$D = \frac{c}{2f}(N + \Delta N) \tag{4.6}$$

或

$$D = \frac{\lambda}{2}(N + \Delta N) \tag{4.7}$$

由式（4.7）可以看出，相位法测距犹如用一根半波长的"测尺"进行量距，N 为丈量的整尺段数，$\Delta N \cdot \frac{\lambda}{2}$ 就是不足一整尺段的尾数部分。式（4.6）和式（4.7）为相位法测距的基本公式。

2. N 的确定方法

测距仪中的相位计只能测出相位差 $\Delta \Phi$，即能测定小于半波长的距离，而无法直接测出整读数 N，从而使式（4.7）出现了多值解。因此，确定 N 成为重要问题，解决方式主要有直接测尺频率和间接测尺频率两种。

1）直接测尺频率方式

由式（4.7）可知，如果被测距离小于半波长，则 $N=0$，即可求出唯一确定的距离 D。因此，为了扩大测程就必须选用较长的测尺，即要用较低的调制频率（或称为测尺频率）。但是，测相精度是一定的，这样将导致测距精度随测尺长度增大而降低。这就意味着，为了保证测距精度，又必须选用较短的测尺，即采用较高的测尺频率。为解决这个矛盾，可选用一组测尺配合测距，用短测尺（又称精测尺）保证精度，用长测尺（又称粗测尺）保证测程，以解决"多解值"问题。

由波长 λ 与频率 f 和波速 c 间的关系，可得出测尺长 L 和测尺频率的关系式为

$$L = \frac{\lambda}{2} = \frac{c}{2f} \tag{4.8}$$

由于测相精度通常为千分之一，测距精度也为测尺长度的千分之一。利用式（4.8）并顾及测距精度，即可根据需要进行测尺频率、测尺长度的设计。在设计时可取 $c=3\times10^8$m/s。

由表 4.1 可以看出，如果设计测程为 1km，可将精测尺和粗测尺的测尺频率选择为 15MHz 和 0.15MHz，相应的测尺长为 10m 和 1km。用精测尺可测出小于 10m 的米位、分米位、厘米位，并估出毫米位；用长测尺可测出小于 1km 的百米位、十米位和米位，并估读出分米位。将二者衔接起来，即可得到完整的距离读数。例如，欲测距离为 489.654m，用精测尺可得 9.654m，用长测尺可得 489.6m，测距仪自动将其衔接起来而显示出完整的距离值。

表 4.1   测尺频率、测尺长度与测距精度

测尺频率/MHz	15	1.5	0.15	0.015	0.0015
测尺长度/m	10	100	1000	10000	100000
测距精度/m	0.01	0.1	1	10	100

2）间接测尺频率方式

在直接测尺频率方式中，精、粗测尺频率相差较大，并且随着测程增大，相差会更悬殊，这将使得电路中放大器的增益和相对稳定性难以一致。因此，在一些远程测距仪中，改用一组数值比较接近的测尺频率，利用其差频作为粗测频率，间接确定 N 值，从而得到与直接测尺频率方式相同的效果。

设用两个测尺频率 f_1 和 f_2 分别测量同一距离 D，则由式（4.6）可得

$$\begin{cases} \dfrac{2f_1}{c}D = N_1 + \Delta N_1 \\[2mm] \dfrac{2f_2}{c}D = N_2 + \Delta N_2 \end{cases} \tag{4.9}$$

将其联立求解可得

$$D = \frac{c}{2f_{12}}\left(N_{12} + \Delta N_{12}\right) \tag{4.10}$$

式中，$f_{12} = f_1 - f_2$ 称为差频；$N_{12} = N_1 - N_2$；$\Delta N_{12} = \Delta N_1 - \Delta N_2$。

　　式（4.10）表明，用差频 f_{12} 测取尾数与用直接测尺频率方式测取尾数效果是相同的。因此，可以选择一组相近的测尺频率 f_1、f_2、$\cdots$、f_n 进行测量，测得各尾数为 ΔN_1、ΔN_2、$\cdots$、ΔN_n。将 f_1 作为精测频率，而取差频 f_{12}、f_{13}、$\cdots$、f_{1n} 作为粗测频率，即可获得满足设计要求的测尺系统。

　　表 4.2 列举了一种测程为 100km 的测尺系统。如果用该测尺系统去测取距离 12345.678m，则可用 10m 的精测尺获得 10m 以内的距离值为 5.678m，其余各位可用差频测取。这种方式中各测尺频率的最大差值仅有 1.5MHz，这样不仅能使放大器对各频率获得相近的增益，且调制器对各频率的相位移也比较稳定，而且各频率石英晶体的类型也可以统一。所以间接测尺频率方式广泛应用于远程激光测距仪中。

表 4.2　间接测尺频率方式测距举例

测尺频率 /MHz	差频频率 /MHz	测尺长度 /m	算例		
			ΔN_1	ΔN_2	相应距离/m
$f_1 = 15$		10	5678		5.678
$f_2 = 0.9f_1$	$f_{12} = 1.5$	100		4567	45.67
$f_3 = 0.99f_1$	$f_{13} = 0.15$	1000		3456	345.6
$f_4 = 0.999f_1$	$f_{14} = 0.015$	10000		2345	2345
$f_5 = 0.9999f_1$	$f_{15} = 0.0015$	100000		1234	12340

　　在相位法测距原理的基础上，瑞士科恩（Kern）厂研发了 ME3000 和 ME5000 两款高精度测距仪，其中 ME3000 采用机械法精密测定相位，测距精度达到 $\pm(0.2\text{mm} + 1 \times 10^{-6} \cdot D)$，测程 3km；ME5000 采用变频测距原理，测距精度提升至 $\pm(0.2\text{mm} + 0.2 \times 10^{-6} \cdot D)$，测程为 5m～8km。下面分别阐述其测距原理。

3. ME3000 测距仪基本工作原理

　　ME3000 测距仪是瑞士 Kern 厂在 1973 年生产的一款高精度测距仪，该仪器主要有两个特点：机械法测相和气象因素自动补偿。机械法测相是指仪器测距时使用简便、可靠、精密的机械法，通过设置在反射回路上的棱镜系统的移动，改变光路长度，使发射信号和接收信号的相位差为零。气象因素自动补偿是指仪器通过一个标准空腔谐振器来自动补偿测站附近的大气折射率，当气温升高时，谐振器尺寸变大，测距单位长度相应变长，使得测距结果变短，以补偿因气温升高使大气折射率变小而导致的距离变长。

　　ME3000 测距仪工作原理如图 4.5 所示，以氙灯发射的可见光作为光源，经过起偏片后变成偏振光通过第一个 KDP 调制器，到达反射镜后被反射，经过可变光路，再通过第二个 KDP 调制器及检偏片，然后投射到光电管。这两个互相正交安置的 KDP 调制器被放在同轴调制腔的末端，同时受到一个频率约为 500MHz 的调制电场控制。光在第一个 KDP 调制器内被调制，而经过第二个 KDP 调制器后被解调。

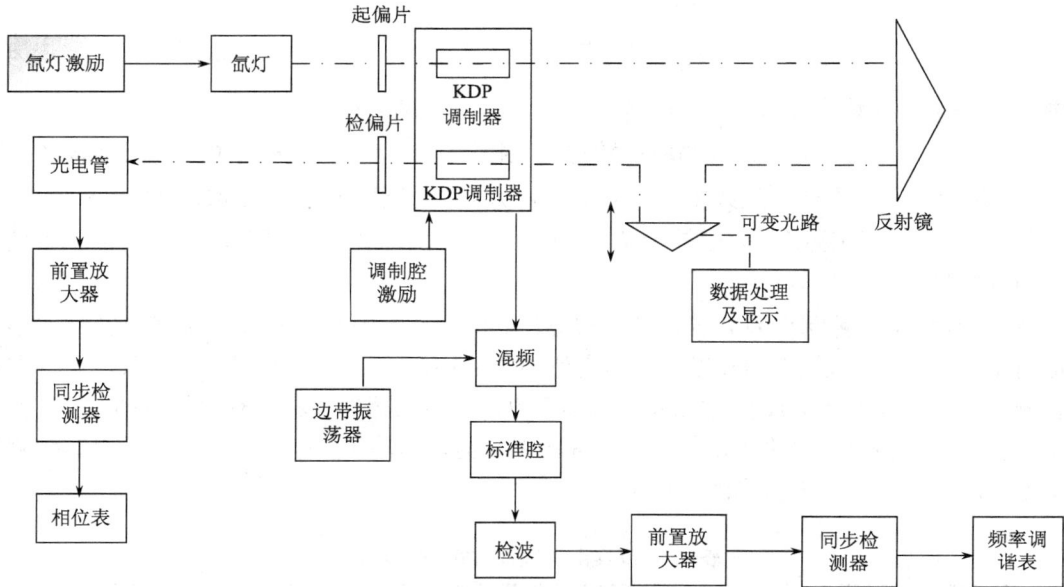

图 4.5　ME3000 测距仪原理图

理论上，可以得到两次受同一信号源激励后由接收系统输出的平均光电流为

$$I = \frac{I_m}{2} - \frac{I_m}{2}\cos e J_0\left(\frac{2\pi U}{U_m}\cos\frac{2\pi D}{\lambda}\right) \qquad (4.11)$$

式中，J_0 为零阶贝塞尔函数；e 为附加椭圆度；U 为加在调制器上的超高频电压幅值；U_m 为调制晶体的半波电压值；D 为待测距离；λ 为高频调制信号波长。

由式（4.11）可以得到平均光电流 I 和待测距离 D 的关系图（图 4.6）。

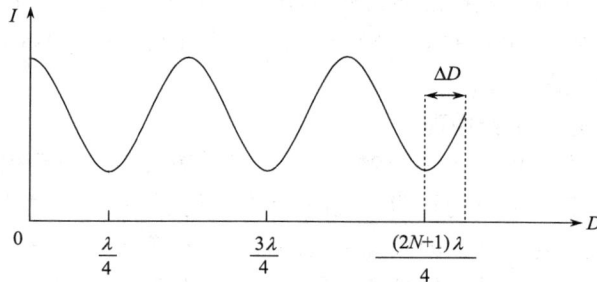

图 4.6　平均光电流 I 与待测距离 D 关系图

　　由图 4.6 可见，ME3000 测距仪的光电管检测出的光电流是直流信号，与时间 t 无关。电流的大小与被测距离相关，当 $D = \dfrac{\lambda}{2}N + \dfrac{\lambda}{4}$ 时，出现极小值。图 4.6 中不足 $\dfrac{\lambda}{2}$ 的小数部分 ΔD 通过可变光路测得，而 N 值可用几个不同的调制频率测量解算得到。

　　因为 $(2N+1)\lambda/4$ 点处的电流变化率为零，光电管检测灵敏度很低，若直接把此处作为测量 ΔD 的鉴零点，其测量误差将很大。为此，通过调制谐振腔的干簧继电器以 50Hz 的频率通断，对调制频率实行固定频偏的调频，所以，实际加在调制器上的调制频率是两个交替工作的频率 $(f_0 + \Delta f,\ f_0 - \Delta f)$。故实际平均光电流和待测距离曲线有两根，如图 4.7 所示。此时，在其交点上，光电管检测到的两个电流信号幅值相等，且此交点与图 4.6 中曲线的 $N\lambda/4$ 点对应。

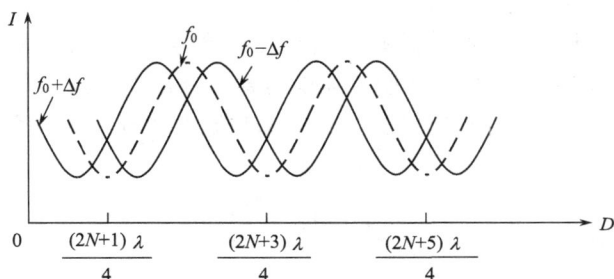

图 4.7　实际平均光电流和待测距离曲线关系图

　　此时，再将 $(2N+1)\lambda/4$ 点作为鉴零点，则可大大提高检测灵敏度。因为当可变光路的棱镜偏离此点时，将使一个电流的幅值增加，而另一个减小。故适当选择频偏值 Δf，使交点位于两曲线斜率最大处，便可得到最高灵敏度。

　　如图 4.8 所示，ME3000 测距仪的光源、调制腔、光电管及检测电路均以脉冲方式工作，脉冲重复频率为 100Hz，氙灯脉冲的脉宽为 2μs 左右，调制腔、光电管的工作时间为 40μs。光电管输出为一系列脉冲信号，其幅度是一大一小逐个交替的。此脉冲在接收电路中展宽、

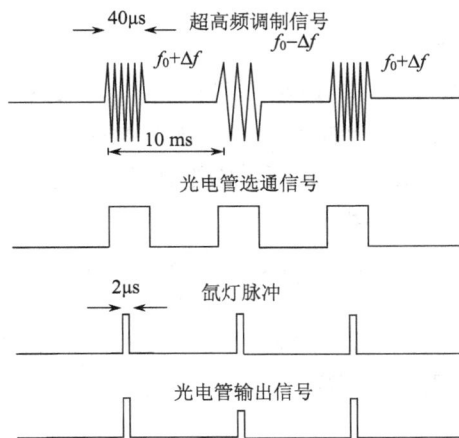

图 4.8　工作时序

放大，由同步检测器检测。改变可变光路的棱镜位置，使两个频率($f_0 + \Delta f$，$f_0 - \Delta f$)所对应的电流脉冲信号相等时，同步检测器输出为零。而脉冲幅度 4%的差异就足以使表头满刻度偏转，这就保证了测相的高精度。

ME3000 测距仪的超高频调制信号并不来自于石英振荡器，而是通过振荡三极管（RCA4055）在调制谐振腔里产生自激振荡而得到。调制谐振腔的谐振频率由腔体尺寸决定，仪器设置了机械式的粗调谐和精调谐机构，用以改变仪器所需的五个振荡频率。为了达到 1×10^{-6} 的频率精度，仪器有一个频率控制系统，它是以标准腔（也称参考腔）作为标准，用同步检测器作为鉴频器，使调制腔分别谐振于五个频率。

调制腔的振荡是调频的，因此将其倍频再与边带振荡器输出的信号混频后送到标准腔，在标准腔中也产生两个频率差为 $20\Delta f$ 的振荡，标准腔谐振曲线见图 4.9。检波器检出这两个振荡信号的幅度送到同步检测器鉴频。当调制腔的两个振荡频率正好跨在标准腔谐振曲线峰的两边时，则检波器检出的两个脉冲的幅度相等，鉴频器输出为零。标准腔是一熔融石英腔体，其尺寸稳定度约为 $5 \times 10^{-7} / ℃$，并设有补偿装置，补偿调制波长标准的不稳定性。用干燥剂保持标准腔内的空气干燥。标准腔的谐振频率与温度和气压的关系为

$$f = \frac{常量}{1 + \left(110.9483\dfrac{P}{T}\right) \times 10^{-8}} \tag{4.12}$$

式中，气压 P 以毫米汞柱表示；温度 T 以绝对温度（K）计。

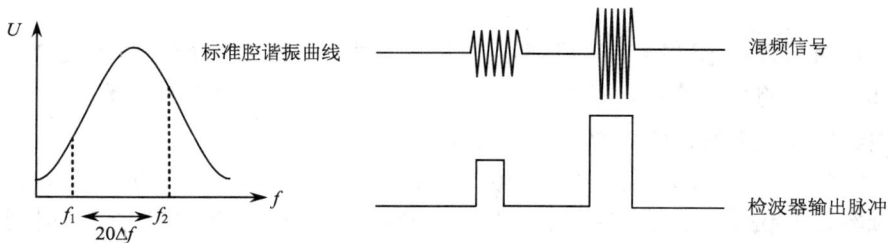

图 4.9　标准腔谐振曲线

4. ME5000 测距仪基本工作原理

ME5000 测距仪是瑞士 Kern 厂于 1986 年推出的产品，该仪器采用了变频测距方式。由频率合成器产生 470~500MHz 的调制频率，在带宽 15MHz 范围内，由微处理器控制，以固定频率 161.7Hz 依序变化，直至使被测距离成为半调制波长的整数倍，进而测出这时的零点频率 f_1，若设整波数为 N_1，则被测距离为

$$D = \frac{1}{2}\lambda_1 N_1 = \frac{1}{2}\frac{c_0}{n_0}\frac{1}{f_1}N_1 \tag{4.13}$$

为解决多值性问题，仪器通过改变频率的办法，再探测一个零点并准确地测出该点频率 f_i，设此时的整波数为 N_i，则又有距离

$$D = \frac{1}{2}\frac{c_0}{n_0}\frac{1}{f_i}N_i \tag{4.14}$$

若频率再增加，整波数 N 也随之增加，因而它们必有关系

$$N_i = N_1 + i - 1 \tag{4.15}$$

由式（4.13）、式（4.14）和式（4.15），可得 ME5000 测距仪的测距方程为

$$D = \frac{1}{2} \frac{c_0}{n_0} \frac{1}{f_i} \left(\frac{f_i}{\Delta f} \right) \tag{4.16}$$

式中，$\Delta f = \dfrac{f_i - f_1}{i - 1}$ 为相邻两零点的频率差，在一定距离内其值是不变的；n_0 为参考气象条件（温度 $t=15\text{℃}$，大气压 $P=760\text{mmHg}$，CO_2 含量为 0.03%，干燥大气）下的大气折射率，取值为 1.000284514844；f_1 及 f_i 分别为第 1 及第 i 个零点频率值。

由此可见，在 ME5000 测距仪中准确测出各零点频率是实现高精度测距的关键。

极值光强对距离变化不是很敏感，因此试图通过测定极值光强测定相对应的频率就无法满足测距的高精度要求。为克服此缺点，采用了等光强信号测相法，即利用摆频器产生 2kHz 并具有一定频移量 ΔF 的正弦形信号对比较频率 f 进行频率调制，以使落到调制器上的调制电压是正弦频率调制电压，在检波二极管入口处，光强信号变化图形有图 4.10 所示三种典型情况。

图 4.10 中依次是中心频率 $f_{中}$ 大于、等于、小于零点频率 $f_{零}$ 情况。由图 4.10（a）、图 4.10（c）可知，比较频率的调制变化伴有检波二极管入口处光强振幅的不等，所不同的是，第一种情况光强最大值和最小值相应发生在 $f_{中}+\Delta F$ 和 $f_{中}-\Delta F$ 处，而第三种情况则相反。第二种[图 4.10（b）]所表示的情况，相当于 $f_{中} = f_{零}$，在这种情况下，当比较频率受频率调制时将产生 4kHz 的等幅光强信号，这就是测距仪要寻找的基本工作状态（零位）。非此状态，测距仪通过内部逻辑电路和计算控制单元计算出振幅差，进而计算出纠偏电压的极性和大小，对比较频率再进行调制，直到实现上述状态为止。调制器同比较频率合成器之间的相关参数关系及其他光路转换关系，使得不同距离时，最小点附近处光强变化曲线坡度不一样，短距离要缓一些，长距离要陡一些，因此为提高测定 $f_{零}$ 的精度，必使 a、b 点都处在光强变化曲线的最陡处，并保证接收二极管不过载。为此，对短距（<500m）需置频移 $\Delta F =\pm25\text{kHz}$，对长距（>500m）需置频移 $\Delta F =\pm5\text{kHz}$。取两等光强平衡点 a、b 处对应的频率平均数

$$f_{零} = \frac{1}{2}\left[(f_{中}+\Delta F)+(f_{中}-\Delta F)\right] = \frac{1}{2}(F_a + F_b) \tag{4.17}$$

作为零点频率的准确值。

ME5000 测距仪通过内部的一整套自动控制测量系统和程序系统自动完成上述零点频率的测定及其他测量工作。在接通仪器后，自动打开激光，通过自动测量程序对频率合成器安置确定的初始频率，然后进行零点和零点频率的自动探测和测量。首先进行粗测，即调制频率按预定的较大步频进行调节，直到第 1 个点被发现，为准确地测定零点频率，必须再利用多个大于或小于零点频率的频率进行精测。取其权中数作为该点频率的精确值（f_1）并予以储存。其次，仪器再对第 2 个零点同祥进行粗测和精测，取得第 2 个零点的精确频率（f_2）；则由 f_1 及 f_2 即可按式（4.16）计算出被测距离。但为了提高频率测定的精度，仪器的自动测量程序将分别在带宽为 15MHz 的有效频率变化范围的中点和终点各做一次粗测和精测，取得中点及终点处的精确频率值 f_n 及 f_z，最后用 f_1、f_n 及 f_z 三个零点频率分别计算被测距离，有

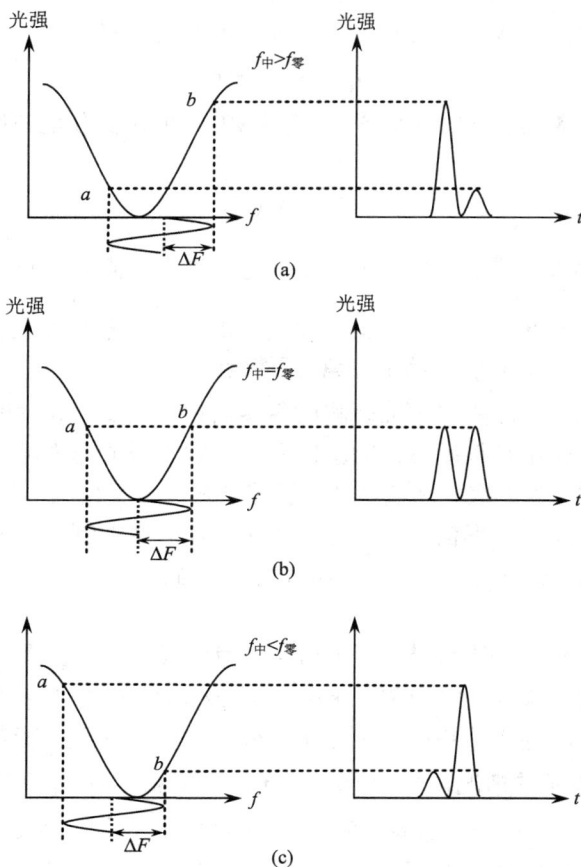

图 4.10　光强信号变化图

$$
\begin{cases}
D_1 = \dfrac{1}{2}\dfrac{c_0}{n_0}\dfrac{1}{f_1}\left(\dfrac{f_1}{\Delta f}\right) + K \\[3mm]
D_n = \dfrac{1}{2}\dfrac{c_0}{n_0}\dfrac{1}{f_n}\left(\dfrac{f_n}{\Delta f}\right) + K \\[3mm]
D_z = \dfrac{1}{2}\dfrac{c_0}{n_0}\dfrac{1}{f_z}\left(\dfrac{f_z}{\Delta f}\right) + K
\end{cases}
\tag{4.18}
$$

式中，K 为仪器常数，由设计的 0.2m 和预置的加常数组成。若式（4.18）中三个距离互差小于 0.02m，则取其均值作为该次距离测量的显示值；若超过这个极限，显示码 "P005" 表示不合格，应舍去重测。

4.2　激光干涉测距

　　激光具有单色性好、相干性好、方向性好和强度高等优良特性，而干涉测量技术具有灵敏度高、适合恶劣环境等特点，因此激光干涉技术在测距领域得以广泛应用。本节先介绍激光干涉测量原理，再介绍单频激光干涉测距和双频激光干涉测距两种测距方法。

4.2.1 激光干涉测量原理

两列波在同一介质中传播时，若发生重叠，则重叠范围内的介质的质点会受到两列波的同时作用，其振动位移等于两列波分别作用所造成的位移矢量和，此即为波的叠加原理。特别地，当两列波的波峰（或波谷）同时抵达某质点，即两波在此点相位相同，则干涉波振幅会达到最大，称为相长干涉；反之，若两波中其中一波的波峰和另外一波的波谷同时到达某质点，则干涉波振幅会达到最小，称为相消干涉。能产生干涉的波源称为相干波源。

对于单色光波场，其电矢量 E 可表示为

$$E(r,t) = \frac{1}{2}\left[A(r)e^{-i(2\pi ft-\phi_i)} + A^*(r)e^{i(2\pi ft-\phi_i)} \right] \tag{4.19}$$

式中，f 为光波频率；ϕ_i 为光波初始相位；$A(r)$ 为光波的复振幅矢量，其在直角坐标系下的分量形式可表示为

$$A(r) = \sum_{i=1}^{3} a_i(r)e^{i\phi_i(r)}e_i \quad (i=1,2,3) \tag{4.20}$$

式中，$a_i(r)$ 为三个坐标分量上的实振幅；$\phi_i(r)$ 为三个坐标分量上的相位；e_1,e_2,e_3 分别表示与直角坐标系 x,y,z 轴平行的单位向量。

用于干涉测距的激光会转换成线偏振光，假设其电矢量位于 x 轴，沿着 z 轴向前传播，则有 $a_1 = a_2 = 0$，再结合式（4.19）和式（4.20）可知，用于干涉测距的两束光的电矢量 E_1、E_2 可表示为

$$\begin{cases} E_1 = A_1 e^{-i(2\pi f_1 t-\phi_1)} \\ E_2 = A_2 e^{-i(2\pi f_2 t-\phi_2)} \end{cases} \tag{4.21}$$

式中，A_1,A_2,f_1,f_2 分别为两干涉光束的振幅和频率，则其合成电矢量为

$$E = E_1 + E_2 = A_1 e^{-i(2\pi f_1 t-\phi_1)} + A_2 e^{-i(2\pi f_2 t-\phi_2)} \tag{4.22}$$

光强 I 为单位时间内，与传播方向垂直的单位面积内的能量对时间的平均值，故光强可以用电矢量的平方表示，即

$$\begin{aligned} I = |E|^2 &= E \cdot E^* \\ &= |E_1|^2 + |E_2|^2 + E_1 \cdot E_2^* + E_1^* \cdot E_2 \\ &= A_1^2 + A_2^2 + 2A_1 A_2 \cos\left[2\pi(f_2-f_1)t + (\phi_2-\phi_1)\right] \end{aligned} \tag{4.23}$$

激光干涉测距时，一束光（假设为光束 1）到达静止的棱镜后返回，其频率 f_1 为定值，另一束光到达运动的棱镜后返回，由于多普勒效应，光束 2 会产生多普勒频移 Δf（远离干涉仪取正，靠近干涉仪取负），其频率为 $f_2+\Delta f$。假设两光束的初始相位相等，则式（4.23）可简化为

$$I = A_1^2 + A_2^2 + 2A_1 A_2 \cos\left[2\pi(f_2-f_1+\Delta f)t\right] \tag{4.24}$$

式（4.24）即为激光干涉的光强计算公式。

令 $\theta = 2\pi(f_2-f_1+\Delta f)t$，则当 $\theta = 0,\pm 2\pi,\cdots,\pm 2m\pi$ 时（m 为正整数），干涉光强最大；当

$\theta = \pi, \pm 3\pi, \cdots, \pm(2m+1)\pi$ 时，干涉光强最小。若两光束的振幅相等，即 $A_1 = A_2$，则当 $\theta = 0, \pm 2\pi, \cdots, \pm 2m\pi$ 时，干涉光强最大值为 $I_{max} = 4A_1^2$；当 $\theta = \pi, \pm 3\pi, \cdots, \pm(2m+1)\pi$ 时，干涉光强最小值为 $I_{min} = 0$。干涉测距的两光束一般振幅相等，这样干涉后的条纹清晰度高，亮暗变化显著，有助于光电探测器的检测识别。

相位差和光程是对应的，当相位差 θ 从 0 到 π 再到 2π 变化时，光程差变化一个波长，干涉光强相应地从极大值 I_{max} 到极小值 I_{min} 再到 I_{max} 作周期变化（干涉条纹明暗交替变换一次）。因此，干涉条纹的亮暗交替变化次数 K 和相位变化周期数 N 相等，若用光电探测器来检测条纹的亮暗交替变化次数 K，便可测得两光波的相位差变化 $\Delta\theta$，即

$$\Delta\theta = 2\pi K \tag{4.25}$$

4.2.2 单频激光干涉测距

1. 单频激光干涉测距基本原理

由图 4.11 可知，单频激光测距系统由激光器、分光镜、固定反射镜、目标棱镜、光电探测器组成。激光器通常是氦氖激光器，其作用是产生单频激光，发出的激光到达分光镜后分成光束 1 和光束 2。其中，光束 1 经分光镜反射至固定反射镜后再返回分光镜，光束 2 透射过分光镜至目标棱镜后也返回分光镜，两束反射光在分光镜处汇合并产生干涉。若光束 1 和光束 2 的频率和振幅相等，依据式（4.24）有

$$I = 2A_1^2 + 2A_1^2 \cos(2\pi\Delta ft) \tag{4.26}$$

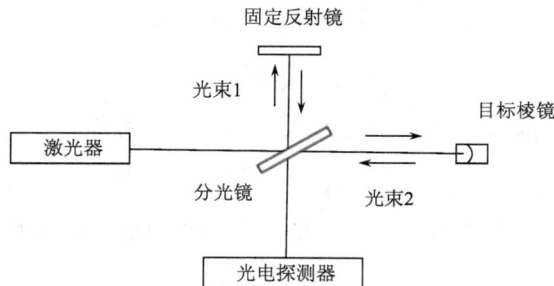

图 4.11 单频激光干涉测距原理

式（4.26）即为单频激光干涉测距的干涉公式。可知，当两束光的光程差是激光半波长的偶数倍时，光束相互叠加而加强，在接收器上形成亮条纹；当两束光的光程差是激光半波长的奇数倍时，两束光波相互抵消，在接收器上形成暗条纹。固定反射镜的位置是固定不变的，故光束 1 的光程长度是不变的，而测量时目标棱镜处于移动状态，故光束 2 的光程长度随目标棱镜的移动而变化。干涉条纹的亮暗变化周期数 K 反映的就是目标棱镜的移动距离，通过光电探测器记录亮暗变化的周期数 K，便可获取目标的移动距离。

由于目标棱镜是运动的，根据多普勒效应，光束 2 的频率 f_2 将变为 $f_2 + \Delta f$（远离干涉仪取正，靠近干涉仪取负），且

$$\Delta f = \frac{2vf_2}{c} \tag{4.27}$$

式中，c 为光速；v 为目标棱镜移动速度。由于 $c \gg 2v$，则目标棱镜移动距离 D 可表示为

$$D = \int_0^t v\,\mathrm{d}t = \int_0^t \frac{\Delta f c}{2 f_2}\,\mathrm{d}t = \frac{\lambda_2}{2} \int_0^t \Delta f\,\mathrm{d}t \qquad (4.28)$$

式中，λ_2 为光束 2 在测量时刻的波长值。由于频率的时间积分为相位变化周期数 N，式（4.28）可化为

$$D = N \frac{\lambda_2}{2} \qquad (4.29)$$

由激光干涉原理可知，干涉条纹的亮暗交替变化次数 K 和相位变化周期数 N 相等。故只要求出亮暗变化次数 K 即可求得目标棱镜的移动距离，测距精度可达激光半波长。

结合式（4.25）和式（4.26），单频激光干涉测距时，其频率变化 Δf 叠加在直流分量上，是一种直流测量系统，可以利用相位细分技术实现高精度的测量。但因其为直流测量系统，其电路中的放大器只能是直流放大器，许多误差补偿手段不能使用。并且由于其为直流测量系统，在测量的时候对环境要求较高，易受环境干扰。若干涉仪的两路信号测量光和参考光的光强有较大的变化，则干涉信号就可能落于设定的触发电平之下，从而使计数停止。

2. 光电探测器

单频激光干涉测距的前提是检测并记录干涉条纹的亮暗交替变化次数 K，这一项重要工作通过光电探测器完成，因此光电探测器是激光干涉测距仪的重要组成部分，下面介绍其原理。

光电探测器是基于物质的光电效应将光信号转换成电信号的一种物理器件。光照射在物体上可看作一连串能量为 E 的光子轰击物体，如果光子的能量足够大，物质内部电子在吸收光子后就会摆脱内部力的束缚，成为自由电子（称为光生电子），自由电子可能从物质表面逸出，也可能参与物质内部的导电过程，这种现象称为光电效应。在光线作用下电子能够溢出物体表面称为外光电效应，基于该效应的主要有光电管、光电倍增管。在光线照射下，光生电子仍在材料内部，但从低能态被光电子激发到高能态，称为内光电效应，基于该效应的主要有光敏电阻、光电池、光电二极管和光电三极管等。

光子探测器一般都有一定的截止波长，当光的频率低于某一阈值时，光的强度再大也不能激发导电电子。对于干涉法测距的激光，可供选择的光电探测器主要有 PIN 结构光电二极管和雪崩光电二极管（avalanche photodiode，APD）两种。这两种光电二极管都是通过改进基本的 PN 结构光电二极管而来。

1）PN 结构光电二极管

光电二极管的工作原理是利用光子引起的电子跃迁将光信号转变为电信号。基本的光电二极管由 PN 结组成，工作原理如图 4.12 所示。当没有光照时，电子处于价带上，不能自由移动。当入射光照到 PN 结上时，如果光子能量大于价带与导带之间的能隙，光子将激发电子从价带跃迁到导带上，同时在价带上留下一个空穴，在耗尽层电场的作用下，电子和空穴向相反的方向运动，形成光生电流 I_p，光生电流的大小与光强成正比。流经二极管的总电流 I 为

$$I = I_d \left[\exp\left(\frac{eU}{nkT} \right) - 1 \right] - I_p \qquad (4.30)$$

式中，U 为二极管两端的电压；T 为二极管的绝对温度；e 为电子的电荷；I_d 为暗电流；k

为玻尔兹曼常量；n 为与器件有关的常数，为 1~2。

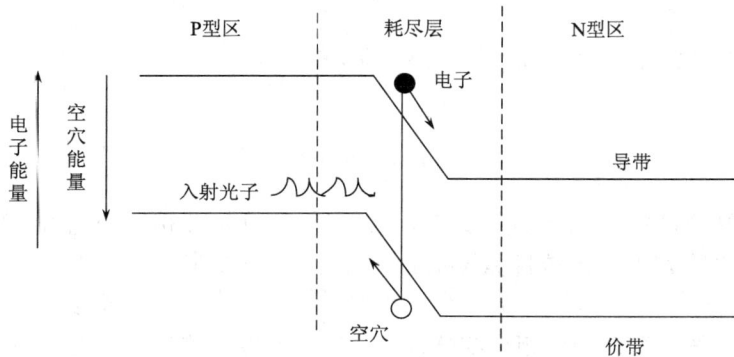

图 4.12 光电二极管工作原理

光电二极管更多的是工作在反向偏压下，使 $\exp\left(\dfrac{eU}{nkT}\right)$ 足够小，以至可以忽略不计。这时流经二极管的电流为

$$I = -I_d - I_p \tag{4.31}$$

光电二极管的响应速度主要取决于 PN 结之间的结电容 C 和载流子通过耗尽层的时间 τ。耗尽层的厚度对 C 和 τ 的影响效果正好相反，耗尽层变厚，C 会减小，但 τ 会增加。普通光电二极管对灵敏度要求较高，一般 PN 结面积比较大，C 是影响响应速度的主导因素。对于高速光电二极管，它的响应速度主要取决于 τ，耗尽层越薄，响应速度越快，但是也不能太薄，否则光子转化为载流子的比率（量子效率）也降低。

2）PIN 结构光电二极管

PIN 结构光电二极管是一种改进型光电二极管，图 4.13 为 PIN 结构的一种。P 型区和 N 型区杂质浓度很高，中间被一个称为 I 层的区域分开，I 层为本征半导体或者杂质浓度很低，电阻率相对较高，PN 结耗尽层贯穿整个 I 层。入射光通过抗反射层进入光电二极管，穿过 P 层，在 I 层被吸收。由于 P 型区和 N 型区杂质浓度很高，提高了量子转换效率，又由于 I 层的存在，增加了 PN 耗尽区的厚度，降低了 PN 结之间的电容。PIN 结构光电二极管具有较高的灵敏度和较快的响应速度，且对红外波长有较好的响应。

3）雪崩光电二极管

雪崩光电二极管是一种具有内部电流倍增放大作用的光电二极管，它通常工作在几百伏的反向偏压下，放大原理类似于光电倍增管，如图 4.14 所示。PN 结内部的电场足够高，由光子产生的电子和空穴可获得很高的能量，当它们撞击价带中的被束缚的电子时，就会引起电离现象，从而产生新的电子空穴对，原有的电子和空穴连同新产生的电子和空穴在强电场的作用下又重新获得能量，导致更多的撞击，产生更多的电子空穴对，这样由光子产生的一对电子和空穴经过多次碰撞后可以产生很多的电子和空穴，人们将这种电流放大现象称为雪崩。雪崩光电二极管的信噪比和暗电流比光电倍增管大，受此限制，雪崩光电二极管的增益一般在 $10^2 \sim 10^4$。

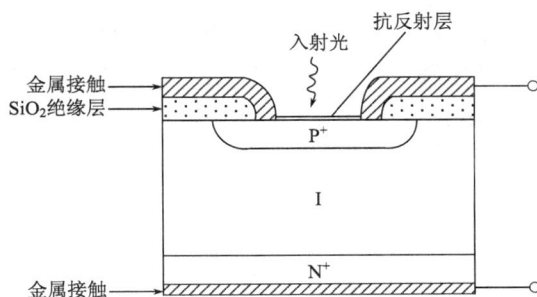

图 4.13 PIN 结构光电二极管

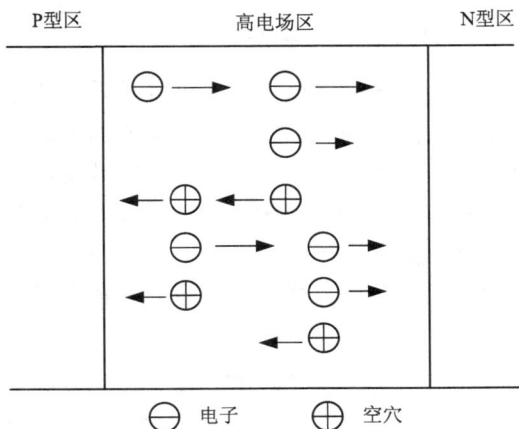

图 4.14 雪崩光电二极管

3. 激光跟踪仪测距

激光跟踪仪是结合激光干涉测距技术和精密角度测量技术的精密测量仪器,具有测量精度高、测量范围大、自动化程度高等优点,是精密工程测量与工业测量的重要技术手段,在航空航天、机械制造与安装、设备检测、计量检定等领域都得到了广泛的应用。

激光跟踪仪主要采用干涉测量术(interferometry,IFM)、绝对距离测量术(absolute distance metry,ADM)和绝对干涉测量术(absolute interferometry,AIFM)3 种技术实现测距。

IFM 原理和单频激光干涉测距原理一致。从原理可知,激光跟踪仪只能测量出棱镜移动的距离(相对距离),并且在测距过程中,激光束不允许被打断,这给实际测量工作带来了很大的不方便。为了得到仪器中心到反射棱镜之间的距离,激光跟踪仪都设置了一个基准距离位置(鸟巢),其到仪器中心的距离值在出厂时已经过精密测量,可以作为已知值,因此,激光跟踪仪在测量之前,都需要把反射棱镜放置在鸟巢位置,进行初始化测量(回鸟巢)后,才可移动棱镜进行目标点测量。此时激光跟踪仪保持跟踪并实时测量相对距离,该相对距离与基准距离之和就是仪器中心到测量点的斜距观测值。当激光束在测量过程中由于被遮挡等原因断开时,相对距离值即会丢失,此时必须将反射棱镜重新放置回鸟巢位置进行基准距离测量后,才可继续进行目标点测量,给实际测量工作带来了极大的不便。为解决这个问题,徕卡最早研发了激光跟踪仪测距的 ADM 技术。

ADM 技术实际上一种相位法测距技术。徕卡的 LTD 系列激光跟踪仪采用了 ADM 技术,它是在优化 ME5000 测距仪精密测距技术的基础上,将调制频率提高到 900MHz,带宽提升为 150MHz,从而实现±50μm 精度的绝对距离测量,最小测距值可达 0m。在徕卡 AT900/AT400 系列跟踪仪及 μ-base 型测距仪上,ADM 技术又将调制频率提升到 2.4GHz,带宽变为 300MHz,全量程内的测距精度可达±10μm。

AIFM 技术是在融合 IFM 和 ADM 测距技术各自优势的基础上研制的,全量程内的测距精度能达到 IFM 精度,可以优于±10μm,该技术已经成功应用于徕卡 AT900 系列跟踪仪。其基本测量原理为:当激光束断开后,反射棱镜可在激光束出射线上任意位置续接,用 ADM 计算从跟踪头中心到反射棱镜中心距离的同时,IFM 记录反射棱镜的移动距离,直到 ADM 计算出续接点处的反射器位置再加上 IFM 的相对变化量就可以得到目标的实时坐标。

4.2.3　双频激光干涉测距

双频激光干涉测距是在单频激光干涉测距基础上发展的一种外差式干涉测距方法，其最显著的特点是利用载波技术将被测物理量信息转换成调频或调幅信号，克服了普通单频干涉测距信号直流漂移的问题，具有信号噪声小、抗环境干扰、允许光源多通道复用等优点。

图 4.15 为双频激光干涉测距工作原理图。单模激光器 1 置于纵向磁场 2 中构成塞曼双频激光器，由于塞曼效应，输出激光分裂为具有一定频差、旋转方向相反的左、右圆偏振光，双频激光干涉测距就是以这两个具有不同频率 f_1、f_2 的圆偏振光作为光源。

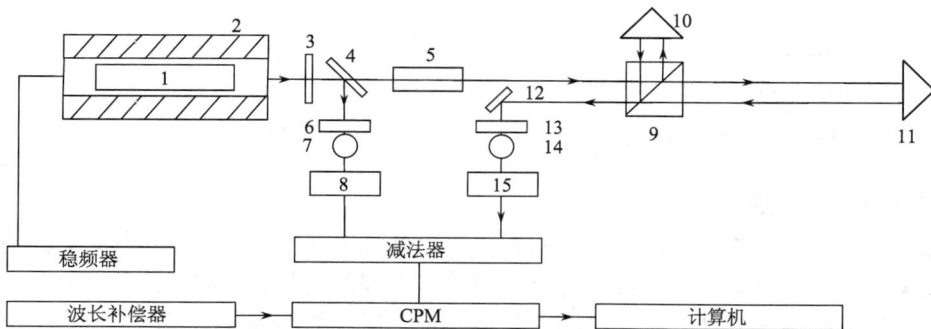

图 4.15　双频激光干涉测距工作原理图

左、右圆偏振光通过 $\lambda/4$ 波片 3 后成为相互垂直的线偏振光（f_1 垂直于纸面，f_2 平行于纸面），分光镜 4 将一小部分光反射，两相互垂直的线偏振光与检偏器 6 的主截面方向呈 45°，检偏器 6 产生拍频信号 $f_1 - f_2$ 被光电探测器 7 接收，接收信号经前置放大整形电路 8 处理后，作为后续电路处理的基准信号。

通过分光镜 4 的光经扩束器 5 扩束后射向偏振分光镜 9，偏振分光镜按照偏振光方向将 f_1 和 f_2 分离，其中垂直于纸面的 f_1 光反射至固定的参考角锥棱镜 10 并返回，偏振方向平行于纸面的 f_2 光透过偏振分光镜到测量反射镜 11。当测量反射镜移动时，产生多普勒效应，返回光频率变为 $f_2 \pm \Delta f$，Δf 为多普勒频移量，它包含了测量反射镜的位移信息。返回的 f_1 和 $f_2 \pm \Delta f$ 光在偏振分光镜 9 再度汇合，经反射镜 12 和主截面 45° 放置的检偏器 13 后被光电探测器 14 接收，接收信号经前置放大整形电路 15 处理后，作为系统的测量信号。

基准信号和测量信号在减法器中相减，输出频率为 $\pm \Delta f$ 的连续脉冲，通过检测干涉条纹的明暗变化次数 K，结合式（4.29）即可计算出测量反射镜的移动距离。

从式（4.24）可知，双频激光干涉测距的测量信息是叠加在一个固定频差 $f_2 - f_1$ 上的，属于交流信号，具有很大的增益和高信噪比，完全克服了单频激光干涉仪光强变动造成直流电平漂移，使系统无法正常工作的弊端。测量时即使光强衰减 90%，双频激光干涉仪仍能正常工作。由于其具有很强的抗干扰能力，特别适合工业现场条件下使用。

4.3　激光三角法测距

激光三角法测距基本原理为：使一束激光以特定角度照射到待测物体的参考位置上，激光在参考面上会发生散射、漫反射，将光敏传感器件放置在另一特定位置接收经透镜汇聚后的散射光、漫反射光。待测物体发生位移后，再使一束激光以特定角度照射到待测物体的待测位置上，将光敏传感器件放置在同一特定位置接收此时的散射光、漫反射光。因为待测物体位移前后激光散射漫反射后的光路不同，光敏传感器件上的光斑中心位置也不同，将前后两次光斑中心位置代入几何三角关系中，就可以计算得出物体的位移距离。依据入射激光光束和被测物体表面是否垂直，激光三角法常分为斜射式激光三角法和直射式激光三角法。

4.3.1　斜射式激光三角法

如图 4.16 所示，斜射式激光三角法的入射激光束和待测物体表面的法线呈一定的角度，激光在物体表面会产生散射、漫反射，在另一特定角度用凸透镜接收这些反射散射光，经滤光片后由光敏器件采集。

激光器入射激光及反射光线 AA' 与被测面法线夹角分别为 γ、α，光敏器件与反射光线 AA' 的夹角为 β，凸透镜焦距为 f，AO 为物距 L，OA' 为像距 L'，待测物体的位移大小为 S，光敏器件上光斑中心的移动距离为 S'，BC 垂直于 AA' 的延长线，$B'C'$ 垂直于 AA'，由图 4.16 易知三角形 OCB 和 $OC'B'$ 相似，由此可得

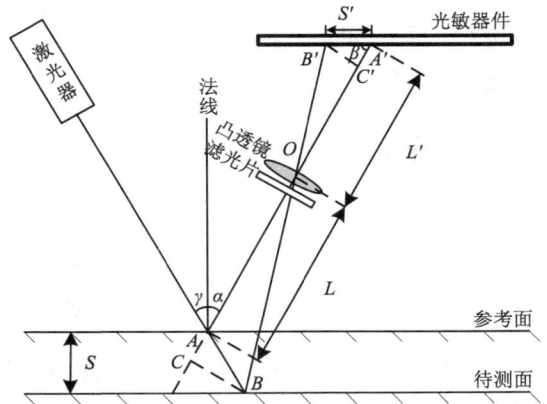

图 4.16　斜射光激光三角法

$$\frac{B'C'}{BC} = \frac{OC'}{OC} = \frac{L' - C'A'}{L + AC} \tag{4.32}$$

将 $B'C' = S'\sin\beta$，$BC = BA\sin(\alpha+\gamma)$，$C'A' = S'\cos\beta$，$AC = BA\cos(\alpha+\gamma)$，$BA = \dfrac{S}{\cos\gamma}$ 代入式（4.32）得

$$\frac{S'\sin\beta}{\dfrac{S}{\cos\gamma}\sin(\alpha+\gamma)} = \frac{L' - S'\cos\beta}{L + \dfrac{S}{\cos\gamma}\cos(\alpha+\gamma)} \tag{4.33}$$

由光学高斯成像公式可知，$\dfrac{1}{u} + \dfrac{1}{v} = \dfrac{1}{f}$，此时 $u = L$，$v = L'$，$L' = \dfrac{fL}{L-f}$。代入到式（4.33）可得

$$S = \frac{S'(L-f)\sin\beta\cos\gamma}{f\sin(\alpha+\gamma) \mp S'\left(1 - \dfrac{f}{L}\right)\sin(a+\beta+\gamma)} \tag{4.34}$$

关于 "±" 的说明，根据三角几何原理很容易证明，当待测面在参考面下方时，式（4.34）应取 "−"，当待测面在参考面上方时，式（4.34）应取 "+"。光学系统确定后，L、L'、α、γ、f 即为定值，求得光敏器件上位移 S' 便可以求得物体移动的距离 S。

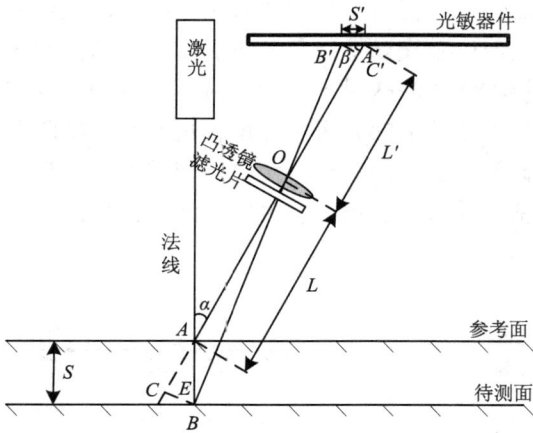

图 4.17　直射光激光三角法

4.3.2　直射式激光三角法

如图 4.17 所示，直射式激光三角法只是斜射式激光三角法的一种特殊情况，即入射光和待测面的夹角 $\gamma = 0$。半导体激光器发出的激光光束垂直入射到目标物表面，在其表面发生散射后的光线通过凸透镜后成像在光敏器件上，形成一个光斑。在直射式光路系统中，激光入射光束与被测物体移动方向重合。当物体移动或被测表面发生变化时，入射光斑将沿光轴方向移动，从而导致成像光斑在光敏器件上的位置也会发生相应的改变。将 $\gamma = 0$ 代入式（4.34）即可得到直射式激光三角法的距离计算公式

$$S = \frac{S'(L-f)\sin\beta}{f\sin(\alpha) \mp S'\left(1 - \dfrac{f}{L}\right)\sin(\alpha+\beta)} \tag{4.35}$$

斜射式和直射式激光三角测距系统由于结构上的差异，其测量表现出的特性也是有差异的，主要有如下差异。

（1）直射式只接收散射光，而斜射式除了接收散射光，还可接收被测物体表面的反射光。即直射式只适用于较粗糙的被测物体表面，而斜射式还可用于镜面的检测。

（2）直射式接收到散射光的光能仅为一小部分光能，即系统的光能损失较大，此时杂散光对系统测量精度的影响相对斜射式大，使得直射式的信噪比较小，分辨率相对较低。

（3）被测物发生移动时，斜射式入射的照射点会产生偏移，直射式照射点不偏移。因此直射式激光三角法构成的测距系统量程更大，光斑更稳定，光路结构更简单。

4.3.3　Scheimpflug 条件

无论是直射式还是斜射式激光三角法测距，要获得高精度的测距结果，激光三角法测量中的激光束经滤光片和透镜后，需要在光敏器件的敏感面上清晰成像，即光学系统设计必须满足 Scheimpflug 条件。Scheimpflug 条件是：如果物点的延长线和凸透镜主平面的延长线、像点的延长线相交于一点，则无论入射光斑远近，通过凸透镜后都可以在光敏器件上得到清晰的实像。

如图 4.18 所示，A 和 B 为物点，A' 和 B' 为像点，A 与光心 O 的距离是 L_1，B 与光心 O 的距离是 L_2，光轴与入射光束的夹角是 α，A' 与光心 O 的距离是 L_1'，B' 与光心 O 的距离是 L_2'，光轴与光敏单元接收平面的夹角是 β。根据高斯成像公式，如果入射光斑通过成像系统后，在光敏单元要成清晰的实像，应满足

$$\frac{1}{f} = \frac{1}{L_1} + \frac{1}{L_1'} \tag{4.36}$$

式中，f 为凸透镜的焦距。又由 $L_2 = L_1 + \dfrac{BC}{\tan\alpha}$，$BC = L_2 \cdot \tan\theta$ 可得

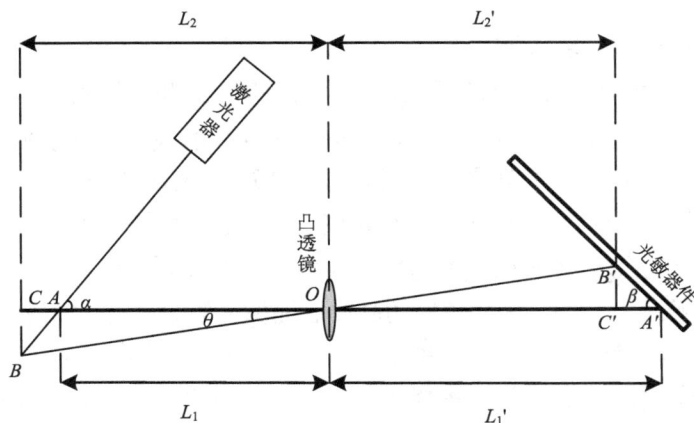

图 4.18　Scheimpflug 条件光路示意图

$$L_2 = \frac{L_1}{1 - \dfrac{\tan\theta}{\tan\alpha}} \tag{4.37}$$

同理可得

$$L_2' = \frac{L_1'}{1 + \dfrac{\tan\theta}{\tan\beta}} \tag{4.38}$$

L_2，L_2' 同样满足

$$\frac{1}{f} = \frac{1}{L_2} + \frac{1}{L_2'} \tag{4.39}$$

联立式（4.36）~式（4.39）可得

$$L_1 \cdot \tan\alpha = L_1' \cdot \tan\beta \tag{4.40}$$

光学系统设计满足式（4.40），即满足 Scheimpflug 条件时，在光敏器件中能够获取清晰的成像结果。

4.4　光学频率梳测距

原子钟是目前人类发明的最稳定的计时仪器，也是当前所有计量仪器中稳定性最高的，所以人们希望将长度等其他基本物理量单位也溯源到时间单位上。1983 年，第 17 届国际计量大会将长度基本单位"米"定义为光在真空中 1/299792458s 的时间间隔内行进的距离，将长度单位与时间单位统一到一起。2018 年，第 26 届国际计量大会将"米"的定义修订为：当真空中的光速 c_0 以 m/s 为单位表达时选取固定数值 299792458 来定义米，其中秒由铯的频率来定义。在光学频率梳发明前，人们缺乏将距离与时间基准联系的工具。光学频率梳发明后，其作为距离与时间基准的连接桥梁，满足了国际计量定义中对长度基准溯源的要求，也发展成为一种新型的精密测距方法。

4.4.1　光学频率梳概念及其特性

　　光学频率梳是一种特殊的飞秒脉冲光，是重复频率 f_{rep} 和载波包络偏移频率 f_{ceo} 完全锁定的锁模脉冲激光。如图 4.19（a）所示，实线表示脉冲光的载波，而虚线表示周期性脉冲光的波包，光学频率梳在时域上表现为一系列时间间隔 T_R 在飞秒（10^{-15} s）级别的超短脉冲，其中时间间隔 T_R 为重复频率 f_{rep} 的倒数。在时域上，光学频率梳包含两个对距离测量极为有利的性质：一是脉冲重复频率可锁定至微波频率基准，为测量的溯源性提供了保证；二是飞秒脉冲脉宽极短，峰值功率高，为高精度的脉冲法提供了新的可能。如图 4.19（b）所示，光学频率梳在频域上表现为一系列等频间隔（频率间隔为 f_{rep}）、位置固定且具有极宽光谱范围的单色谱线。该光谱线和日常生活中的梳子形状类似，因此称为光学频率梳。重复频率和载波包络偏移频率都精密锁定后，每一个纵模成分都对应一个准确的光学频率，保证了测量的溯源性，大量的纵模成分为新测距原理提供了有力支持。

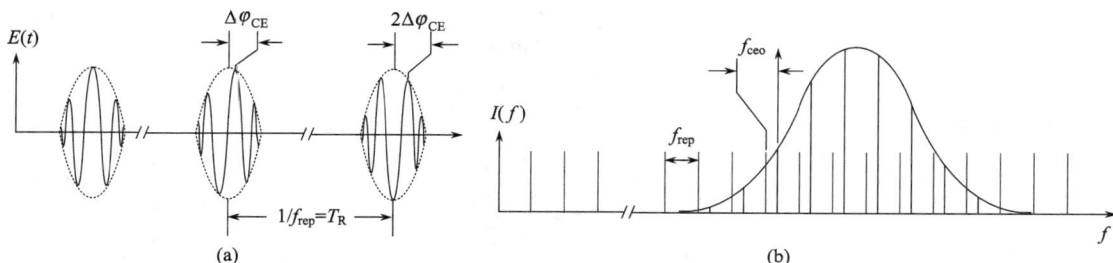

图 4.19　飞秒激光特性

4.4.2　基于光学频率梳的测距技术

　　与传统的连续激光、长脉冲激光和白光等光源相比，光学频率梳同时具有很高的时间分辨率和光谱分辨率，可同时实现时间测量和频率测量，为测量领域带来革命性的突破。光学频率梳纵模极高的频率稳定性，使其可以作为光频率的"标尺"。相似地，光学频率梳在时域上的时间间隔非常稳定，使其也可以成为时间上的"标尺"，进而通过国际计量大会上定义的时间与距离转换关系，成为距离的"标尺"。这是基于光学频率梳的测距技术的理论基础。

　　基于光学频率梳的测距技术可以分为时域法和频域法两大类。时域法以光学频率梳的脉冲的时间间隔为尺度来测距，主要有双光梳异步光学采样法、扫描重复频率采样法和扫描参考臂位移台采样法等。频域法是以光学频率梳的频域特性进行距离测量的方法，主要有光谱干涉法（也称为色散干涉法）和合成波长法等。下面以基于时域特性的测距方法为例，简述光学频率梳测距原理。

　　基于时域特性测距的基本原理是通过直接观察脉冲信号的位置来解算被测距离，而观察光脉冲信号一般使用互相关采样的办法。当两个光脉冲相遇且偏振态相同或相差不大时，就能产生互相关干涉，干涉结果经探测器探测到后送入示波器，人们就能在示波器上看到干涉信号。当被测目标和参考目标相对静止的时候干涉结果是个直流信号，而直流信号的幅值与两个脉冲重叠的比例有关。脉冲重叠部分越多，直流信号越强，当两个信号完全重合的时候直流信号的幅值达到最高。反之，如果能确定某时刻互相关信号的幅值是最大的，就说明该时刻测量脉冲和参考脉冲完全重合，也就意味着参考目标和测量目标的距离 L 正好等于脉冲空间间距 L_{pp} 的整数倍。如果用频率计数器读出此时的重复频率 f_{rep}，用脉冲计数器读出脉冲数 N，又因为相邻脉冲的时间间隔等于重复频率的倒数，所以待测距离 L 可表示为

$$L = N \times L_{pp} = N \times \frac{c_0}{n_g \cdot f_{rep}} \tag{4.41}$$

式中，c_0 为真空中的光速；n_g 为空气中的群折射率。

但在静态条件下除非事先标定，否则很难确认哪一个幅值代表脉冲完全重合的状态。所以人们在利用脉冲相关法做距离解算时，往往将脉冲设置为扫描的状态。扫描后就能在示波器上看到互相关条纹，进而可以通过识别互相关条纹的峰值来解算被测距离。

4.5　量子精密测距

传统测距技术中的测距精度始终受限于标准量子极限（standard quantum limit，SQL）或散粒噪声极限（shot noise limit，SNL）。量子精密测距主要利用光子的量子纠缠态、量子压缩态等量子力学属性，实现相对于目标物的距离测量，是一种测距精度高（微米级别）、安全性能强的新型精密测距方法，在新型量子定位导航系统、引力波探测、量子成像等领域广泛应用。目前，量子精密测距方法主要包括脉冲式量子精密测距、量子照明及干涉式量子精密测距三种。

4.5.1　脉冲式量子精密测距

2001 年，Giovanetti、Lloyd 和 Maconne 率先提出了脉冲式量子精密测距理论，并把脉冲式量子精密测距称为"GLM"测距方案。"GLM"测距的基本原理为：纠缠光源发射 M 个频率纠缠光子，在空间中传输距离 D 到达目标物，再从目标物反射回光子探测器。假设整个传输过程无光子损耗，第 n 个光子的到达时间记作 $\tilde{t}_n$，则脉冲式量子测距距离 D_{GLM} 表示为

$$D_{GLM} \equiv \frac{c}{2M} \sum_{n=1}^{M} (\tilde{t}_n - \tau_n) \tag{4.42}$$

式中，τ_n 为第 n 个光子的中心时间。

经典光属性的量子态最接近相干态，其被映射为单个光子的到达时间，而频率纠缠压缩态被映射为所有脉冲光子到达时间的"聚束"，即 M 个频率纠缠光子的到达时间精度比非纠缠光子到达时间精度提升 $\sqrt{M}$ 倍，这也是可实现量子精密测距的原因所在。例如，相较于 100 个非纠缠光子，100 个频率纠缠光子的测距精度可以提高 10 倍。但是纠缠光子对光子损耗的敏感度极高，即使仅丢失一个光子，光子之间的纠缠特性就不复存在。

4.5.2　量子照明

2007 年，为克服"GLM"测距方案中纠缠光子对光子损耗十分敏感的缺点，Shapiro 提出了发送一个探测所有协议（send-one-detect-all protocol，SODAP）纠缠光子测距方案。2008 年，Lloyd 基于 SODAP 纠缠光子测距方案给出了"量子照明"的工作原理：为降低脉冲式量子测距方案对光子损耗的敏感性，仅向目标物发射一个纠缠光子。由 SODAP 发射端发出的其他纠缠光子，经过长度较短且损耗已知的参考路径后被光子探测器探测，而 SODAP 接收端收集由目标物反射回来的单个纠缠光子，则 SODAP 所估计的路径长度为

$$D_{\text{SODAP}} = \frac{c}{2}\left[\tilde{t}_1 - \tau_1 + \sum_{n=2}^{M}\left(\tilde{t}_n - \tau_n + \frac{R_{\text{ref}}}{c}\right)\right] \tag{4.43}$$

式中，M 为发射端发出的纠缠光子数；$\tilde{t}_n(1 \leqslant n \leqslant M)$ 为第 n 个光子被探测到的时间；R_{ref} 为参考路径长度。

4.5.3　干涉式量子精密测距

干涉式量子精密测距，主要指借助干涉仪结构与量子态特性，通过光子强度测量或光子符合测量（在符合测量时间间隔内，两个单光子探测器分别探测到光子的事件），实现距离参数估计。常见的有 Michelson 干涉仪量子测距、Mach-Zehnder 干涉仪量子测距、Hanbury Brown-Twiss（HBT）干涉仪量子测距和 Hong-Ou-Mandel （HOM）干涉仪量子测距等。以 Michelson 干涉仪量子测距为例进行介绍。

使用 Michelson 干涉仪实现两光子量子干涉实验原理如图 4.20 所示，通过自发参量下转换产生的纠缠双光子入射 Michelson 干涉仪，从干涉仪输出端口输出，经过中心频率为 $\frac{\omega_p}{2}$、边缘频谱宽度为 σ 的干涉滤波片，随后经过两个单光子计数模块进行符合计数测量。

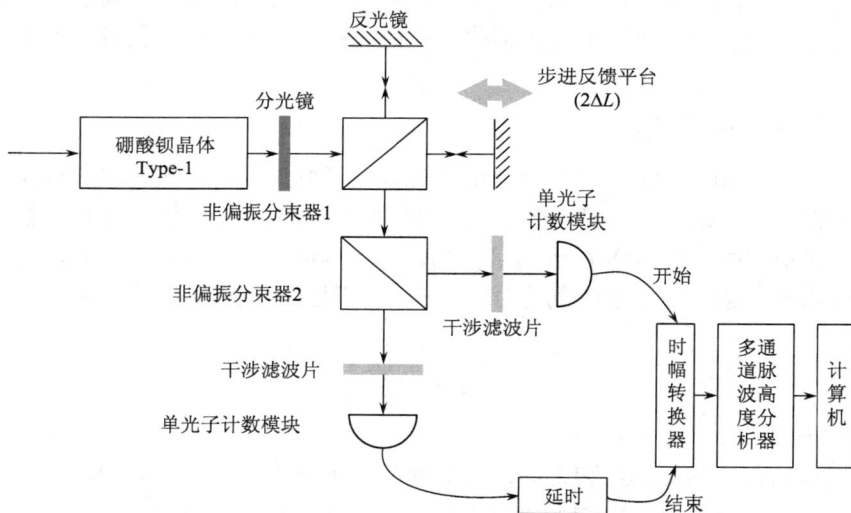

图 4.20　两光子量子干涉实验原理图

最终得到的光子符合计数结果可以表示为两条光路差 ΔL 的函数。当 $\Delta L = \left(n + \frac{1}{2}\right)\lambda_p$ 时（λ_p 为干涉滤波片的波长），光子符合计数结果会达到峰值。理论上，当 $\Delta L < L_{\text{coh}}$（$L_{\text{coh}}$ 为光子相干长度），干涉条纹可见度为 100%，周期为 $2\lambda_p$。当 $\Delta L > L_{\text{coh}}$ 时，干涉条纹可见度为 50%，周期为 λ_p。根据双光子干涉条纹的明暗，或者光子符合计数的峰值与谷值，可以推导出两条光路的路程差。

思考与练习

（1）相位法测距中 N 值是如何确定的？

（2）ME3000 测距仪是如何提高测距精度的？

（3）简述 ME5000 测距仪变频测距原理。

（4）简述单频激光干涉测距原理。

（5）简述双频激光干涉测距原理。

（6）双频激光干涉测距相比单频激光干涉测距技术进步体现在哪里？

（7）简述激光三角法测距原理。

（8）列举当前几种光学频率梳测距技术。

（9）列举当前几种量子精密测距技术。

第 5 章　精密高差测量

几何水准测量是高差测量的主要方法,其所用仪器为水准仪及其配套水准标尺等。当前水准仪主要有光学水准仪和电子水准仪,其测量精度取决于水准仪的性能指标(如物镜放大倍率、安平精度)、水准标尺材质及操作员水平等。高精度光学水准仪可以满足大部分精密高差测量的需求,其最大缺陷是测量精度与操作员水平密切相关,无法实现自动测量。为克服上述弊端,人们发明了电子水准仪(也称为数字水准仪),其观测精度不再依赖人工读数,实现了读数自动化。本章将介绍几种常见电子水准仪的自动读数原理及一种基于二维编码的自动读数原理。

受几何水准测量原理及水准标尺长度的限制,几何水准测量效率通常不高,在高差起伏较大地区应用不便。为提高测量效率,人们发明了三角高程测量方法,在高精度全站仪和严密观测方法的支持下,三角高程测量的精度和效率有了明显提高,给测量带来了极大便利。本章将简要介绍三角高程测量原理。

当高差测量精度要求接近微米量级时,上述两种方法基本失效,此时需要采用液体静力水准测量方法。该方法的核心技术是精密位移传感器。本章将简要介绍液体静力水准测量的原理及其常用位移传感器。

5.1　电子水准仪测量

测角、测距、测高差是外业测量的基本科目。这其中,以光波测距仪诞生为标志,测距技术率先实现了电子化。测角技术紧随其后也实现了电子化。无论是单码道的光栅度盘还是多码道的码区度盘,都是通过单个的光电接收二极管实现读数电子化,且光电读数装置可以和度盘紧凑安置,实现起来相对容易。当人们按照该思路实现几何水准测量读数电子化时,困难就凸显出来:首先,水准标尺需要连续成像,图像传感器应为线阵或面阵,光电接收二极管几乎无用处;其次,水准标尺与水准仪的距离不固定,对图像处理算法的精度和效率要求很高。所以几何水准测量电子化严重依赖图像传感器及图像处理算法的进步。

1987 年,徕卡公司推出了世界上第一台电子水准仪 NA2000。NA2000 电子水准仪首次采用数字图像技术处理标尺影像,并以线阵 CCD 传感器取代测量员的肉眼对标尺读数。这种传感器可以识别水准标尺上的条码分划,并用相关技术处理信号模型,自动显示与记录标尺读数和视距,从而实现了水准观测读数自动化。随后天宝、拓普康、索佳等公司也先后推出了各自的电子水准仪。图 5.1 是部分电子水准仪的展示。

5.1.1　电子水准仪的基本组成

电子水准仪是在自动安平水准仪的基础上发展起来的。各厂家的电子水准仪采用了大体一致的结构,其基本构造由光学机械部分、自动安平补偿装置和电子设备组成。电子设备包括调焦编码器、光电探测器[线阵或面阵 CCD/互补金属氧化物半导体器件(complementary metal oxide semiconductor,CMOS)]、读数电子元件、接口(外部电源和外部存储记录)、显示器件、键盘及图像数据处理软件等，采用条形码/二维码标尺供电子测量使用。

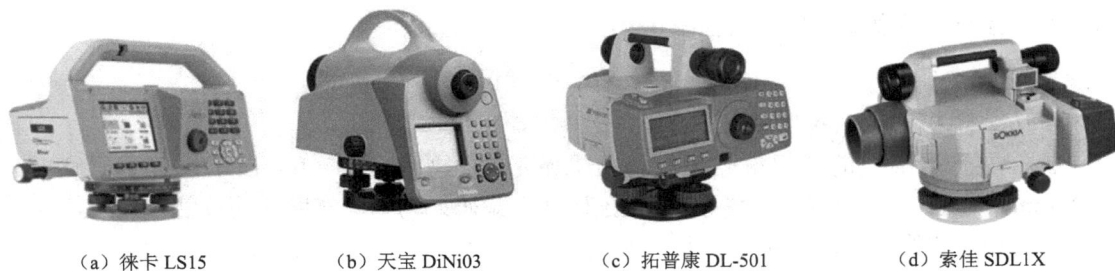

（a）徕卡 LS15　　　（b）天宝 DiNi03　　　（c）拓普康 DL-501　　　（d）索佳 SDL1X

图 5.1　部分电子水准仪展示

各厂家编码标尺的条码图案不同，不能互换使用。目前的电子水准仪测量，照准标尺大部分需要人工目视进行，少量仪器实现了自动调焦。完成照准和调焦之后，标尺条码一方面被成像在望远镜的分划板上，供人工目视；另一方面通过望远镜的分光镜，成像在光电探测器上，供电子读数（图 5.2）。各厂家标尺的编码方式和电子读数求值过程由于专利权的原因而各不相同。

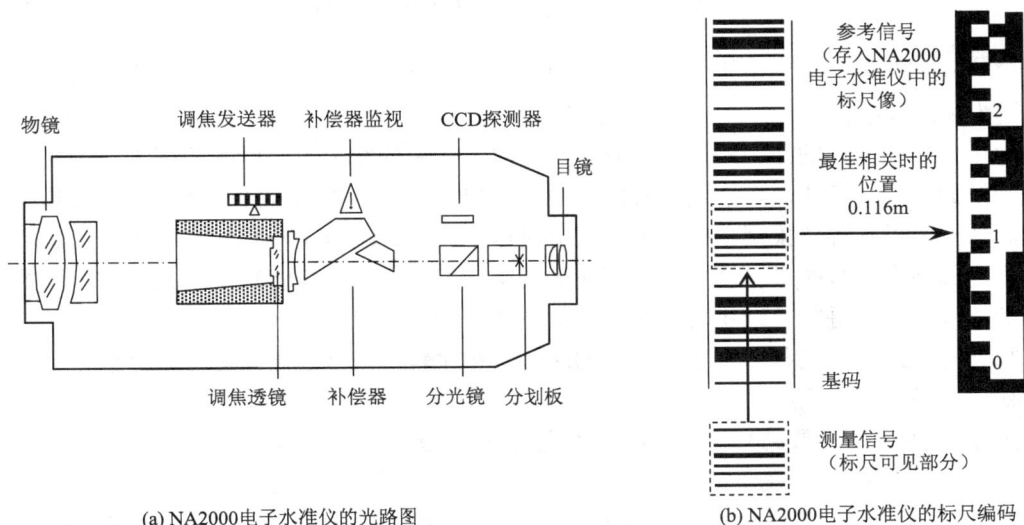

(a) NA2000电子水准仪的光路图　　　(b) NA2000电子水准仪的标尺编码

图 5.2　NA2000 电子水准仪光路图及编码标尺

5.1.2　徕卡电子水准仪读数原理

图 5.2（a）是徕卡 NA2000 电子水准仪的光路图。当人工照准标尺并调焦后，标尺成像光线经物镜、调焦镜、补偿器后到达分光镜，标尺条码的像经过分光镜后，红外光部分经过反射成像在 CCD 探测器上，可见光部分经过分划板供目视观测。这样，一方面可见光的功率不会损害观测员眼睛，另一方面可以给在红外波段最大灵敏度的 CCD 提供足够的光强度。徕卡 NA 系列电子水准仪的线阵 CCD 长 6.4mm，单像素为 25 µm，共有 256 个像素。此

外，调焦镜的位置由调焦发送器采集，同样，测量时补偿器的功能也用电子位置探测器监视。当标尺在 1.8～100m 范围内移动时，调焦镜的移动范围约 14mm，由几何光学的知识可知，若已知调焦镜的位置 S，则概略视距 d_i 为

$$d_i = K / S \tag{5.1}$$

式中，d_i 为概略视距；K 为光学常数；S 为调焦镜的位置。

徕卡电子水准仪的标尺编码采用伪随机条形码，如图 5.2（b）所示，其基码宽度为 2.025mm，其他条码的标称宽度（包括黑条码和白条码）为基码宽度的整数倍。

徕卡电子水准仪对编码标尺读数以相关原理为基础，事先将代表水准标尺伪随机码的图像存储在电子水准仪中，作为参考信号；标尺条码图像成像在 CCD 探测器上形成测量信号，读数时将两信号进行比较，即按一定步距移动参考信号，逐步将测量信号与参考信号进行相关计算，直至两个信号获得最大相关系数，由此获得标尺读数和视距。

电子水准仪运用相关方法对标尺读数时需要获取两个参数，即"高"和"比例"。一方面，仪器、标尺的高差表现为参考信号的位移量，即获取视线高；另一方面，条码成像的宽窄与仪器、标尺之间的距离呈固定函数变化，即获取视距。要获取这两个参数，需对测量信号与参考信号进行相关分析，二维离散相关函数可表示为

$$P_{PQ}(d,h) = \frac{1}{N} \sum_{i=0}^{N} Q_i(y) \cdot P_i(d, y-h) \tag{5.2}$$

式中，P_{PQ} 为 Q 和 P 之间的相关函数；$Q_i(y)$ 为测量信号；$P_i(d, y-h)$ 为参考信号；自变量 d、h 分别为视距和视线高。

由于仪器到标尺的距离不同，条码在探测器上成像的宽窄也不同，即图 5.2（b）中片段条码图像的宽窄会变化，随之电信号的"宽窄"也将改变。电信号的"宽窄"会引起相关的困难。徕卡电子水准仪采用二维相关法来解决这个问题，也就是根据精度要求以一定步距改变仪器内部参考信号的"宽窄"，与探测器采集到的测量信号相比较，如果没有相同的两信号，则再改变，再进行一维相关，直到两信号相同为止，可以确定视线高读数。参考信号的"宽窄"与视距相对应，"宽窄"相同的两信号相比较是求视线高的过程，二维相关中，一维是视距，另一维是视线高。

为了找到相关函数的最大值，必须在整个测量范围内（视距由最短到最长，高度从最小到最大）进行搜索，在"距离-高度"格网的每一个交点上都进行相关系数计算。在参考信号同测量信号重合的位置上会出现明显突出于其他相关系数的峰值，也就是在每个点上都要计算式（5.2）的值，这个计算量相当大。但由调焦镜位置已经计算出概略视距 d_i，可以算出初始的探寻范围，于是相关系数的计算次数可以减少约 80%，从而节省了相关计算的时间。

5.1.3 天宝电子水准仪读数原理

天宝 DiNi 系列电子水准仪采用几何法读数原理。其标尺编码采用双相位码，标尺条码片段见图 5.3（a）。

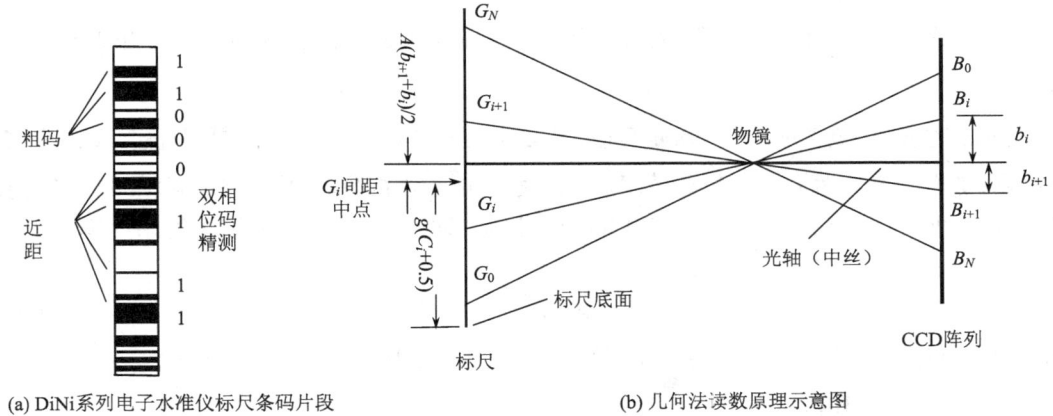

(a) DiNi系列电子水准仪标尺条码片段　　　　　　　　(b) 几何法读数原理示意图

图 5.3　天宝 DiNi 系列电子水准仪标尺片段和几何法读数原理示意图

当人工照准标尺并调焦后，条码标尺的像经分光镜，一路成像在分划板上，供目视观测；一路成像在 CCD 探测器上，供电子读数。DiNi 系列的标尺每 2cm 划分为一个测量间距，其中的码条构成一个码词。每个测量间距的边界由黑白过渡线组成，其下边界到标尺底部的高度可由该测量间距中的码词判读出来。就像区格式标尺上的注记一样，选择较长的望远镜焦距及分辨率较高的 CCD 线阵，CCD 的长度是分划板直径的数倍，这就可以为几何法读数提供条件。

DiNi 系列电子水准仪测量时，只利用对称于视线的 30cm 长的标尺截距来确定全部单次测量值，也就是只用 15 个测量间距来计算视距和视线高。虽然大于 30cm 的标尺截距也能获取，但原则上不用来求取测量值。在理论上，DiNi 系列电子水准仪也可以用小于 30cm 的标尺截距进行测量，只要该截距足以读出码词。对 1.5m 的最短视距而言，最小的测量视场约为 10cm。此时，在从标尺起点或终点起约 6cm 的范围内不能读数。

几何法读数原理示意图见图 5.3（b）。图 5.3（b）中 G_i 为测量间距的下边界，G_{i+1} 为上边界，它们在 CCD 上的成像为 B_i 和 B_{i+1}。它们到光轴（中丝）的距离分别用 b_i 及 b_{i+1} 表示。CCD 上像素的宽度是已知的，这两距离在 CCD 上所占像素个数可以由 CCD 输出的信号得知，因此可以算出 b_i 及 b_{i+1}，也就是说 b_i 及 b_{i+1} 是计算视距和视线高的已知数。b_i 及 b_{i+1} 在光轴之上取负值，在光轴之下取正值。如果在标尺上看，则是在光轴之上为正，反之为负。

设 g 为测量间距长（2cm），用第 i 个测量间距来测量时，则物像比为 A，即测量间距与该间距在 CCD 上成像宽度之比，它可以由图 5.3（b）中的相似三角形得出，有

$$A = g / (b_{i+1} - b_i) \tag{5.3}$$

则视线高读数为

$$H_i = g \cdot \left(C_i + \frac{1}{2} \right) - A \cdot \frac{(b_{i+1} + b_i)}{2} \tag{5.4}$$

式中，C_i 为第 i 个测量间距从标尺底部数起的序号，可由所属码词判读出来。式（5.4）右边两部分的几何意义已经标注在图 5.3（b）中，即 $g \cdot \left(C_i + \dfrac{1}{2} \right)$ 为标尺上第 i 个测量间距的中点

到标尺底面的距离；$A \cdot \dfrac{(b_{i+1} + b_i)}{2}$ 为标尺第 i 个测量间距的中点到仪器光轴，也即视准轴的距离。

根据上述规则，b_{i+1} 是正值，b_i 是负值，图 5.3（b）中 $|b_{i+1}| < |b_i|$，该项是负值，故在式（5.4）中两项相加取负号。为了提高测量精度，DiNi 系列电子水准仪取 N 个测量间距的平均值来计算高度，也就是取标尺上中丝上下各 15cm 的范围，即 15 个测量间距取平均来计算。于是物像比为

$$A = g \cdot N / (b_N - b_0) \tag{5.5}$$

式中，b_N 和 b_0 分别为 CCD 上 30cm 测量截距上下边界到光轴的距离。

视线高 H 的计算公式为

$$H = \frac{1}{N} \sum_{i=0}^{N-1} \left[g \cdot \left(C_i + \frac{1}{2} \right) - A \cdot \frac{(b_{i+1} + b_i)}{2} \right] \tag{5.6}$$

由式（5.5）计算出物像比之后，可以计算视距，计算原理与用视距丝进行视距测量一样，所不同的是，此固定基线是在标尺上，而传统视距测量的基线是分划板上的上下视距丝的距离。

几何法通过高质量的标尺刻划和几何光学实现了标尺的自动读数，而不是靠电信号的相关处理，从而既保证了较高的测量精度又加快了测量速度。

5.1.4　拓普康电子水准仪读数原理

拓普康电子水准仪 DL-101C/102C 采用了相位法读数原理。与其他电子水准仪一样，标尺的条码像经过望远镜、物镜、调焦镜、补偿器的光学部件和分光镜后分成两路：一路成像在线阵 CCD 上，用于进行光电转换，另一路成像在分划板上，供目视观测。图 5.4 展示了 DL-101 标尺的编码，其中有三种不同的码条。R 表示参考码，其中有三条 2mm 宽的黑色码条，每两条黑色码条之间是一条 1mm 宽的黄色码条。以中间的黑色码条的中心线为准，每隔 30mm 就有一组 R 码条重复出现。在每组 R 码条的左边 10mm 处有一道黑色的 B 码条。在每组参考码 R 的右边 10mm 处为一道黑色的 A 码条。每组 R 码条两边的 A 和 B 码条的宽窄不相同，其宽度按正弦规律在 0~10mm 变化。当然，R 码条组两边黄码条的宽度也是按正弦规律变化的，这样在标尺长度方向上就形成了亮暗强度按正弦规律周期变化的亮度波。图 5.5 中画出了波形，纵坐标表示黑色码的宽度，横坐标表示标尺的长度。实线为 A 码的亮度波，虚线为 B 码的亮度波。由于 A 和 B 两条码变化的周期不同，也可以说 A 和 B 亮度波的波长不同，在标尺长度方向上的每一位置上两亮度波的相位差也不同。这种相位差就好像传统水准标尺上的分划，可由它标出标尺的刻度。只要能测出标尺某处的相位差，也就可以知道该处到标尺底部的高度，相位差可以做到和标尺刻度一一对应，即具有单值性，这也是适当选择两亮度波的波长的原因。在 DL-101C 电子水准仪中，A 码的周期为 600mm，B 码的周期为 570mm，它们的最小公倍数为 11400mm，因此在 3m 长的标尺上不会有相同的相位差。为了确保标尺底端面，或者说相位差分划的端点相位差具有唯一性，A 码和 B 码的相位在此错开了 $\dfrac{\pi}{2}$。

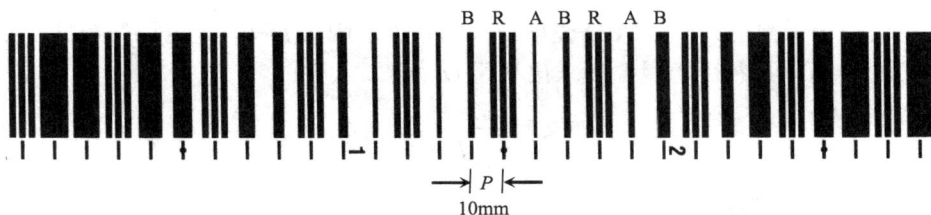

图 5.4　拓普康电子水准仪标尺的编码

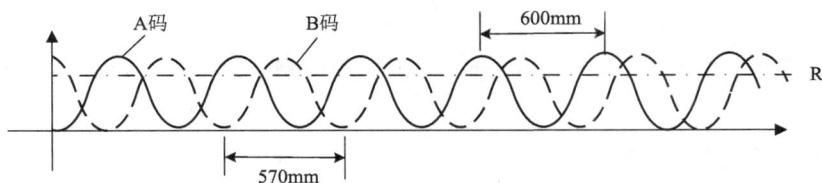

图 5.5　拓普康电子水准仪标尺的信号亮度波

当望远镜照准标尺后，标尺上某一段的条码就成像在线阵 CCD 上，黄条码使 CCD 产生光电流，随着条码宽窄的变化，光电流强度也变化。将它进行 A/D 后，得到不同的灰度值。图 5.6 表示了视距在 40.6m 时，标尺上某小段成像到 CCD 上经 A/D 转换后，得到的不同灰度值（纵坐标），横坐标是 CCD 上像素的序号，当灰度值逐一输出时，横轴就代表时间。从图 5.6 的横坐标标记的数字判断，仪器采用了 512 个像素的线阵 CCD。图 5.6 所示就是包含视距和视线高信息的测量信号。

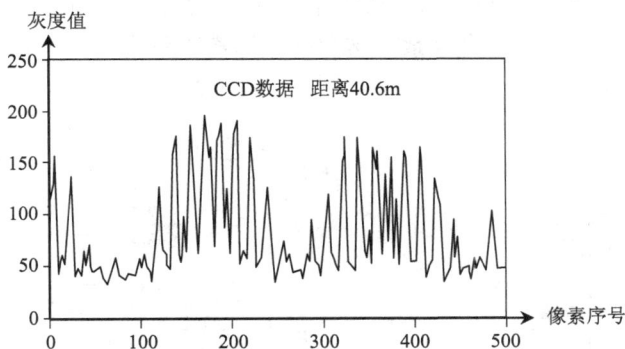

图 5.6　拓普康电子水准仪的测量信号

在拓普康 DL 系列电子水准仪中采用快速傅里叶变换计算方法将测量信号在信号分析器中分解成三个频率分量，其中包含 A、B 两码频率的信号，由 A 和 B 两信号的相位求相位差，即得到视线高读数。这只是粗读数。因为视距不同时，标尺上的信号波长与测量信号波长的比例不同。虽然在同一视距上 A 和 B 的波长比例相同，可以求出相位差（视线高），但其精度并不高。

R 码是为了提高读数精度和求视距而设置的。设两组 R 码的间距 P 为 30mm，它在 CCD 线阵上成像所占的像素个数为 Z，像素宽 b 为 25μm，则 P 在 CCD 线阵上的成像长度 l 为

$$l = Z \cdot b \tag{5.7}$$

Z 可由信号分析得出，b 为 CCD 光敏窗口的宽度，因此 l 和 P 皆为已知数据。根据几何光学成像原理，可以用视距测量原理求出视距 D 为

$$D = \frac{P}{l \cdot f} \tag{5.8}$$

式中，f 为望远镜物镜的焦距。

同时还可以求出物像比 A 为

$$A = \frac{P}{l} \tag{5.9}$$

将测量信号放大到与标尺上的一样时，再进行相位测量，就可以精确得出相位差，对应唯一的视线高读数。

5.1.5 索佳电子水准仪读数原理

索佳电子水准仪标尺的编码采用 RAB 码（随机双面码）。标尺条码宽度分别为 3mm、4mm、7mm、8mm、11mm、12mm，条码之间的中心距离为 16mm，采用 6 进制码和 3 进制码两种编码形式，并把标尺的相关数码信息预置在仪器的处理器内。1.6~9.0m 短视距测量取 6 进制码的 5 个以上数码作为计算依据，而 9.0~100.0m 长视距测量取 3 进制码的 8 个以上数码作为计算依据。另外对 RAB 码标尺的编码信息扫描有两种方式：短距离测量采用边缘探测方式；长距离测量采用初级傅里叶转换探测方式。图 5.7 为 RAB 码标尺的片段。

条码影像经过物镜、调焦镜、成像转换镜、补偿器、分光镜、分划板而直达目镜。另外，标尺的编码信息影像经分光镜折射，传输到线阵 CCD 的光敏面上。其 CCD 的特点为：总共有 3500 个像素，像素间距为 8 μm。用于数码信息测量的为 1800 个像素（图 5.8），对应于分划板横丝上、下区域各约有 900 个像素，这 900 个像素所对应的相关数码信息作为常数存储于 CPU 内，以备运算。

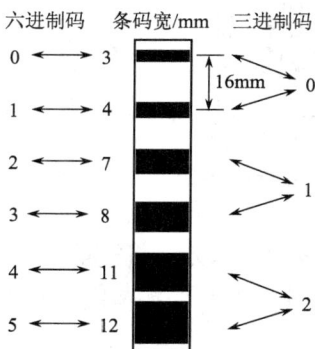

图 5.7 RAB 码编码示意图 图 5.8 索佳电子水准仪 CCD 探测

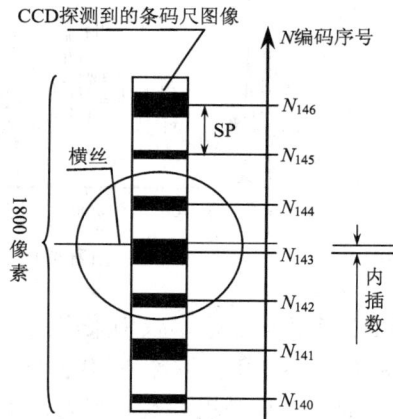

如图 5.9 所示，物镜到 CCD 的焦距 f 为 280mm，标尺条码中心间距为 16mm，标尺到物镜的水平距离为 H_d，SP 是 CCD 拾取的标尺条码图像的长度（以 mm 为单位），由几何光学原理可得比例式 $16 / H_d = \text{SP} / 280$，经整理得

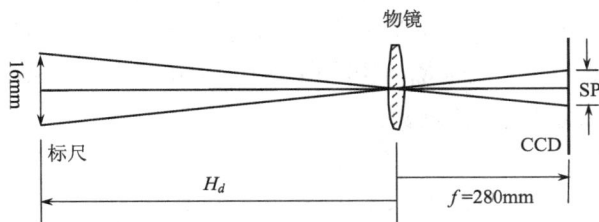

图 5.9　索佳电子水准仪的光学原理

$$H_d = \frac{16 \times 280}{\text{SP} \times 1000}(\text{m}) = 4.48 \times \frac{1}{\text{SP}}(\text{m}) \tag{5.10}$$

显然，只要测出 SP 的长度，即可计算出水平距离。每个像素的宽度是已知的，图像所占的像素个数可从 CCD 输出信号得出，所以 SP 为已知数。

索佳电子水准仪获取视线高读数的过程分为两步：粗读数和精读数。当照准标尺测量时，CCD 探测到分划板横丝区域的条码影像如图 5.8 所示，图中 $N_{140} \sim N_{146}$ 是标尺条码的编码序号，对应于条码的中心，中间的交叉线即分划板的十字丝。CCD 输出的图像信息是一个对应于标尺条码变化而连续变化的模拟量信号，该信号经过模数转换、高阶傅里叶级数变换、低通滤波和量化等一系列步骤后，可得到该测量信号的脉冲数字编码，如图 5.10 所示。将这组编码与存储在仪器中标尺的基准码进行比较，可确认这组编码所对应的标尺条码区域。

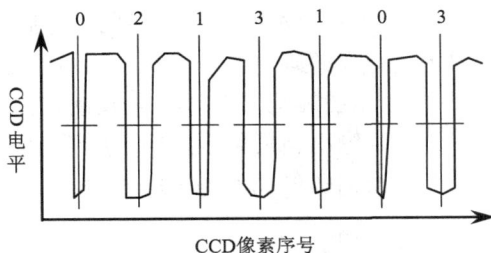

图 5.10　CCD 输出信号和量化后的脉冲数字编码

例如，在图 5.10 中获得的测量信号编码分别为 0、2、1、3、1、0、3，则图 5.11 所示的与仪器内存中标尺基准码的比较运算过程为

$$|1-0| + |0-2| + |3-1| + |0-3| + |2-1| + |1-0| + |3-3| = 10$$
$$|0-0| + |3-2| + |0-1| + |2-3| + |1-1| + |3-0| + |1-3| = 8$$
$$|3-0| + |0-2| + |2-1| + |1-3| + |3-1| + |1-0| + |0-3| = 14$$
$$|0-0| + |2-2| + |1-1| + |3-3| + |1-1| + |0-0| + |3-3| = 0$$
$$|2-0| + |1-2| + |3-1| + |1-3| + |0-1| + |3-0| + |2-3| = 12$$

图 5.11 所示运算结果是一组相关码，其中数值为“0”的最相关码对应在序号为 143 的标尺编码上，与分划板横丝截取条码尺的位置相近（图 5.8），而其余相关码 10、8、14、12 则表现为较大的离散性，由此，粗读数为标尺条码序号“143”。而分划板横丝与序号为 143 的编码中心线之差的读数由精读数过程来完成。该差值被 CCD 相对于分划板横丝约 900 个

像素探测到，经 CPU 的内插计算可以得出该差值为 n 个线性单位，由于标尺条码之间的中心距离为 16mm，很容易算出视线高 $R_h = (143 + n) \times 16 (\text{mm})$。这样，经过粗读数和精读数两个过程，求得了唯一的视线高的精确读数。

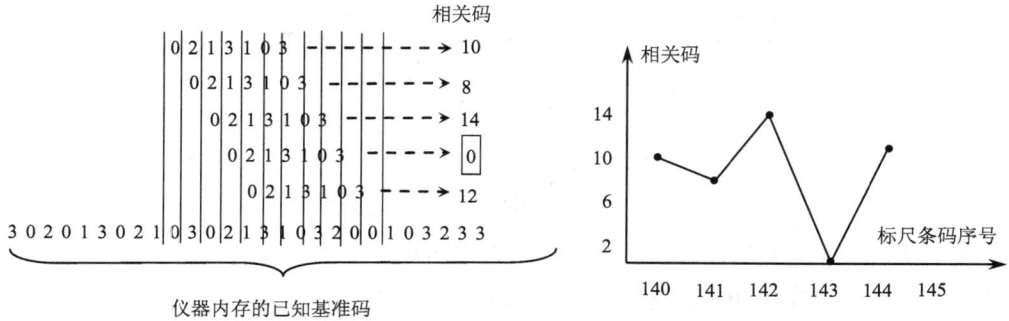

图 5.11　索佳电子水准仪的编码运算与运算结果

5.1.6　基于二维编码的电子水准测量系统读数原理

上述 4 种电子水准仪均采用了线阵图像传感器识别一维条码的编码方案，其关键技术为一维条码的编码。为了降低编码的难度，实践中人们采用直接注记的水准标尺和二维图像传感器，同样实现了读数电子化。董忠言等（2015）设计了一种二维编码方案，如图 5.12（a）所示，由数字标注（作为粗码）、二维点状编码（作为粗码）、圆形码（作为精码，同时也是测量目标）构成。数字标注用于远距离解码，二维点状编码用于近距离解码。李学鹏和仲思东（2018）设计了如图 5.12（b）所示的编码（图像横向放置），按照圆心距的不同，中间大圆采用三进制，用于远距离测量；两侧小圆采用四进制，用于近距离测量。这两种编码直观易懂，但是需要面阵图像传感器来识别圆形或方形图斑的中心，这是二维编码的由来。

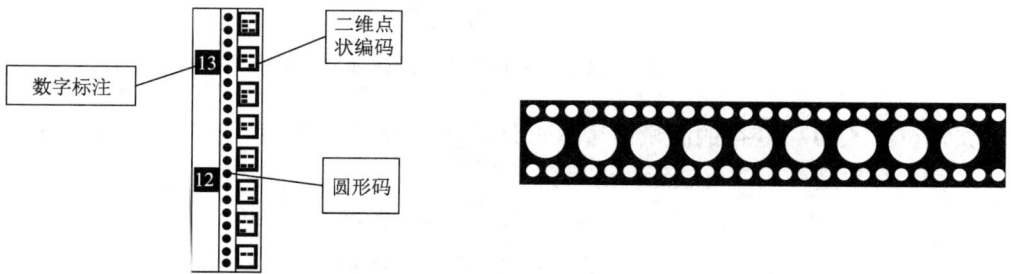

(a) 董忠言等设计的二维编码　　　　　　　　　　(b) 李学鹏和仲思东设计的二维编码

图 5.12　两种典型的二维编码

图 5.12（a）编码仍有不足，当测量距离小于 5m 时，视场较小，无法采集到完整的二维码，导致无法解码。

针对该二维编码的不足，王同合等（2021）提出了一种改进方案。该方案由圆形码、字母码与数字码三种设计元素构成。字母码采用两位编码，位于圆形码左右，使测程最近可达 2m。数字码同样采用两位编码，位于圆形码左右（图 5.13）。

1）编码设计

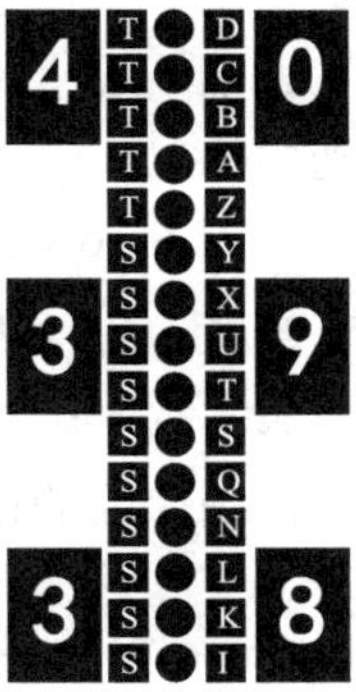

新的二维编码如图 5.13 所示。圆形码居中纵向等距排列；两侧紧邻对称分布且纵向等距排列的字母码，用于近距离测量编码；最外侧是对称分布且纵向等距排列的数字码，用于远距离测量编码。

按照水准标尺 3m 长的规格设计，299 个直径为 5mm 且圆心距为 10mm 的圆形码自下而上编号为 1~299，表示每个圆的圆心到标尺底部的高度，单位为 cm。对应于每个圆形码，左右两个字母码为一组，共同编码中间圆形码圆心的高度，共有 299 组字母码。最外侧的数字码与字母码作用相同，用于表示数字码对应中间圆形码圆心的视线高，共有 50 组数字码。

图 5.13　新的二维编码

2）解码原理

实现解码的前提是测量时目镜十字丝的纵丝大致瞄准圆形码的圆心连线。在图像传感器捕获到包含标尺片段的图像后，根据十字丝纵丝在图像上对应位置左右的几列像素的灰度值呈现周期性变化的规律并利用图像二值化算法，对图像进行粗略分割及倾斜校正。对于圆形码，使用 Canny 边缘检测算法与最小二乘圆拟合算法实现圆心的精确定位。得到精确的圆心坐标与圆心距后，即可对数字码或字母码的矩形区域实现精确分割。圆心距的大小对应着不同的视距，以此判断采用字母码还是数字码。

图 5.14（a）是水准仪在测量过程中图像传感器采集到的原始标尺图像，图 5.14（b）是分割出来的圆形码与字母码（已灰度化）。在解算视线高时，通常取靠近水平中丝上下的多个圆来计算。

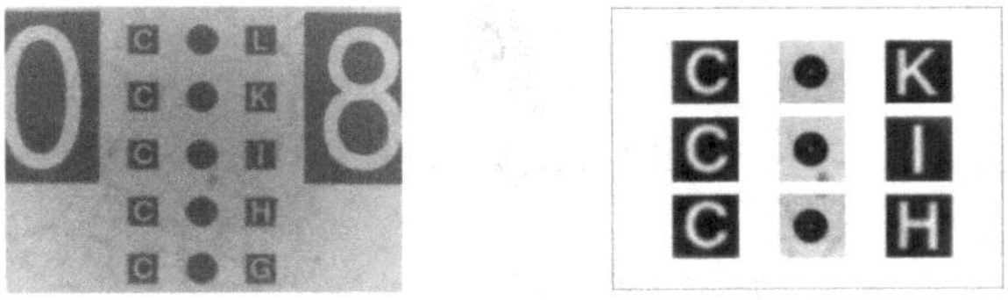

(a) 原始标尺图像　　　　　　　　　　　(b) 分割图像

图 5.14　原始标尺图像与分割图像

使用卷积神经网络实现对字母码与数字码的识别，卷积神经网络具有旋转、平移不变性，对包含复杂噪声的图像具有优良的鲁棒性。制作了字母码训练数据集和数字码训练数据集，其样本如图 5.15（a）和图 5.15（b）所示。Lecun 等（1998）提出的经典卷积神经网络 LeNet-5 就在手写体字符数据集 MNIST 上达到了 92% 的识别率，图 5.15（c）为 MNIST 训练数据集

(a) 字母码训练数据集样本　　　　　(b) 数字码训练数据集样本　　　　　(c) MNIST训练数据集样本

图 5.15　训练数据集样本

样本示例。相比于形态多样的手写体字符，字母码与数字码的图像均是标准字体，因此更加容易识别，LeNet-5 在训练集上经过一轮训练就完成了收敛，在测试数据集上达到了 100% 的识别率。

以图 5.16 为例说明视线高的解算原理，P_1、P_2、P_3、P_4 表示四个圆心在图像上的纵向像素高度，Q_1、Q_2、Q_3、Q_4 表示四个圆形码圆心在标尺上距离标尺底部的实际高度，黑色实线表示水平中丝在图像上对应的像素位置 P_0。圆形码之间的圆心距 L 设计尺寸为 10mm，对应在图像上的像素圆心距为 C，C 由多个相邻圆形码的圆心距取平均得到：

$$C = \frac{(P_2 - P_1) + (P_3 - P_2) + (P_4 - P_3)}{3} \tag{5.11}$$

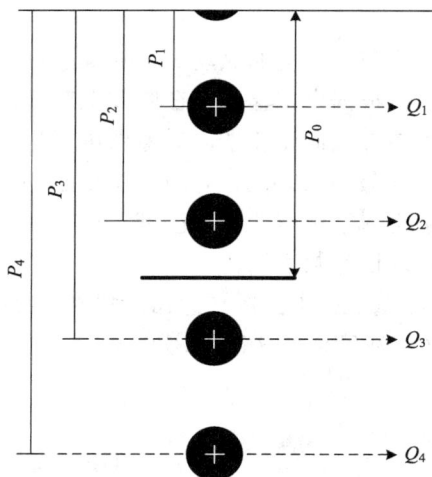

图 5.16　视线高解算

图像上每个像素代表的实际物理尺寸 λ 为

$$\lambda = \frac{L}{C} \tag{5.12}$$

水平中丝的最终视线高实际上可由任意一个圆形码确定，但为了提高精度，通常由其上下附近的多个圆形码计算结果取平均值得到。在图 5.16 的示例中，黑色实线代表的水平中丝的视线高 H 由其附近的 4 个圆形码确定

$$H = \frac{1}{4} \sum_{i=1}^{4} \left[Q_i + (P_i - P_0) \cdot \lambda \right] \tag{5.13}$$

设图像传感器的像元尺寸为 μ，水准仪光学系统的焦距为 f，根据光学成像原理可得视距 D 为

$$D = f \cdot \frac{L}{C \cdot \mu} \tag{5.14}$$

5.1.7　电子水准仪的特点

电子水准仪与光学水准仪相比有以下优点。

（1）读数客观。不存在误读、误记问题，消除了人为读数误差。

（2）精度高。视线高和视距读数都是采用大量条码分划图像经过处理后取平均得出来的，因此削弱了标尺分划误差的影响。多数仪器都有进行多次读数取平均的功能，可以削弱外界条件（如振动、大气扰动等）的影响。

（3）速度快。由于省去了报数、听记、现场计算以及人为出错的重测时间，测量时间与光学水准仪相比可以节省 1/3 左右。

（4）效率高。只需调焦和按键就可以自动读数，减轻了劳动强度。

（5）操作简单。

另外，电子水准仪也存在一些不足，主要表现如下。

（1）电子水准仪对标尺进行读数不如光学水准仪灵活，电子水准仪只能对其配套标尺进行照准读数。在有些部门的应用中，使用的是自制的标尺，甚至是普通的钢板尺，光学水准仪只要有刻划线就能读数，而电子水准仪则无法工作。同时，电子水准仪要求有一定的视场范围，实际应用也偶有不便之处。

（2）电子水准仪受外界光照条件制约较大。CCD 自动读数要求标尺亮度均匀，并且亮度适中。

5.2 三角高程测量

几何水准测量具有操作简便、精度高等优点，但视距短、效率较低，且易受地形的限制，适用于开阔平坦地区的高程控制测量。三角高程测量相较于几何水准测量有效率高、不受地形起伏限制、单站视距长，以及可跨越江河、峡谷等优点，但其精度易受大气垂直折光、地球曲率、测角误差等因素影响。在高精度全站仪出现之前，三角高程测量大多服务于低精度要求的高程测量。20 世纪 80 年代以来，随着电子经纬仪的问世和光电测距仪的广泛应用，三角高程测量受到了国内外同行的高度重视。三角高程测量不仅在测边网、边角网中作为确定点位高程的方法，而且可以同二维控制网相结合，成为确定点位三维坐标的测量方法。

5.2.1 三角高程测量原理

1. 基本公式

在长距离三角高程测量时需要以椭球面为依据来推导三角高程测量的基本公式。如图 5.17 所示，仪器置于 A 点，仪器高为 i_A；B 为照准点，觇标高为 v_B；d_0 为 A、B 两点间的实测水平距离；R 为参考椭球面上 $\overparen{A'B'}$ 的曲率半径；$\overparen{PE}$、$\overparen{AF}$ 分别为过 P 点和 A 点的水准面；$\overparen{PC}$ 是 $\overparen{PE}$ 在 P 点处的切线；$\overparen{PN}$ 为光程曲线；当位于 P 点的望远镜指向与 $\overparen{PN}$ 相切的 PM 方向时，由于大气垂直折光的影响，N 点光线正好落在望远镜的横丝上，

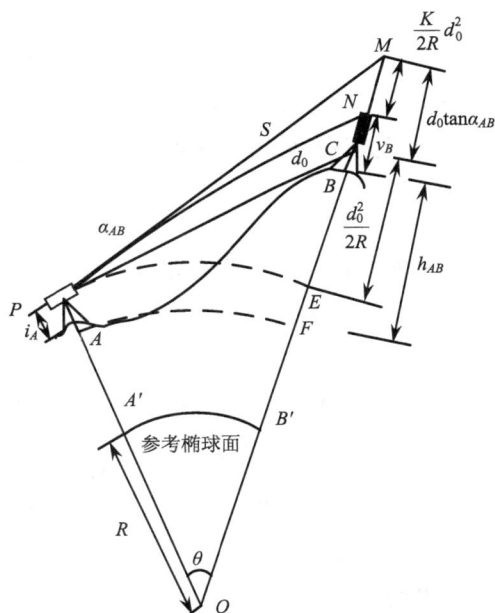

图 5.17 三角高程测量示意图

在 A 点测得 P、M 间的垂直角为 α_{AB}。则 A、B 两点间的高差为

$$h_{AB} = BF = MC + CE + EF - MN - NB \tag{5.15}$$

式中，EF 为仪器高 i_A；NB 为照准点的觇标高度 v_B；CE 和 MN 分别是地球曲率和大气垂直折光的影响。由于 A、B 两点之间的水平距离 d_0 与曲率半径 R 之比值很小（当 $d_0 = 10\text{km}$ 时，d_0 所对的圆心角仅 5′多一点），可认为 PC 近似垂直于 OM，即认为 $\angle PCM \approx 90°$，这样 $\triangle PCM$ 可视为直角三角形。则式（5.15）中的 MC 为

$$MC = d_0 \tan \alpha_{AB} \tag{5.16}$$

地球曲率改正数 CE 为

$$CE = OC - OE = R_A (\sec \theta - 1) \tag{5.17}$$

式中，R_A 为 A 点的地球曲率半径；θ 为 A、B 两点所对应的圆心角。

将 $\sec \theta$ 按三角级数展开并略去高次项，得

$$\sec \theta = 1 + \frac{1}{2} \theta^2 + \frac{5}{24} \theta^4 + \cdots + \approx 1 + \frac{1}{2} \theta^2 \tag{5.18}$$

将式（5.18）代入式（5.17），并顾及 $\theta = d_0 / R_A$，整理后得

$$CE = R_A \left(1 + \frac{1}{2} \theta^2 - 1 \right) = \frac{R_A}{2} \theta^2 = \frac{d_0^2}{2R_A} \tag{5.19}$$

将式（5.19）的 R_A 用曲率半径 R 代替，得地球曲率改正（简称球差改正）CE 为

$$CE = \frac{d_0^2}{2R} \tag{5.20}$$

可以将受大气垂直折光影响的视线看作一条半径为 R/K 的近似圆曲线，则大气垂直折光系数 K 可表示为

$$K = \frac{R}{R_N} \tag{5.21}$$

式中，R_N 为 N 点的地球曲率半径。

仿照式（5.20），可得大气垂直折光改正（简称为气差改正）MN 为

$$MN = K \frac{d_0^2}{2R} \tag{5.22}$$

球差改正与气差改正综合为

$$CE - MN = (1 - K) \frac{d_0^2}{2R} \tag{5.23}$$

令 $\dfrac{1-K}{2R} = C$，C 一般称为球气差系数，则单向三角高程测量公式为

$$h_{AB} = d_0 \tan \alpha_{AB} + C d_0^2 + i_A - v_B \tag{5.24}$$

式中，α_{AB} 为垂直角；i_A 为仪器高；v_B 为觇标高；d_0 为实测的水平距离，一般要化为高斯平面上的长度 D。

用斜距 S 计算，三角高程测量公式为

$$h_{AB} = S \sin \alpha_{AB} + C S^2 \cos^2 \alpha_{AB} + i_A - v_B \tag{5.25}$$

2. 观测平距的归算

在图 5.18 中，H_A、H_B 分别为 A、B 两点的高程（此处已忽略了参考椭球面与大地水准面之间的差距），其平均高程为 $H_m = \dfrac{1}{2}(H_A + H_B)$。由于实测距离 d_0 一般不大（工程测量中一般在 10km 以内），可以将 d_0 视为在平均高程水准面上的距离。

由图 5.18 可知，实测距离 d_0 与参考椭球面上的距离 d 之间的关系式为

$$d_0 = d(1 + \frac{H_m}{R}) \tag{5.26}$$

参考椭球面上的距离 d 和投影在高斯投影平面上的距离 D 之间的关系为

$$d = D(1 - \frac{y_m}{2R^2}) \tag{5.27}$$

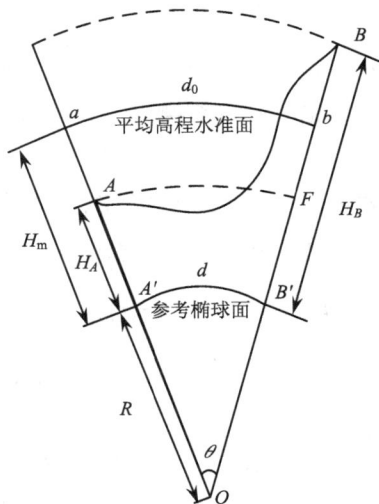

图 5.18　三角高程距离归算示意图

式中，y_m 为 A、B 两点在高斯投影平面上投影点横坐标的平均值。

将式（5.27）代入式（5.26）中，并略去微小项后得

$$d_0 = D(1 + \frac{H_m}{R} - \frac{y_m^2}{2R^2}) \tag{5.28}$$

3. 用椭球面上的边长计算单向观测高差

将式（5.26）代入式（5.24），得

$$h_{AB} = d \tan \alpha_{AB}(1 + \frac{H_m}{R}) + Cd^2 + i_A - v_B \tag{5.29}$$

式中，Cd^2 项的数值很小，故未顾及 d_0 与 d 之间的差异。

4. 用高斯平面上的边长计算单向观测高差

将式（5.27）代入式（5.29），舍去微小项后得

$$h_{AB} = D \tan \alpha_{AB} + CD^2 + i_A - v_B + h'(\frac{H_m}{R} - \frac{y_m^2}{2R^2}) \tag{5.30}$$

式中，$h' = D \tan \alpha_{AB}$。

令 $\Delta h_{AB} = h'(\frac{H_m}{R} - \frac{y_m^2}{2R^2})$，则式（5.30）为

$$h_{AB} = D \tan \alpha_{AB} + CD^2 + i_A - v_B + \Delta h_{AB} \tag{5.31}$$

式（5.31）中最后一项 Δh_{AB} 只有当 H_m、h' 或 y_m 较大时才有必要顾及。

5. 对向观测计算高差

为减小球气差的影响，一般要求三角高程测量进行对向观测，在测站 A 上向 B 点观测垂直角 α_{AB}，在测站 B 上也向 A 点观测垂直角 α_{BA}，按式（5.31）有式（5.32）和式（5.33）两个计算高差的公式。

由测站 A 观测 B 点的高差为

$$h_{AB}=D\tan\alpha_{AB}+C_{AB}D^2+i_A-v_B+\Delta h_{AB} \tag{5.32}$$

式中，i_A 和 v_B 分别为 A、B 点的仪器和觇标高度；C_{AB} 为由 A 观测 B 的球气差系数。

由测站 B 观测 A 点的高差为

$$h_{BA}=D\tan\alpha_{BA}+C_{BA}D^2+i_B-v_A+\Delta h_{BA} \tag{5.33}$$

式中，i_B 和 v_A 分别为 B、A 点的仪器和觇标高度；C_{BA} 为由 B 观测 A 的球气差系数。

通过式（5.32）和式（5.33）可得对向观测高差为

$$
\begin{aligned}
h_{AB(对向)}&=\frac{1}{2}(h_{AB}-h_{BA})\\
&=\frac{1}{2}D(\tan\alpha_{AB}-\tan\alpha_{BA})+\frac{1}{2}D^2(C_{AB}-C_{BA})+\frac{1}{2}(i_A-i_B+v_A-v_B)+\Delta h_{\overline{AB}}
\end{aligned} \tag{5.34}
$$

式中，$\Delta h_{\overline{AB}}=(\dfrac{H_{\mathrm{m}}}{R}-\dfrac{y_{\mathrm{m}}^2}{2R^2})\Delta h'$；$\Delta h'=\dfrac{1}{2}D(\tan\alpha_{AB}-\tan\alpha_{BA})$。

如果观测在同等情况下进行，特别是在同一时间作对向观测，则可以假定大气垂直折光系数 K 值相同，因此 $C_{AB}=C_{BA}$。则对向观测高差为

$$
\begin{aligned}
h_{AB(对向)}&=\frac{1}{2}(h_{AB}-h_{BA})\\
&=\frac{1}{2}D(\tan\alpha_{AB}-\tan\alpha_{BA})+\frac{1}{2}(i_A-i_B+v_A-v_B)+\Delta h_{\overline{AB}}
\end{aligned} \tag{5.35}
$$

5.2.2 三角高程测量精度分析

1）单向观测三角高程精度分析

将 $C=\dfrac{1-K}{2R}$ 代入式（5.31），对其取全微分得

$$\mathrm{d}h_{AB}=\tan\alpha_{AB}\mathrm{d}D+D\sec^2\alpha_{AB}\mathrm{d}\alpha+D\frac{1-K}{R}\mathrm{d}D-\frac{D^2}{2R}\mathrm{d}K+\mathrm{d}i_A-\mathrm{d}v_B+\mathrm{d}\Delta h_{AB} \tag{5.36}$$

式（5.36）中，由于 $D\dfrac{1-K}{R}\mathrm{d}D$ 和 $\mathrm{d}\Delta h_{AB}$ 都很小，可以略去。$\mathrm{d}i_A$、$\mathrm{d}v_B$ 同属量高误差，取其中误差为 $m_i=m_v=m_l$。则式（5.36）写成中误差为

$$m_h^2=\tan^2\alpha_{AB}m_D^2+D^2\sec^4\alpha_{AB}\frac{m_\alpha^2}{\rho^2}+\frac{D^4}{4R^2}m_K^2+2m_l^2 \tag{5.37}$$

2）对向观测三角高程精度分析

顾及往返测大气垂直折光影响的对向观测高差公式为

$$h_{AB(对向)}=\frac{1}{2}D(\tan\alpha_{AB}-\tan\alpha_{BA})+\frac{(K_{BA}-K_{AB})}{4R}D^2+\frac{1}{2}(i_A-i_B+v_A-v_B)+\Delta h_{\overline{AB}} \tag{5.38}$$

式中，K_{AB}、K_{BA} 分别为往、返观测时的大气垂直折光系数。令 $K_{BA}-K_{AB}=\Delta K$，用 $m_{\Delta K}$ 表示 ΔK 的中误差，则式（5.38）写成中误差为

$$m_h^2=\frac{(\tan\alpha_{AB}-\tan\alpha_{BA})^2}{4}m_D^2+\frac{D^2(\sec^4\alpha_{AB}+\sec^4\alpha_{BA})}{4}\frac{m_\alpha^2}{\rho^2}+\frac{D^4}{16R^2}m_{\Delta K}^2+m_l^2 \tag{5.39}$$

若 α_{AB} 角很小，则 $\frac{1}{2}(\tan\alpha_{AB}-\tan\alpha_{BA})\approx\tan\frac{1}{2}(\alpha_{AB}-\alpha_{BA})$，$\sec^4\alpha_{AB}\approx\sec^4\alpha_{BA}\approx1$，则式（5.39）可写成

$$m_h^2=\frac{1}{2}\left[\tan\frac{1}{2}(\alpha_{AB}-\alpha_{BA})\right]^2m_D^2+\frac{1}{2}D^2\frac{m_\alpha^2}{\rho^2}+\frac{D^4}{16R^2}m_{\Delta K}^2+m_l^2 \tag{5.40}$$

对式（5.40）右端逐项误差分析如下：

（1）测距误差 m_D。它对高差的影响只与垂直角 α 有关，与距离大小无关。

（2）测角误差 m_α。垂直角观测误差对高差的影响随着水平距离的增加而增大，其影响远远超过测距误差，是制约高差精度的主要误差源之一。为了削弱其影响，一是控制观测距离的长度，二是增加垂直角的测回数，改进照准标志，提高垂直角的精度。

（3）大气垂直折光误差 $m_{\Delta K}$。如果在相同的时间对向观测垂直角，可近似认为 $K_{AB}=K_{BA}$，这就抵偿了大气垂直折光对高差中数的影响。但是事实上，对向观测难以同时进行，对向观测大气垂直折光的影响也不完全一样。往测和返测时 K 值总会存在差异，所以对向观测时，$m_{\Delta K}$ 应受往返测大气垂直折光系数 K 值变化的影响。由式（5.40）可以看出，大气垂直折光差对高差的影响随着距离的增加而急剧增加。

（4）量高误差 m_l。在作业时用多次量取仪器高和觇标高取平均值可减小量高误差对高差的影响。

5.2.3　减弱大气垂直折光影响的措施

根据大气垂直折光的性质及大气垂直折光系数变化的规律，采取下列措施可有效减弱其影响。

（1）采取对向观测。这样可以大大减弱大气垂直折光的影响，使从单向观测中确定 C 值不正确的影响减小为对向观测中两地观测 C 值不等的影响。

（2）选择有利的观测时间。根据测区大气垂直折光系数 K 的周日变化规律选择合适的观测时间。

（3）提高视线高度。实践证明，视线距地面越近，大气垂直折光系数变化越大。

（4）尽可能利用短边传递高程。大气垂直折光影响是与边长的平方成比例，选择短边传递高程可减小大气垂直折光对高差的影响。

无论是提高 K 值的测定精度还是采取各种措施，计算时所采用的 K 值与实际 K 值总有差异，大气垂直折光影响并不能完全消除。因此，大气垂直折光误差仍是影响三角高程测量精度的重要因素之一。

K 值的大小取决于地面大气层的温度、气压等气象因素。数年来，大地测量学家通过理论研究和试验，导出以大气温度、湿度、气压、垂直角、两点间距离为参数的各种计算 K 值的公式。这些公式需要在测量垂直角时同时测定气象资料，工作量大，且所测气象数据难以代表测线上的平均气象情况，所以实际中这类公式很少采用。有关 K 值的其他求定方法可参阅相关文献。

5.3　液体静力水准测量

众所周知，几何水准测量是依据水平视线来测定两点间高差的，而水平视线靠调平水准

器来实现。若直接依据静止的液体表面来测定两点（或多点）之间的高差，则称为液体静力水准测量。

5.3.1　液体静力水准测量基本原理

图 5.19 示意了连通器内液体的平衡，其中 A 处为一与容器壁光滑接触的薄片，分隔着两种密度不同的液体，且二者自由表面的压强也不同。以 A 处薄片为研究对象，列平衡方程可得

$$p_{01} + \rho_1 g h_1 = p_{02} + \rho_2 g h_2 \qquad (5.41)$$

式中，p_{01}、p_{02} 为作用在液体表面上的大气压；ρ_1、ρ_2 为液体的密度；g 为重力加速度；h_1、h_2 为液面高度，二者具有相同的起算基准。

如图 5.20 所示，将容器安置于 A、B 两点之上。在水管连通的容器间再用气管连接，当两容器处于封闭状态时，p 不变；若采用同一种液体，两容器中的 ρ 相等。当两容器液面处于平衡状态时，有

$$\rho g a = \rho g (b + h) \qquad (5.42)$$

式中，a、b 为两容器中的液面读数；h 为两容器零点间的高差。显然有

$$h = a - b \qquad (5.43)$$

此即液体静力水准测量原理。

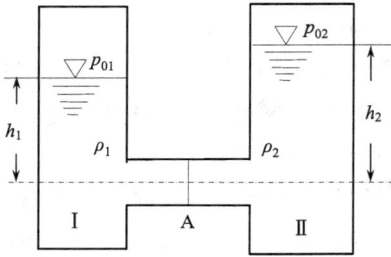

图 5.19　连通器内液体的平衡

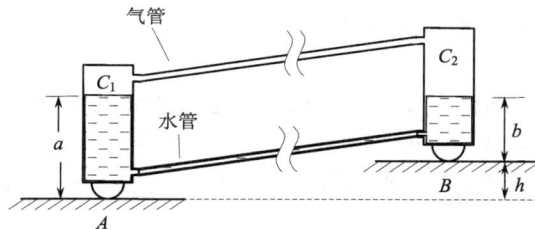

图 5.20　液体静力水准测量原理

5.3.2　液体静力水准位移传感器

在液体静力水准测量中，首要问题是液体表面到标志高度的测定。测定液体表面高度的方法主要是电子传感器法。通过电子（电感式、光电式或电容式）传感器不仅可以提高静力水准的读数精度，而且可实现测量的自动化。

用于液体静力水准仪的传感器种类很多，按照其水位变化监测方式不同，可以分为直接测量方式和浮子传达方式两大类。液体静力水准仪液面观测传感器如图 5.21 所示（陈德福和聂磊，2008）。

本节选取含有磁致伸缩液位传感器、CCD 传感器、超声波传感器、电容传感器等的静力水准仪进行介绍。

1）磁致伸缩静力水准仪

某些金属合金、铁磁材料和稀土金属化合物在磁场中磁化时，其几何尺寸会发生伸长或缩短，去掉磁场后，其又恢复原来的形状，该现象称为磁致伸缩效应。磁致伸缩位移传感器

是利用磁致伸缩效应研制的传感器，具有测量准确度高、稳定可靠、寿命长、结构精巧、环境适应性强、安装方便、调试快捷等特点。采用磁感应方式测量，不会因为内部结构磨损而降低仪表的使用性能，具有较高的应用和经济价值。

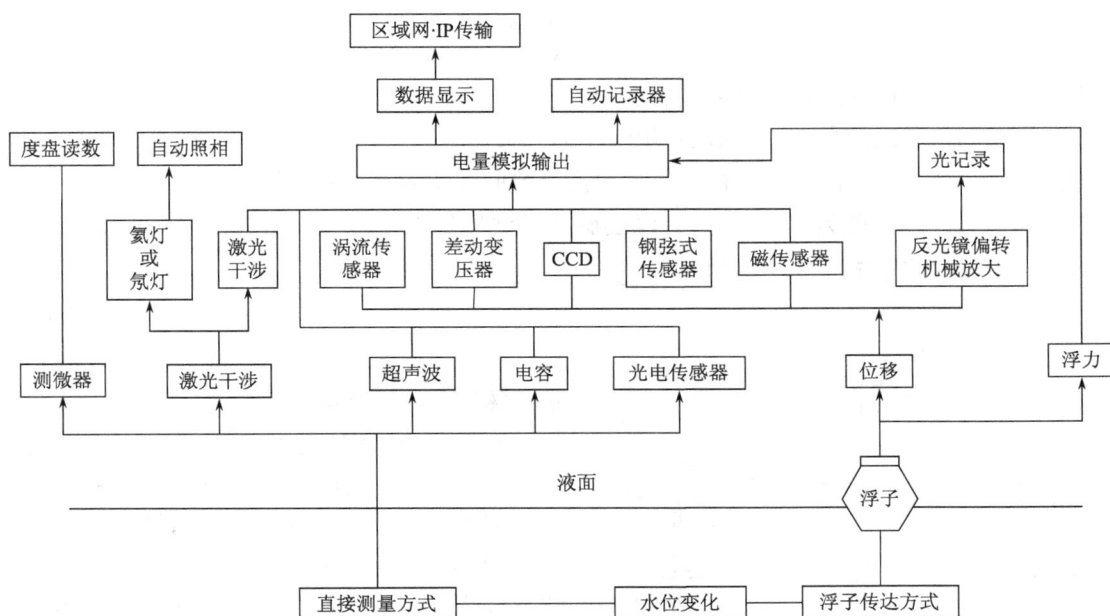

图 5.21 液体静力水准仪液面观测传感器

如图 5.22 所示，磁致伸缩液位传感器由电子探测头、不锈钢保护管（又称为导杆）、波导丝、浮子和下垫等几部分构成。电子探测头安装在容器顶，不锈钢保护管连同波导丝从容器顶插入到容器内液体中并直达容器底部，其末端用法兰或者支架固定，浮子浮于被测液体表面，可以随着不锈钢保护管上下滑动。浮子内部嵌入永久磁铁，为传感器提供永久磁场。

测量时，电子探测头内的脉冲发射电路首先在波导丝上施加一个激励电脉冲信号，此电脉冲信号以光速沿着波导丝向下传播并在其周围产生环形磁场，当环形磁场与浮子产生的轴向磁场相遇时，两个磁场矢量叠加形成螺旋形磁场。由磁致伸缩原理可知，当磁致伸缩材料所在的磁场发生改变时，磁致伸缩材料的几何尺寸也会随之发生改变。当两个磁场相遇时，波

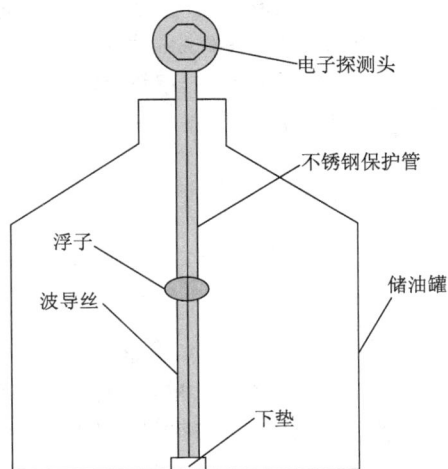

图 5.22 磁致伸缩液位传感器结构图

导丝会伸缩变形产生扭转波，该扭转波以恒定的速度沿波导丝向两端传递，其中向下传递的扭转波被末端的衰减阻尼器吸收，向上传递的扭转波沿波导丝回传入电子探测头的超声换能器中。当磁致伸缩材料（波导丝）在磁场中伸缩形变时，磁场强度也会变化，进而超声换能器感应线圈内部的磁通量也发生改变，最终使线圈两端产生感应电动势 ε。超声换能器的回

波接收电路以脉冲的形式检测到电动势 ε，并传递给中央处理器，中央处理器根据激励脉冲发出与检测到感应电动势之间的时间差计算出浮子位置。

扭转波在波导丝中的传播速度为

$$v = \sqrt{\frac{G}{\rho}} \qquad (5.44)$$

式中，ρ 为波导丝的密度；G 为波导丝的剪切弹性模量。

对于相同材质的波导丝，G 和 ρ 均为定值，因此扭转波的传播速度也是个定值。假设激励脉冲传播至浮子的时间为 T_1，扭转波传回换能器的时间为 T_2，则激励脉冲发出与检测到感应电动势之间的时间差为 $T = T_1 + T_2$。激励脉冲沿波导丝以光速向下传播，因此 T_1 很小可以忽略，换能器与浮子之间的距离为

$$S = vT_2 \qquad (5.45)$$

最后根据换能器与容器底之间的高度即可求得钵体内液面高度。

磁致伸缩液位静力系统主要由主机系统、水管系统、信号采集系统等模块组成，磁致伸缩静力水准仪结构图如图 5.23 所示。系统根据连通容器中液体表面自然保持水平的特性工作，当仪器主体所在处（检测点）高度变化时，仪器主体钵中的液面将相对于钵体发生相对升降变化，测量出这些变化量就可以计算出每个监测点相对于某一基点的高差。设 $Y, Y_1, Y_2, \cdots, Y_n$ 为基准点及测点 1 到 n 的液面变化量，每个测点相对于基准点的高差

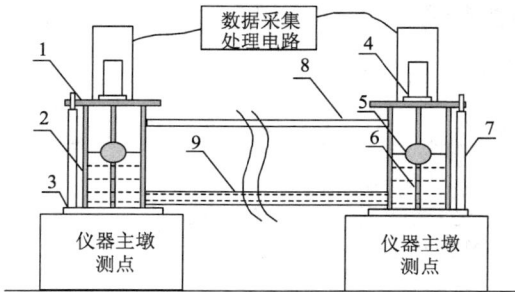

图 5.23　磁致伸缩静力水准仪结构图
1-测头上板；2-钵体；3-测头底板；4-传感器电路单元；5-浮子；6-探测杆；7-测头连接柱；8-空气连接管；9-蒸馏水连接管

$h_1, h_2, \cdots, h_n$ 为

$$\begin{cases} h_1 = Y - Y_1 \\ h_2 = Y - Y_2 \\ \qquad \vdots \\ h_n = Y - Y_n \end{cases} \qquad (5.46)$$

2）CCD 式静力水准仪

CCD 传感器最大的特点是无需接触被测物体，就能检测物体动态和静态的细微变化。静力水准仪的 CCD 传感器原理图如图 5.24 所示，系统中的点光源经反射镜偏转后反射到凸透镜，产生一束平行光，照射在标志物上，在标志物的另一面安装有 CCD，标志物被光线照射所产生的阴影投射在 CCD 上。标志物随液面上下移动，阴影在 CCD 上的位置改变，CCD 的输出信号会发生相应变化，记录和保存这些反映标志物位置变化的数据，得到钵体中液面高度的变化，从而得到该钵体所在的测点位置的高度变化。

图 5.25 是 CCD 式静力水准仪的结构图。各个钵体在工作中，通过连接水管注入一定量的工作液体，下液位面到上液位面的距离决定传感器的量程，浮子随着液位面的高低而上下

移动，通过连接杆带动，标志物也上下移动。CCD 外围电路配置单片机系统，由单片机发出驱动脉冲，驱动 CCD 工作并收集 CCD 产生的信号；单片机还发出通信控制信号，通过 RS485 接口和通信线与数据采集器连接，实现数据的传输、储存和处理。

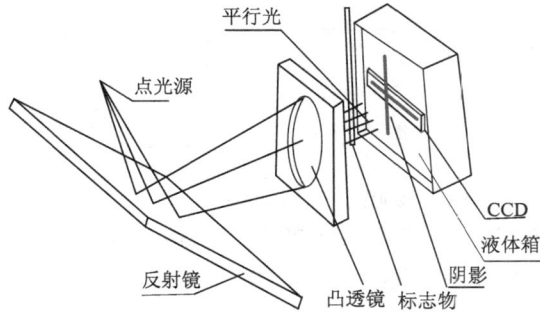

图 5.24　静力水准仪之 CCD 传感器原理图

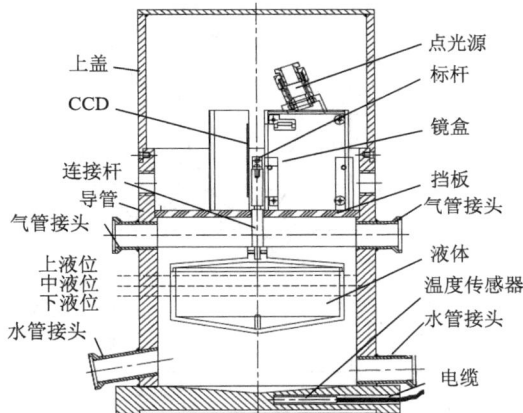

图 5.25　CCD 式静力水准仪的结构图

3）超声波式静力水准仪

超声波是由机械振动产生的，借助传播介质传播，遇到待测物后返回，通过测量声波往返的时间间隔可以间接测量发射器至被测物的距离。超声波的速度相对于光速要小得多，其传播时间就比较容易检测，并且具有易于定向发射、方向性好、强度好控制、能量集中、衰减较小、反射能力较强、非接触式检测等优点。

为了研究和应用超声波，人们已发明、设计并制成了多种类型的超声波换能器，将其他形式的能量转换成超声波的能量（由发射换能器来完成）和使超声波的能量转换成其他易于检测的能量（由接收换能器来完成）。常用的超声波换能器用于实现电能和超声能量相互转换，包括压电型、磁致伸缩型和电动型等电气类，以及气流旋笛、液哨和加尔统笛等机械式类两大类。各种类型产生的超声波的功率、频率和声波特性都不相同。目前使用较多的是电气类中的压电型超声波发生器。

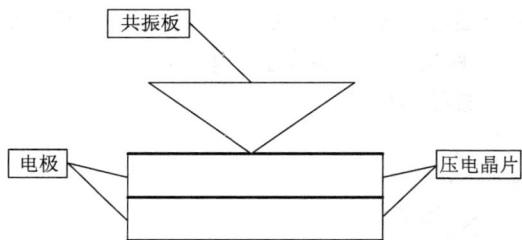

图 5.26 超声波换能器的结构示意图

超声波换能器的结构示意图如图 5.26 所示，压电型超声波发生器实际上是利用压电晶体的谐振来工作的。超声波发生器有两个压电晶片和一个共振板。当它的两极外加脉冲信号，其频率等于压电晶片的固有振荡频率时，压电晶片将会发生共振，并带动共振板振动，便产生超声波。反之，如果两电极间没有外加电压，当共振板接收到超声波时，将压迫压电晶片振动，将机械能转换为电信号，也就是超声波接收器。

超声波式静力水准仪原理示意图如图 5.27 所示，超声波静力水准仪依据连通管原理，用超声波传感器，测量每个测点容器底面安装高程与液面的相对变化，再通过计算求得各点相对于基点的相对沉陷量。初始状态时，各测点安装高程相对于（基准）参考高程 H_0 间的距离为 Y_{01} 和 Y_{02}，测点安装高程与液面间的距离则为 H_{01} 和 H_{02}，则有

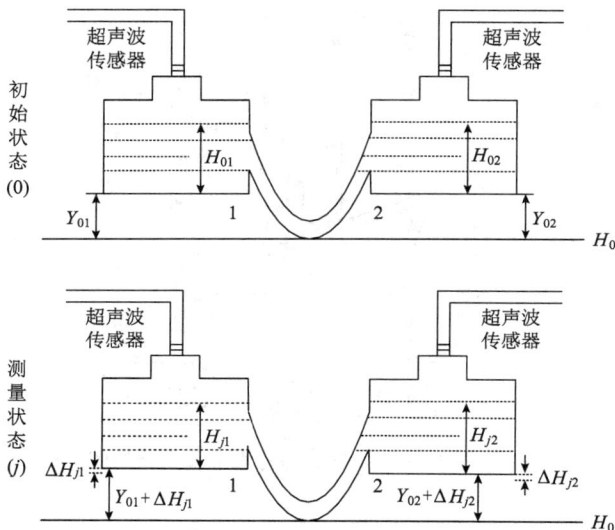

图 5.27 超声波式静力水准仪原理示意图

$$Y_{01} + H_{01} = Y_{02} + H_{02} \tag{5.47}$$

当发生不均匀沉陷后，设各测点安装高程相对于基准参考高程 H_0 的变化量为 ΔH_{j1} 和 ΔH_{j2}，则

$$Y_{01} + \Delta H_{j1} + H_{j1} = Y_{02} + \Delta H_{j2} + H_{j2} \tag{5.48}$$

则 j 次测量 2 号点相对于基准点 1 的相对沉陷量 ΔH_{21} 可表示为 $\Delta H_{21} = \Delta H_{j2} - \Delta H_{j1}$，综合式（5.47）和式（5.48）可得

$$\Delta H_{21} = \left(H_{j2} - H_{02}\right) - \left(H_{j1} - H_{01}\right) \tag{5.49}$$

所以测量点 2 相对于基准点 1 的相对沉陷量等于 2 号容器液面的变化量与基准点液面的变化量的差值。因此，只要用超声波传感器测出各个容器初始状态时的液面值，以及各个容

器发生不均匀沉陷时的液面值，就可以求出测量点 2 相对于基准点 1 的相对沉陷量。

超声波式静力水准仪借助的是超声波在介质中传播时，遇到分界面时反射产生的回波。只要获得从超声波发射到接收到回波之间的时间，就可以测得超声波传感器到分界面的距离，进而可以测得各测点相对于基点的变化量。它测量范围大，受外界环境的影响比较小，可以在液体中测量，机械部件少，安装、维护简便，精度高。

4）电容式静力水准仪

电容式传感器是把被测的机械量，如位移、压力等参数转换为电容量变化的一种传感器。它是以各种类型的电容器作为转换元件，在多数情况下，它是由两平行极板、两平行圆筒或其他形状平行面组成的以空气为介质的电容器。电容量大小与平行面之间的距离、平行面相互覆盖的有效面积和平行面之间介质的介电常数有关。根据电容器参数变化的特性，电容式传感器可分为极距变化型（变隙式）、变面积型和介质变化型三种类型。变隙式电容传感器一般用来测量微小的线位移（可小至 0.01μm）或由于力、压力、振动等引起的极间距离变化，该类传感器由于灵敏度较高，并易于实现非接触测量，应用较为普遍。变面积型电容传感器一般用于角位移测量（自一角秒至几十度）或较大的线位移测量。介质变化型常用于固体或液体的物位测量及各种介质的温度、密度的测定。

电容式传感器具有结构简单，灵敏度高，动态响应特性好，对高温、辐射和强烈振动等恶劣条件适应性强，价格便宜等一系列优点，因此已成为一种应用前景广阔的传感器，国内外不少人认为电容式传感器是未来最有希望的传感器。但是这种传感器也有边缘效应难以消除、寄生电容影响大、非线性输出等缺陷。

电容式静力水准仪一般由主体容器、连通管、电容传感器等组成。其基本原理为：当仪器主体安装位置发生变化时，主体容器发生液面变化；液面高度的变化使浮子的屏蔽管仪器主体上的电容传感器的可变电容发生变化，引起电容值的变化，从而导致输出电量的变化；最后根据输出电量的变化推导出液面相对于主体的升降量。

图 5.28 是某型电容式静力水准仪结构示意图，其主要组成部分有电容 A 极、电容 B 极、屏蔽管、浮子、导向内筒、导向套和壳体。电容 A 极为外敷绝缘层的紫铜棒，电容 B 极为外敷绝缘层的紫铜管，浮子、导向套和壳体均为不锈钢材料。电容 A 极和 B 极同心且之间存在一定空隙，A 极和 B 极之间的电容为

$$C = \frac{2\pi \varepsilon_r \varepsilon_0 L}{\ln\left(R_A / R_B\right)} \qquad (5.50)$$

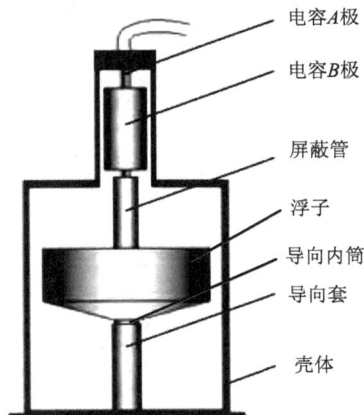

图 5.28　电容式静力水准仪结构示意图

式中，R_A 为 A 极的外径；R_B 为 B 极的外径；ε_0 为真空介电常数；ε_r 为介质相对介电常数；L 为 A、B 极轴向重合部分的长度。对于一个设计完成的水准仪，式（5.50）的等号右边中除 L 外均为常量，即 A、B 极之间的电容与重合长度 L 成正比。

浮子的上部为屏蔽管，下部为导向内筒，当浮子随着水准仪壳体内的液位上下移动时，屏蔽管在电容 A、B 极之间上下移动，从而引起 A、B 极之间有效重合长度 L 的改变，这样

通过测量 A、B 极之间的电容值即可得到水准仪内的液位。

思考与练习

（1）水准仪电子化相比于测距仪和经纬仪电子化滞后的原因有哪些？

（2）试列举常见电子水准仪的自动读数原理。

（3）电子水准仪编码标尺中一维编码与二维编码的优缺点是什么？

（4）简述三角高程测量原理。

（5）液体静力水准仪位移传感器有哪些？

第6章 精密定向测量

定向是指确定空间内一直线与参考方向的夹角。该参考方向通常包括磁北、坐标北、大地北和天文北，与之对应的夹角称为磁方位角、坐标方位角、大地方位角和天文方位角。磁方位角变化规律复杂导致定向精度低，不能满足精密定向测量需求，本章不予介绍。坐标方位角的测定原理及方法相对简单，读者可参见相关参考书，本章不再赘述。在当前条件下，大地方位角的测定通常采用 GNSS 方式，原理简单、技术成熟、精度高，本章不再述及。天文方位角在实际中有着重要的应用价值，是本章重点关注的内容。陀螺经纬仪可实现自主定向，实用价值显著。本章主要介绍天文定向测量和陀螺经纬仪定向测量两类方法。

6.1 天文定向测量

天文定向测量是指在地面测站通过天文观测方法测定方位边的方位角。观测的对象一般是恒星（包括太阳），也可以是行星或月亮等天体。本节介绍天文定向测量有关的基础知识和方法。

6.1.1 天球

1. 天球的概念

由于观测者和天体之间的距离远大于观测者随地球在空间运动的距离，通常情况下观测者只能辨别天体的方向而无法区分它们距离的远近。在晴朗的夜晚，当仰望星空时，能看见所有的天体都散布在以观测者为中心的半径无穷大的圆球面上，这个圆球面称为天球。根据所选天球球心的不同，有太阳系质心天球、地心天球和站心天球之分。在天文学上把天球作为辅助基准面，目的在于利用球面坐标确定天体在天球上的相对位置和研究天体的视运动等问题，天球并不是客观存在的实体。

2. 基本点线面

1）与测站铅垂线相关的点线面

如图 6.1（a）所示，过天球中心 O 将铅垂线延长交天球于两点，其中位于头顶方向的点 Z 称为天顶，位于脚下的点 Z' 称为天底。过天球中心并与铅垂线垂直的平面称为天球地平面，它与天球相交的大圆称为地平圈。过天顶和天底的大圆称为垂直圈，显然垂直圈有无数条。

2）与天轴相关的点线面

如图 6.1（b）所示，过天球中心 O 作一条与地球自转轴平行的直线交天球于两点，其中位于地球北极上空的点 P 称为北天极，位于地球南极上空的点 P' 称为南天极，这条与地球自转轴相平行的直线称为天轴。过天球中心与天轴垂直的平面称为天球赤道面，天球赤道面与天球相交的大圆称为天赤道。过南北天极的大圆称为时圈，显然时圈也有无数条。

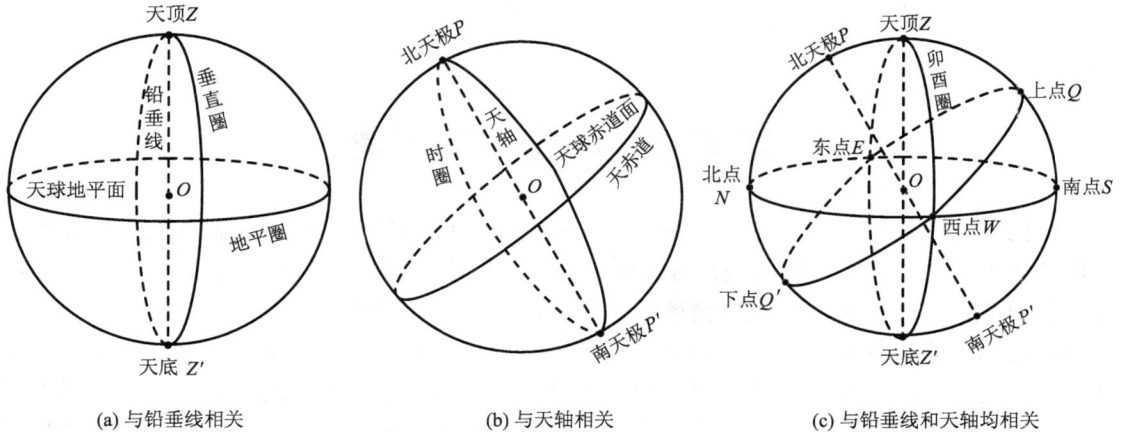

(a) 与铅垂线相关　　　　　　　(b) 与天轴相关　　　　　(c) 与铅垂线和天轴均相关

图 6.1　天球的基本点线面

3）既与铅垂线相关，也与天轴相关的点线面

如图 6.1（c）所示，铅垂线与天轴确定的平面称为天球子午面（过点 $PZP'Z'$ 的平面），该面是唯一的，且既和地平面垂直也和赤道面垂直。天球子午面与天球相交的大圆称为子午圈，由于子午圈既过天顶和天底又过南北天极，它既是垂直圈也是时圈。子午圈与地平圈相交于两点，其中靠近北天极的点 N 称为北点，靠近南天极的点 S 称为南点。子午圈同样与天赤道也交于两点，其中位于南点上方的点 Q 称为上点，位于北点下方的点 Q' 称为下点。过铅垂线并与子午圈垂直的大圆称为卯酉圈，卯酉圈也是唯一的。卯酉圈与地平圈交于两点，当面向北点站立时，位于左手边的交点 W 称为西点，位于右手边的交点 E 称为东点，南点、北点、东点和西点四个点就构成了日常的东南西北四个方向，简称为四方点。

6.1.2　天球坐标系

选取天球上不同的坐标圈和原点，可以定义不同的天球坐标系统，常用的天球坐标系包括地平坐标系、时角坐标系、赤道坐标系及黄道坐标系。

1）地平坐标系

如图 6.2 所示，地平坐标系以测站 O 为中心，以地平圈为基（横）圈，以子午圈为次（纵）圈，以南点 S 为坐标零点。与地平坐标系对应的还有地平直角坐标系，以天球中心 O 为原点，Z 轴指向天顶 Z，X 轴指向南点 S，Y 轴指向西点 W，是一个左手坐标系。

地平坐标系中天体在天球上的位置利用地平纬度和地平经度来表示。如图 6.2 所示，过天体作一垂直圈与地平圈交于点 M，从南点 S 开始沿地平圈向西（顺时针方向）量到点 M 的弧距（角度），称为地平经度，又称为方位角，用 A 表示，取值范围为 0°～360°。由 M 点开始沿着垂直圈向上量到天体的弧距（角度），称为地平纬度，又称为地平高度，用 h 表示，取值范围 0°～±90°。在实际应用中，高度角 h 常用天顶距 z 代替，天顶距 z 是由天顶起沿着通过天体的垂直圈向下量至天体的弧距（角度），范围 0°～180°。

地平坐标系是直接定义的，便于实现，易于进行直接观测。但由于不同测站天顶不同，同一天体对于不同测站的地平坐标也不同；即使是在同一个测站上，由于天体是一直运动的，在不同的时刻所看到的天体视位置也是不一样的。地平坐标不仅与测站的位置有关，也与天体的运动有关，也就是说地平坐标系不仅有地方性，还有时间性。

2）时角坐标系

如图 6.3 所示，时角坐标系以测站 Q 为中心，以天赤道为基（横）圈，以子午圈为次（纵）圈，以上点 Q 为坐标零点。与时角坐标系对应的还有时角直角坐标系，以天球中心 O 为原点，Z 轴正向北天极 P，X 轴指向上点 Q，Y 轴指向西点 W，是一个左手坐标系。

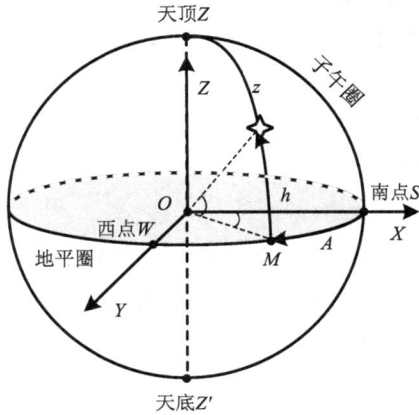

图 6.2　地平坐标系　　　　　　　　　　图 6.3　时角坐标系

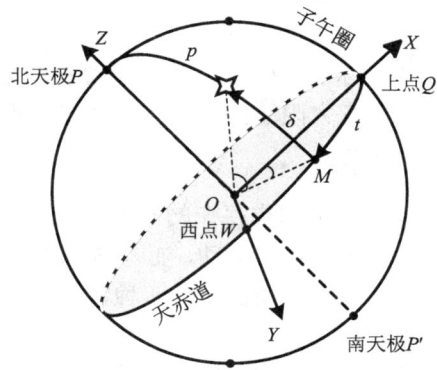

时角坐标系中天体在天球上的位置通过时角和赤纬来表示。如图 6.3 所示，过天体作一时圈与天赤道交于点 M，从上点 Q 开始沿天赤道向西（顺时针方向）量到点 M 的弧距（角度），称为时角，用 t 表示，取值范围为 0～24h。通常，时角（角度）用"h"、"min"与"s"来表示，它与"角度"单位间的关系为：24h=360°，1h=15°，1min=15′，1s=15″。由 M 点开始沿着时圈量到天体的弧距（角度），称为赤纬，用 δ 表示，以北天极方向为正，南天极方向为负，取值范围 0°～±90°。赤纬的余弧称为极距，用 p 表示。

由于天体的运动轨迹是平行于天赤道的，赤纬与天体的运动无关，且由天赤道和时圈的定义可知，赤纬也不因测站的不同而有所变化。赤纬没有地方性和时间性。但时角的大小会随着天体的运动不断变化。测站不同，子午圈位置也会随之变化，进而改变上点 Q 的位置，所以同一天体对应不同测站在相同时刻的时角也不一样。时角既有地方性也有时间性。

3）赤道坐标系

赤道坐标系以天赤道为基（横）圈，以二分圈（过春分与秋分点的时圈）为次（纵）圈，以春分点为坐标零点。与赤道坐标系对应的还有赤道直角坐标系，以天球中心为原点，Z 轴指向北天极，X 轴指向春分点，Y 轴指向按右手坐标系定义确定。

赤道坐标系中天体在天球上的位置通过赤经和赤纬来表示。过天体作一时圈与天赤道交于点 M，从春分点开始沿天赤道向东（逆时针方向）量到点 M 的弧距（角度）称为赤经，用 α 表示，取值范围为 0～24h。赤纬的定义与度量方式同时角坐标系。

赤道坐标系的坐标零点（春分点）与地球自转无关，因此，赤经、赤纬与观测时间无关，与地面测站位置也无关，即赤经和赤纬没有地方性和时间性。也因此，赤道坐标系成为编算星表和天文历表的常用坐标系，以方便全球各地观测者使用。

4）黄道坐标系

黄道坐标系以北黄极为基极，以黄道面为基本面，以通过黄极、春分点与秋分点的黄经圈为次（纵）圈，以春分点为坐标零点。与黄道坐标系对应的还有黄道直角坐标系，以天球中心为原点，Z 轴指向北黄极，X 轴指向春分点，Y 轴指向按右手坐标系定义确定。

黄道坐标系中天体在天球上的位置通过黄经和黄纬来表示。过天体作一黄经圈与黄道面交于点 M，从春分点开始沿黄道圈向东（逆时针方向）量到点 M 的弧距（角度），称为黄经，用 l 表示，取值范围为 0°～360°。由 M 点开始沿着黄经圈量到天体的弧距（角度），称为黄纬，用 β 表示，取值范围 0°～±90°。

同赤道坐标系一样，黄道坐标系中的黄经和黄纬也没有地方性和时间性，主要在理论天文学中用来研究太阳系内各天体的位置和视运动规律。

6.1.3　时间系统

时间和空间是物质存在的基本形式，6.1.2 节中四种天球坐标系可以描述天体的空间位置，然而为描述天体的运动，必须知道与其位置相对应的时刻和时间系统。本节就世界时、历书时、原子时和协调世界时四种常见时间系统进行介绍。

1）世界时

世界时系统是建立在地球自转运动基础上的时间系统。地球自转周期无法直接测量，可以选择地球外一点作为参考点，观测该点的周日视运动周期来间接测出地球自转周期，从而得到时间的计量单位。以春分点为参考可得到恒星时，以真太阳为参考可得到真太阳时，以平太阳为参考可得到平太阳时。其中，起始子午线上的平太阳时（格林尼治平太阳时）称为世界时（universal time，UT）。世界时与地球自转密切相连，但人们发现地球自转速率是不均匀的，它具有以下几种变化。

（1）极移现象。地球自转轴在地球体内不断变化。

（2）长期变化。受地球表面潮汐摩擦的影响，地球自转的速率在逐渐变慢，平太阳日的长度在 100 年内约增长 0.0016s。

（3）季节性变化。地球大气和洋流的运动使地球自转速率产生季节性变化。这种变化基本上是上半年变得稍慢，下半年变得稍快，一年内平太阳日的长度约有 ±0.001s 的变化。

（4）不规则变化。由于地球物质结构和运动的复杂性，地球自转还存在着许多起因不明的不规则变化，地球自转速度有时加快，有时变慢。

由于地球自转的不均匀性，以地球自转为基准的时间单位（如秒长）变得不固定，这就是世界时的不均匀性。为了弥补上述缺陷，从 1956 年起，在世界时中加入各种改正，世界时系统可分为以下三类。

（1）UT0：由天文观测结果直接计算出来的世界时，未经修正。由于极移的影响，世界各地观测得到的 UT0 有微小差别。

（2）UT1：UT0 加上极移改正后的世界时，消除了极移对测站经度的影响。

（3）UT2：UT1 加上地球自转季节性变化改正后的世界时。

虽然加入了各项改正，但 UT2 仍然不是一个严格均匀的时间系统。但是，由于世界时反映地球自转情况并与太阳密切相关，在日常生活中被广泛采用。

2）历书时

人们可以根据力学规律精确计算出各时刻物体运动的位置，反过来，若能够观测到物体运动的位置，也就可以确定物体在该位置的时刻。以牛顿天体力学定律和天体位置来确定的均匀的、不受地球自转影响的时间，称为历书时（ephemeris time，ET）。

理论上，只要将观测到的天体位置与用历书时计算得到的天体星历表位置进行比较，就能获得观测瞬间的历书时时刻。但是由于天体运行理论的缺陷以及运动方程解中积分常数（由实测确定）的误差，任何一个天体的星历表都只能给出近似的历书时，不同天体的星历表所给出的历书时会有微小的差异。经过研究，1958 年，第 10 届国际天文学联合会通过了历书时的定义：历书时从公历 1900 年初附近，太阳几何平黄经为 279°41′48.04″的瞬间起算，这一瞬间的历书时取为 1900 年 1 月 0 日 12 时整。秒长定义为历书时 1900 年回归年长度的 1/31556925.9747。

历书时是太阳质心坐标系中的一种均匀时间尺度，但是这种以太阳系内的天体公转为基准的时间系统无论是在理论上还是实践上都存在一些问题。

（1）太阳、月球、行星星表中的位置与一些天文常数有关，每当这些天文常数进行了修改，就会导致历书时不连续。

（2）由于月球的视面积很大，边缘又很不规则，很难精确找准其中心位置，求得的历书时比理论精度要差得多。

（3）要经过较长时间的观测和数据处理才能得到准确的时间，实时性差，不能及时满足高精度时间部门的要求。

（4）由于星表本身的误差，同一瞬间观测月球与观测行星得出的历书时可能不相同。

因此，1967 年，国际计量大会决定用原子时的秒长作为时间计量的基本单位。1976 年，国际天文学联合会又决定从 1984 年起用原子时取代历书时，并以广义相对论作为时间工作的理论基础。

3）原子时

世界时和历书时都是天文学范畴内的时间计量系统。世界时的根本缺陷是不均匀，历书时的缺陷则是测定精度较低，无法满足人们日益提高的时间准确度和稳定度的要求。1954 年美国的激射型氨分子钟问世，1955 年英国制成了第一台铯原子钟，从此时间计量标准由传统的天文学宏观领域过渡到物理学微观领域。

1967 年，第 13 届国际计量大会决定将秒的定义从天文秒改为原子秒，即位于大地水准面上的铯原子 Cs^{133} 基态两个超精细能级间在零磁场中跃迁辐射振荡 9192631770 周所持续的时间为原子时 1 秒的长度，由这种时间单位确定的时间系统称为原子时。原子时的起点规定为 1958 年 1 月 1 日世界时（UT1）0 时，即在该瞬间国际原子时与世界时重合，但事后发现 UT1 比原子时晚 0.0039s。

原子时是由原子钟来确定和维持的，但由于电子元器件及外部运行环境的差异，同一瞬间每台原子钟所给出的时间并不严格相同。在历史上，原子时系统经历过三个阶段：1958～1968 年称为 A_3，1969～1971 年 9 月称为原子时（atomic time，AT），1971 年 10 月起称为国际原子时（temps atomique international，TAI）。国际原子时是利用分布在世界各有关实验室内连续工作的原子钟的读数计算得到的，是一种更为可靠、更为均匀、能被世界各国所共同接受的统一的时间系统，所用的单位时间是国际单位制中定义的原子秒。国际原子时 1971

年由国际时间局建立，自 1972 年 1 月 1 日正式启用。

4）协调世界时

原子时虽然足够均匀，但它是一个物理时而不是天文时，与地球自转及天体运动无关。人们的日常生活及许多与地球自转相关的科研工作，都离不开以地球自转为基础的世界时。为了兼顾对世界时时刻和原子时秒长的需要，1960 年国际无线电咨询委员会和 1961 年国际天文学联合会分别举行会议决定引入协调世界时（coordinated universal time，UTC）作为标准时间和频率发布的基础。协调世界时是世界时时刻与原子时秒长折中协调的产物，它采用国际原子时的秒长，在时刻上则尽量与世界时接近。

从 1972 年起，规定 UTC 与 UT1 之间的差值保持在±0.9s 以内，为此可能在每年的年中（6 月 30 日）或年末（12 月 31 日）做一整秒时刻的调整，增加 1s 叫正跳秒（或正闰秒），减少 1s 叫负跳秒（或负闰秒），具体调整由国际地球自转服务组织根据天文观测资料决定并提前发布。

从 1979 年 12 月起，UTC 已取代世界时作为无线电通信中的标准时间。目前，许多国家均已采用 UTC，并按 UTC 来发播时号。北京时间是我国使用的标准时间，它在 UTC 的基础上提前了 8h，由位于陕西西安临潼的中国科学院国家授时中心负责产生、保持和发播。

6.1.4　天文定向测量方法

1. 天文定向基本原理

天文定向原理示意图如图 6.4 所示，测站 M 至地面目标 B（或照准点）的方位角 α_N 是通过测站和目标的垂直面与测站子午面之间的夹角，也是由测站 M 至地面目标 B 的方向 MB 与北极 P 的方向 MP 之间的水平角 $\angle NMB$。

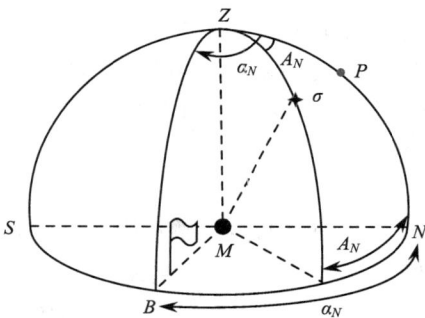

图 6.4　天文定向原理示意图

显然，只要测得地面目标 B 方向与北天极 P 方向的水平度盘读数，即可得到目标方位角 α_N。但是北天极 P 在实地没有直接可以照准的目标，只能借助测量某一天体的方位间接获取其方向值。因此，测定地面目标的天文方位角问题分为两步：测定某一天体与观测者子午面之间的夹角 A_N，再测定天体与地面目标之间的水平夹角。

2. 天文定向方法简介

1）天体时角法

设在测站 M 测得地面目标 B 方向的水平度盘读数为 R_B，天体 σ 在钟面时 s' 瞬间的水平度盘读数为 R_*，相应此瞬间天体的方位角为 A_N，则北天极 P 方向的水平度盘读数为 $M_N = R_* - A_N$，因此地面目标方位角为

$$\alpha_N = R_B - M_N = R_B - (R_* - A_N) \tag{6.1}$$

式中，天体的方位角 A_N 计算公式为

$$\tan A_N = \frac{\sin t}{\sin \varphi \cos t - \tan \delta \cos \varphi} \tag{6.2}$$

式中，$t = s' + u - \alpha$，为观测瞬间天体的时角；u 为钟差；α 为赤经；φ 为测站纬度；δ 为赤纬。

对式（6.2）进行全微分可导出时刻读数误差 $\Delta s'$、钟差误差 Δu 及测站纬度误差 $\Delta \varphi$ 对天体方位角误差的影响公式

$$\Delta A_N = \frac{\cos q \cos \delta}{\sin z}(\Delta s' + \Delta u) + \frac{\sin A_N}{\tan z}\Delta \varphi \tag{6.3}$$

由式（6.3）可知，当天体的赤纬 δ 或星位角 q 等于 90°时，钟面时读取误差 $\Delta s'$ 和钟差误差 Δu 对计算天体方位角的误差无影响；观测瞬间天体位于子午圈上（$A_N = 0$°或 180°）时，纬度误差 $\Delta \varphi$ 对方位角没有影响。此外，所观测天体的天顶距 z 不能过小。因此，使用天体时角法观测时，在天体位于子午圈附近时进行观测，或对有大距的天体在大距前后观测，所得方位角的精度较好。

综上，对于北半球中纬度以上的地区而言，北极星的赤纬接近 90°，方位角的周日变化仅在 2°左右，因此，北极星是测定方位角理想的观测天体，故我国和北半球许多国家均采用"北极星任意时角法"测定地面目标的天文方位角。但是对于赤道附近的低纬度地区，由于北极星靠近地平，大气折射影响较大，不宜观测北极星。

2）天体中天时角法

在低纬度地区可以考虑采用天体中天时角法测定方位角。

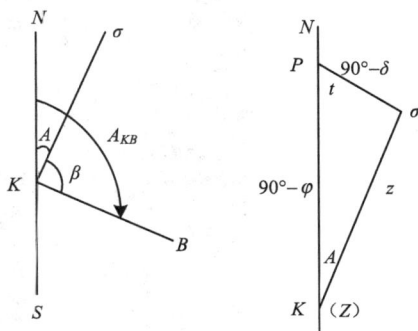

图 6.5　天体中天时角法测方位角

天体中天时角法测方位角如图 6.5 所示，K 为地面测站，NS 为本地子午线，σ 为观测天体，B 为地面观测目标，β 为观测天体 σ 与地面目标 B 之间的夹角，A 为观测天体的方位角，A_{KB} 为地面目标的方位角，则有

$$A_{KB} = A + \beta$$

在三角形 $P\sigma K$ 中，由正弦定理，可得

$$\frac{\sin t}{\sin z} = \frac{-\sin A}{\sin(90° - \delta)} \tag{6.4}$$

因观测时天体位于中天附近，所以 t 和 A 均为微小量，同时 $z = \varphi - \delta$，因而式（6.4）可写成

$$A = \frac{-t}{\sin(\varphi - \delta)\sec \delta} \tag{6.5}$$

因此，观测中天附近的天体时，读取天文钟及该瞬间天体与瞄准地面目标的水平度盘读数，从而求得观测瞬间天体与地面目标之间的水平夹角。然后根据观测瞬间天体的赤经、赤纬就可求得地面目标的方位角。

6.1.5　Y/JGT-01 型天文测量系统简介

1. 系统组成

Y/JGT-01 型天文测量系统主要由卫星天文计时器、全站仪、数据处理终端、智能软件系统及相应附属设备组成，如图 6.6 所示。其利用卫星天文计时器接收卫星信号进行天文授时；

用全站仪代替光学经纬仪采用新方法进行天文观测；用数据处理终端内部时钟通过微机高级编程等技术取代平均时刻计时器及传统天文钟进行时间比对和守时、计时；智能软件系统实现了星表自动生成、观测自动寻星、测量自动记录、数据自动解算、各项误差自动改正、粗差自动甄别剔除、结果平差计算及报表打印等功能。

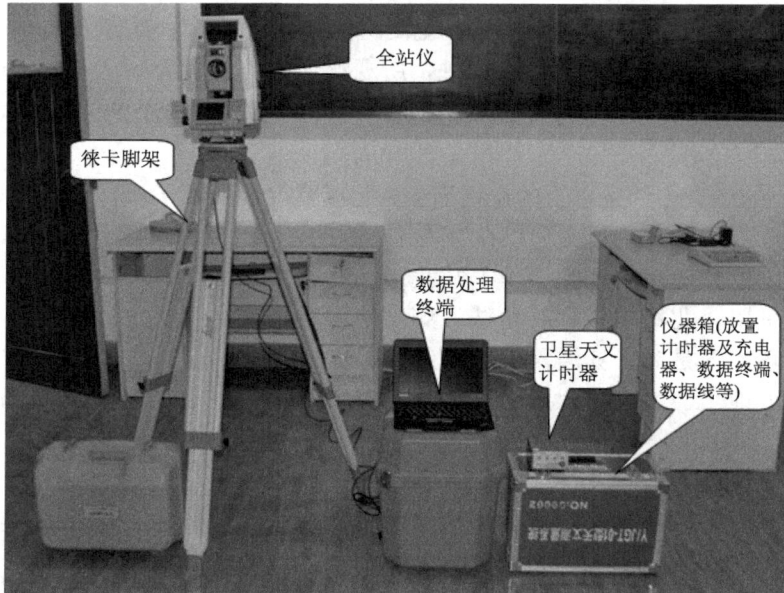

图 6.6　Y/JGT-01 型天文测量系统主设备图

2. 系统的基本要求

1）硬件要求

主板时钟晶振稳定的数据处理终端（须经专业测试合格，满足一等天文测量需要），要求主板、总线及端口完好，至少一个串行接口或通用串行总线（universal serial bus，USB）接口可用，工作正常，无硬件上的问题。

卫星天文计时器及专用计时控制线。

全站仪为 TPS1200 系列高精度全站仪（如 TS30、TS50、TS60、TDA6000）、符合徕卡硬件标准的全站仪数据通信及控制线。

2）软件环境

Win7\win8\Win10 等操作系统，要求操作系统工作正常。Y/JGT-01 型天文测量系统软件包；测日定向软件包。

系统所需的必要数据：①依巴谷框架下依巴谷改化星表；②计算岁差、章动所需的一系列参数；③时间频率公报中的 A 公报（国际地球自转服务公报，包括极移改正和 UTC 转化为 UT1 的改正）。

3. 采用的关键技术

系统采用的关键技术：①GNSS 天文授时技术；②基于计算机内部时钟的守时及测时技术；③计算机与卫星计时器相结合的时间比对技术；④适合全站仪及现代计算机技术的天文

观测理论及方法，主要有全站仪天文测量技术、数据传输及数据检测技术、全站仪定向及自动寻星技术、多星近似等高法同时测定经纬度的理论及方法、北极星多次时角法测定天文方位角；⑤测瞬时太阳中心精确确定技术；⑥太阳时角法白天定向技术；⑦系统的一体化集成技术。

4. 整体技术指标

系统整体技术指标如表 6.1 所示。

表 6.1　系统整体技术指标

序号	功能	精度指标/″	平均测量耗时	备注
1	天文经纬度测量	±0.3	3.5h	均为有效测量时间（下同）
		±0.5	2h	
		±1.0	0.5h	
2	天文方位角测量（即真北方向标定）	±0.5	3h	
		±1.0	1h	
		±4.0	5min	
3	垂线偏差测量	±0.3	3.5h	
		±0.5	2h	
		±1.0	0.5h	
4	白天测日方位角测量	±4.0	20min	
5	夜间北极星快速定向	±5.0	4min	
6	白天测日定向	±8.0	5min	

6.2　陀螺经纬仪定向测量

将陀螺特性与地球自转有机结合构成的陀螺仪能够自动寻找真北方向。将这样的陀螺仪安装在经纬仪上，组成的陀螺经纬仪便可以测定真北方向在经纬仪水平度盘上的读数，从而可求出任一方向的真方位角。这一工作称为陀螺经纬仪定向观测，或陀螺经纬仪定向测量，或简称为陀螺经纬仪定向。

如图 6.7 所示，C、D 为地面上两点，在 C 点上安置陀螺经纬仪，测得真北方向在经纬仪水平度盘上的读数 N，D 方向在水平度盘上的读数为 r_{CD}，则可求得地理方位角

$$A_{CD} = r_{CD} - N \qquad (6.6)$$

和高斯平面直角坐标方位角

$$T_{CD} = A_{CD} - \gamma_C \qquad (6.7)$$

式中，γ_C 为 C 处的子午线收敛角

$$\gamma_C'' = 32.3 y_C \tan \varphi \qquad (6.8)$$

式中，φ 为 C 点纬度；y_C 的单位为 km。

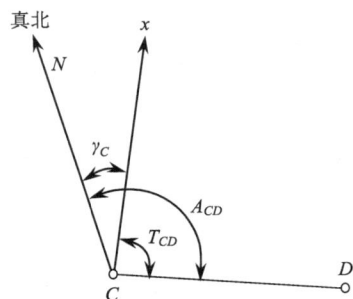

图 6.7　用陀螺经纬仪测量方位角

6.2.1 摆式陀螺仪的寻北原理

绕自身轴高速旋转的匀质刚体，称为陀螺仪（gyroscope）。下面先给出陀螺仪的有关物理性质。

图 6.8 $\boldsymbol{\omega}$ 与 $\boldsymbol{H}$ 的方向

1）陀螺仪的基本特性

设陀螺仪的自转角速度为 $\boldsymbol{\omega}$，如图 6.8 所示，定义动量矩

$$\boldsymbol{H} = J\boldsymbol{\omega} \tag{6.9}$$

式中，J 为陀螺转子对自转轴的转动惯量，定义式为

$$J = \int r^2 \mathrm{d}m \tag{6.10}$$

式中，r 为微分元 $\mathrm{d}m$ 到自转轴的距离。

若对陀螺施加一外加力矩 $\boldsymbol{M}$，则 $\boldsymbol{M}$ 与 $\boldsymbol{H}$ 的关系可由动量矩定理给出：

$$\frac{\mathrm{d}\boldsymbol{H}}{\mathrm{d}t} = \boldsymbol{M} \tag{6.11}$$

对式（6.11）做如下讨论：

当 $\boldsymbol{M} /\!/ \boldsymbol{H}$ 时，二者的数量关系类同式（6.11），为

$$\frac{\mathrm{d}H}{\mathrm{d}t} = \pm M \tag{6.12}$$

式中，正负号分别对应二者同向与反向两种情况。或者写成

$$J\frac{\mathrm{d}\omega}{\mathrm{d}t} = \pm M \tag{6.13}$$

式（6.13）称为刚体的转动规律。

当 $\boldsymbol{M} \perp \boldsymbol{H}$ 时，$\boldsymbol{M}$ 将不影响 $\boldsymbol{H}$ 的数量大小，而仅改变其方向。设方向改变的角速度为 $\boldsymbol{\omega}_P$，则由图 6.9 可得关系式

$$(\boldsymbol{\omega}_P \cdot \mathrm{d}t) \times \boldsymbol{H} = \mathrm{d}\boldsymbol{H} \tag{6.14}$$

或写成

$$\boldsymbol{\omega}_P \times \boldsymbol{H} = \frac{\mathrm{d}\boldsymbol{H}}{\mathrm{d}t} \tag{6.15}$$

结合式（6.11），则有

$$\boldsymbol{\omega}_P \times \boldsymbol{H} = \boldsymbol{M} \tag{6.16}$$

因式（6.16）中三者方向相互垂直，故数值关系也为

$$M = H\omega_P = J\omega \cdot \omega_P \tag{6.17}$$

或

$$\omega_P = \frac{M}{H} = \frac{M}{J\omega} \tag{6.18}$$

$\boldsymbol{H}$ 的方向变化，也就是陀螺仪自转轴的变化，实际上是一种转动，这种转动称为陀螺的进动，$\boldsymbol{\omega}_P$ 称为进动角速度。陀螺仪在外力矩作用下产生进动的性质，称为陀螺的进动性。式（6.16）完整地表达了陀螺轴进动角速度与外力矩的关系。陀螺进动中各量之间的方向关系如图 6.10 所示。

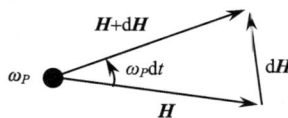

图 6.9 进动角速度 ω_P 的定义

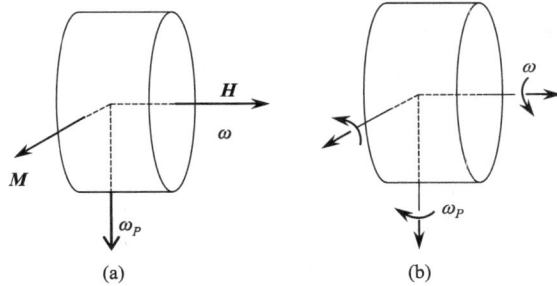

图 6.10　陀螺进动中各量之间的方向关系

在式（6.17）和式（6.18）中，若 $M = 0$ ，则显然有 $\omega_P = 0$ 。即无横向外力矩作用时，陀螺仪的自转轴方向保持不变。这一性质称为陀螺的定轴性。

对于一般的情况，可将外力矩 M 分解为两个分量，其中一个分量与 H 平行，另一个分量与 H 垂直，这时 M 将对陀螺仪产生式（6.13）和式（6.16）两种影响。

2）陀螺仪转动的微分方程

将陀螺仪放置于如图 6.11 所示的惯性坐标系中。

将陀螺仪所受的外加力矩分解为 M_x 、 M_y 、 M_z 三个分量。现在考察 M_x ，它将产生三个方面的影响，其一使陀螺仪绕 x 轴转动： $J_x \dfrac{\mathrm{d}\omega_x}{\mathrm{d}t}$ ；另一使 H_z 绕 y 轴进动： $\omega_y H_z$ ；第三使 H_y 绕 z 轴进动： $-\omega_z H_y$ 。所以有

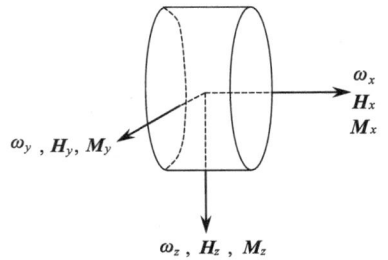

图 6.11　陀螺仪转动的微分方程

$$M_x = J_x \frac{\mathrm{d}\omega_x}{\mathrm{d}t} + \omega_y H_z - \omega_z H_y \qquad (6.19)$$

同理可得

$$M_y = J_y \frac{\mathrm{d}\omega_y}{\mathrm{d}t} + \omega_z H_x - \omega_x H_z \qquad (6.20)$$

$$M_z = J_z \frac{\mathrm{d}\omega_z}{\mathrm{d}t} + \omega_x H_y - \omega_y H_x \qquad (6.21)$$

3）自由陀螺仪自转轴在地表面上的关系

在研究地球自转及其与陀螺仪转动的关系时，必须以太阳或其他恒星作为惯性参考系，而不能以地球作为惯性参考系。

首先，研究自由陀螺仪的自转轴在地表面上的摆动情况。自由陀螺仪是指陀螺轴在空间三维方向均可自由转动的陀螺仪，或称为三自由度陀螺仪。三自由度陀螺装置如图 6.12 所示。

在以太阳或其他恒星作为参考的惯性空间中，地球的自转角速度为 $\omega_E = 1\,\mathrm{rad/d} \approx 7 \times 10^{-4}\,\mathrm{r/min} \approx 7 \times 10^{-5}\,\mathrm{rad/s}$ 。现在，在地表面上纬度为 φ 的某点水平放置一个三自由度陀螺仪，陀螺仪自转轴与子午面的夹角为 α_0 ，如图 6.13 所示。将地球自转

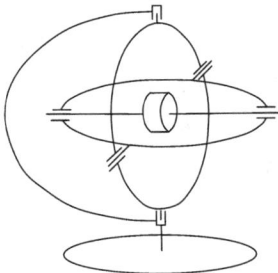

图 6.12　三自由度陀螺装置

角速度 ω_E 沿铅垂线、陀螺自转轴，以及与铅垂线、陀螺自转

轴均垂直的三个方向进行分解，得分量角速度

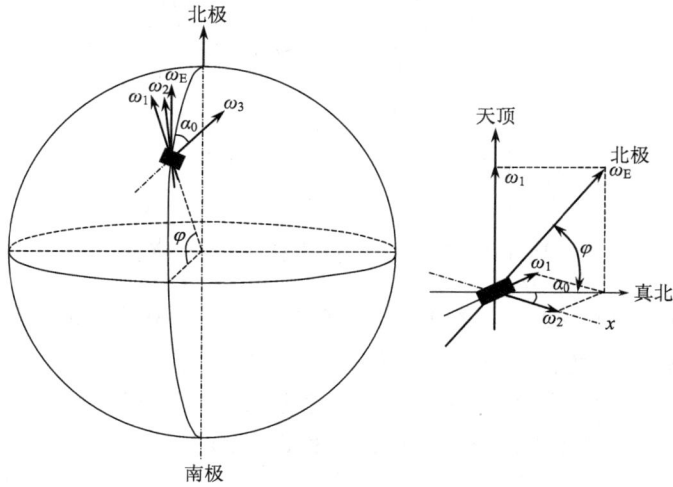

图 6.13　地球自转角速度的分解

$$\omega_1 = \omega_E \sin \varphi \qquad (6.22)$$

$$\omega_2 = \omega_E \cos \varphi \sin \alpha_0 \qquad (6.23)$$

$$\omega_3 = \omega_E \cos \varphi \cos \alpha_0 \qquad (6.24)$$

其中，ω_3 使陀螺仪的自转角速度增加到 $\omega + \omega_3$，因 $\omega_3 \ll \omega$，故 ω_3 可忽略，即陀螺自转角速度仍为 ω。

在无外力矩作用时，陀螺轴在惯性空间中的指向不变。因此，地球的自转将改变陀螺轴与地表面的关系。其中，ω_1 使陀螺轴逐渐偏离真北方向（实际上是在以太阳为参考的惯性系中，子午线远离陀螺轴），ω_2 使陀螺自转轴与地平面的夹角逐渐加大（该角用 ε 表示）。自由陀螺仪不能用来寻北。

4）地球自转对摆式陀螺仪的影响

如果在三自由度陀螺仪的自转轴上杆连一质量为 m 的刚体，则其自由度成为 2.5 个，称为摆式陀螺仪，如图 6.14 所示。

将摆式陀螺仪水平放置于纬度为 φ 的地面点时，如图 6.15 所示，则由 ω_2 引起的 ε 将对陀螺仪产生一外力矩

$$M_P = l \times G \qquad (6.25)$$

式中，l 为由陀螺仪重心指向重物重心；G 为重物的重力：$G = mg$，g 为重力加速度，G 和 g 的方向指向地球中心（重心）；l 与 G 的夹角为 ε。

当 ε 很小时，$\sin \varepsilon = \varepsilon$。令

$$M_G = mgl \qquad (6.26)$$

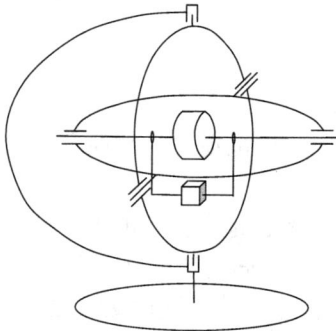

图 6.14　摆式陀螺仪（2.5 个自由度）

则外力矩的大小为

$$M_P = M_G \varepsilon \tag{6.27}$$

M_P 的方向在图 6.15 中垂直纸面向里（陀螺轴在纸面内，故也有 $M_P \perp H$），它将使陀螺轴产生进动角速度 ω_P，其关系为

$$\omega_P \times H = M_P \tag{6.28}$$

式中，$H = J\omega$ 为陀螺自转动量矩。ω_P 在 H 与 M_P 形成的平面内，方向向上，将使陀螺轴转向真北方向，其大小为

$$\omega_P = \frac{M_P}{H} = \frac{M_G}{H} \varepsilon \tag{6.29}$$

现在分析 ε 的变化情况。如图 6.16（a）所示，ε 由 ω_2 引起，$\omega_2 = \omega_E \cos\varphi \sin\alpha$，随着陀螺轴接近真北，$\omega_2$ 逐渐接近 0，ε 逐渐接近最大值，ω_P 也逐渐接近最大值，也就是说，陀螺轴将以最快速度越过真北方向；越过真北方向后，ω_2 为负值，ε 逐渐变小，在 ε 为 0 前，陀螺轴继续向左（西）转动；当 ε 为 0 时，ω_P 为 0（陀螺轴暂时停止），但 ω_2 的绝对值最大，符号为负，将导致 ε 向负值发展，进而导致陀螺轴向右（东）转动靠近真北方向，如图 6.16（b）所示；陀螺轴围绕真北往复摆动。

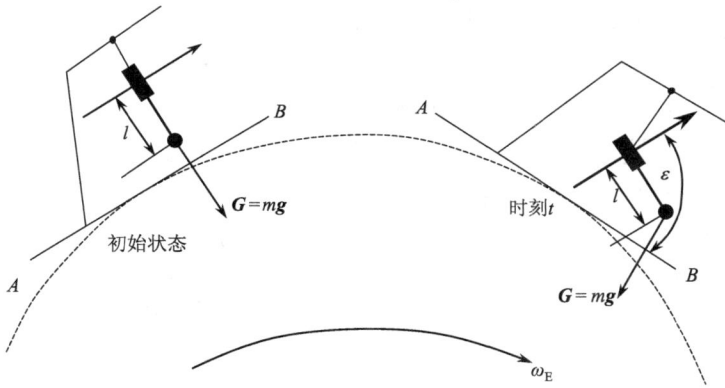

图 6.15 摆式陀螺仪因地球自转产生外力矩

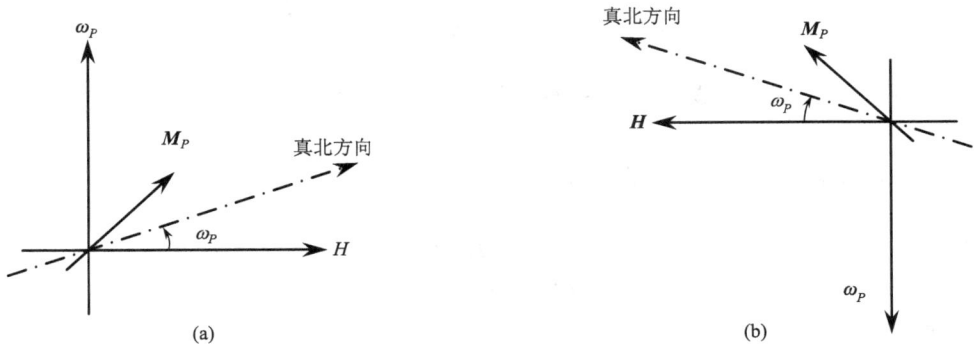

图 6.16 摆式陀螺进动方向

5）摆式陀螺仪的运动方程

已经定性叙述了摆式陀螺仪自转轴在地球自转影响下将围绕真北方向做往复左右摆动。现在，建立陀螺轴的摆动方程。

设某时刻摆式陀螺仪与真北方向的夹角为 α ，与地平面的倾角为 ε ，在此刻建立（以太阳为参考的）惯性空间中的 xyz 坐标系，如图 6.17 所示，其中 x 轴与陀螺自转轴一致，z 轴与 x 轴垂直、与铅垂线的夹角为 ε ，y 轴与 x、z 轴构成右手坐标系。设此刻存在 $\dfrac{\mathrm{d}\alpha}{\mathrm{d}t}$ 、$\dfrac{\mathrm{d}\varepsilon}{\mathrm{d}t}$ ，则陀螺仪在惯性空间中的转动角速度为

$$\begin{cases} \omega_x = \omega + \omega_3 \approx \omega \\ \omega_y = \dfrac{\mathrm{d}\varepsilon}{\mathrm{d}t} - \omega_2 = \dfrac{\mathrm{d}\varepsilon}{\mathrm{d}t} - \omega_E \cos(\varphi - \varepsilon)\sin\alpha = \dfrac{\mathrm{d}\varepsilon}{\mathrm{d}t} - \omega_E \cos\varphi\sin\alpha \\ \omega_z = \dfrac{\mathrm{d}\alpha}{\mathrm{d}t} - \omega_1 = \dfrac{\mathrm{d}\alpha}{\mathrm{d}t} - \omega_E \sin(\varphi - \varepsilon) = \dfrac{\mathrm{d}\alpha}{\mathrm{d}t} - \omega_E \sin\varphi \end{cases} \tag{6.30}$$

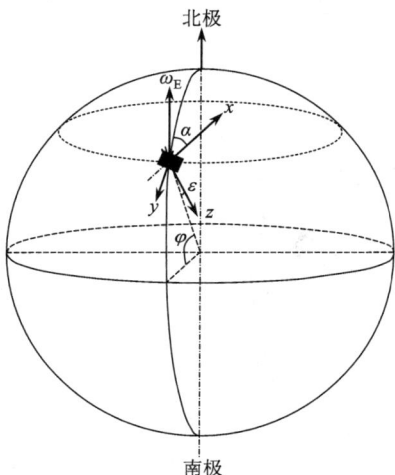

图 6.17　临时惯性参考系

动量矩为

$$H_x = J_x \omega_x = J\omega = H$$

相对于 H_x 取

$$H_y = H_z = 0$$

外力矩为

$$M_x = 0 ; \quad M_y = -M_G \varepsilon ; \quad M_z = 0$$

又

$$\begin{cases} \dfrac{\mathrm{d}\omega_y}{\mathrm{d}t} = \dfrac{\mathrm{d}^2\varepsilon}{\mathrm{d}t^2} \\ \dfrac{\mathrm{d}\omega_z}{\mathrm{d}t} = \dfrac{\mathrm{d}^2\alpha}{\mathrm{d}t^2} \end{cases} \tag{6.31}$$

将以上结果代入式（6.20）和式（6.21）得

$$-M_G \varepsilon = J_y \frac{\mathrm{d}^2\varepsilon}{\mathrm{d}t^2} + \left(\frac{\mathrm{d}\alpha}{\mathrm{d}t} - \omega_E \sin\varphi \right) H \tag{6.32}$$

$$M_z = J_z \frac{\mathrm{d}^2\alpha}{\mathrm{d}t^2} - \left(\frac{\mathrm{d}\varepsilon}{\mathrm{d}t} - \omega_E \cos\varphi\sin\alpha \right) H \tag{6.33}$$

式（6.32）两边对 t 求导，并略去 $\dfrac{\mathrm{d}^3\varepsilon}{\mathrm{d}t^3}$ 得

$$\frac{\mathrm{d}\varepsilon}{\mathrm{d}t} = -\frac{H}{M_G} \frac{\mathrm{d}^2\alpha}{\mathrm{d}t^2} \tag{6.34}$$

代入式（6.33），则有

$$M_z = \left(J_z + \frac{H^2}{M_G} \right) \frac{\mathrm{d}^2\alpha}{\mathrm{d}t^2} + H\omega_E \cos\varphi\sin\alpha \tag{6.35}$$

为使式（6.35）容易求解，需控制 α 数值，使 $\sin \alpha = \alpha$ 成立。另外，人们又将

$$D_k = H \omega_E \cos \varphi \tag{6.36}$$

称为陀螺力矩，将

$$M_k = D_k \sin \alpha = D_k \alpha \tag{6.37}$$

称为指向力矩。这样，可将式（6.35）写成

$$\left(J_z + \frac{H^2}{M_G} \right) \frac{\mathrm{d}^2 \alpha}{\mathrm{d}t^2} + D_k \alpha = M_z \tag{6.38}$$

在 $M_z = 0$ 时，式（6.38）的一般解式为

$$\alpha = A \sin \frac{2\pi}{T_A} (t - t_0) \tag{6.39}$$

式中，A、t_0 为积分常数，实际意义为陀螺摆幅和初相时间，由具体过程的初始状态所决定。摆动周期 T_A 的表达式为

$$T_A = 2\pi \sqrt{\frac{J_z + \dfrac{H^2}{M_G}}{D_K}} = 2\pi \sqrt{\frac{H}{M_G \omega_E \cos \varphi}} \tag{6.40}$$

令

$$T_A^0 = 2\pi \sqrt{\frac{H}{M_G \omega_E}} \tag{6.41}$$

则

$$T_A = \frac{T_A^0}{\cos \varphi} \tag{6.42}$$

将式（6.39）代入式（6.32）并忽略 $\dfrac{\mathrm{d}^2 \varepsilon}{\mathrm{d}t^2}$，整理得陀螺轴的倾角方程为

$$\varepsilon = \frac{H \omega_E \sin \varphi}{M_G} - A \sqrt{\frac{H \omega_E \cos \varphi}{M_G}} \cos \frac{2\pi}{T_A} (t - t_0) \tag{6.43}$$

令

$$\varepsilon_0 = \frac{H \omega_E \sin \varphi}{M_G} \tag{6.44}$$

$$\varepsilon_{\max} = \varepsilon_0 + A \sqrt{\frac{H \omega_E \cos \varphi}{M_G}} \tag{6.45}$$

则式（6.43）写为

$$\varepsilon = \varepsilon_0 - (\varepsilon_{\max} - \varepsilon_0) \cos \frac{2\pi}{T_A} (t - t_0) \tag{6.46}$$

将式（6.39）与式（6.46）合并消去 t，得

$$\left(\frac{\alpha}{A} \right)^2 + \left(\frac{\varepsilon - \varepsilon_0}{\varepsilon_{\max} - \varepsilon_0} \right)^2 = 1 \tag{6.47}$$

该椭圆反映了陀螺轴在空间的运动轨迹，如图 6.18 所示。其中：

$$(\varepsilon_{\max} - \varepsilon_0) \ll A \tag{6.48}$$

最后要指出的是，上面讨论的所有角度，如 α、ε 等均以弧度计。

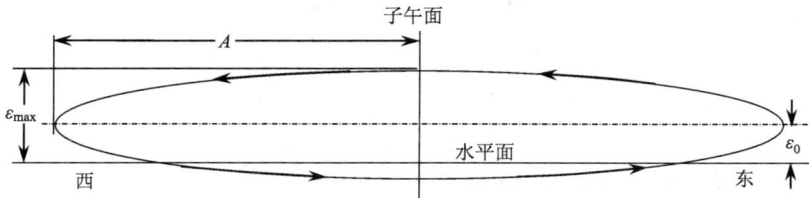

图 6.18　摆式陀螺轴的进动轨迹

6.2.2　陀螺轴摆动方程的实用形式

6.2.1 节已经从理论上证明了下摆式陀螺仪的进动规律是以真北方向为中心做单摆运动，本节将根据陀螺经纬仪的具体结构和操作过程，给出陀螺轴摆动方程的实用形式。

陀螺经纬仪是以目镜中的光标线来反映陀螺轴的摆动情况的，所以，为了叙述上的方便，对"光标线"和"陀螺轴"不加区分，并且把目镜分划板表示成左"−"右"+"的原理形式。

在陀螺经纬仪中，悬挂柱、陀螺房与陀螺轴一起摆动，它们由悬挂带悬吊，因此陀螺轴的摆动又受悬挂带扭力的影响。下面先讨论陀螺未自转时该扭力的影响情况，其结果可用于悬挂带零位的测定。

自本节起，用 α_i 表示光标线在分划板上的位置读数（scale reading），以格数计。

1）陀螺轴的自由摆动方程

当陀螺仪未自转时，陀螺轴也将产生单摆运动，是由悬挂带扭力矩引起的，所以称为扭摆运动，又因为无陀螺的进动参与，也称为自由摆动。

设陀螺轴自由摆动中心在分划板上的位置为 δ（即零位），悬挂带产生指向 δ 位置的扭力矩 $D_B \dfrac{(\alpha-\delta)\tau}{\rho}$，其中 D_B 为悬挂带扭矩系数，与悬挂带截面大小和形状有关，较窄的矩形截面具有较小的 D_B；τ 为分划板格值。由于扭力矩的存在，根据刚体的转动定律，可建立微分方程，有

$$J_Z \cdot \frac{\mathrm{d}^2}{\mathrm{d}t^2}\left\{\frac{(\alpha-\delta)\tau}{\rho}\right\} = -D_B \frac{(\alpha-\delta)\tau}{\rho} \tag{6.49}$$

式中，J_Z 为陀螺仪绕 z 轴的转动惯量；z 轴通过陀螺仪重心与自转轴 x 垂直，与悬挂带轴线重合。"−"号表示扭力矩转向与 α 的正向相反。若进一步考虑摩擦力矩的影响，则式（6.49）应修改为

$$J_Z \cdot \frac{\mathrm{d}^2}{\mathrm{d}t^2}\left\{\frac{(\alpha-\delta)\tau}{\rho}\right\} = -D_B \frac{(\alpha-\delta)\tau}{\rho} - h\frac{\mathrm{d}}{\mathrm{d}t}\left\{\frac{(\alpha-\delta)\tau}{\rho}\right\} \tag{6.50}$$

式中，h 为摩擦力矩系数。该微分方程的普通解式为

$$\alpha = \delta + D\mathrm{e}^{-k_D(t-t_0)}\sin\frac{2\pi}{T_D}(t-t_0) \tag{6.51}$$

式中，

$$k_D = \frac{h}{2J_Z} \tag{6.52}$$

$$T_D = \frac{2\pi}{\sqrt{\dfrac{D_B}{J_Z} - k_D^2}} \approx 2\pi\sqrt{\frac{J_Z}{D_B}} \tag{6.53}$$

初始摆幅 D 与初相时间 t_0 为积分常数，由具体的初始状态而定。

式（6.51）表明，在陀螺马达未启动时，陀螺轴的自由摆动也为衰减的单摆运动。在陀螺经纬仪定向实践中，式（6.51）被用于零位 δ 的测定。

2）跟踪状态下陀螺轴的摆动方程

跟踪状态，是指操作员转动经纬仪照准部的微动螺旋，使陀螺目镜分划板的某一刻划 α_A 始终与光标线重合。在此状态下，采集经纬仪水平度盘读数 θ 及时间观测值 t，以完成真北方向的确定。

当用分划板的 α_A 刻划跟踪陀螺轴时，存在指向 δ 的扭力矩 $D_B \dfrac{(\alpha_A - \delta)\tau}{\rho}$ 和摩擦力矩

$h \dfrac{\mathrm{d}}{\mathrm{d}t}\left(\dfrac{\theta^A - N}{\rho}\right)$，二者方向相同，均与图 6.17 中的 z 轴相反，以

$$M_Z = -D_B \frac{(\alpha_A - \delta)\tau}{\rho} - h\frac{\mathrm{d}}{\mathrm{d}t}\left(\frac{\theta^A - N}{\rho}\right) \tag{6.54}$$

代入式（6.38）得

$$\left(J_Z + \frac{H^2}{M_G}\right)\frac{\mathrm{d}^2}{\mathrm{d}t^2}\left(\frac{\theta^A - N}{\rho}\right) + D_K\left(\frac{\theta^A - N}{\rho}\right) = -D_B\frac{(\alpha_A - \delta)\tau}{\rho} - h\frac{\mathrm{d}}{\mathrm{d}t}\left(\frac{\theta^A - N}{\rho}\right) \tag{6.55}$$

整理成

$$\left(J_Z + \frac{H^2}{M_G}\right)\frac{\mathrm{d}^2}{\mathrm{d}t^2}\left[\theta^A - N + \lambda(\alpha_A - \delta)\tau\right] + h\frac{\mathrm{d}}{\mathrm{d}t}\left[\theta^A - N + \lambda(\alpha_A - \delta)\tau\right]$$
$$+ D_K\left[\theta^A - N + \lambda(\alpha_A - \delta)\tau\right] = 0 \tag{6.56}$$

其解式为

$$\theta^A = N + Ae^{-k(t-t_0)}\sin\frac{2\pi}{T_A}(t - t_0) - \lambda(\alpha_A - \delta)\tau \tag{6.57}$$

式中，

$$\lambda = \frac{D_B}{D_K} = \frac{D_B}{H\omega_E\cos\varphi} \tag{6.58}$$

称为零位改正系数，或写成

$$\lambda = \frac{\lambda^0}{\cos\varphi} \tag{6.59}$$

式中，

$$\lambda^0 = \frac{D_B}{H\omega_E} \tag{6.60}$$

初始摆幅 A 与初相时间 t_0 为积分常数，由具体的初始状态而定。摆幅的衰减系数

$$k = \frac{h}{2\left(J_Z + \dfrac{H^2}{M_G}\right)} \approx \frac{hM_G}{2H^2} \tag{6.61}$$

一般很小，为 $10^{-6} \sim 10^{-5}$；陀螺轴的摆动周期

$$T_A = \frac{2\pi}{\sqrt{\dfrac{D_k}{J_Z + \dfrac{H^2}{M_G}} - k^2}} \tag{6.62}$$

简称为陀螺跟踪周期，忽略 k 与 J_Z 即成为式（6.40）～式（6.42）。

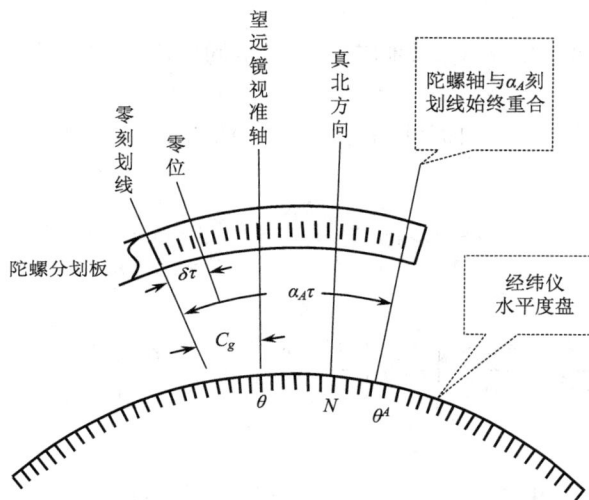

图 6.19　陀螺轴摆动的跟踪（从南向北看）

在式（6.54）～式（6.57）中，θ^A 为 α_A 对应的水平度盘读数，但实际能观测到的只能是 θ，如图 6.19 所示，将

$$\theta^A = \theta - C_g + \alpha_A \tau \tag{6.63}$$

代入式（6.57），整理得

$$\theta = N + C_g + \lambda\delta\tau + Ae^{-k(t-t_0)}\sin\frac{2\pi}{T_A}(t-t_0) - (1+\lambda)\alpha_A\tau \tag{6.64}$$

实践中一般总是用零刻划线跟踪，即 $\alpha_A = 0$，并且将式（6.64）分写如下

$$N = M - \lambda\delta\tau - C_g \tag{6.65}$$

$$\theta = M + Ae^{-k(t-t_0)}\sin\frac{2\pi}{T_A}(t-t_0) \tag{6.66}$$

3) 经纬仪照准部固定状态下陀螺轴的摆动方程

当经纬仪照准部在近似北方向 N' 固定时，则陀螺轴的摆动完全反映在陀螺分划板上，陀螺轴摆动时，悬挂带的扭力矩也在改变。设陀螺轴某时刻的位置对应于分划板上的 α，对应经纬仪水平度盘于 N^α，则扭力矩和摩擦力矩形成陀螺仪的外加力矩为

$$M_Z = -D_B \frac{(\alpha - \delta)\tau}{\rho} - h \frac{\mathrm{d}}{\mathrm{d}t}\left(\frac{N^\alpha - N}{\rho}\right) \tag{6.67}$$

代入式（6.38），可得

$$\left(J_Z + \frac{H^2}{M_G}\right)\frac{\mathrm{d}^2}{\mathrm{d}t^2}\left(\frac{N^\alpha - N}{\rho}\right) + D_K\left(\frac{N^\alpha - N}{\rho}\right) = -D_B \frac{(\alpha - \delta)\tau}{\rho} - h \frac{\mathrm{d}}{\mathrm{d}t}\left(\frac{N^\alpha - N}{\rho}\right) \tag{6.68}$$

由图 6.20 知 α 与 N^α 的关系为

$$N^\alpha = N' - C_g + \alpha\tau \tag{6.69}$$

将式（6.69）代入式（6.68），整理得

$$\left(J_Z + \frac{H^2}{M_G}\right)\frac{\mathrm{d}^2}{\mathrm{d}t^2}\left\{\alpha - \frac{N + C_g + \lambda\delta\tau - N'}{(1+\lambda)\tau}\right\} + h\frac{\mathrm{d}}{\mathrm{d}t}\left\{\alpha - \frac{N + C_g + \lambda\delta\tau - N'}{(1+\lambda)\tau}\right\}$$

$$+ (D_B + D_K)\left\{\alpha - \frac{N + C_g + \lambda\delta\tau - N'}{(1+\lambda)\tau}\right\} = 0 \tag{6.70}$$

其解式为

$$\alpha = \frac{N + C_g + \lambda\delta\tau - N'}{(1+\lambda)\tau} + Be^{-k(t-t_0)}\sin\frac{2\pi}{T_B}(t - t_0) \tag{6.71}$$

式中，陀螺轴的摆动周期

$$T_B = \frac{2\pi}{\sqrt{\dfrac{D_k + D_B}{J_Z + \dfrac{H^2}{M_G}} - k^2}} \tag{6.72}$$

简称为不跟踪周期；积分常数 B 和 t_0 的意义为初始摆幅和初相时间，由陀螺轴摆动的具体初始状态而定；摆幅衰减 k 含义同式（6.61）；零位改正系数 λ 含义同式（6.58）～式（6.60）。

忽略 k 与 J_Z，则式（6.72）可简化为

$$T_B = 2\pi\sqrt{\frac{H^2}{M_G(D_k + D_B)}} \tag{6.73}$$

或将式（6.40）～式（6.42）及式（6.58）～式（6.60）代入，成为

$$T_B = \frac{T_A}{\sqrt{1+\lambda}} = \frac{T_A^0}{\sqrt{\cos\varphi + \lambda^0}} \tag{6.74}$$

或

$$\lambda = \frac{T_A^2}{T_B^2} - 1 \tag{6.75}$$

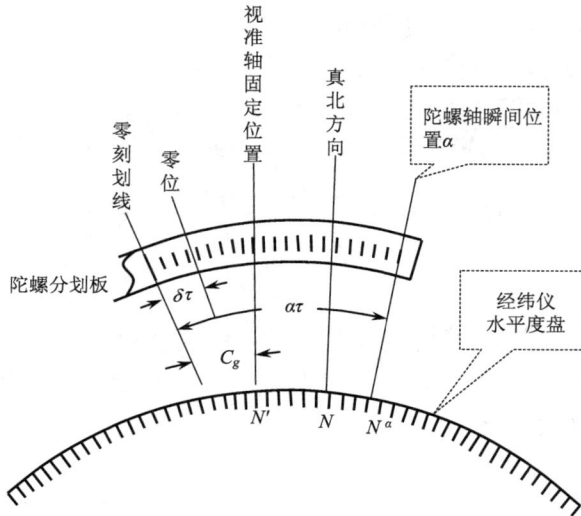

图 6.20　陀螺目镜分划板刻划与水平度盘刻划的关系（从南向北看）

实践中，一般将式（6.71）分写为

$$N = M - \Delta_\delta - C_g \tag{6.76}$$

$$\Delta_\delta = \lambda \delta \tau \tag{6.77}$$

$$M = N' + (1+\lambda)\beta\tau \tag{6.78}$$

$$\alpha = \beta + Be^{-k(t-t_0)} \sin\frac{2\pi}{T_B}(t - t_0) \tag{6.79}$$

6.2.3　自动陀螺经纬仪定向原理简介

为了提高陀螺经纬仪定向的精度与速度，一个研究方向是增强陀螺仪的稳定性和缩短陀螺仪的进动周期（通过增加陀螺仪动量矩、增加悬挂带扭力矩、使用单自由度陀螺仪等）。另一个研究方向是用电子技术对陀螺轴摆动过程进行数据自动采集和自动处理，这不仅避免了人工观测之苦、提高了定向精度与速度，同时也是测量作业自动化的要求。这与电子经纬仪和电子水准仪的技术进展路线是一样的。

实现观测数据自动采集、记录、处理、显示与传输的陀螺经纬仪称为自动陀螺经纬仪，也称为数字式陀螺经纬仪。本节将概要介绍光电观测方法、积分测量原理、步进概略寻北原理、自动陀螺经纬仪产品等有关技术问题。

1. 光电观测方法

光电观测方法主要有以下两种。

第一种称为光电时差法，原理如图 6.21 所示。在摆式陀螺灵敏部上安装一反光镜，投射光束经反射后扫过一列狭缝；透过狭缝的光束由光电管接收并转换成电脉冲；计时器精确记录光束经过狭缝中心位置的时刻；若各狭缝之间对应的角距已经测定，则其作用相当于陀螺目镜分划板。因此，可获取一定数量的 (α_i, t_i)，$i = 1, 2, \cdots, n$，由此便可根据式（6.51）确定悬挂带零位 δ 或根据式（6.79）确定陀螺轴进动中心 β，并进一步确定真北方向值和测线方位角。

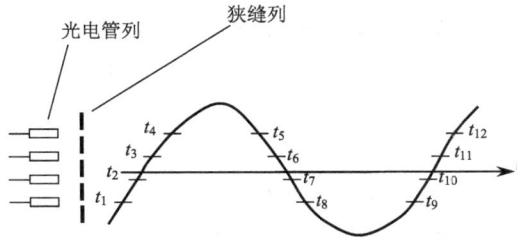

图 6.21　光电时差法原理

第二种即光电积分法。在灵敏部上安装一块反映陀螺运动状况的测量镜，在仪器基体上安装一参考基准镜；照明光束投向两块镜子，反射光供位置敏感探测器检测，陀螺主轴绕测站子午面运动的角位移量由该探测器转换为电模拟量；此量经处理变为脉冲频率，并以确定的周期积分计数；依次对基准位置、悬挂带零位和陀螺进动平衡位置进行检测积分后，由计算机程序计算出真北方向值和测线方位角。

2. 积分测量原理

如图 6.22 所示，假如采用等时间间隔采样，时间间隔为 $\mathrm{d}t$，即 $t_2 = t_1 + \mathrm{d}t$、$t_3 = t_1 + 2\mathrm{d}t$、$\cdots$、$t_i = t_1 + (i-1)\mathrm{d}t$、$\cdots$、$t_n = t_1 + T$，相应的陀螺轴位置记为 α_i，根据式（6.51）和式（6.79），积分测量原理可表示为

$$\lim_{\substack{\delta t \to 0 \\ \text{或} n \to \infty}} \sum_{i=1}^{n} \alpha_i \mathrm{d}t = \int_{t_1}^{t_1+T_D} \delta \mathrm{d}t + \int_{t_1}^{t_1+T_D} D \sin \frac{2\pi}{T_D}(t-t_0)\mathrm{d}t = \delta T_D + 0 = \delta T_D \qquad (6.80)$$

$$\lim_{\substack{\mathrm{d}t \to 0 \\ \text{或} n \to \infty}} \sum_{i=1}^{n} \alpha_i \mathrm{d}t = \int_{t_1}^{t_1+T_B} \beta \mathrm{d}t + \int_{t_1}^{t_1+T_B} B \sin \frac{2\pi}{T_B}(t-t_0)\mathrm{d}t = \beta T_B + 0 = \beta T_B \qquad (6.81)$$

因此可求得

$$\delta = \frac{\displaystyle\lim_{\substack{\mathrm{d}t \to 0 \\ \text{或} n \to \infty}} \sum_{i=1}^{n} \alpha_i \mathrm{d}t}{T_D} \qquad (6.82)$$

$$\beta = \frac{\displaystyle\lim_{\substack{\mathrm{d}t \to 0 \\ \text{或} n \to \infty}} \sum_{i=1}^{n} \alpha_i \mathrm{d}t}{T_B} \qquad (6.83)$$

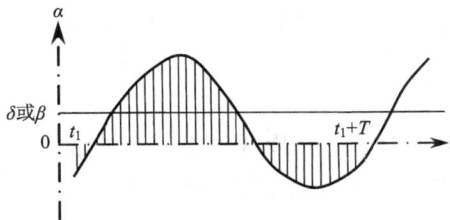

图 6.22　光电积分法原理

实际上，假如积分条件不满足，如采样间隔不够小、采样长度不是正好一个周期等，这时应将观测数据看成 (α_i, t_i)，$i = 1, 2, \cdots, n$，将其代入式（6.51）或式（6.79）进行最小二乘解算。

3. 步进概略寻北原理

步进测量的目的是使陀螺在静态摆动下的摆幅减小，使摆动的信号处于光电检测元件的敏感区内，同时在陀螺启动状态下也使摆动平衡位置最终接近北。它是利用悬挂带的反作用力矩，在某一时刻，悬带扭力零位与摆动的逆转点重合，这时悬挂带不受扭，弹性位能为零，如果扭力零位偏北，陀螺受指北力矩作用，具有指向位能，当陀螺摆动半周期时，即达到另一逆转点，由于扭力零位还在前一逆转点位置，悬带受扭，弹性位能最大而动能最小，此时快速步进，使悬带零位步进到这一逆转点上，则弹性位能又变为零，而这一新位置的指北位能的绝对值小于前一位置。经几次步进后，陀螺的摆幅减小，使扭力零位最终逼近北，此时就可以进行自动积分测量了。

4. 自动陀螺经纬仪产品

自动陀螺经纬仪的代表性产品有：美国利尔西勒公司研制的主方位基准校准系统，其陀螺马达的轴承采用滚轴式，角动量约 $1900 \text{g} \cdot \text{cm}^2/\text{s}$，灵敏部也采用悬挂摆式结构，一次定向精度为 $\pm 5''$，时间约 30min；匈牙利光学仪器厂生产的 GI-B$_{21}$ 和 GI-B$_1$A，基于光电时差法，采用光敏二极管接收陀螺灵敏部发射的光信号，将其变为电信号加到石英稳频计数器上，并以 $\pm 0.001 \text{s}$ 的精度自动记录穿过点的时间，最后以数字显示和打印，一次定向精度为 $\pm 3''$；德国威斯特发伦采矿联合公司矿山测量研究所在 MW77 型陀螺经纬仪的基础上研制的 Gyromat 由计算机控制操作过程，采用积分测法并以数字显示，一次定向精度为 $\pm 3.6''$，时间约 30min；我国西安测绘研究所研制的 TDJ-83 采用微功耗直流陀螺马达、步进概略寻北、光电积分和数字显示等技术，一次定向精度为 $\pm (7'' \sim 10'')$，时间约 20min。

Gyromat2000 采用大截面悬挂带，把陀螺灵敏部悬挂于经纬仪照准部之下；灵敏部包括圆柱形陀螺房和在其中安放的直流陀螺马达、蓄电池组、传动和调节的电子设备，共重约 2kg，陀螺马达转速 3600r/min，角动量 $2.41 \times 106 \text{g} \cdot \text{cm}^2/\text{s}$。由于悬挂带加粗，又取消了导流丝，悬挂带零位稳定；灵敏部加重相应地加大了动量矩，使摆动周期缩短；直流陀螺马达虽然转速低，但功耗仅 0.7W，观测 2h 温升仅 1℃，大大降低了温升造成的观测误差，同时延长了陀螺的使用寿命。

6.2.4 磁悬浮陀螺仪寻北原理

磁悬浮陀螺仪与摆式陀螺仪的寻北定向原理一致。不同的是，磁悬浮陀螺仪采用磁悬浮支承技术替代悬挂带支承技术，不存在悬挂带扭力矩，零位更加稳定。以下简要介绍磁悬浮陀螺仪寻北的工作原理（杨志强等，2017）。

1）磁悬浮技术

磁悬浮是利用悬浮磁力使物体处于一个无摩擦、无接触、悬浮的平衡状态，它由位置传感器、控制器、执行器（包含电磁铁和功率放大器）等几部分组成，如图 6.23 所示。

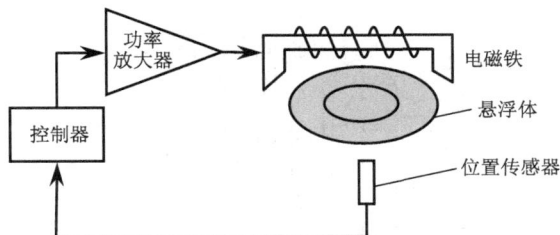

图 6.23 磁悬浮系统原理

当悬浮体受到外力扰动时，将会偏离其初始位置。此时，位置传感器能检测出悬浮体偏离初始位置的位移，并把位移信息传递给控制器。控制器的微处理器将接收的位移信息转换成控制信号传递给功率放大器，功率放大器再将控制信号转换为控制电流，控制电流在电磁铁中产生电磁力，从而驱动悬浮体返回到初始位置。因此，悬浮体始终能处于稳定的平衡状态。悬浮体不存在机械接触，因此无机械摩擦，其功耗小、噪声低、效率高，不需润滑和密封，可用于解决高速机械设计中的润滑和能耗问题。

2）磁悬浮陀螺仪寻北定向的理论基础

依据 6.2.1 节陀螺运动与地球自转关系的分析可知，高速旋转陀螺的 H 与地转有效分量 ω_2 在水平面内相互垂直。由 $M = \omega_2 \times H$ 可知，由于 ω_2 的影响，陀螺仪必然受到一个铅垂向上或向下的外力矩。该力矩称为"指向力矩"或"寻北力矩"。当陀螺旋转轴位于子午线以东时，该力矩铅垂向下；当陀螺旋转轴位于子午线以西时，该力矩铅垂向上，并且其大小与陀螺旋转轴的北向偏角之间存在着密切的联系，其计算公式为

$$M = \omega_E \times H \cos\varphi \sin\alpha \tag{6.84}$$

若对陀螺灵敏部施加一个与指向力矩大小相等、方向相反的反向力矩 M'，使陀螺灵敏部达到力矩平衡状态，静止于某一位置，并测量出该位置反向力矩 M' 的大小，即可计算出陀螺旋转轴的北向偏角 α，即

$$\alpha = \arcsin\left(\frac{M'}{H\omega_E \cos\varphi}\right) \tag{6.85}$$

再根据磁悬浮陀螺仪系统内部角度基准的传递关系，即可推算出任意测线方位的真北方位角。

3）磁悬浮陀螺仪基本结构

磁悬浮陀螺全站仪系统主要由磁悬浮陀螺仪、全站仪、外部控制器、数据电缆、特制三脚架、强制对中工装等部分组成。仪器主体部分以下架式的结合方式将陀螺仪与全站仪集成连接起来，并通过两根数据传输电缆将陀螺仪与外部控制器相连接。在控制程序的作用下，陀螺仪可以自动完成寻北测量工作，并将寻北结果输出到控制器的显示屏幕上。根据陀螺仪的寻北结果配合全站仪的观测数据即可确定外部测线的陀螺方位角。以 GAT 型号的磁悬浮陀螺全站仪为例，磁悬浮陀螺仪主要部件结构如图 6.24 所示，磁悬浮陀螺仪各部件名称对照表如表 6.2 所示。

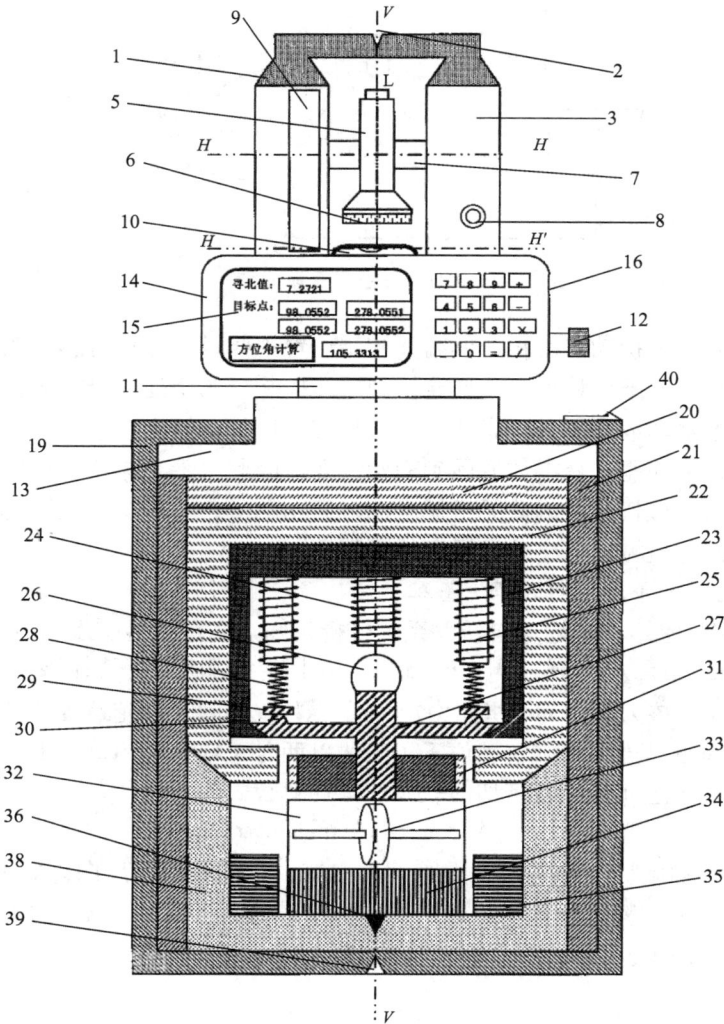

图 6.24　磁悬浮陀螺仪主要部件结构

图 6.24 中，1～18 号部件构成了全站仪照准测量系统，其除了具有一般全站仪测角测距功能外，主要用于获取外部测线的方位，建立陀螺寻北结果与外部测线方位之间的角度联系；19～39 号部件构成了陀螺定向系统，主要用于精确测定测站点处的真北方位，并将该方位以与陀螺内部固定轴线方向（北向标识方向）的夹角形式给出；12、20、21、23 号部件构成了陀螺定向系统中的回转子系统；25、28～30 号部件构成了陀螺定向系统中的锁定系统；22、26～27、32～34 号部件构成了陀螺定向系统中的陀螺灵敏部，即悬浮部件。

4）磁悬浮陀螺仪的工作原理

当磁悬浮陀螺全站仪进行寻北定向测量时，第二电感线圈通电，压片（29）在第二电感线圈的磁场力作用下被向上吸引，弹簧（28）处于压缩状态。接下来，第一电感线圈通电，在第一电感线圈的磁场力作用下，磁浮球（26）拉动连动杆（27）及与连接杆相连的反射棱镜组（22）、陀螺马达房（32）和马达房下方的力矩器转子（34）一同向上浮起，陀螺灵敏部

表 6.2　磁悬浮陀螺仪各部件名称对照表

编号	部件名称	编号	部件名称	编号	部件名称
1	上对中支架	14	微型计算机	27	连动杆
2	上对中标识	15	显示装置	28	弹簧
3	照准部支架	16	输入装置	29	压片
4	仪器高量取标识	17	开关	30	触头
5	望远镜	18	数据传输口	31	光电传感器
6	镜头照明灯	19	金属壳体	32	陀螺马达房
7	水平旋转轴	20	回转马达	33	陀螺马达
8	竖直制动微动螺旋	21	回转轴承	34	力矩器转子
9	内置竖直度盘	22	反射棱镜组	35	力矩器定子
10	水准管	23	灵敏部壳体	36	下落椎
11	水平旋转部	24	第一电感线圈	37	落体槽
12	水平制动微动螺旋	25	第二电感线圈	38	力矩器壳体
13	第二测角装置	26	磁浮球	39	下对中标识孔

处于悬浮状态。在地球自转效应的作用下，灵敏部产生指向力矩，陀螺旋转轴具有向子午线方向运动的趋势，此时通过力矩器定子（35）、力矩器转子（34）之间的水平磁场对陀螺灵敏部施加反向力矩 M'（与指向力矩大小相等，方向相反）。在指向力矩和反向力矩的共同作用下，陀螺灵敏部（陀螺旋转轴）保持平衡状态，根据力矩平衡方程 $M=M'$，通过测量力矩器施加的反向力矩 M'，即可测定指向力矩 M，再依据式（6.85）计算出陀螺旋转轴平衡位置与真北方向的夹角 α，依据该夹角 α 便可精确确定出真北方向。

　　以 GAT 型号的磁悬浮陀螺全站仪为例介绍磁悬浮陀螺仪寻北工作的具体过程。如图 6.25 所示，大圆代表陀螺仪水平测角系统，小圆代表全站仪水平度盘，由于陀螺仪与全站仪部分处于同轴状态，大圆与小圆为同心圆。其中，OT 为陀螺旋转轴的平衡位置；ON 为真北方向（即根据陀螺寻北数据推算得到的北方向）；OR 为陀螺内部固定轴线方向（即北向标识所指示的方向）。

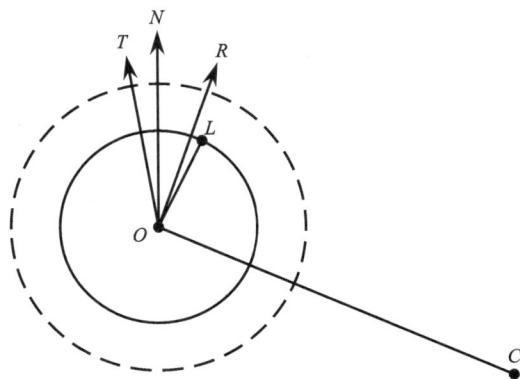

　　根据式（6.85）计算得到的方位角 α 即为 $\angle TON$，再根据陀螺仪的水平度盘记录下陀螺旋转轴的平衡位置 OT，即可推算真北方向 ON

图 6.25　磁悬浮陀螺仪主要部件结构

在水平度盘的位置，而 OR 在水平度盘上的位置为已知值，由于陀螺旋转轴的平衡位置 OT 会因仪器架设方位的差异在测回间具有不确定性，最终的寻北角度以陀螺内部固定轴线方向（即北向标识所指示的方向）OR 的北向偏角给出，即 $\angle NOR$。OL 为全站仪水平测角系统中度盘零位方向，OC 为望远镜照准目标测线方向，$\angle LOC$ 即为全站仪水平测角系统测量外部测线方向与水平度盘零位方向之间的夹角。二者相加即可得到测线的陀螺方位角，即

$$\alpha_{陀螺} = \angle NOR + \angle LOC \tag{6.86}$$

值得注意的是，陀螺北向标识方向 OR 与全站仪水平测角系统中的零位方向 OL 为两个固定方向，二者的相对位置关系不会发生改变，夹角 $\angle ROL$ 为一常量，它会对陀螺定向成果产生系统性的影响。但在实际应用中，这种影响会在地面仪器常数的比对测量中被消除，不会影响定向边的测量成果。

思考与练习

（1）简述天文定向基本原理。

（2）天文定向方法有哪些？

（3）简述摆式陀螺仪寻北原理。

（4）列举几种摆式陀螺仪陀螺轴摆动方程的实用形式。

（5）陀螺经纬仪自动定向技术有哪些？

第7章　精密准直测量

准直测量在测绘学中的定义是明确的，一般是指测定某一方向上点位相对基准线（水平面内直线或铅垂线）偏离值的方法。通常偏离值较小，又称为微距测量。按观测方向可分为水平准直测量和垂直准直测量；按测量技术可分为光学测量法、机械测量法和光电测量法等。准直测量为大型机械设备安装检测和大型工程变形监测服务，如水工大坝、百米以上的高楼大厦、电视塔、火箭发射塔架、火箭橇滑轨等，其工程造价高、测量工作责任大、任务重、工作环境各异，需确保测量结果准确无误。

上述概念及测量技术见诸施工测量和变形测量中，已为大家所熟知。鉴于波带板激光准直技术在工程测量中有重要应用价值，本章安排1节予以简要介绍。

从准直测量概念延伸，在粒子加速器工程建设中，早期的粒子加速器呈直线形，测量要求是将所有元器件精确调整到一条几何直线上。故用于粒子加速器中的测量技术通常以准直测量指代，虽然目前很多粒子加速器呈环形，测量要求将各元器件调整到一个圆上，但仍称为准直测量。该准直测量的实质是精密工程测量控制网技术，请参阅本书第2章及第8章相关内容，本章不再赘述。

在工程实践中，还有一类重要测量工作是航天器的装配测量。在航天器的装配过程中，其上的部件与航天器本体的位姿关系需要精确标定，尤以姿态标定为重。在姿态标定时，通常以高精度平面镜的法线标示坐标轴指向，用附有自准直目镜的经纬仪，使其视准轴与平面镜法线平行，这一过程称为准直。精密工程测量在航天器装配中的应用涉及方位测量、坐标测量等，按行业惯例，以准直指代精密工程测量。鉴于航天器准直测量技术作用大、不为广大读者所熟知，本章予以重点介绍。

7.1　波带板激光准直

与一般的光相比，激光具有亮度高、方向性好、单色性好、相干性好等优点。故实践中，人们首先利用其亮度高和方向性好的优点，用激光替代不可见的光学视准线，发明了激光直接准直法。该法的准直测量精度可达10^{-5}。为进一步提高激光准直的精度，人们又根据其单色性好和相干性好的优点，利用菲涅尔透镜实现对激光点光源的聚焦，从而提高了精度、增大了测程。

7.1.1　光的相干性

因为光具有波动性，所以如机械波那样，当两列光波频率相同、方向相同、相位差恒定时，这两列光波将产生干涉现象。

设一对相干光源 e_1、e_2 为

$$\begin{cases} e_1 = a\cos(\omega t - \varphi_1) \\ e_2 = a\cos(\omega t - \varphi_2) \end{cases} \tag{7.1}$$

式中，a 为光的振幅；ω 为光的频率；t 为时间；φ_1、φ_2 为两列光的初始相位。

两波合成后

$$e = A\cos(\omega t - \theta) \tag{7.2}$$

式中，

$$\begin{cases} \theta = \arctan \dfrac{\sin\varphi_1 + \sin\varphi_2}{\cos\varphi_1 + \cos\varphi_2} \\ A = a\sqrt{2 + 2\cos(\varphi_2 - \varphi_1)} \end{cases} \tag{7.3}$$

光强 $I \propto A$。

如图 7.1 所示，设在光源 S 和接收点 K 之间有一光屏，SK 直线与光屏交于 O 点。在 O 处开个小孔，在距 O 点 r 的 A 处也开一个小孔。自 S 点发出的光线可以经过 O 点而到达 K 点，同时，由于衍射，光也有一部分经 A 点到达 K 点。二者的光程差为

$$\Delta = \sqrt{p^2 + r^2} + \sqrt{q^2 + r^2} - p - q \xrightarrow{\text{因为} r \ll p(\text{或} q)} \frac{r^2}{2}\left(\frac{1}{p} + \frac{1}{q}\right) \xrightarrow{\text{记为}} \frac{r^2}{2}\frac{1}{f} \tag{7.4}$$

式中，f 为焦距。

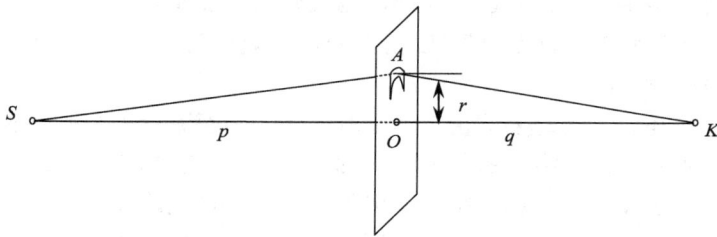

图 7.1　光的相干性

光程差 Δ 导致两列光在 K 点的相位差为

$$\varphi_2 - \varphi_1 = \frac{2\pi\Delta}{\lambda} \tag{7.5}$$

式中，λ 为波长，对氦-氖激光来说，λ=6328Å。所以在 K 点，两列光合成后的振幅为

$$A = a\sqrt{2\left(1 + \cos\frac{2\pi\Delta}{\lambda}\right)} \tag{7.6}$$

由式（7.6）可以看出，不同的 Δ 将导致 $A > \alpha$ 或 $A \leqslant \alpha$，人们希望得到 $A > \alpha$，如 $A > \sqrt{2}a$；使 Δ 变化的因素有 p、q、r，现认定 p、q 固定，r 变化。由

$$A = a\sqrt{2\left(1 + \cos\frac{2\pi\Delta}{\lambda}\right)} > \sqrt{2}a \tag{7.7}$$

得

$$\cos\frac{2\pi\Delta}{\lambda} > 0 \tag{7.8}$$

或

$$i\lambda - \frac{\lambda}{4} < \frac{r_i^2}{2f} < i\lambda + \frac{\lambda}{4} \quad (i = 1, 2, \cdots) \tag{7.9}$$

或

$$\sqrt{2if\lambda - \frac{f\lambda}{2}} < r_i < \sqrt{2if\lambda + \frac{f\lambda}{2}} \quad (i = 1, 2, \cdots) \tag{7.10}$$

记

$$\begin{cases} r_i' = \sqrt{2if\lambda - \dfrac{f\lambda}{2}} \\ r_i'' = \sqrt{2if\lambda + \dfrac{f\lambda}{2}} \end{cases} \tag{7.11}$$

则

$$r_i' < r_i < r_i'' \quad (i = 1, 2, \cdots) \tag{7.12}$$

此即 A 处缝的尺寸，且式（7.12）代表多个缝。

7.1.2　波带板准直测量的设备

波带板准直测量的设备包括：①激光器；②波带板，根据上述原理制成，有圆形和方形两种（图 7.2），圆形波带板聚焦呈一亮点，方形波带板聚焦呈一个明亮的十字线；③激光探测器。

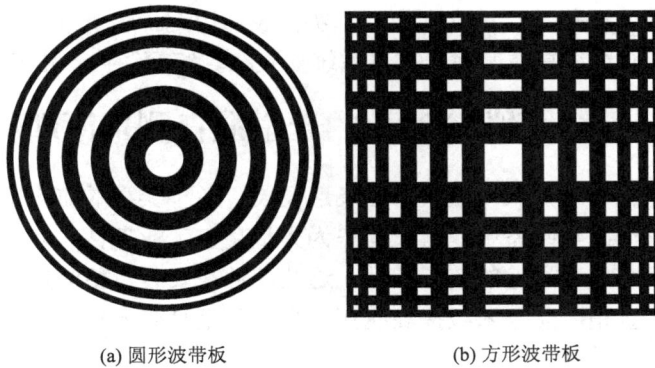

(a) 圆形波带板　　　　　　　　　　(b) 方形波带板

图 7.2　激光波带板

7.1.3　测量原理

如图 7.3 所示，在基准点 $A(S)$ 安置激光器；在基准点 $B(K)$ 安置探测器；在待测点 i 安置一特定的波带板。当激光照满波带板时，在 B 点探测器上测得 Δ_i，从而得到 i 点偏离基准线 AB 的偏离值 δ_i

$$\delta_i = \frac{s_{Ai}}{s_{AB}} \Delta_i \tag{7.13}$$

式中，S_{Ai} 为 A, i 两点间的距离；S_{AB} 为 A, B 两点间的距离。

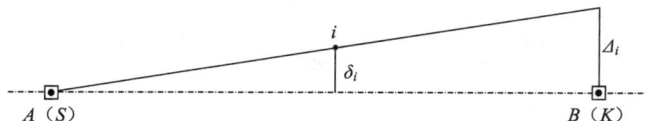

图 7.3　激光波带板准直测量

当 S、K 与 A、B 不重合时，如图 7.4 所示，仿前可测得 A、i、B 相对于 SK 的偏离值 δ'_A、δ'_i、δ'_B，由此可求得

$$\delta_i = \delta'_i - \frac{s_{Bi}\delta'_A + s_{Ai}\delta'_B}{s_{AB}} \qquad (7.14)$$

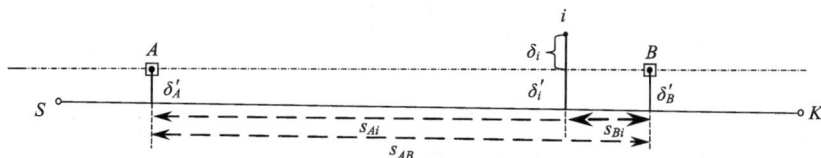

图 7.4　偏离值的改化

这可消除激光器和探测器的对中误差影响。

7.1.4　精度

利用波带板可以把几百米以外的点光源经聚焦后形成直径约 1mm 的点，因此即使在接收屏上用肉眼判断其中心位置，精度也很高。实验表明用这种装置准直，测定偏离值的精度可达测线长的 10^{-6}。如果将高精度激光准直系统安装在真空管道内，准直精度可达 10^{-7}。

7.2　基于经纬仪/全站仪的光学准直测量原理和方法

自 20 世纪 90 年代以来，我国航天事业飞速发展，各种类型的航天器（如卫星、飞船、空间站等）都在密集研制与装备中。航天器作为大型精密工业部件，其自身结构十分复杂，包含多达数十至上百个各种用途的核心部件。这些部件在安装、检测过程中对测量技术提出了很高的要求，其位置精度从毫米级提高到亚毫米级甚至是微米级，姿态精度从角分级提高到角秒级。

航天器本体及其核心部件都有各自的设备坐标系，通过高精度的测量仪器可建立和恢复设备坐标系，从而保证各个部件精确地安装到指定位置，并能随时检测各部件间的变化情况，以确保整个系统运行的稳定性，达到应有的工作效能。

航天器准直测量技术，源于静态条件下对航天器系统中各核心部件高精度姿态关系的获取，即高精度姿态测量技术。姿态测量指确定测量载体、测量仪器或测量有效载荷的坐标轴在目标空间坐标系中指向的过程。由于应用部门不同，被测目标有多样性和复杂性的特点，其坐标系中坐标轴的定义方式和需要测量的姿态角也不尽相同。

由于测量任务、目标、环境等因素的区别，姿态测量的方法和使用的仪器差别较大，每种方法都有其具体适用的应用环境。一般而言，对于普通对象的姿态测量，可以通过目标上特殊点位的位置度测量，建立相应的坐标系进行。无论所测目标的姿态角如何定义，只要能准确定位坐标系上坐标轴上的点（线、面），即可复现该目标的坐标系。理论上，通过非共线的三点以轴对准的方式即可定义该坐标系，进而计算目标相对于测量坐标系的位姿。因此，位姿问题转换为点坐标的测量问题，实际任务中，多数目标在静止状态下的位姿测量通过此方法进行。如图 7.5 所示，设存在不在同一直线上三点 A、B、C，以 A 点为空间坐标系的原点，A、B 连线为 X 轴，指向 B 点为正，Z 轴为平面 ABC 的法线，过 A 点向上为正，Y 轴根据右手坐标系定义确定。

通过三点建立坐标系固然简单，但也存在两个缺点：一是航天器的结构复杂，各部件之间往往空间狭小，一些特征点在测量时不便于架设仪器，甚至特征点位置隐蔽，无法通过常规方法观测；二是在实际测量中利用三点所恢复的坐标系精度不高。如图 7.6 中，设 AB 点间距离为 S，实际测量时为 B' 点，即 B 点沿垂直于 X 轴方向的点位误差为 e，角度误差为 α，由小角度计算公式有

$$\alpha = \frac{e}{S} \cdot \rho'' \tag{7.15}$$

式中，ρ'' 为弧度化秒的换算常数，$\rho'' = 206265''$。若 $e=0.1\text{mm}$，$S=1\text{m}$，则有 $\alpha = \frac{0.1}{1000} \times 206265'' \approx 20.6''$。

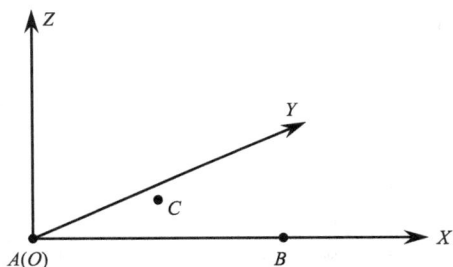

图 7.5　三点建立坐标系　　　　　　　　图 7.6　三点建立坐标系的测量误差

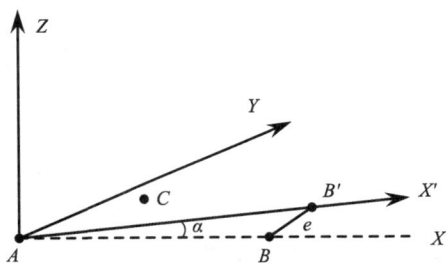

因此，为了建立或恢复高精度的坐标系，实现航天器多部件间姿态测量与传递，需要借助其他工具和方法。对镜面进行光学准直测量就是最为常用和有效的方法。

光学准直原理如图 7.7 所示，图中 1 为平面镜，2 为望远镜物镜（凸镜），3 为分划板，4 为光源。调整焦距使分划板与物镜间隔一倍焦距，光源发出光线后，经物镜射出后成为平行

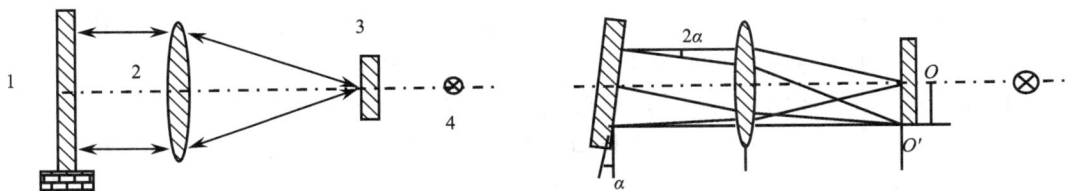

图 7.7　光学准直原理

光，若平面镜与光轴垂直，即平面镜法线与光线平行，则光线被原路反射，再通过物镜后在焦平面上形成分划板标线像与原标线重合；反之，若平面镜倾斜一小角 α 时，则入射平行光被反射后即倾斜 2α 角，造成分划板标线像与原标线不重合。

在实现光学准直的过程中，为了使准直方向能够表示和保存，通常用经纬仪或全站仪进行准直，此过程称为光学准直测量。

7.2.1　基于经纬仪/全站仪的光学准直测量原理

1）自准直灯法

该法采用带有自准直灯的经纬仪，如徕卡 T3000A、TM5100A 或 TM6100A 电子经纬仪。准直原理如图 7.8 所示，将经纬仪望远镜调焦至无穷远处，自准直灯发射的光经过聚焦镜和 45°半反射镜后，照亮十字丝分划板，由于十字丝分划板位于经纬仪物镜的焦平面上，若经纬仪的视准轴和平面镜的法线方向平行，则分划板上十字丝刻划线的像经过物镜后形成一束平行光，平行光照射到平面镜上，反射回来的像与原像重合，从而实现经纬仪自准直测量。此时读取经纬仪的水平角和垂直角，即可得到平面镜的法线方向。

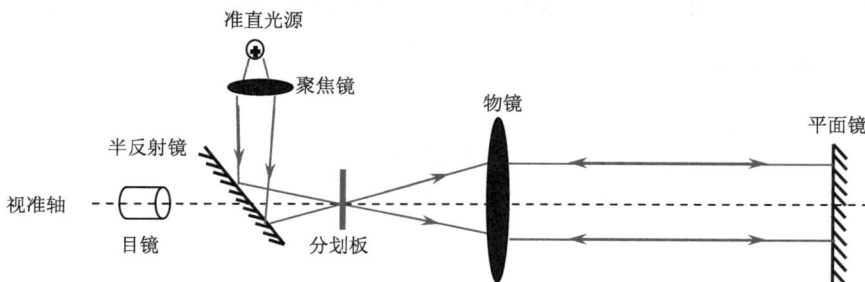

图 7.8　经纬仪准直测量原理

实际观测时，必须首先调整仪器位置，使之与平面镜概略准直；打开自准直灯，将望远镜焦距调至无穷大，不断转动水平、垂直方向螺旋，直至观测到反射回的绿色十字丝像，此时锁紧制动螺旋，微调水平、垂直方向，使绿色十字丝与目镜十字丝重合。观测过程中，需注意观察绿色十字丝像的清晰度，如发现清晰度较低，甚至整体或某处发虚的情况，则说明并未完全实现准直，此时可将望远镜焦距调节至有限远处，观测镜面十字丝像的位置，并据此再次调整仪器位置，如此反复即可实现精确准直。自准直灯法准直原理较为简单，但观测过程较为烦琐，测量时间较长。

2）激光准直法

由于激光具有方向性好、能量集中的优点，已经被广泛应用于各种测量，特别是机械准直中，并已经开发了大量成熟的激光准直仪产品。同样，激光也可应用于光学准直中，其准直原理与普通光学方法相同，所不同的是观测者必须在望远镜上安装激光发射器，如经纬仪的激光目镜，图 7.9 为徕卡 DL2 型激光目镜，该目镜由控制器、激光目镜及连接电缆三部分组成，安装时需要将经纬仪原目镜拆卸，换上激光目镜，并用电缆连接和供电。激光目镜的准直原理是用激光点光源发射激光束，到达平面镜后被反射，如果发射光线和反射光线偏离一个小角度，则表明发射激光偏离平面镜的法线，若从目镜观察反射光点与出射光点重合，则说明激光光束和平面镜法线重合，即实现了准直。

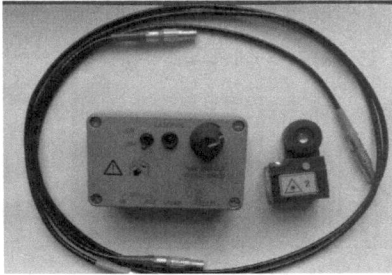

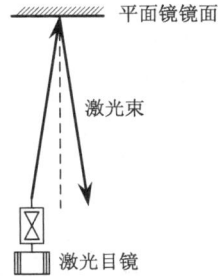

图 7.9 徕卡 DL2 型激光目镜以及激光法准直原理

3）外觇标准直法

自准直灯法和激光准直法原理简单，但也存在几个明显的缺点：一是自准直灯法要求经纬仪上必须具备自准直灯的安装接口，但大多数电子经纬仪、光学经纬仪、全站仪没有该类接口；二是调焦误差较大，用自准直灯产生平行光束必须将望远镜调焦至无穷远，而照准其他目标点时需调焦至有限距离上，这一过程显然会产生调焦误差；三是自准直灯的功率一般较小，当经纬仪距离镜面较远时光束的成像亮度很低，不便于精确照准；四是激光法所采用的激光目镜也属特殊测量附件，不是标准配件。而外觇标自准直法不需要在经纬仪上安装自准直灯，只需要在经纬仪的望远镜上安置一个外觇标。准直时，首先将仪器概略安置在平面镜的法线位置，如图 7.10 和图 7.11 所示，处于盘左位置时，将仪器对准平面镜，安装在望远镜上的外觇标将在平面镜中成像，用十字丝精确照准外觇标的像，记录下盘左位置仪器的水平方向值及垂直角；其次将仪器转至盘右位置，再次用十字丝精确照准外觇标的像，并记录下盘右位置的水平方向值及垂直角；最后分别对盘左、盘右的水平方向值及垂直角取平均值，该平均值所代表的方向即为平面镜法线的方向。

图 7.10 外觇标安装示意图

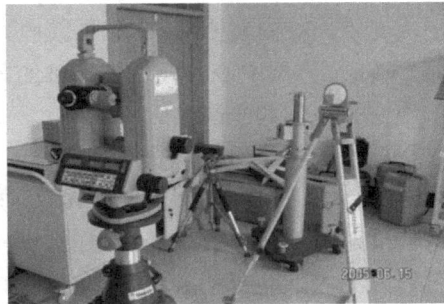

图 7.11 外觇标法自准直测量

外觇标准直的原理如下，仪器在某一位置（如盘左）对平面镜实现准直时，将仪器、平面镜及仪器在平面镜中的成像所形成的空间几何图形分别投影到水平面及过镜面法线的铅垂面上，图 7.12 为投影到铅垂面上的几何形状，O 为仪器中心，O' 为仪器中心在平面镜中的成像，P_1、P_2 分别为安装在望远镜上外觇标的盘左和盘右位置，P_1'、P_2' 为其在镜面中的成像，S_1

为盘左照准外觇标时视准轴 OP_1' 与镜面的交点，S_2 为盘右照准的交点。由图 7.12 可知，当仪器处于盘左面观测时，三角形 OP_1S_1 与 $O'P_1'S_1$ 完全对称，当望远镜到盘右位置时所形成的几何图形与盘左位置的几何图形完全一致，即盘左、盘右位置所形成的几何图形相对于 OO' 对称，则盘左盘右观测值取平均值所代表的方向与 OO' 一致，即为镜面法线方向。

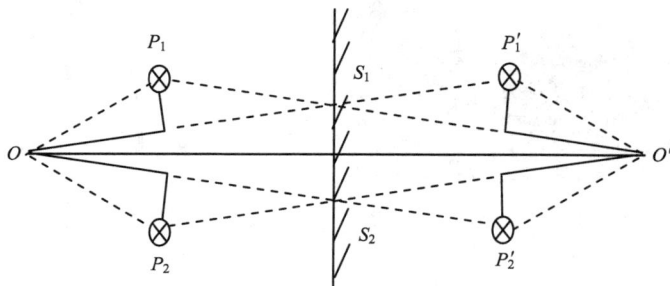

图 7.12　盘左、盘右自准直在铅垂面上的投影

4）内觇标准直法

徕卡 T3000A、TM5100A 和 TM6100A 等电子经纬仪的望远镜可以安装内觇标，若内觇标完全安装在视准轴上（没有安装误差），则在准直时只需调整仪器，使内觇标像与目镜十字丝重合即可，无需考虑仪器状态（盘左、盘右）。事实上，内觇标的安装也会存在误差，一般要求安装精度（与视准轴的偏差）达到 $\pm 4''$。因此用内觇标实现准直，其原理与外觇标法相同。

5）智能全站仪的 ATR 准直法

智能全站仪集红外测距、电子计算、马达驱动及目标自动识别、照准、跟踪等性能于一体，能够进行自动测量。

智能全站仪中的自动目标识别（automatic target recognition, ATR）部件被安装在全站仪的望远镜上，红外光束通过光学部件被同轴地投影在望远镜上，从物镜发射出去并反射回来的光束，形成光点，被内置 CCD 传感器接收，其位置以 CCD 传感器中心作为参考点来精确确定。假如 CCD 传感器中心与望远镜光轴的关系正确，则可从 CCD 传感器上光点的位置直接计算并输出水平方向和垂直角。

测距过程中，若将反射棱镜换成平面镜，则测距信号必须沿镜面的法线方向入射才能原路返回。根据此原理，当智能全站仪的 ATR 功能开启后，对平面镜测距时全站仪会自动寻找平面镜的最佳反射点（即反射信号最强的点），此时测距信号几乎全部被平面镜原路反射回，即实现了无需人工照准的自动准直，此法称为智能全站仪的 ATR 准直法。

6）方法比较

以上几种方法中，自准直灯法、激准直光法及内觇标准直法是基于经纬仪的准直方法，ATR 准直法为基于智能全站仪的准直方法，而外觇标准直法使用较为灵活，经纬仪和全站仪皆可使用。各种准直方法的优缺点如下：自准直灯法精度较高，但要求仪器配备有自准直灯，而目前各厂家生产的经纬仪或全站仪中很少有此种配备，当平面镜目标较小时该法对观测者水平要求较高，常常容易出现成像十字丝部分边缘发虚的情况，寻找清晰的十字丝成像需要花费一定时间；激光准直法准直易于观测，准直精度与仪器到平面镜间的距离无关，但单次准直精度较低，且观测时需要连接电缆，翻转望远镜进行双面观测时操作不便；外觇标准直法只需在望远镜上粘贴外觇标，几乎适用于所有经纬仪和全站仪，且操作简单方便，但其与内觇标准直法一样，只有在仪器与平面镜距离较远时精度较高，且对于面积较小的平面镜而言，外觇标较难瞄准，甚至无法观测；内觇标准直法和 ATR 准直法也要顾及仪器的相关硬件条件。

　　一般来说，为了得到高的测量精度，推荐采用自准直灯法。

7.2.2　经纬仪互瞄测量的原理和方法

　　在两台电子经纬仪进行准直测量的基础上，计算准直方位的夹角还需进行经纬仪间的互瞄测量，从而将准直方向值经互瞄后传递到统一的坐标系下。根据光学原理，如果不考虑仪器误差、人为照准误差等因素影响，用两台相距不远的望远镜互相瞄准，即可认为两主光轴重合或平行。两主光轴的方向就构成这两台仪器中心连线的方向，这种方法称为经纬仪互瞄法。如图 7.13 所示，若 A、1 为已知点，2、3、…、n 为支导线点，β_1、β_2、…、β_n 为观测的角度值，起始边 $A1$ 的方位角为 T_A，nB 的方位角为 T_B。

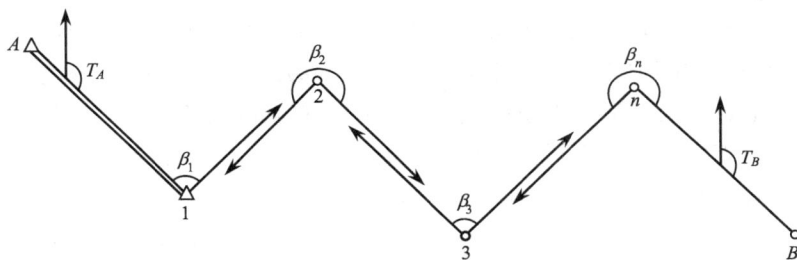

图 7.13　短边方位传递

　　点 1 与点 2 之间的方位角为

$$\alpha_1 = T_A \pm 180° + \beta_1 \tag{7.16}$$

式中，若 $T_A > 180°$，取负号；反之则取正号。

　　同理，导线 nB 的方位角为

$$T_B = T_A + \sum_{i=1}^{n} \beta_i + n \times 180° \tag{7.17}$$

式中，n 为导线的边数。

　　互瞄的方法与准直方法类似，有十字丝法、内/外觇标法等。十字丝互瞄法由于平行光得到的各角度差别较大，但三角形的闭合差最小，且具有较高的精度；而内觇标和外觇标的方法精度较低，原因是照准误差、调焦误差的综合影响，这与前面所述的光学准直结果一致。

　　因此，当进行室内方位传递时，由于传递过程中角度之和不变，如果只关心角度传递后的值而不需要传递过程中的角度值，则十字丝互瞄法最为精确。

7.3　立方镜姿态测量原理

利用两台经纬仪分别准直测量立方镜的相邻镜面，建立立方镜坐标系的过程称为立方镜姿态测量。立方镜姿态的表述主要依靠测量坐标系与立方镜坐标系的转换矩阵来体现。

7.3.1　相关坐标系的定义

1）经纬仪坐标系

经纬仪坐标系是由仪器位置及姿态确定的测站坐标系，原点 O 为仪器三轴中心，x 轴为仪器水平度盘零方向，由原点指向零方向为正，z 轴指向铅垂线反方向，y 轴按右手坐标系定义确定（即水平度盘 270° 方向）。

2）测量坐标系

在多台经纬仪组成的测量系统中需要建立统一的测量坐标系，一般情况下将经纬仪测量坐标系定义为：坐标系原点为第一台仪器的三轴中心；Z 轴为第一台仪器的垂直轴方向，向上为正；X 轴方向为第一台仪器瞄向第二台仪器的方向在第一台仪器水平度盘平面上的投影，正向指向第二台仪器，Y 轴按右手坐标系定义确定。

3）立方镜坐标系

立方镜坐标系由立方镜几何点及表面法线确定，立方镜的尺寸一般为 $20\text{mm} \times 20\text{mm} \times 20\text{mm}$，其表面可以精确地刻出十字刻线标志。坐标系原点可以选取立方镜某个面（如正立面）的几何中心点，也可选取立方镜的几何中心作为原点。以其中两个相互垂直的表面法线确定某两个坐标轴方向，按右手坐标系定义确定第三轴。

7.3.2　单个立方镜面的准直测量

在经纬仪坐标系下，角度测量可以得到一条直线的水平方向和垂直方向，设水平角（此处的"水平"是以仪器的水平度盘平面为基准的，天顶距对应"水平面"的基准与此相同）为 Hz，垂直角为 V，则该直线在经纬仪坐标系下的方向余弦为

$$\begin{cases} \cos\alpha = \cos V \cdot \cos Hz \\ \cos\beta = \cos V \cdot \sin Hz \\ \cos\gamma = \sin V \end{cases} \tag{7.18}$$

式中，为了方便计算夹角，设两个准直方向的长度为单位长度，$\cos\alpha$、$\cos\beta$、$\cos\gamma$ 分别为测站瞄准方向向量在 X、Y、Z 方向的投影。

7.3.3　多个立方镜面的姿态测量原理

根据单个立方镜面的准直测量原理，用两台经纬仪对立方镜的相邻两个镜面进行准直测量，确定两个面的法线向量（即立方镜坐标系的坐标轴向量），然后进行经纬仪的互瞄测量，互瞄时仍然采用十字丝法，可避免在姿态测量过程中调焦，消除调焦误差的影响。设对立方镜 1 面、2 面准直测量有观测量 Hz_i、$V_i(i = 1,2)$，两台仪器互瞄测量分别有观测量 Hz_{12}、Hz_{21}，依据式（7.18），在测量坐标系下两条准直方向的向量为 z_1 和 z_2，如果 z_1 与 z_2 在空间是垂直的，则有

$$z_1 \cdot z_2 = \sin V_1 \sin V_2 + \cos V_1 \cos V_2 \cos(180^\circ + Hz_{21} - Hz_{12} + Hz_1 - Hz_2) = 0 \tag{7.19}$$

可将上述两向量作为空间直角坐标系的两条坐标轴，将 z_1 与 z_2 叉乘，即可得到第三条坐标轴 z_3。

至此，立方镜姿态测量过程完成，得到立方镜坐标系到测量坐标系的旋转矩阵 R 为

$$R = \begin{bmatrix} \cos\alpha_x & \cos\beta_x & \cos\gamma_x \\ \cos\alpha_y & \cos\beta_y & \cos\gamma_y \\ \cos\alpha_z & \cos\beta_z & \cos\gamma_z \end{bmatrix} \qquad (7.20)$$

式中，α_x 为立方镜坐标系的 x 轴相对于测量坐标系 X 轴的夹角；β_x 为立方镜坐标系的 x 轴相对于测量坐标系 Y 轴的夹角，余者依此类推。

7.4　航天器立方镜间姿态标定

7.4.1　坐标系的转换

坐标转换无论在精密测试还是大尺寸工程测量中都得到了广泛应用，尤其是在航天器研制和机械测试过程中。由于设计和测试涉及多形式坐标系的表达方式，坐标系转换尤为重要。坐标转换的方法大致可以分为三种：复合变换法、公共点转换法、方向余弦法。

1）复合变换法

复合变换法是三维坐标变换方法中最基础的变换方法，通常由轴向平移、绕轴旋转及尺度变换三种方式组合而成。当前坐标系的坐标点通过复合变换后转换到目标坐标系下，根据需求对目标坐标系下的坐标值进行分析。复合变换的数学表示基于矩阵理论，主要与 7 个参数相关联，即沿坐标轴平移的 3 个参数 (X_0, Y_0, Z_0)、绕坐标轴旋转的 3 个参数 (R_x, R_y, R_z)、1 个尺度因子 k。任何两个坐标系关系都由以上 7 参数唯一确定。

已知 n 个点在当前坐标系下的坐标为 (X_i, Y_i, Z_i)，$i = 1, 2, \cdots, n$，根据坐标系变换的 7 个参数，可以得到 n 个点在目标坐标系下的坐标为 (x_i, y_i, z_i)，其矩阵表示方法为

$$\begin{bmatrix} x_i \\ y_i \\ z_i \end{bmatrix} = k M^{\mathrm{T}} \begin{bmatrix} X_i \\ Y_i \\ Z_i \end{bmatrix} - \begin{bmatrix} X_0 \\ Y_0 \\ Z_0 \end{bmatrix} \qquad (7.21)$$

式中，旋转矩阵 $M = \begin{bmatrix} a_1 & a_2 & a_3 \\ b_1 & b_2 & b_3 \\ c_1 & c_2 & c_3 \end{bmatrix}$，$a_i$、$b_i$、$c_i (i = 1, 2, 3)$ 是 3 个角度旋转参数的三角函数。

2）公共点转换法

相同的目标点在不同的坐标系下其坐标值也不同，这些目标点称为公共点。公共点转换法的原理是利用公共点在不同坐标系下两组坐标值建立两个坐标系的转换关系，将其他点按相应的转换关系从一个坐标系变换到另一个坐标系中。

公共点转换法也是基于矩阵理论的数值转换方法，从原理上分析是复合变换法的逆过程。设在测量坐标系下和目标坐标系下各有 n 个点坐标值，其中有 m 个公共点，在测量坐标系下值为 $(X_i^{\mathrm{I}}, Y_i^{\mathrm{I}}, Z_i^{\mathrm{I}})$，目标坐标系下值为 $(X_i^{\mathrm{II}}, Y_i^{\mathrm{II}}, Z_i^{\mathrm{II}})$，$i = 1, 2, \cdots, n$。复合变换法已知坐标转换参数为 7 参数，而公共点转换法已知一组公共点在不同坐标系下的坐标值。因此，根据

已知点来求得转换关系，进而将所有测量坐标系下的点按照转换关系进行坐标变换。

设测量坐标系下的公共点用 A_i 表示，目标坐标系下的公共点用 a_i 表示，根据坐标变换可得对应关系为

$$a_i = kM^{\mathrm{T}}(A_i - A_0) \tag{7.22}$$

式中，k 为尺度因子；M 为旋转矩阵；A_0 为平移量。

公共点转换法要求其公共点个数不少于 3 个，利用最小二乘法求解各未知参数，误差方程为

$$V = A \cdot X + L \tag{7.23}$$

式中，$V = \begin{bmatrix} V_X & V_Y & V_Z \end{bmatrix}^{\mathrm{T}}$ 为坐标系转换后的坐标分量残差；$X = (\delta X_0 \quad \delta Y_0 \quad \delta Z_0 \quad \delta R_x \quad \delta R_y \quad \delta R_z \quad \delta k)^{\mathrm{T}}$ 为未知参数向量。

常数项为

$$L = \begin{bmatrix} L_X \\ L_Y \\ L_Z \end{bmatrix} = \begin{bmatrix} X_0 \\ Y_0 \\ Z_0 \end{bmatrix} + k \cdot M \begin{bmatrix} X^{\Pi} \\ Y^{\Pi} \\ Z^{\Pi} \end{bmatrix} - \begin{bmatrix} X^{\mathrm{I}} \\ Y^{\mathrm{I}} \\ Z^{\mathrm{I}} \end{bmatrix}$$

误差方程的系数阵为

$$A = \begin{bmatrix} 1 & 0 & 0 & \partial X / \partial R_x & \partial X / \partial R_y & \partial X / \partial R_z & \partial X / \partial k \\ 0 & 1 & 0 & \partial Y / \partial R_x & \partial Y / \partial R_y & \partial Y / \partial R_z & \partial Y / \partial k \\ 0 & 0 & 1 & \partial Z / \partial R_x & \partial Z / \partial R_y & \partial Z / \partial R_z & \partial Z / \partial k \end{bmatrix}$$

由误差方程组解法方程，得未知坐标转换参数的解为

$$X = (A^{\mathrm{T}}PA)^{-1}A^{\mathrm{T}}PL \tag{7.24}$$

式中，P 为权阵。

系数矩阵 A 中包含未知参数，需要给定坐标转换未知参数的初始值，解算出结果后再进行迭代计算。当 δX_0、δY_0、δZ_0、δR_x、δR_y、δR_z、δk 趋近于 0 时，可得出准确的 7 参数。

3）方向余弦法

航天领域通常使用方向余弦来表示两坐标系之间的关系。所用的表示方法一般为九参数的方向余弦，即表示两个坐标系任意两轴的夹角关系进行组合而成的旋转矩阵。

设当前坐标系的三个坐标轴为 X、Y、Z 轴，目标坐标系三个坐标轴为 x、y、z 轴，其中的 9 个参数为

$$R = \begin{bmatrix} a_1 & b_1 & c_1 \\ a_2 & b_2 & c_2 \\ a_3 & b_3 & c_3 \end{bmatrix} = \begin{bmatrix} \cos\angle Xx & \cos\angle Yx & \cos\angle Zx \\ \cos\angle Xy & \cos\angle Yy & \cos\angle Zy \\ \cos\angle Xz & \cos\angle Yz & \cos\angle Zz \end{bmatrix} \tag{7.25}$$

该矩阵表示了两个坐标系之间的相互关系，实际上该矩阵就是复合变换法中的旋转矩阵 M，旋转参数 R_x、R_y、R_z 通过式（7.26）反求得到。

$$\begin{cases} a_1 = \cos R_y \cos R_z & b_1 = \cos R_x \sin R_z + \sin R_x \sin R_y \cos R_z & c_1 = \sin R_x \sin R_z - \cos R_x \sin R_z \cos R_z \\ a_2 = -\cos R_y \sin R_z & b_2 = \cos R_x \cos R_z - \sin R_x \sin R_y \sin R_z & c_2 = \sin R_x \cos R_z + \cos R_x \sin R_z \sin R_z \\ a_3 = \sin R_y & b_3 = -\sin R_x \cos R_y & c_3 = \cos R_x \cos R_y \end{cases}$$

$$(7.26)$$

在有些情况下，不易得到绕轴的角度旋转关系，但很容易得到各坐标系轴向，也可利用不同坐标轴组成的夹角关系组合得到转换矩阵。

另外，利用方向余弦法可以很方便地进行两级甚至多级坐标系之间的角度关系转换，若坐标系 1 相对于测量坐标系有旋转矩阵 R_1，坐标系 2 相对于测量坐标系有旋转矩阵 R_2，则可以通过两级转换确定坐标系 1 到坐标系 2 的旋转矩阵，可表示为 $R_{12} = R_2^{-1} \cdot R_1$，若还有其他待转换坐标系，可依此类推。

7.4.2　立方镜的姿态传递

对一定组数的立方镜进行姿态测量后，可以通过计算的方法得到任意两个立方镜之间的姿态，这一过程称为立方镜姿态的传递。

利用 4 台经纬仪分别对两个任意放置的立方镜进行准直测量，其中经纬仪 T_1 和 T_2 准直测量立方镜 1 相邻的两镜面，经纬仪 T_3 和 T_4 准直测量立方镜 2 相邻的两镜面，然后进行经纬仪互瞄测量。设对立方镜 1 准直测量有观测量 Hz_i、V_i $(i=1,2)$，对立方镜 2 准直测量有观测量 Hz_i、V_i $(i=3,4)$，4 台仪器互瞄测量水平角观测量为 Hz_{ij} $(i,j=1,2,3,4)$。首先对各经纬仪的互瞄方向进行室内方位传递的方向平差，如果互瞄仪器之间有遮挡可不进行互瞄测量，但必须保证经纬仪 T_1、T_2 和 T_3、T_4 之间至少有一条互瞄路线，以进行方位的传递。设在测量坐标系下各准直方向的向量为 z_t (i_t, j_t, k_t)，$(t=1,2,3,4)$，由式（7.18）建立方程，得到各准直方向的方向余弦为

$$\begin{cases} i_t = \cos v_t \cdot \cos \beta_t \\ j_t = \cos v_t \cdot \sin \beta_t \qquad t = 1,2,3,4 \\ k_t = \sin v_t \end{cases} \qquad (7.27)$$

式中，β_t 为各准直方向经传递后在测量坐标系下的水平方向值。

同样假设立方镜 1 与立方镜 2 的准直测量不存在误差，即 z_1 与 z_2 垂直，z_3 与 z_4 垂直，则可由 z_1 和 z_2 叉乘得到立方镜 1 的姿态，z_3 和 z_4 叉乘得到立方镜 2 的姿态，即分别得到立方镜 1 相对于测量坐标系的旋转矩阵 R_1 和立方镜 2 相对于测量坐标系的旋转矩阵 R_2。利用方向余弦坐标转换法可以方便地得到立方镜 1 相对于立方镜 2 的旋转矩阵为 $R_{12} = R_2^{-1} \cdot R_1$，由此实现了两个立方镜间的姿态传递。

7.4.3　立方镜姿态轴关系的修正

在立方镜姿态测量过程中，对立方镜的相邻两个面进行准直测量，若两个坐标轴向量严格垂直，才可通过向量叉乘建立第三个坐标轴。但是，由于立方镜本身在制造过程中存在一定误差，相邻两个面不可能严格垂直（一般情况下存在着 3″ 以内的偏差），另外，即使立方镜不存在制造误差，相邻两面严格垂直，在实际测量过程中，由于仪器、环境和观测等方面因素，两个坐标轴向量 z_1 与 z_2 也无法严格垂直，须对 z_1 与 z_2 两个向量进行修正，使之垂直，才能得到立方镜的姿态。

观测值仍然以 Hz_i、V_i、Hz_{ij}（i,j=1,2）为例，设

$$\beta_1 = Hz_{12} - Hz_1 \tag{7.28}$$

$$\beta_2 = 180° - (Hz_2 - Hz_{21}) \tag{7.29}$$

实际计算得到的两坐标轴夹角值为 γ，其与 90°的差值为

$$\omega = \gamma - 90° \tag{7.30}$$

对式（7.19）两边求全微分，根据条件平差得到的误差方程为

$$\cos V_1 \sin V_2 \cdot dV_1 + \sin V_1 \cos V_2 \cdot dV_2 - \cos V_1 \cos V_2 \cdot (d\beta_2 - d\beta_1) - \omega = 0 \tag{7.31}$$

根据以上的观测量即可进行条件平差，对水平方向观测量和垂直方向观测量进行修正，当两向量严格垂直或接近严格垂直时，再叉乘建立坐标系。若立方镜放置大致水平，由于垂直角 V_1 与 V_2 都很小，则

$$\sin V_1 \approx 0, \cos V_1 \approx 1 \tag{7.32}$$

$$\sin V_2 \approx 0, \cos V_2 \approx 1 \tag{7.33}$$

可不对其进行改正，只需对水平观测方向进行修正，代入式（7.31）得

$$d\beta_1 = -d\beta_2 = 0.5 \cdot (\gamma - 90°) \tag{7.34}$$

若立方镜倾斜放置，则必须同时对水平和垂直观测方向进行修正。对误差方程式（7.31）进行条件平差，改写式（7.31）可得

$$\boldsymbol{BV} + \boldsymbol{W} = \boldsymbol{0} \tag{7.35}$$

式中，

$$\boldsymbol{B} = \begin{bmatrix} \cos V_1 \cdot \sin V_2 & \sin V_1 \cdot \cos V_2 & \cos V_1 \cdot \cos V_2 & -\cos V_1 \cdot \cos V_2 \end{bmatrix}$$

$$\boldsymbol{V} = \begin{bmatrix} dV_1 & dV_2 & d\beta_1 & d\beta_2 \end{bmatrix}^{\mathrm{T}}$$

$$\boldsymbol{W} = \boldsymbol{\omega}$$

法方程为

$$\boldsymbol{NK} + \boldsymbol{W} = \boldsymbol{0} \tag{7.36}$$

取

$$\boldsymbol{N} = \boldsymbol{BP}^{-1}\boldsymbol{B}^{\mathrm{T}} \tag{7.37}$$

$$\boldsymbol{K} = -\boldsymbol{N}^{-1}\boldsymbol{W} \tag{7.38}$$

得

$$\boldsymbol{V} = \boldsymbol{P}^{-1}\boldsymbol{B}^{\mathrm{T}}\boldsymbol{K} \tag{7.39}$$

将求得的 $\begin{bmatrix} dV_1 & dV_2 & d\beta_1 & d\beta_2 \end{bmatrix}$ 代入到相应的原始观测值中，即可对水平方向和垂直方向观测值同时进行修正。在实际的计算过程中，需要作迭代运算，使两姿态轴的垂直度满足一定的垂直条件，达到姿态测量要求。

7.5　航天器准直测量技术发展

当前，航天器准直测量主要依靠高精度的电子经纬仪，测量自动化程度低；航天器上的部件姿态多样、结构复杂，使用经纬仪系统测量时，一般需要 3～4 人共同作业，测量工作强

度大、效率低。随着航天工业的不断发展，航天器各项指标和要求都不断提高，伴随着各种工业产品、测量设备日趋多样化，高效率、低成本和短时间是高竞争力的基础，智能制造就是将传统制造技术与数字化、信息化和智能化融合，实现高效优质安全的制造模式，而这也正是航天器研制的发展需求。因此，实现航天器总装的自动化测量是当前的发展方向。将数字图像处理等技术与测量仪器融合，提高测量效率和自动化水平，是当前的研究重点。

7.5.1　CCD 自动引导准直技术

工业摄影测量具有准确度高、快速、高效和不易受外界因素干扰等优点，可以弥补当前人工操作电子经纬仪准直测量中测量效率低、受人为因素影响大的不足。可以通过对 CCD 获取的图像进行处理，提取出分划板十字丝和经纬仪瞄准十字丝的中心，依据标定参数计算驱动量并驱使电子经纬仪运动，实现自动准直引导，十字丝中心提取主要是通过提取十字丝横、竖线，将两直线相交得到中心点位置。

7.5.2　激光跟踪仪准直测量技术

相比于传统方法，利用光的直线传播与反射定律，通过激光跟踪仪测量两个高精度的点坐标直接构建镜面法线的直线，当两点距离达到一定长度时即可克服上述方法的缺点。杨振等（2018b）利用激光跟踪仪进行准直和姿态测量，将角度观测转换为点位观测，充分发挥了激光跟踪仪高精度点位测量优势，整体准直和姿态测量精度与经纬仪方法相当。测量效率上，该方法单人单台仪器即可操作，无需人眼瞄准观测，能够降低工作强度，避免人员观测误差。测量环境上，跟踪仪无需整平、高度调整范围限制小，测回之间可随意变换位置，已经具备替代高精度经纬仪进行准直和姿态测量的能力。

7.5.3　航天器总装自动测量技术

通过精密转台、自动升降系统及多种测量仪器配合，航天器总装的自动测量得以实现。主要通过三个步骤解决：一是寻找合适的准直位置，调节测量仪器至概略准直位置；二是自动引导 CCD 目镜，完成被测目标的精确准直；三是完成测量数据的处理，得到测量结果。关键技术是针对寻找概略准直位置问题，设计基于多伺服系统的运动参数解算模型，实现概略准直位置的自主寻找，并依靠自动准直方法完成精确准直，基于获取的参数数据，设计姿态参数解算模型，实现测量结果的自动解算。

思考与练习

（1）简述波带板激光准直的原理。

（2）简述基于经纬仪/全站仪的光学准直测量原理。

（3）立方镜姿态测量是如何实现的？

（4）简述航天器立方镜间姿态标定技术。

（5）试列举几种航天器准直测量技术。

第 8 章　精密坐标测量

精密坐标测量是精密工程测量的重要组成部分，当前的技术成果十分丰富。按照坐标测量原理分类，有球坐标测量（全站仪、激光跟踪仪、激光雷达）、角度前方交会坐标测量（经纬仪交会测量、工业摄影测量、iGPS 测量）、空间支导线测量（关节臂式坐标测量机）、三维边角网测量（上述多种测量技术组合）和距离交会测量（全站仪和/或激光跟踪仪）。

因为球坐标测量原理相对简单，本章不再介绍。角度前方交会坐标测量原理复杂、应用场景广泛，本章安排 2 节内容，包括经纬仪交会坐标测量和工业摄影测量。关节臂式坐标测量机的坐标测量原理为空间支导线，很有特色，本章予以简要介绍。当球坐标测量类仪器搬站测量或几种仪器联合测量时，其实质是通过边角网平差建立统一的测量坐标系，功能更强、应用价值大，本章安排 3 节内容，分别为用于精密坐标传递的二联激光跟踪仪系统、基于多台激光跟踪仪的边角网坐标测量技术和激光跟踪仪多测站抗差马氏光束法平差。在当前阶段，激光跟踪仪小范围的距离测量精度很高，用它建立三维测边网，可以达到很高的测量精度（优于 0.1 mm），本章也将介绍其建网技术，以基于距离交会的坐标测量为例展开说明。

8.1　经纬仪交会坐标测量

8.1.1　经纬仪交会测量系统简介

经纬仪交会测量系统由两台或两台以上高精度电子经纬仪与计算机联机构成，根据角度空间前方交会测量原理获取空间点的三维坐标，可以实现高精度、无接触测量。

早在 1610 年，荷兰天文学家和数学家 Snellius 就提出了三角测量原理，从而诞生了一种精密的间接定位法——前方交会法。光学经纬仪的发明和不断改进，使前方交会方法成为测量作业的一种重要方式。

1968 年，联邦德国奥普托（Opton）厂生产了世界上第一台全站型电子速测仪 Reg Elta 14，实现了电子测角，其水平方向和垂直角观测中误差分别为±3″和±4.5″。这给前方交会法注入了新的活力。

1977 年，美国惠普公司生产了 HP3820A，其水平方向和垂直角观测中误差分别为±2″和±4″。1979 年，该公司用一台计算机将两台电子经纬仪连接起来，第一次组成了"实时三角测量系统"，即由两台电子经纬仪同时照准并观测被测点，将观测值自动传输到计算机，由计算机计算出该点的空间三维坐标。该实时三角测量系统就是现代经纬仪交会测量系统的原型，在建筑、机械制造及航空航天等领域得到了推广应用。

20 世纪 80 年代是电子经纬仪高速发展的时期，也是经纬仪交会测量系统快速发展的时期。1982 年，瑞典捷创力（Geotronics）公司生产的 Geodimeter 140 全站仪和 1983 年瑞士 Wild 厂生产的 T2000 电子经纬仪都采用了对径扫描的动态测角原理，消除了度盘偏心差和分划误差的影响，同时轴系补偿技术不断完善，使电子测角的精度达到了±0.5″。这为经纬仪交会测量系统的高精度应用提供了有力保证。

　　1980 年，美国人 Johnson 最先采用 K+E 厂的 DT-1 型电子经纬仪，进行双测站系统的工业测量，从而引起工业界的注意和仪器厂家的竞争。徕卡公司的三厂家[Wild 厂、Kern 厂、徕兹（Leitz）厂]、德国蔡司（Zeiss）厂以及美国、日本的厂家等，生产出了上百套产品供世界各国使用。国外已经发展了多种型号的经纬仪工业测量系统，它们具有可移动、观测精度高、自动化程度高、适应性强、可观测尺寸大和非接触等优点。

　　自 20 世纪 80 年代中期以来，许多厂家都相继推出了商业化的系统，例如，美国 K+E 厂推出了 AIMS 系统，德国 Zeiss 厂推出了 IMS 系统，瑞士 Kern 厂推出了 ECDS 和 SPACE 系统等，其中徕卡公司的产品精度最高、种类最全，先后推出了 RMS2000、ManCAT、ECDS3 和 Axyz MTM 等系统。电子经纬仪从手动型发展到了马达驱动型；系统软件从 DOS 版发展到 Windows 版，硬件数量也从最初的连接 2 台电子经纬仪发展到连接 8 台电子经纬仪。

　　国内自 20 世纪 90 年代初从国外引进经纬仪测量系统以来，经纬仪测量系统已在航天、航空、核工业、船舶、电子等国防工业部门逐步开始了应用，但绝大多数都是全套引进国外的硬件和软件，对外依赖强，亟须具有自主知识产权的测量系统。

　　20 世纪 90 年代初，中国航天科工三院三〇四研究所研究开发出基于两台 T2000S 的 DOS 版大尺寸坐标测量系统 LDMS，并在国内开展了初步应用。

　　早在 20 世纪 80 年代中期，解放军测绘学院就开始研究经纬仪交会测量系统的相关技术，较好地解决了多台经纬仪建立坐标测量系统等系列理论和实际应用问题，推出了具有自主知识产权的 MetroIn 工业测量系统，能够兼容徕卡、拓普康（Topcon）、索佳（Sokkia）等厂家的电子经纬仪，可满足不同用户的需求。

8.1.2　经纬仪交会测量原理

　　经纬仪测量系统的测量原理为角度空间前方交会，以两台经纬仪构成的系统为例予以说明。如图 8.1 所示，两台经纬仪为 A 和 B，以经纬仪 A 的中心（三轴交点）为坐标原点，A、B 连线在水平面的投影为 X 轴，以过经纬仪 A 的中心的垂线反方向为 Z 轴，按右手坐标系定义确定 Y 轴，由此构成测量坐标系。

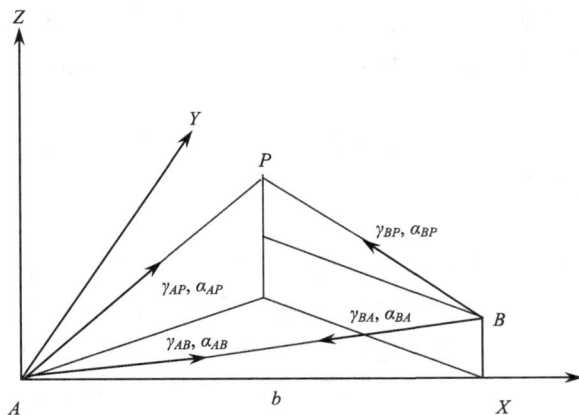

图 8.1　经纬仪测量系统原理图

　　A、B 互瞄测量及分别观测目标 P 的观测值（水平方向值、垂直方向值）分别为 $\gamma_{AB}, \alpha_{AB}, \gamma_{BA}, \alpha_{BA}, \gamma_{AP}, \alpha_{AP}, \gamma_{BP}, \alpha_{BP}$。设水平角 α、β 为

$$\begin{cases} \alpha = \gamma_{AB} - \gamma_{AP} \\ \beta = \gamma_{BP} - \gamma_{BA} \end{cases} \tag{8.1}$$

则 P 点的三维坐标为

$$\begin{cases} x = \dfrac{\sin\beta\cos\alpha}{\sin(\alpha+\beta)}b \\[2mm] y = \dfrac{\sin\beta\sin\alpha}{\sin(\alpha+\beta)}b \\[2mm] z = \dfrac{1}{2}\left[\dfrac{\sin\beta\cot\alpha_{AP} + \sin\alpha\cot\alpha_{BP}}{\sin(\alpha+\beta)}b + h\right] \end{cases} \tag{8.2}$$

式中，b 为基线长，即经纬仪 A 和 B 的水平间距，可通过用两台经纬仪对某一基准长度进行测量来反算求得，也可用高精度的测距系统直接测定；h 为两台经纬仪的高差，且

$$h = \frac{1}{2}(\cot\alpha_{AB} - \cot\alpha_{BA})b \tag{8.3}$$

　　从经纬仪测量系统的原理可以看出，要想获取空间点的三维坐标值，必须首先建立测量坐标系，即要得到 A、B 测站的坐标值，具体来说，就是要确定 AB 方向和距离基准，这就需要进行经纬仪系统定向，包括相对定向、绝对定向。

　　1. 相对定向

　　相对定向即确定起始方向，可以采用内觇标法、外觇标法直接测定，也可以采用间接的方法测定，还可以作为未知数在测量平差中统一解算。

　　内觇标法是通过照准望远镜的内觇标来直接确定起始方向。典型工业测量电子经纬仪（如 T3000、TM5100、TM6100）中可以高精度地安装内觇标，这样两台经纬仪精确瞄准对方的内觇标，就可确定相互之间的方向。由于内觇标实际安装的位置并不是严格地与物镜同心，与视准轴存在一定的偏差，一般安装精度优于 $\pm 4''$。互瞄内觇标法测量的是内觇标中心，因此需要调焦观测，在测站设计时应尽量使各站间的距离相等，从而减弱调焦误差的影响。

　　对无法安装内觇标的仪器（如 TM5005 和全站仪等）可在物镜前方粘贴一外觇标，是一种可行的简易直接测定方法。

　　2. 绝对定向

　　绝对定向是给出经纬仪测量系统的尺度基准。由于工业测量系统精度要求较高（一般要求精度优于 ± 0.1mm），用测距仪一般无法满足精度要求。在经纬仪测量系统中，通常采用电子经纬仪对基准尺进行观测，在测站三维控制网中加入长度条件方程，解决尺度问题。

　　对基准尺进行测量时，基准尺单点照准精度为 $\pm(5\sim 7)$ μm。实际测量中，用经检定的基准尺长度进行解算时，由于照准误差的存在，基准尺长度实际上已发生了变化，会影响到整个控制网的尺度基准。但由于照准误差是随机性的，通过多个位置测量基准尺，可以减小照准误差。为了提高基准尺的测量精度，基准尺还应放置在最佳观测位置上。

如图 8.2 所示，A、B 为两台经纬仪，b 为待求的基线长（即 A、B 的水平距离），L 为基准尺长度。

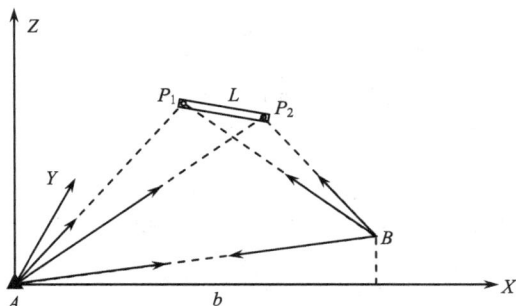

图 8.2　基线长反算原理图

首先，A、B 两台经纬仪互瞄进行相对定向，测得起始方向值 $(\gamma_{AB}, \alpha_{AB})$ 和 $(\gamma_{BA}, \alpha_{BA})$。然后 A、B 分别对基准尺的两端点 P_1、P_2 进行观测，得到方向值 $(\gamma_{AP_i}, \alpha_{AP_i})$ 和 $(\gamma_{BP_i}, \alpha_{BP_i})$，其中 $i=1,2$。令

$$\begin{cases} \alpha_1 = \gamma_{AB} - \gamma_{AP_1} \\ \alpha_2 = \gamma_{AB} - \gamma_{AP_2} \\ \beta_1 = \gamma_{BP_1} - \gamma_{BA} \\ \beta_2 = \gamma_{BP_2} - \gamma_{BA} \end{cases} \tag{8.4}$$

则按照角度前方交会的原理可以得到 P_1、P_2 两点的三维坐标 (x_i, y_i, z_i)，即

$$\begin{cases} x_i = b_0 \dfrac{\sin \beta_i \cos \alpha_i}{\sin(\alpha_i + \beta_i)} \\[2mm] y_i = b_0 \dfrac{\sin \beta_i \sin \alpha_i}{\sin(\alpha_i + \beta_i)} \\[2mm] z_i = \dfrac{1}{2} \left[\dfrac{\sin \beta_i \cot \alpha_{AP_i} + \sin \alpha_i \cot \alpha_{BP_i}}{\sin(\alpha_i + \beta_i)} b_0 + h \right] \end{cases} \tag{8.5}$$

式中，b_0 为 b 的近似值，h 取值为

$$h = \frac{1}{2} \left(\cot \alpha_{AB} - \cot \alpha_{BA} \right) \cdot b \tag{8.6}$$

根据相似原理，有

$$b = \frac{b_0}{L_0} L \tag{8.7}$$

式中，

$$L_0 = \sqrt{\left(x_1 - x_2 \right)^2 + \left(y_1 - y_2 \right)^2 + \left(z_1 - z_2 \right)^2} \tag{8.8}$$

可以从式（8.8）的 L_0 中提取 b_0，即

$$L_0 = b_0 \cdot f\left(\alpha_i, \beta_i, \alpha_{AP_i}, \alpha_{BP_i}, \alpha_{AB}, \alpha_{BA}\right) \tag{8.9}$$

可将式（8.7）中的 b_0 消去，也即 b_0 的取值不影响 b 的计算。故可以取 $b_0=1$。因此式（8.7）按照误差传播定律可以得到

$$m_b^2 = \left[\sum_{i=1}^{2}\left(\frac{\partial b}{\partial \gamma_{AP_i}}\right)^2 + \sum_{i=1}^{2}\left(\frac{\partial b}{\partial \gamma_{BP_i}}\right)^2\right] \cdot m_\beta^2 + \left[\sum_{i=1}^{2}\left(\frac{\partial b}{\partial \alpha_{AP_i}}\right)^2 + \sum_{i=1}^{2}\left(\frac{\partial b}{\partial \alpha_{BP_i}}\right)^2\right] \cdot m_\alpha^2 +$$

$$\left[\left(\frac{\partial b}{\partial \gamma_{AB}}\right)^2 + \left(\frac{\partial b}{\partial \gamma_{BA}}\right)^2\right] \cdot m_\beta^2 + \left[\left(\frac{\partial b}{\partial \alpha_{AB}}\right)^2 + \left(\frac{\partial b}{\partial \alpha_{BA}}\right)^2\right] \cdot m_\alpha^2 + \left(\frac{\partial b}{\partial L}\right)^2 \cdot m_L^2 \tag{8.10}$$

式中，m_β 为水平方向观测中误差；m_α 为垂直方向观测中误差；m_L 为基准尺的中误差。

现在分别求有关偏导数。由式（8.5）可以得到（考虑 $b_0=1$）

$$\begin{cases} \dfrac{\partial x_i}{\partial \alpha_i} = -\dfrac{\sin\beta_i \cos\beta_i}{\sin^2(\alpha_i + \beta_i)} \\[3mm] \dfrac{\partial y_i}{\partial \alpha_i} = -\dfrac{\sin^2\beta_i}{\sin^2(\alpha_i + \beta_i)} \\[3mm] \dfrac{\partial z_i}{\partial \alpha_i} = \dfrac{1}{2} \cdot \dfrac{\sin\beta_i\left[\cot\alpha_{BP_i} - \cot\alpha_{AP_i} \cdot \cos(\alpha_i + \beta_i)\right]}{\sin^2(\alpha_i + \beta_i)} \\[3mm] \dfrac{\partial x_i}{\partial \beta_i} = \dfrac{\sin\alpha_i \cos\alpha_i}{\sin^2(\alpha_i + \beta_i)} \\[3mm] \dfrac{\partial y_i}{\partial \beta_i} = \dfrac{\sin^2\alpha_i}{\sin^2(\alpha_i + \beta_i)} \\[3mm] \dfrac{\partial z_i}{\partial \beta_i} = \dfrac{1}{2} \cdot \dfrac{\sin\alpha_i\left[\cot\alpha_{AP_i} - \cot\alpha_{BP_i} \cdot \cos(\alpha_i + \beta_i)\right]}{\sin^2(\alpha_i + \beta_i)} \\[3mm] \dfrac{\partial z_i}{\partial \alpha_{AP_i}} = -\dfrac{1}{2} \cdot \dfrac{\sin\beta_i}{\sin^2\alpha_{AP_i}\sin^2(\alpha_i + \beta_i)} \\[3mm] \dfrac{\partial z_i}{\partial \alpha_{BP_i}} = -\dfrac{1}{2} \cdot \dfrac{\sin\alpha_i}{\sin^2\alpha_{BP_i}\sin^2(\alpha_i + \beta_i)} \\[3mm] \dfrac{\partial z_i}{\partial \alpha_{AB}} = \dfrac{1}{4\sin^2\alpha_{AB}} \\[3mm] \dfrac{\partial z_i}{\partial \alpha_{BA}} = -\dfrac{1}{4\sin^2\alpha_{BA}} \end{cases} \tag{8.11}$$

结合式（8.4）和式（8.7），有

$$
\left\{
\begin{aligned}
&\frac{\partial b}{\partial \gamma_{AP_1}} = \frac{b}{L_0^2}\left[(x_1-x_2)\frac{\partial x_1}{\partial \alpha_1}+(y_1-y_2)\frac{\partial y_1}{\partial \alpha_1}+(z_1-z_2)\frac{\partial z_1}{\partial \alpha_1}\right]\\
&\frac{\partial b}{\partial \gamma_{AP_2}} = -\frac{b}{L_0^2}\left[(x_1-x_2)\frac{\partial x_2}{\partial \alpha_2}+(y_1-y_2)\frac{\partial y_2}{\partial \alpha_2}+(z_1-z_2)\frac{\partial z_2}{\partial \alpha_2}\right]\\
&\frac{\partial b}{\partial \gamma_{BP_1}} = -\frac{b}{L_0^2}\left[(x_1-x_2)\frac{\partial x_1}{\partial \beta_1}+(y_1-y_2)\frac{\partial y_1}{\partial \beta_1}+(z_1-z_2)\frac{\partial z_1}{\partial \beta_1}\right]\\
&\frac{\partial b}{\partial \gamma_{BP_2}} = \frac{b}{L_0^2}\left[(x_1-x_2)\frac{\partial x_2}{\partial \beta_2}+(y_1-y_2)\frac{\partial y_2}{\partial \beta_2}+(z_1-z_2)\frac{\partial z_2}{\partial \beta_2}\right]\\
&\frac{\partial b}{\partial \gamma_{AB}} = -\frac{b}{L_0^2}\left[(x_1-x_2)\left(\frac{\partial x_1}{\partial \alpha_1}-\frac{\partial x_2}{\partial \alpha_2}\right)+(y_1-y_2)\left(\frac{\partial y_1}{\partial \alpha_1}-\frac{\partial y_2}{\partial \alpha_2}\right)+(z_1-z_2)\left(\frac{\partial z_1}{\partial \alpha_1}-\frac{\partial z_2}{\partial \alpha_2}\right)\right]\\
&\frac{\partial b}{\partial \gamma_{BA}} = \frac{b}{L_0^2}\left[(x_1-x_2)\left(\frac{\partial x_1}{\partial \beta_1}-\frac{\partial x_2}{\partial \beta_2}\right)+(y_1-y_2)\left(\frac{\partial y_1}{\partial \beta_1}-\frac{\partial y_2}{\partial \beta_2}\right)+(z_1-z_2)\left(\frac{\partial z_1}{\partial \beta_1}-\frac{\partial z_2}{\partial \beta_2}\right)\right]\\
&\frac{\partial b}{\partial \alpha_{AP_1}} = -\frac{b}{L_0^2}(z_1-z_2)\frac{\partial z_1}{\partial \alpha_{AP_1}}\\
&\frac{\partial b}{\partial \alpha_{AP_2}} = \frac{b}{L_0^2}(z_1-z_2)\frac{\partial z_2}{\partial \alpha_{AP_2}}\\
&\frac{\partial b}{\partial \alpha_{BP_1}} = -\frac{b}{L_0^2}(z_1-z_2)\frac{\partial z_1}{\partial \alpha_{BP_1}}\\
&\frac{\partial b}{\partial \alpha_{BP_2}} = -\frac{b}{L_0^2}(z_1-z_2)\frac{\partial z_2}{\partial \alpha_{BP_2}}\\
&\frac{\partial b}{\partial \alpha_{AB}} = 0 \qquad \frac{\partial b}{\partial \alpha_{BA}} = 0 \qquad \frac{\partial b}{\partial L} = \frac{1}{L_0}
\end{aligned}
\right.
\tag{8.12}
$$

将式（8.11）和式（8.12）代入式（8.10）中即可求得 b 的中误差。可以看出，b 的精度主要取决于方向观测精度 (m_α, m_β)、图形结构（即基准尺的放置情况、两仪器站的设置情况）及基准尺的长度及精度。

8.1.3　多台经纬仪的定向解算

在实际测量中，通常需要采用多台经纬仪组成控制网，才能够完成被测物体所有点位的测量。当测量坐标系定义后，就需要采集各台仪器之间的互瞄观测值和基准尺观测值等，通过平差计算，确定各台仪器的中心在该坐标系下的三维坐标，以便任意两台及以上经纬仪通过角度交会能够测量空间点的三维坐标，该过程即为多台经纬仪的定向解算。

当采用多台仪器进行角度空间前方交会时，首先应确定仪器各个设站点间的相互位置关系，因此必须在测量现场建立测站三维控制网。仪器设站点的布设应依据被测物的形状、大小及场地情况而定。与常规工程测量三维控制网相比较，工业测量三维控制网中需观测的值仅为水平方向和天顶距（或垂直角），同时由于其控制范围很小，垂线偏差和折光误差影响基本不予考虑。在 MetroIn 中采用了一种称为"六自由度测站三维网平差法"的方法，即基于测站坐标系与测量坐标系转换的测站三维网平差。

1）坐标系的定义

定向参数标定实际上是将所有经纬仪的相对位置关系用一个统一的坐标系来表述，该统一坐标系称为"测量坐标系"，可自由定义。一般情况下把测量坐标系定义为：坐标系原点为第一台经纬仪的三轴中心，Z 轴为第一台经纬仪的竖轴方向，一般向上为 Z 轴正向。如果第一、第二两台经纬仪之间存在互瞄观测值，则 X 轴为第一台经纬仪互瞄向第二台经纬仪的方向在第一台经纬仪水平度盘平面上的投影，X 轴正向指向第二台经纬仪；如果第一、第二两台经纬仪之间没有互瞄观测值，则 X 轴正向为第一台经纬仪的水平零度盘方向在其水平度盘平面上的投影。Y 轴按右手坐标系定义确定。所有经纬仪之间的相对位置关系可以用测站的空间位置参数 $(X_{S_i}, Y_{S_i}, Z_{S_i})$ 和旋转参数 $(R_{X_{S_i}}, R_{Y_{S_i}}, R_{Z_{S_i}})$ 来表述，因此每一台经纬仪实际上确定了一个坐标系，称为测站坐标系。测站坐标系定义为：原点为该经纬仪的三轴中心，X 轴正向为该经纬仪的水平零度盘方向在其水平度盘平面上的投影，Z 轴为该经纬仪的竖轴方向，向上为正向，Y 轴按右手坐标系定义确定。因此定向参数标定即为求解各测站坐标系的位置参数 $(X_{S_i}, Y_{S_i}, Z_{S_i})$ 和旋转参数 $(R_{X_{S_i}}, R_{Y_{S_i}}, R_{Z_{S_i}})$。测量坐标系、测站坐标系的定义如图 8.3 所示。

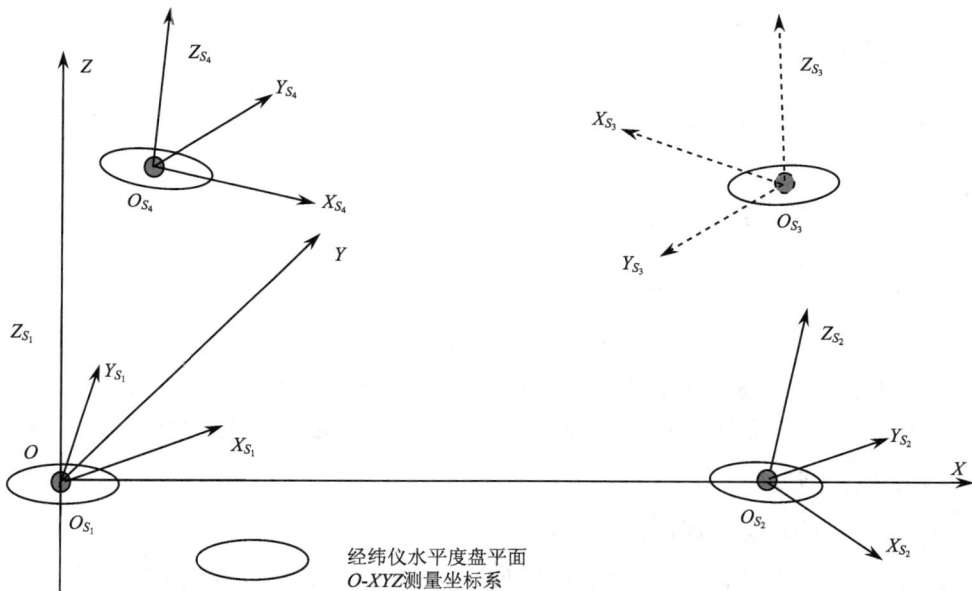

图 8.3 测量坐标系、测站坐标系的定义

2）定向参数个数及定向观测值

设组成系统的经纬仪台数为 n，每台经纬仪有 6 个未知参数，则定向参数的个数为 $6n$，按照测量坐标系的定义，第一台经纬仪的位置参数为（0，0，0），$R_{X_{S_1}}$、$R_{Y_{S_1}}$ 为零，$R_{Z_{S_1}}$ 为互瞄角值（或为零），因此第一台经纬仪的参数是已知的。由 n 台经纬仪构成的测量系统未知定向参数个数为 $6(n-1)$。进行定向观测时往往还需要测量 m 个定向点，每个定向点有 3 个位置参数，因此定向解算中的未知参数总数为 $6(n-1)+3m$。

在解算过程中每一个观测值可以列出一个方程，因此观测值的总数应不少于 $6(n-1)+3m$，且其中至少有一个距离观测值（或已知距离，如某两个定向点为基准尺端点），以确定系统的尺度。图 8.4 为由 n 台经纬仪组成测量系统的定向观测示意图，其中 OP_1 与 OP_2 为基准尺的两端点。

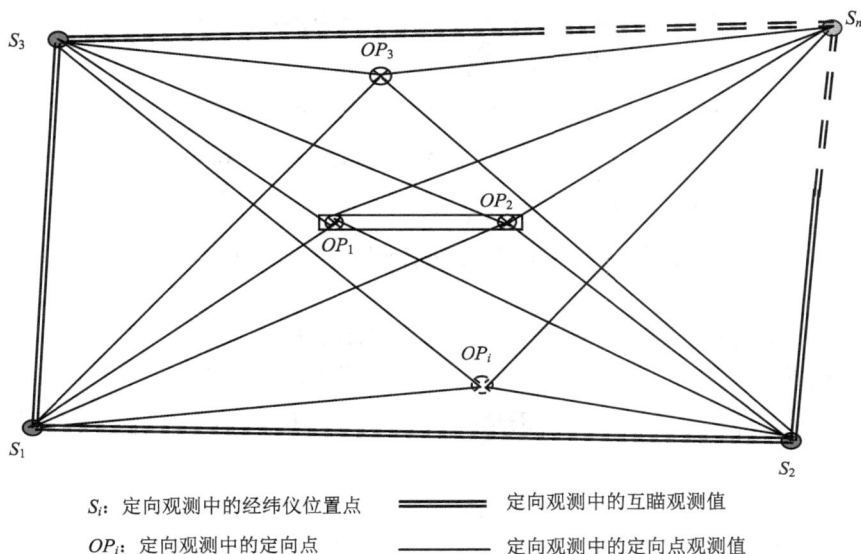

S_i：定向观测中的经纬仪位置点　　　　━━━　定向观测中的互瞄观测值

OP_i：定向观测中的定向点　　　　━━━　定向观测中的定向点观测值

图 8.4　定向观测示意图

3）坐标转换关系

经过定向观测以后，所有测站和定向点实际上构成了一个三维控制网（称为测站三维网），测站点和定向点同时存在于测量坐标系与各测站坐标系中。设各测站坐标系相对于测量坐标系的旋转参数为 $(R_{X_{S_i}}, R_{Y_{S_i}}, R_{Z_{S_i}})$，平移参数（即经纬仪的空间位置参数）为 $(X_{S_i}, Y_{S_i}, Z_{S_i})$，$i=1,2,\cdots,n$；测站点及定向点在第 i 个测站坐标系中的坐标为 $(X_{S_{ik}}, Y_{S_{ik}}, Z_{S_{ik}})$，$i=1,2,\cdots,n$，$k=1,2,\cdots,n+m$，且 $k\neq i$；定向点在测量坐标系下的坐标为 $(X_{S_k}, Y_{S_k}, Z_{S_k})$，$k=n+1,n+2,\cdots,n+m$。以下各式中下标的取值范围同上，则测站点或定向点在测量坐标系下的坐标与在第 i 个测站坐标系下的坐标关系为

$$\begin{pmatrix} X_{S_{ik}} \\ Y_{S_{ik}} \\ Z_{S_{ik}} \end{pmatrix} = \begin{pmatrix} a_{i1} & b_{i1} & c_{i1} \\ a_{i2} & b_{i2} & c_{i2} \\ a_{i3} & b_{i3} & c_{i3} \end{pmatrix} \cdot \begin{pmatrix} X_{S_k} - X_{S_i} \\ Y_{S_k} - Y_{S_i} \\ Z_{S_k} - Z_{S_i} \end{pmatrix} \tag{8.13}$$

式中，$a_{i1}, a_{i2}, \cdots, c_{i3}$ 为第 i 个测站旋转参数 $(R_{X_{S_i}}, R_{Y_{S_i}}, R_{Z_{S_i}})$ 的函数。函数关系为（旋转轴依次为 X 轴、Y 轴和 Z 轴）

$$\begin{cases} a_{i1} = \cos R_{Y_{S_i}} \cdot \cos R_{Z_{S_i}} \\ a_{i2} = -\cos R_{Y_{S_i}} \cdot \sin R_{Z_{S_i}} \\ a_{i3} = \sin R_{Y_{S_i}} \\ b_{i1} = \sin R_{X_{S_i}} \cdot \sin R_{Y_{S_i}} \cdot \cos R_{Z_{S_i}} + \cos R_{X_{S_i}} \cdot \sin R_{Z_{S_i}} \\ b_{i2} = -\sin R_{X_{S_i}} \cdot \sin R_{Y_{S_i}} \cdot \sin R_{Z_{S_i}} + \cos R_{X_{S_i}} \cdot \cos R_{Z_{S_i}} \\ b_{i3} = -\sin R_{X_{S_i}} \cdot \cos R_{Y_{S_i}} \\ c_{i1} = -\cos R_{X_{S_i}} \cdot \sin R_{Y_{S_i}} \cdot \cos R_{Z_{S_i}} + \sin R_{X_{S_i}} \cdot \sin R_{Z_{S_i}} \\ c_{i2} = \cos R_{X_{S_i}} \cdot \sin R_{Y_{S_i}} \cdot \sin R_{Z_{S_i}} + \sin R_{X_{S_i}} \cdot \cos R_{Z_{S_i}} \\ c_{i3} = \cos R_{X_{S_i}} \cdot \cos R_{Y_{S_i}} \end{cases} \tag{8.14}$$

按照式（8.13）可以将测站点和定向点在各测站坐标系下的坐标全部统一到测量坐标系下。

4）测站点及定向点在测站坐标系下的坐标与观测值的关系

测站点及定向点（以下统称为点）在第 i 个测站坐标系中的坐标为 $(X_{S_{i_k}}, Y_{S_{i_k}}, Z_{S_{i_k}})$，第 i 测站对点的观测值分别为 Hz_{i_k}、V_{i_k}（天顶距）、S_{i_k}（空间距离），点坐标与观测值关系如图 8.5 所示。

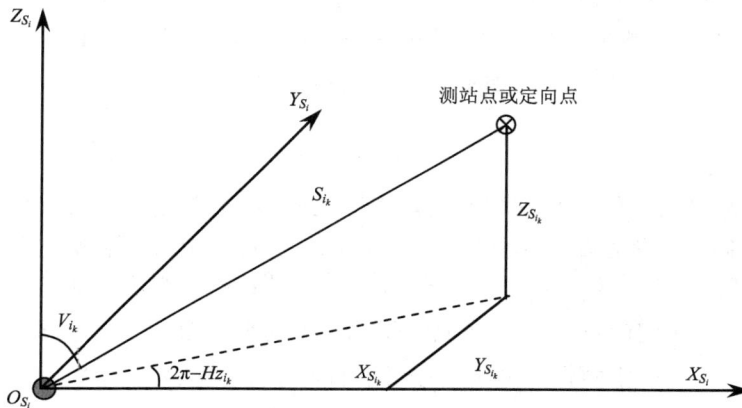

图 8.5　点坐标与观测值关系

由图 8.5 可得点坐标与观测值的函数关系为

$$Hz_{i_k} = 2\pi - \arctan \frac{Y_{S_{i_k}}}{X_{S_{i_k}}} \tag{8.15}$$

$$V_{i_k} = \frac{\pi}{2} - \arctan \frac{Z_{S_{i_k}}}{\sqrt{X_{S_{i_k}}^2 + Y_{S_{i_k}}^2}} \tag{8.16}$$

$$S_{i_k} = \sqrt{\left(X_{S_k} - X_{S_i}\right)^2 + \left(Y_{S_k} - Y_{S_i}\right)^2 + \left(Z_{S_k} - Z_{S_i}\right)^2} \tag{8.17}$$

将式（8.13）代入式（8.15）和式（8.16）可得

$$Hz_{i_k} = 2\pi - \arctan \frac{a_{i2} \cdot \left(X_{S_k} - X_{S_i}\right) + b_{i2} \cdot \left(Y_{S_k} - Y_{S_i}\right) + c_{i2} \cdot \left(Z_{S_k} - Z_{S_i}\right)}{a_{i1} \cdot \left(X_{S_k} - X_{S_i}\right) + b_{i1} \cdot \left(Y_{S_k} - Y_{S_i}\right) + c_{i1} \cdot \left(Z_{S_k} - Z_{S_i}\right)} \tag{8.18}$$

$$V_{i_k} = \frac{\pi}{2} - \arctan \frac{a_{i3} \cdot \left(X_{S_k} - X_{S_i}\right) + b_{i3} \cdot \left(Y_{S_k} - Y_{S_i}\right) + c_{i3} \cdot \left(Z_{S_k} - Z_{S_i}\right)}{\sqrt{\left[a_{i1} \cdot \left(X_{S_k} - X_{S_i}\right) + b_{i1} \cdot \left(Y_{S_k} - Y_{S_i}\right) + c_{i1} \cdot \left(Z_{S_k} - Z_{S_i}\right)\right]^2 + \left[a_{i2} \cdot \left(X_{S_k} - X_{S_i}\right) + b_{i2} \cdot \left(Y_{S_k} - Y_{S_i}\right) + c_{i2} \cdot \left(Z_{S_k} - Z_{S_i}\right)\right]^2}}$$

$$\tag{8.19}$$

按照式（8.17）～式（8.19），所有观测值均可表示为定向参数的函数。

5）建立观测值误差方程并进行参数求解

分别对式（8.17）～式（8.19）线性化，可得到观测值误差方程为

$$
\begin{aligned}
V^{S} = {}& d_1 \cdot \delta X_{S_i} + d_2 \cdot \delta Y_{S_i} + d_3 \cdot \delta Z_{S_i} + d_4 \cdot \delta R_{X_{S_i}} + d_5 \cdot \delta R_{Y_{S_i}} \\
& + d_6 \cdot \delta R_{Z_{S_i}} + d_7 \cdot \delta X_{S_k} + d_8 \cdot \delta Y_{S_k} + d_9 \cdot \delta Z_{S_k} - L^{S} \\
V^{Hz} = {}& e_1 \cdot \delta X_{S_i} + e_2 \cdot \delta Y_{S_i} + e_3 \cdot \delta Z_{S_i} + e_4 \cdot \delta R_{X_{S_i}} + e_5 \cdot \delta R_{Y_{S_i}} \\
& + e_6 \cdot \delta R_{Z_{S_i}} + e_7 \cdot \delta X_{S_k} + e_8 \cdot \delta Y_{S_k} + e_9 \cdot \delta Z_{S_k} - L^{Hz} \\
V^{V} = {}& f_1 \cdot \delta X_{S_i} + f_2 \cdot \delta Y_{S_i} + f_3 \cdot \delta Z_{S_i} + f_4 \cdot \delta R_{X_{S_i}} + f_5 \cdot \delta R_{Y_{S_i}} \\
& + f_6 \cdot \delta R_{Z_{S_i}} + f_7 \cdot \delta X_{S_k} + f_8 \cdot \delta Y_{S_k} + f_9 \cdot \delta Z_{S_k} - L^{V}
\end{aligned}
\tag{8.20}
$$

式中，$d_1, \cdots, d_9, e_1, \cdots, e_9, f_1, \cdots, f_9$ 分别为各观测值对定向参数的一阶偏导；L^{S}, L^{Hz}, L^{V} 为常数项，具体表达式如下。

设定向未知参数初值为 ${}^0\boldsymbol{X} = \left({}^0X_{S_i}, {}^0Y_{S_i}, {}^0Z_{S_i}, {}^0R_{X_{S_i}}, {}^0R_{Y_{S_i}}, {}^0R_{Z_{S_i}}, {}^0X_{S_k}, {}^0Y_{S_k}, {}^0Z_{S_k}\right)$，令

$$
\begin{cases}
\mathrm{d}X = {}^0X_{S_k} - {}^0X_{S_i} \\
\mathrm{d}Y = {}^0Y_{S_k} - {}^0Y_{S_k} \\
\mathrm{d}Z = {}^0Z_{S_k} - {}^0Z_{S_i}
\end{cases},
\quad
\begin{cases}
{}^0x = a_{i1}\mathrm{d}X + b_{i1}\mathrm{d}Y + c_{i1}\mathrm{d}Z \\
{}^0y = a_{i2}\mathrm{d}X + b_{i2}\mathrm{d}Y + c_{i2}\mathrm{d}Z \\
{}^0z = a_{i3}\mathrm{d}X + b_{i3}\mathrm{d}Y + c_{i3}\mathrm{d}Z
\end{cases},
\quad
\begin{cases}
Hx = -\dfrac{{}^0y}{{}^0x^2 + {}^0y^2} \\
Hy = \dfrac{{}^0x}{{}^0x^2 + {}^0y^2}
\end{cases},
$$

$$
{}^0S = \sqrt{\mathrm{d}X^2 + \mathrm{d}Y^2 + \mathrm{d}Z^2},
\quad
\begin{cases}
Vx = \dfrac{{}^0x \cdot {}^0z}{{}^0x^2 + {}^0y^2 + {}^0z^2} \cdot \dfrac{1}{\sqrt{{}^0x^2 + {}^0y^2}} \\
Vy = \dfrac{{}^0y \cdot {}^0z}{{}^0x^2 + {}^0y^2 + {}^0z^2} \cdot \dfrac{1}{\sqrt{{}^0x^2 + {}^0y^2}} \\
Vz = -\dfrac{{}^0x^2 + {}^0y^2}{{}^0x^2 + {}^0y^2 + {}^0z^2} \cdot \dfrac{1}{\sqrt{{}^0x^2 + {}^0y^2}}
\end{cases}
$$

则有

$$d_1 = -\frac{\mathrm{d}X}{{}^0S} = -d_7, \quad d_2 = -\frac{\mathrm{d}Y}{{}^0S} = -d_8, \quad d_3 = -\frac{\mathrm{d}Z}{{}^0S} = -d_9, \quad d_4 = d_5 = d_6 = 0$$

$$e_1 = -a_{i1} \cdot Hx - a_{i2} \cdot Hy = -e_7, \quad e_2 = -b_{i1} \cdot Hx - b_{i2} \cdot Hy = -e_8$$

$$e_3 = -c_{i1} \cdot Hx - c_{i2} \cdot Hy = -e_9, \quad e_4 = Hx \cdot \left(-c_{i1}\mathrm{d}Y + b_{i1}\mathrm{d}Z\right) + Hy \cdot \left(-c_{i2}\mathrm{d}Y + b_{i2}\mathrm{d}Z\right)$$

$$e_5 = \left(a_{i3}\mathrm{d}X + b_{i3}\mathrm{d}Y + c_{i3}\mathrm{d}Z\right) \cdot \left(Hy \cdot \sin R_{Z_{S_i}} - Hx \cdot \cos R_{Z_{S_i}}\right)$$

$$e_6 = Hx \cdot \left(a_{i2}\mathrm{d}X + b_{i2}\mathrm{d}Y + c_{i2}\mathrm{d}Z \right) - Hy \cdot \left(a_{i1}\mathrm{d}X + b_{i1}\mathrm{d}Y + c_{i1}\mathrm{d}Z \right)$$

$$f_1 = -a_{i1} \cdot Vx - a_{i2} \cdot Vy - a_{i3} \cdot Vz = -f_7$$

$$f_2 = -b_{i1} \cdot Vx - b_{i2} \cdot Vy - b_{i3} \cdot Vz = -f_8$$

$$f_3 = -c_{i1} \cdot Vx - c_{i2} \cdot Vy - c_{i3} \cdot Vz = -f_9$$

$$f_4 = Vx \cdot \left(-c_{i1}\mathrm{d}Y + b_{i1}\mathrm{d}Z \right) + Vy \cdot \left(-c_{i2}\mathrm{d}Y + b_{i2}\mathrm{d}Z \right) + Vz \cdot \left(-c_{i3}\mathrm{d}Y + b_{i3}\mathrm{d}Z \right)$$

$$f_5 = \left(a_{i3}\mathrm{d}X + b_{i3}\mathrm{d}Y + c_{i3}\mathrm{d}Z \right) \cdot \left(Vy \cdot \sin R_{Z_{S_i}} - Vx \cdot \cos R_{Z_{S_i}} \right)$$
$$+ Vz \cdot \left(\cos R_{Y_{S_i}} \cdot \mathrm{d}X + a_{i3} \sin R_{X_{S_i}} \cdot \mathrm{d}Y - a_{i3} \cos R_{X_{S_i}} \cdot \mathrm{d}Z \right)$$

$$f_6 = Vx \cdot \left(a_{i2}\mathrm{d}X + b_{i2}\mathrm{d}Y + c_{i2}\mathrm{d}Z \right) - Vy \cdot \left(a_{i1}\mathrm{d}X + b_{i1}\mathrm{d}Y + c_{i1}\mathrm{d}Z \right)$$

$$L^S = S_{i_k} - {}^0S$$

$$L^{Hz} = \arctan \frac{{}^0 y}{{}^0 x} + Hz_{i_k} - 2\pi$$

$$L^V = V_{i_k} + \arctan \frac{-{}^0 y}{\sqrt{{}^0 x^2 + {}^0 y^2}} - \frac{\pi}{2}$$

式（8.20）的误差方程写成矩阵形式为

$$V = A \cdot \delta X - L \tag{8.21}$$

式中，δX 为定向参数除去初始值以后的残余值。

依据观测值的验前方差（或依据方差分量估计后的验后方差）给观测值赋权，设观测值权阵为 P，则由误差方程组成法方程为

$$A^{\mathrm{T}} P A \cdot \delta X = A^{\mathrm{T}} P L \tag{8.22}$$

则

$$\delta X = \left(A^{\mathrm{T}} P A \right)^{-1} \cdot \left(A^{\mathrm{T}} P L \right) \tag{8.23}$$

将定向参数初始值 ${}^0 X$ 加上参数残余值 δX 就可以得到定向参数。

由于观测值与参数间的函数为非线性关系，求解需多次迭代，直到参数残余值趋近于零，即完成了定向参数求解。

此定向参数求解方法是基于测站坐标系与测量坐标系相互转换的统一思路的测站三维网平差，而且考虑了任意测站坐标系的六个自由度（平移和旋转）。

8.1.4　经纬仪交会测量系统特点

经纬仪交会测量系统的优点是：精度高，相对测量精度达 1/100000；测量范围可达 100m，对环境的要求不高，是光学、非接触式的测量系统。

经纬仪交会测量系统的缺点是：人工照准目标，因而测量速度慢、作业强度大。

8.2　工业摄影测量

摄影测量是利用相机摄影得到的相片，研究和确定被摄物体的形状、大小、位置、性质和相互关系的一门科学和技术。按照被测目标远近不同，摄影测量可分为航天摄影测量、航

空摄影测量、地面摄影测量、近景摄影测量和显微摄影测量等。

工业摄影测量属于近景摄影测量范畴，它利用数码相机对被测目标拍摄相片，通过数字图像处理和摄影测量处理，获取工业目标的几何形状和运动状态等信息。换言之，即利用摄影测量技术解决工业测量问题。

按照测量方式的不同，工业摄影测量主要分为采用单相机的脱机测量模式和采用多相机的联机测量模式。前者主要测量静态目标，采用单台数码相机在两个及以上位置对被测物进行拍摄，然后将相片导入计算机进行处理；后者主要测量动态目标，采用多台相机同时对被测物进行拍摄，并通过电缆将相片传输至计算机进行实时处理。本节主要介绍脱机测量模式的工业摄影测量系统。

工业摄影测量系统主要由高精度相机、测量标志、编码标志、定向靶、基准尺及数据处理软件组成，如图 8.6 所示。

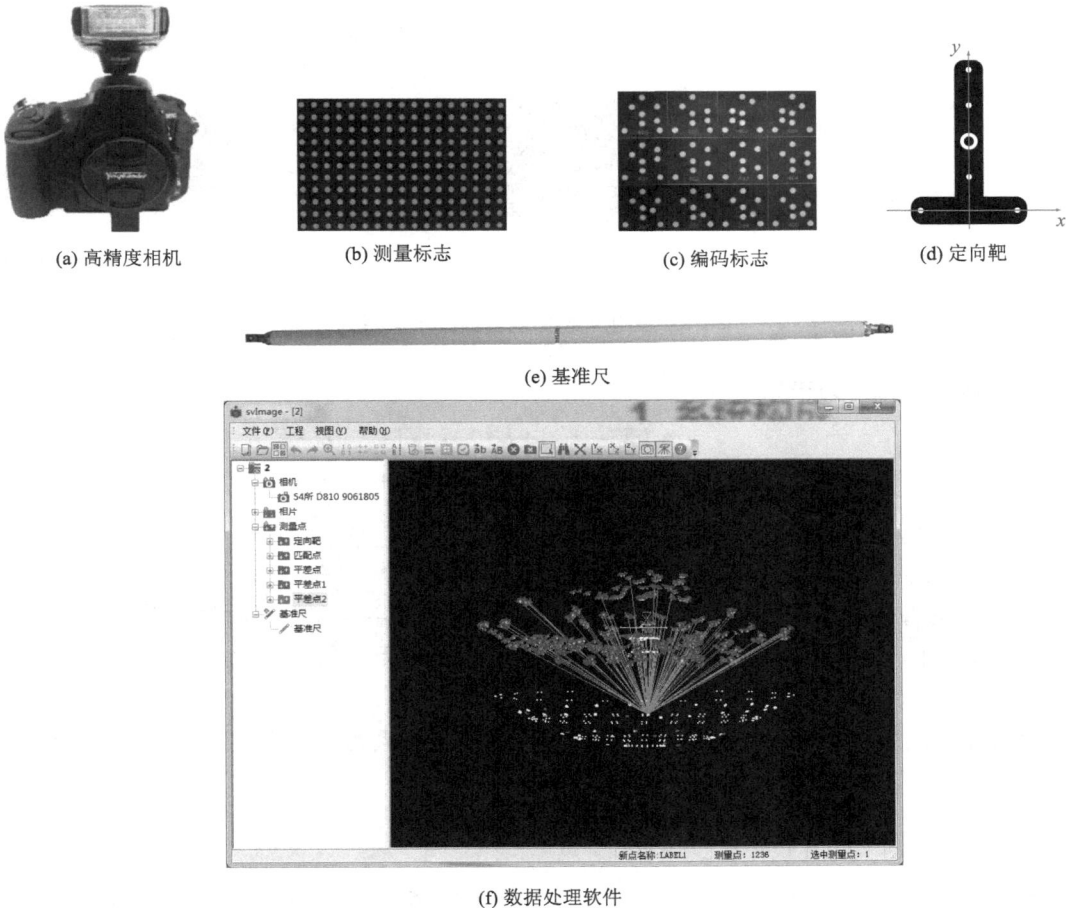

(a) 高精度相机　　　(b) 测量标志　　　(c) 编码标志　　　(d) 定向靶

(e) 基准尺

(f) 数据处理软件

图 8.6　工业摄影测量系统组成

工业摄影测量的作业流程一般如下。

（1）布设标志。在待测目标表面粘贴测量标志、编码标志，放置定向靶和基准尺。测量标志的数量依据待测目标尺寸、测量需求确定。编码标志的数量应确保每张相片中至少有 4 个编码标志成像。定向靶和基准尺的位置较为任意，但在整个拍摄过程中应保持固定不动。

（2）拍摄相片。在待测目标前方拍摄相片。摄影距离一般控制在 2～10m 范围内，摄站尽可能均匀分布，并保证每个测量标志至少 5 张以上相片中成像。

（3）数据处理。将拍摄的相片导入数据处理软件。依次进行标志图像识别与中心坐标定位、相片概略定向、像点自动匹配、自检校光束法平差等操作，最终得到测量点的三维坐标。

8.2.1　测量原理

与其他类型的摄影测量系统一样，工业摄影测量系统的基本原理是空间角度交会测量。其基本数学模型是共线条件方程（构像方程），即摄影时物方点 P、镜头中心 S、像点 p 这三点位于同一直线上，如图 8.7 所示。

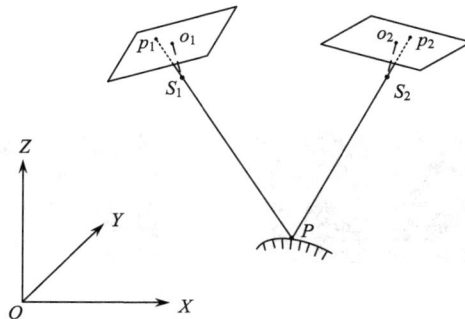

图 8.7　工业摄影测量原理示意图

共线条件方程可表示为

$$\begin{cases} x - x_0 = -f\dfrac{a_1(X - X_S) + b_1(Y - Y_S) + c_1(Z - Z_S)}{a_3(X - X_S) + b_3(Y - Y_S) + c_3(Z - Z_S)} \\[3mm] y - y_0 = -f\dfrac{a_2(X - X_S) + b_2(Y - Y_S) + c_2(Z - Z_S)}{a_3(X - X_S) + b_3(Y - Y_S) + c_3(Z - Z_S)} \end{cases} \tag{8.24}$$

式中，(x, y) 为像点在像平面坐标系中的坐标；(x_0, y_0) 为像主点在像平面坐标系中的坐标；f 为相机主距；(X, Y, Z) 为物方点在物方空间坐标系中的坐标；(X_S, Y_S, Z_S) 为镜头中心在物方空间坐标系中的坐标。设 $\boldsymbol{M} = \begin{pmatrix} a_1 & a_2 & a_3 \\ b_1 & b_2 & b_3 \\ c_1 & c_2 & c_3 \end{pmatrix}$ 为像空间坐标系相对物方空间坐标的旋转矩阵，

若采用 R_x、R_y、R_z 转角顺序，其表达式为

$$\boldsymbol{M} = \begin{bmatrix} \cos R_y \cos R_z & -\cos R_y \sin R_z & \sin R_y \\ \sin R_x \sin R_y \cos R_z + \cos R_x \sin R_z & -\sin R_x \sin R_y \sin R_z + \cos R_x \cos R_z & -\sin R_x \cos R_y \\ -\cos R_x \sin R_y \cos R_z + \sin R_x \sin R_z & \cos R_x \sin R_y \sin R_z + \sin R_x \cos R_z & \cos R_x \cos R_y \end{bmatrix}$$

$$\tag{8.25}$$

式中，(x_0, y_0, f) 为相机的内方位元素，用来确定投影中心在像空间坐标系中对相片的相对位置；$(X_S, Y_S, Z_S, R_x, R_y, R_z)$ 为相片的外方位元素，又称为摄站参数，用来确定相片和投影中心在物方坐标系中的位姿。

确定相机内方位元素和畸变参数的过程称为相机检校或相机标定；确定相片外方位元素的过程称为相片定向。经过相机检校和相片定向后，测量点成像直线 PS 的方程即可由像点 p 的像平面坐标计算得到。在空间不同位置拍摄 2 张或多张相片后，测量点坐标即可由 2 条或多条成像直线交会得到。

8.2.2　相机检校

根据透视投影成像原理，物方点、镜头中心和像点三点在理论上是共线的。但在实际成像过程中，由于相机存在畸变，像点在焦平面上相对其理论位置存在偏差 $(\Delta x, \Delta y)$，如图 8.8 所示。此时，共线条件方程要成立须顾及像点的实际偏差，式（8.26）为顾及实际像点偏差的共线条件方程。

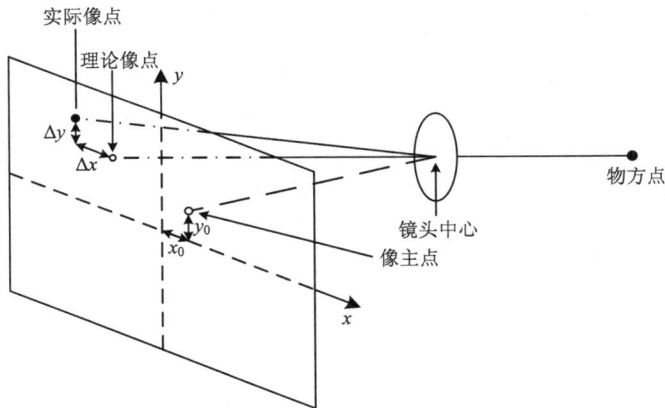

图 8.8　实际成像示意图

$$\begin{cases} x - x_0 + \Delta x = -f\dfrac{a_1(X - X_S) + b_1(Y - Y_S) + c_1(Z - Z_S)}{a_3(X - X_S) + b_3(Y - Y_S) + c_3(Z - Z_S)} = -f\dfrac{\overline{X}}{\overline{Z}} \\ y - y_0 + \Delta y = -f\dfrac{a_2(X - X_S) + b_2(Y - Y_S) + c_2(Z - Z_S)}{a_3(X - X_S) + b_3(Y - Y_S) + c_3(Z - Z_S)} = -f\dfrac{\overline{Y}}{\overline{Z}} \end{cases} \quad (8.26)$$

任何相机都存在几何畸变，引起畸变的原因是相机零部件的制造和装配误差，如影像传感器表面不平整或像素排列不规则、镜头各透镜组不同轴及主光轴与影像传感器表面不垂直等。相机畸变属于系统误差，在实施摄影测量前必须对相机进行检校，以减小其对测量精度的影响。

常用的相机畸变模型可分为参数模型和非参数模型两种。顾名思义，参数模型具有显式数学表达式，畸变参数通常有明确的物理含义，如 10 参数模型、多项式模型等；非参数模型没有明确含义的畸变参数和数学表达式，如有限元模型、人工神经网络等。

1.10 参数模型

10 参数模型是一种物理模型，依据相机成像过程中各种物理因素的影响而设计。除主距 f、主点坐标 (x_0, y_0) 等相机内参数外，10 参数模型还包括镜头径向畸变、偏心畸变和像平面畸变等 3 类畸变参数。

1）径向畸变

径向畸变由镜头形状不规则引起，它使像点沿径向产生偏差。径向畸变是对称的，对称中心（自准直主点）与像主点并不完全重合，但通常将像主点视为对称中心。径向畸变有正负之分，相对主点向外偏移为正，称为枕形畸变；向内偏移为负，称为桶形畸变，如图 8.9 所示。

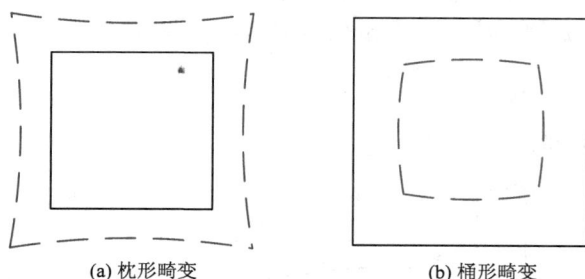

(a) 枕形畸变　　　　　　　　　　　　(b) 桶形畸变

图 8.9　径向畸变

径向畸变可用多项式表示为

$$\Delta r = k_1 r^3 + k_2 r^5 + k_3 r^7 + \cdots \tag{8.27}$$

将其分解到 x 轴和 y 轴上，则有

$$\begin{cases} \Delta x_r = k_1 \bar{x} r^2 + k_2 \bar{x} r^4 + k_3 \bar{x} r^6 + \cdots \\ \Delta y_r = k_1 \bar{y} r^2 + k_2 \bar{y} r^4 + k_3 \bar{y} r^6 + \cdots \end{cases} \tag{8.28}$$

式中，$\bar{x} = (x - x_0)$；$\bar{y} = (y - y_0)$；$r^2 = \bar{x}^2 + \bar{y}^2$；$(x, y)$ 为像点坐标；k_1、k_2、k_3 为径向畸变系数。

2）偏心畸变

偏心畸变主要由光学系统光心与几何中心不一致造成，即镜头器件的光学中心和（或）主轴不能严格共线，如图 8.10 所示。偏心畸变在数值上比径向畸变小得多。

偏心畸变表达式为

$$\begin{cases} \Delta x_d = P_1(r^2 + 2\bar{x}^2) + 2P_2 \bar{x} \cdot \bar{y} \\ \Delta y_d = P_2(r^2 + 2\bar{y}^2) + 2P_1 \bar{x} \cdot \bar{y} \end{cases} \tag{8.29}$$

式中，P_1、P_2 为偏心畸变系数。

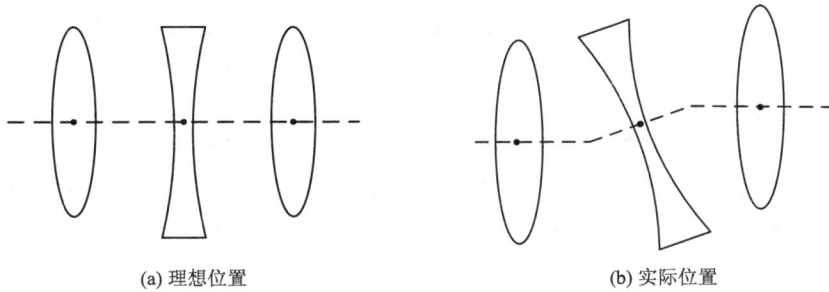

(a) 理想位置　　　　　　　　　　　　(b) 实际位置

图 8.10　镜头装配误差引起偏心畸变

3）像平面畸变

像平面畸变可以分为两类：像平面不平引起的非平面畸变和像平面内的畸变。

胶片式相机的像平面畸变即为胶片平面不平引起的畸变，可用多项式加以补偿。而数码相机的影像传感器由于采用离散的像敏单元成像，其非平面畸变很难用模型描述。

像平面内的畸变可表示为仿射和剪切变形

$$\begin{cases} \Delta x_m = b_1\overline{x} + b_2\overline{y} \\ \Delta y_m = 0 \end{cases} \tag{8.30}$$

式中，b_1、b_2 为像平面内畸变系数。

综合上述 3 类畸变，10 参数相机畸变模型可表示为

$$\begin{cases} \Delta x = k_1\overline{x}r^2 + k_2\overline{x}r^4 + k_3\overline{x}r^6 + P_1(r^2 + 2\overline{x}^2) + 2P_2\overline{x}\cdot\overline{y} + b_1\overline{x} + b_2\overline{y} \\ \Delta y = k_1\overline{y}r^2 + k_2\overline{y}r^4 + k_3\overline{y}r^6 + P_2(r^2 + 2\overline{y}^2) + 2P_1\overline{x}\cdot\overline{y} \end{cases} \tag{8.31}$$

2. 有限元模型

有限元方法最初应用于结构分析，目前在测绘领域也有广泛应用，如数字地面模型（digital terrain model, DTM）、变形监测与分析及相机检校等。

有限元模型将像平面等分为若干单元，每个节点(i,j)具有两个方向的畸变差 $\Delta x_{i,j}$ 和 $\Delta y_{i,j}$，用以表示该位置处的像点坐标畸变值。像平面内任一位置处的畸变可利用其所在单元的 4 个节点经双线性内插得到，如图 8.11 所示。

在计算各节点处畸变值时，为保证畸变差的连续性，通常需要加入连续性和光滑性约束条件。另外，由于畸变改正值与相机内、外参数间存在强相关性，还需要加入一些附加约束条件，例如，将主距和主点坐标视为带权观测值、将主点处畸变值赋为 0 等。

10 参数模型是一种物理模型，每一个畸变参数都具有明确的物理含义，如镜头形状不规则引起的径向畸变、镜

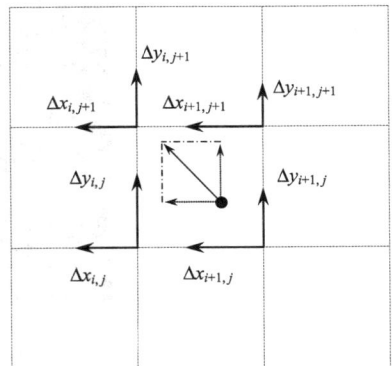

图 8.11　有限元模型示意图

头器件光学中心不共线引起的偏心畸变等。从 10 参数模型的表达式可以看出，该模型假设畸变差在整个像平面内具有整体规律性，即可以用一个简单的二元函数予以表示。

但在实际成像过程中，除整体规律性畸变外，还可能存在局部规律性畸变，如像平面不

平引起的畸变、镜头局部瑕疵引起的畸变等。该类畸变在局部范围内分布具有一定规律，但无法用整个像平面内的二元函数表示，导致 10 参数模型检校后的像点坐标残差分布仍呈现出一种复杂的规律性。

作为一种离散非线性函数，有限元模型可以较好地顾及畸变差的局部变化，因此其检校效果最好。但该模型也存在缺点，即包含的畸变值参数过多，难以对相机进行实时自检校。例如，925(37×25)个节点的有限元模型，仅畸变值参数就多达 1850(925×2)个。

相机的局部规律性畸变通常较为稳定，但随着测量环境的不同和时间的变化，整体规律性畸变不可避免地会发生变化，如热胀冷缩、镜头倾斜、影像传感器微小偏移等。因此，要保证相机始终有较高的精度，可将有限元模型作为固定的畸变差补偿模型，在每次测量中直接对像点坐标予以改正；10 参数模型则作为光束法平差中的附加参数，对相机整体规律性畸变进行实时检校。

8.2.3　测量标志及附件

1）测量标志

工业摄影测量系统一般采用玻璃微珠型回光反射材料制作测量标志，如图 8.12 所示。回

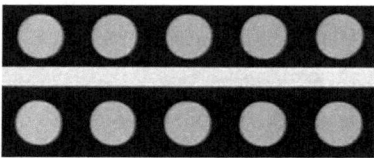

图 8.12　回光反射标志

光反射标志能将入射光线按原方向反射回光源处，在近轴光源照射下能在相片上形成灰度反差明显的"准二值"图像（图 8.13），特别适合用作摄影测量中的高精度特征点。

2）定向靶

航空摄影测量通常采用地面控制点确定测量坐标系，通过相对定向和绝对定向获取各相片的外方位元素。而在工业测量现场一般难以提供合适的控制点，因此，工业摄影测量系统多采用辅助定向装置（定向靶）替代控制点，用于确定测量坐标系。

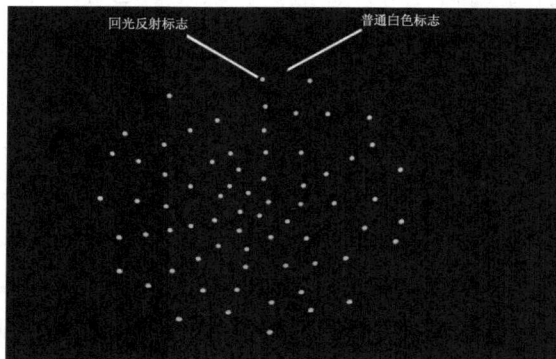

图 8.13　回光反射标志与普通白色标志对比

图 8.14 是一种工业摄影测量用定向靶及坐标系定义。该定向靶主体采用碳纤维材料制成，标志均为回光反射标志，主要包括中心的环形标志点和周围 5 个圆形标志点。其中，点 1、点 2、点 4、点 5、点 6 共面，点 1、点 5、点 6 共线。定向靶上各点确定一个物方空间坐标系，X 轴为点 4、点 2 连线方向，Y 轴为点 6、点 1 连线方向，Z 轴按右手坐标系定义确定。在数据处理软件中可以自动识别该定向靶。

3）编码标志

编码标志是一种特殊的人工标志,每个编码标志都对应一个唯一的编码（识别码）,能够通过数字图像处理自动识别,其作用主要是与定向靶配合使用,完成相片概略定向。

图 8.15 是点分布型编码标志设计原理。该编码标志由 8 个大小相同的圆形标志点组成,各标志点均采用回光反射材料制作。其中,点 1～点 5 为模板点,定义编码标志的坐标系。点 3 为定位点,另外 3 个点为编码点,分布在 20 个设计位置上,分别对应字母 A～T。

该编码标志采用字符串编码,将 3 个编码点对应字母按顺序排列所得字符串即可作为该编码标志的编码值（名称）,如图 8.15（b）所示编码标志编码值即为 CODE_CJK。也可将所有可能的编码字符串按指定顺序排列,形成一个索引表,以其序号作为每个编码标志的编码值,如表 8.1 所示。

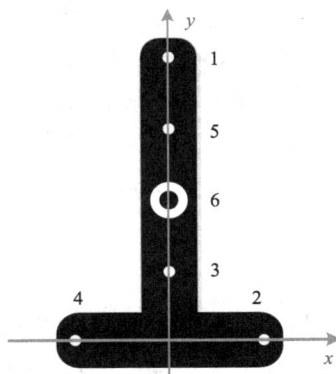

图 8.14　定向靶及坐标系定义

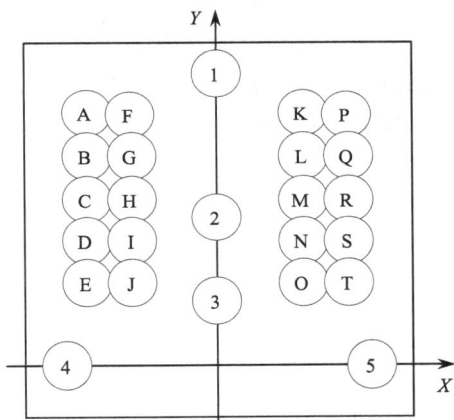

(a) 编码原理

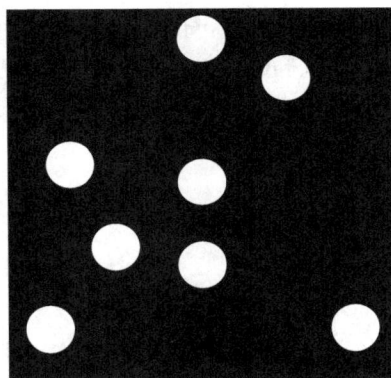

(b) 编码实例

图 8.15　点分布型编码标志设计原理

表 8.1　编码字符串索引表示例

序号	字符串	序号	字符串
1	ACE	2	ACG
3	ACI	4	ACJ
5	ACK	6	ACL
…	…	…	…

在数据处理软件中可以自动识别该编码标志,为便于识别,3 个编码点需满足互不相邻原则。按此设计,该编码标志的编码容量（不重复的编码值数量）为 496,能够满足一般工业摄影测量的需求。若需进一步扩展编码标志容量,可适当增加编码点设计位置或编码点个数,例如,可将编码点由 3 个增加至 4 个。

4）基准尺

与其他角度交会坐标测量系统一样,工业摄影测量系统也需要单独确定测量坐标系的长度基准，通常是在测量现场放置一个（或多个）较长的且长度精确已知的基准尺。

图 8.16 是一种工业摄影测量用基准尺，该基准尺采用因瓦材料制成，热膨胀系数低、不易产生热变形。基准尺两端粘贴有圆形测量标志点（或编码标志），两标志中心间的距离（基准尺长度）可用双频激光干涉仪精确标定。

图 8.16　基准尺

8.2.4　人工标志图像识别定位

圆形人工标志中心的图像坐标是工业摄影测量的观测值，为保证观测值的精度和提高作业效率，需要高精度、自动化提取标志中心点。

1. 人工标志图像灰度分布规律

在近轴闪光灯配合下获取的回光反射标志图像，灰度值从标志中心向四周逐渐降低，但没有清晰的边界。当标志图像较小、包含像素数较少时，其灰度分布基本满足正态分布，如图 8.17 所示；当标志图像较大、包含像素数较多时，图像中心部分的灰度值基本相同，形成一个圆形（或椭圆形）平顶，此时其灰度分布基本满足正态累积分布，如图 8.18 所示。

对圆形标志中心进行定位时，首先利用各种识别算法从图像中找出标志点，然后利用中心定位算法确定其中心坐标。

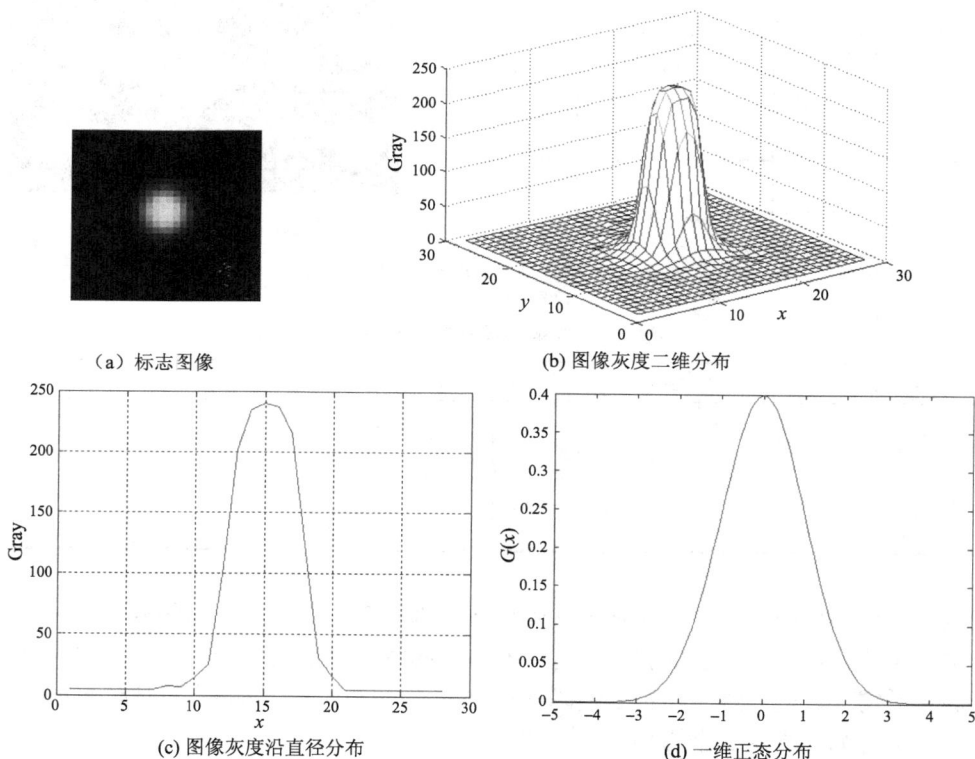

（a）标志图像　　　　　　　　　　（b）图像灰度二维分布

（c）图像灰度沿直径分布　　　　　　（d）一维正态分布

图 8.17　正态分布的标志图像灰度

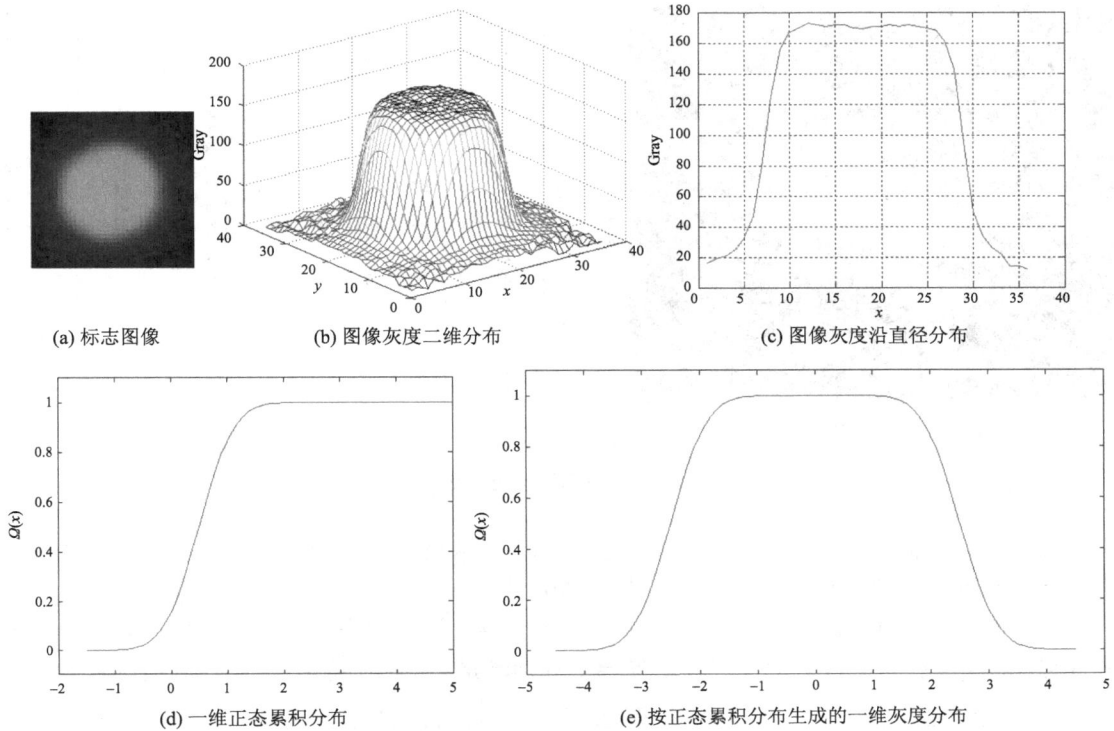

(a) 标志图像　　　(b) 图像灰度二维分布　　　(c) 图像灰度沿直径分布

(d) 一维正态累积分布　　　　　　(e) 按正态累积分布生成的一维灰度分布

图 8.18　正态累积分布的标志图像灰度

2. 标志图像识别

标志图像识别的目的是从整幅图像中识别测量标志，并确定各标志包含的像素，是进行标志中心定位的前提。由于回光反射标志图像是封闭的圆形或椭圆形，一般先采用各种边缘检测算法寻找其边缘像素，进而确定整个标志包含的所有像素。为避免虚假标志，在识别完成后，通常需对标志进行各种几何、灰度检验，判断其是否符合圆形或椭圆形标志图像特点。

标志图像识别的常用方法是采用各种边缘检测算子对相片进行运算，如 Robert 算子、Soble 算子、Canny 算子等。此处介绍一种利用边界搜索方法直接获得各标志包含的所有像素的标志图像识别算法。

边界搜索的基本思路是：先找到标志点内灰度值最大的像素；然后，从该像素出发，向周围各方向搜索标志点边界，从而确定其包含的所有像素。

为便于描述，将像素 $p_{i,j}$ 的灰度值记为 $g_{i,j}$，并定义像素 $p_{i,j}$ 沿某一方向的灰度梯度 $g'_{i,j}$ 为此像素与该方向下一像素的灰度之差。例如，像素 $p_{i,j}$ 沿左方向的灰度梯度 $g'_{i,j} = g_{i,j} - g_{i,j-1}$，沿右上方的灰度梯度 $g'_{i,j} = g_{i-1,j-1} - g_{i,j}$。

图 8.19 所示为待识别标志点示例，识别过程如下。

（1）给定边界灰度梯度阈值 ε_1，自上而下逐行计算每一像素 $p_{i,j}$ 沿左方向的灰度梯度 $g'_{i,j}$。若 $g'_{i,j} \geqslant \varepsilon_1$，则认为像素 $p_{i,j}$ 为标志点内的像素，称为起始像素。对示例标志点，若 $\varepsilon_1 = 5$，则起始像素为 $p_{6,8}$，如图 8.20（a）所示。

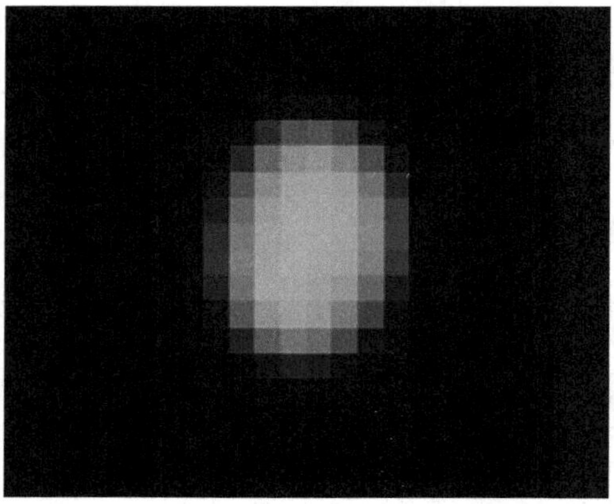

(a) 标志图像　　　　　　　　　　　　　　　　(b) 标志灰度值分布

```
1 1 1 1 1 1   1   1    1    1    1    1   1  1 1
1 1 1 1 1 1   1   1    1    1    1    1   1  1 1
1 1 1 1 1 2   2   2    2    2    2    1   1  1 1
1 1 2 2 2 3   4   5    4    4    3    2   1  1 1
1 2 2 3 5 9   16  19   13   7    4    3   1  1
1 2 2 3 6 13  45  85   96   70   26   8   4  2 1
1 2 3 5 10 43 114 162  170  148  83   21  6  3 2
2 2 3 7 20 88 160 182  185  178  131  43  9  4 2
2 2 4 8 35 120 175 187 187  182  151  61  12 4 2
2 3 4 10 47 136 181 188 188  183  154  64  12 4 3
2 3 4 10 50 144 182 190 186  180  145  53  11 4 2
2 2 4 9 41 131 183 186 180  171  113  33  8  4 2
2 2 3 6 22 95 166 179  173  141  67   17  6  3 2
2 2 3 4 10 40 100 134  122  75   26   8   4  2 2
1 2 2 3 5 11 24 38   35   19   8    3   2  2 1
1 1 2 3 4 6   8   7    6    4    3    1   1  1
1 1 2 2 3 3   3   3    3    2    2    1   1  1
1 1 2 2 2 2   2   2    2    1    1    1   1  1
1 1 1 1 1 1   1   1    1    1    1    1   1  1
```

图 8.19　待识别标志点示例

（2）从起始像素出发，依次搜索与其相邻的最大灰度像素，最终找到整个标志点内灰度最大的像素 $p_{12,8}$，称为中心像素，如图 8.20（b）所示。

（3）给定最低灰度阈值 ε_2，从中心像素开始，逐一计算四个对角线方向各像素沿该方向的灰度梯度 $g'_{i,j}$。若某像素的灰度及灰度梯度分别满足 $g_{i,j} < \varepsilon_2$ 及 $g'_{i,j} < \varepsilon_1$，则该像素为边界像素（不包含在标志点内），其与中心像素之间的所有像素均属于该标志点，如图 8.21（a）所示（ $\varepsilon_2 = 15$ ）。

(a) 起始像素　　　　　　　　　　　　　　　　(b) 中心像素

图 8.20　起始像素和中心像素

（4）同理，按照步骤（3）中的灰度及灰度梯度条件，从中心像素开始，沿上、下、左、右四个方向寻找边界像素；再从每个对角线像素开始，沿其对应两个方向搜索边界像素，例如，从左上对角线像素向左、向上搜索，从右下对角线像素向右、向下搜索，如图 8.21（b）所示。至此，得到整个标志点包含的所有像素，如图 8.22 所示。

（5）对识别出的各标志图像进行几何检验、灰度检验，去除不符合检验条件的虚假标志。

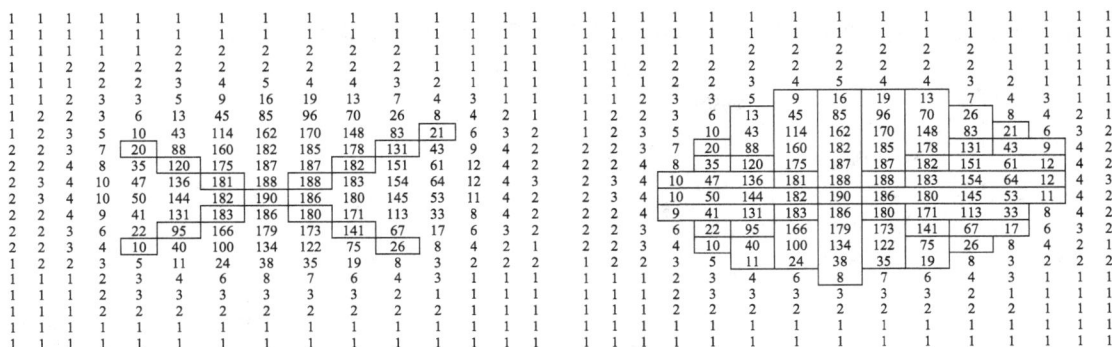

(a) 对角线像素边界及像素　　　　　　　　　　(b) 非对角线像素边界及像素

图 8.21　边界搜索过程

3. 标志图像中心定位

在边缘检测完成后,便可以利用标志的边缘像素或边缘内部的像素计算标志点的中心坐标,常用的方法有质心法和椭圆拟合法等。

1) 质心法

质心法是对图像中圆、椭圆和矩形等中心对称目标进行亚像素高精度定位的常用算法。质心法是以像素的灰度值或灰度值的平方为权,计算标志边缘内部的所有像素坐标的加权平均值,按选权方式的不同可分为灰度加权质心法、灰度平方加权质心法等。质心法的计算公式为

图 8.22　标志点包含的所有像素

$$
\begin{cases}
x_0 = \dfrac{\displaystyle\sum_{(i,j)\in S} iW(i,j)}{\displaystyle\sum_{(i,j)\in S} W(i,j)} \\[4mm]
y_0 = \dfrac{\displaystyle\sum_{(i,j)\in S} jW(i,j)}{\displaystyle\sum_{(i,j)\in S} W(i,j)}
\end{cases}
\tag{8.32}
$$

式中,(x_0, y_0) 为标志点中心坐标;(i, j) 为标志内像素坐标;$W(i,j)$ 为权值。若 $W(i,j) = g_{i,j}$,即为灰度加权质心;若 $W(i,j) = g_{i,j}^2$,则为灰度平方加权质心。灰度平方加权质心法使目标灰度分布的权重得以进一步突出,在理想情况下,可以得到比灰度质心法更好的定位准确度。

作为权值,标志图像各像素的灰度值对定位精度影响很大,因此,该算法对标志成像质量的要求较高。尤其当标志图像较小时,应将噪声控制在较低的范围内,否则会严重影响定位精度。

2) 椭圆拟合法

圆形标志经透镜成像后为椭圆或圆锥体的一部分,如图 8.23 所示。当得到标志的边缘图

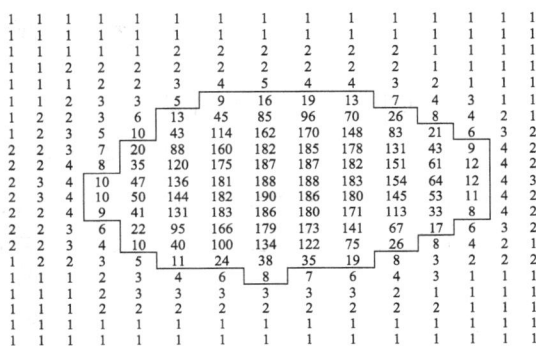

像后，就可以利用边缘像素通过椭圆拟合的方式得到标志图像的中心坐标。

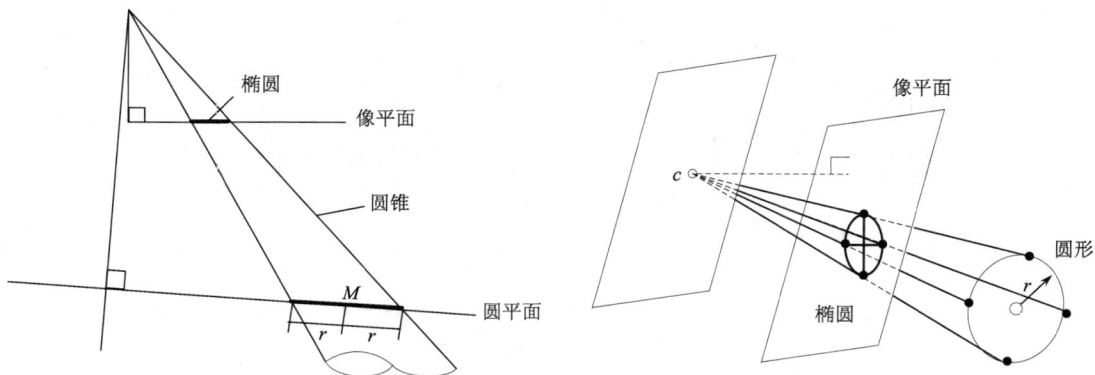

图 8.23　圆形标志成像为椭圆

椭圆在平面内的一般方程为

$$ax^2 + 2bxy + cy^2 + 2dx + 2ey + f = 0 \qquad (8.33)$$

式中，(x, y) 为椭圆的边缘点坐标；a、b、c、d、e 和 f 为椭圆方程的 6 个参数。

通过椭圆拟合可求得椭圆方程的 6 个参数，则椭圆中心坐标 (x_0, y_0) 为

$$\begin{cases} x_0 = \dfrac{be - cd}{ac - b^2} \\ y_0 = \dfrac{ae - bd}{ac - b^2} \end{cases} \qquad (8.34)$$

由于仅有边缘像素参与计算，椭圆拟合法通常要求标志图像的尺寸足够大（通常为数十个像素），以保证拟合精度。

8.2.5　相片概略定向

相片定向是指确定各相片在物方空间坐标系中的位置和姿态，即外方位元素（又称为摄站参数）。在航空摄影测量中，相片定向多采用先相对定向、后绝对定向的方式进行，也可以整体解算。而在工业摄影测量中，由于摄影方式灵活多变，且通常不布设大范围的控制点，难以采用上述方法，而是采用基于定向靶和编码标志的定向方式。由于相片外方位元素精确值将在后续的光束法平差中作为未知参数进一步解算，定向的作用只是提供相片外方位元素的初值，称为概略定向。

1）单张相片定向

在航空摄影测量中，单张相片定向的方法主要有基于共线条件方程的平差解法、角锥体法和基于直接线性变换的解法。前两种方法都需要已知摄站参数初值，而在工业摄影测量中，摄站位置和摄影角度灵活多变，难以获取摄站参数初值，因而不宜使用。工业摄影测量中常用的单张相片定向方法有直接线性变换法和基于 4 个控制点的定向方法两种，这两种方法都是直接解法，无需摄站参数初值。此处以基于 4 个控制点的定向方法为例说明单张相片定向方法。

　　基于 4 个控制点的定向方法基本过程为：首先，通过求解一元四次方程求得其中 3 个控制点到摄站的距离，并利用第 4 个控制点消除歧义解；其次，计算 3 个控制点在像空间坐标系中的坐标；最后，通过分解旋转矩阵线性计算摄站外方位元素。具体计算过程如下。

　　如图 8.24 所示，$A(X_1, Y_1, Z_1)$、$B(X_2, Y_2, Z_2)$、$C(X_3, Y_3, Z_3)$ 为 3 个控制点，其相应像点为 $A'(x_1, y_1)$、$B'(x_2, y_2)$、$C'(x_3, y_3)$，到摄站 S 的距离分别为 d_{AS}、d_{BS}、d_{CS}；$\triangle ABC$ 边长分别为 d_{AB}、d_{BC}、d_{AC}；$\angle ASB$、$\angle BSC$、$\angle ASC$ 分别为 α、β、γ。

　　在 $\triangle ASB$、$\triangle BSC$、$\triangle ASC$ 中，由余弦定理可得

$$\begin{cases} d_{AB}^2 = d_{AS}^2 + d_{BS}^2 - 2d_{AS}d_{BS}\cos\alpha \\ d_{BC}^2 = d_{BS}^2 + d_{CS}^2 - 2d_{BS}d_{CS}\cos\beta \\ d_{AC}^2 = d_{AS}^2 + d_{CS}^2 - 2d_{AS}d_{CS}\cos\gamma \end{cases} \tag{8.35}$$

式中，α、β、γ 可在 $\triangle A'SB'$、$\triangle B'SC'$、$\triangle A'SC'$ 中由余弦定理获得。

　　设距离 d_{AS}、d_{BS}、d_{CS} 比值为 $1:n:m$，即

$$\begin{cases} d_{BS} = nd_{AS} \\ d_{CS} = md_{AS} \end{cases} \tag{8.36}$$

　　将式（8.36）代入式（8.35），可得

$$\begin{cases} d_{AB}^2 = d_{AS}^2 + (nd_{AS})^2 - 2d_{AS}^2 n\cos\alpha \\ d_{BC}^2 = (nd_{AS})^2 + (md_{AS})^2 - 2d_{AS}^2 nm\cos\beta \\ d_{AC}^2 = d_{AS}^2 + (md_{AS})^2 - 2d_{AS}^2 m\cos\gamma \end{cases} \tag{8.37}$$

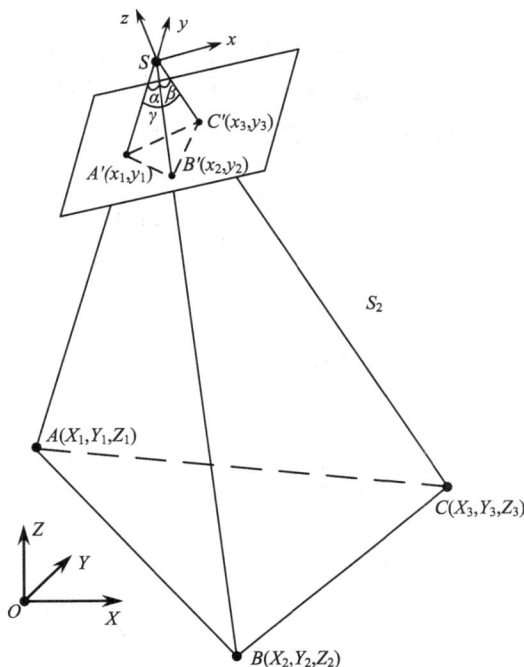

图 8.24　基于三个控制点的空间后方交会

消去 d_{AS}、m 可得

$$w_1 n^4 + w_2 n^3 + w_3 n^2 + w_4 n + w_5 = 0 \qquad (8.38)$$

式（8.38）为关于 n 的一元四次方程，$w_1 \sim w_5$ 为系数，求解该式可得至多 4 个 n 值。为消除多余解，可再加入一个控制点 D，利用 A、B、D 三点求得另一组 n 值，选取两组中相同的一个即为实际距离比值。将其代入式（8.37）可得距离 d_{AS}、d_{BS}、d_{CS} 为

$$\begin{cases} d_{AS} = \sqrt{\dfrac{d_{AB}^{\,2}}{1 + n^2 - 2n\cos\alpha}} \\[2mm] d_{BS} = n d_{AS} \\[2mm] d_{CS} = m d_{AS} = \dfrac{d_{BC}^2 - d_{AC}^2 + d_{AS}^2 - d_{BS}^2}{2(d_{AS}\cos\gamma - d_{BS}\cos\beta)} \end{cases} \qquad (8.39)$$

在像空间坐标系 $S\text{-}xyz$ 中，像点 A'、B'、C' 坐标分别为：$A'(x_1,y_1,-f)$、$B'(x_2,y_2,-f)$、$C'(x_3,y_3,-f)$。由比值 $d_{A'S}/d_{AS}$、$d_{B'S}/d_{BS}$、$d_{C'S}/d_{CS}$ 可得 A、B、C 在像空间坐标系中坐标 (X_{is},Y_{is},Z_{is})，$i=1,2,3$ 分别为

$$\begin{cases} X_{1s} = \dfrac{d_{AS}x_1}{\sqrt{x_1^2+y_1^2+f^2}} \\[3mm] Y_{1s} = \dfrac{d_{AS}y_1}{\sqrt{x_1^2+y_1^2+f^2}} \\[3mm] Z_{1s} = \dfrac{-d_{AS}f}{\sqrt{x_1^2+y_1^2+f^2}} \end{cases} , \begin{cases} X_{2s} = \dfrac{d_{BS}x_2}{\sqrt{x_2^2+y_2^2+f^2}} \\[3mm] Y_{2s} = \dfrac{d_{BS}y_2}{\sqrt{x_2^2+y_2^2+f^2}} \\[3mm] Z_{2s} = \dfrac{-d_{BS}f}{\sqrt{x_2^2+y_2^2+f^2}} \end{cases} , \begin{cases} X_{3s} = \dfrac{d_{CS}x_3}{\sqrt{x_3^2+y_3^2+f^2}} \\[3mm] Y_{3s} = \dfrac{d_{CS}y_3}{\sqrt{x_3^2+y_3^2+f^2}} \\[3mm] Z_{3s} = \dfrac{-d_{CS}f}{\sqrt{x_3^2+y_3^2+f^2}} \end{cases} \qquad (8.40)$$

至此，得到 3 个控制点 A、B、C 在像空间坐标系和物方空间坐标系中的坐标 (X_{is},Y_{is},Z_{is})、(X_i,Y_i,Z_i)，$i=1,2,3$，以下通过分解旋转矩阵线性求解摄站参数。

设旋转矩阵为 $\boldsymbol{R}$，摄站坐标为 $\boldsymbol{T} = (X_S,Y_S,Z_S)^{\mathrm{T}}$，则

$$\begin{pmatrix} X_i \\ Y_i \\ Z_i \end{pmatrix} = \boldsymbol{R} \begin{pmatrix} X_{is} \\ Y_{is} \\ Z_{is} \end{pmatrix} + \boldsymbol{T} \quad (i=1,2,3) \qquad (8.41)$$

令旋转矩阵

$$\boldsymbol{R} = (\boldsymbol{I}-\boldsymbol{S})^{-1}(\boldsymbol{I}+\boldsymbol{S}) \qquad (8.42)$$

式中，矩阵 $\boldsymbol{S}$ 可表示为

$$\boldsymbol{S} = \begin{bmatrix} 0 & -c & b \\ c & 0 & -a \\ -b & a & 0 \end{bmatrix} \qquad (8.43)$$

则旋转矩阵为

$$\boldsymbol{R} = \frac{1}{1+a^2+b^2+c^2} \begin{bmatrix} 1+a^2-b^2-c^2 & 2(ab-c) & 2(ac+b) \\ 2(ab+c) & 1-a^2+b^2-c^2 & 2(bc-a) \\ 2(ac-b) & 2(bc+a) & 1-a^2-b^2+c^2 \end{bmatrix} \qquad (8.44)$$

将式（8.42）代入式（8.41）可得

$$-S\begin{pmatrix} X_i + X_{is} \\ Y_i + Y_{is} \\ Z_i + Y_{is} \end{pmatrix} + U = \begin{pmatrix} X_{is} - X_i \\ Y_{is} - Y_i \\ Z_{is} - Z_i \end{pmatrix} \quad (i=1,2,3) \tag{8.45}$$

式中，

$$U = -(I - S)T = (u, v, w)^{\mathrm{T}} \tag{8.46}$$

将式（8.46）代入式（8.45），经变换后可得

$$\begin{pmatrix} 0 & -Z_i - Z_{is} & Y_i + Y_{is} & 1 & 0 & 0 \\ Z_i + Z_{is} & 0 & -X_i - X_{is} & 0 & 1 & 0 \\ -Y_i - Y_{is} & X_i + X_{is} & 0 & 0 & 0 & 1 \end{pmatrix} D = \begin{pmatrix} X_{is} - X_i \\ Y_{is} - Y_i \\ Z_{is} - Z_i \end{pmatrix} \tag{8.47}$$

式中，$D = (a, b, c, u, v, w)^{\mathrm{T}}$。

由式（8.47）可知，3 个控制点共对应 9 个方程，其矩阵形式为

$$MD = L \tag{8.48}$$

则

$$D = (M^{\mathrm{T}}M)^{-1}(M^{\mathrm{T}}L) \tag{8.49}$$

将 (a, b, c) 代入式（8.44），便可得到旋转矩阵 R，进而求得旋转角。将 (u, v, w) 代入式（8.46），便可得到摄站坐标 T。由此，便可求得摄站参数值 $(X_S, Y_S, Z_S, R_x, R_y, R_z)$。

2）多张相片定向

多张相片定向主要利用定向靶和编码标志完成，其操作流程为：首先，利用定向靶确定物方空间坐标系和部分相片外方位元素；其次，利用编码标志作为连接点，通过空间后方交会、前方交会迭代答解实现相片的自动概略定向；最后，利用光束法平差提高外方位元素精度。

根据定向靶是否成像可将相片分为两类：含有定向靶的相片和不含定向靶的相片。对于前者，由于定向靶点坐标已知，可通过单像空间后方交会确定相片外方位元素。而对不含定向靶的相片，则需要利用编码标志点作为控制点进行定向。所有相片定向完成后，运行光束法平差以提高相片外方位元素精度。如图 8.25 所示，点 1～点 6 为编码标志点，相片 I_1、I_2 均含有定向靶，故首先对其进行定向；其次，利用相片 I_1、I_2 进行空间前方交会，确定点 1～点 4 坐标，并以其作为控制点对相片 I_3、I_4 进行定向；最后，利用相片 I_3、I_4 通过空间前方交会确定点 5、点 6 坐标，并以点 3～点 6 作为控制点完成相片 I_5、I_6 的定向。

8.2.6　像点匹配

像点匹配，即在两张或多张相片之间识别同名标志点的过程，是实现工业摄影测量自动化的核心技术之一。最常用的像点匹配方法是核线匹配，其基本原理是核线约束，通过计算一张相片上的像点在其他相片上对应的核线实现同名像点匹配。

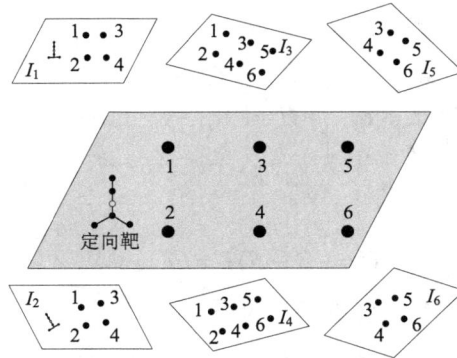

图 8.25　多张相片概略定向示意图

核线是摄影测量中的一个重要概念。如图 8.26 所示，物方点 P 在相片 1 和相片 2 上的成像分别为 p_1 和 p_2，p_1 和 p_2 称为同名像点；物方点 P、投影中心 S_1 和 S_2 三点共面，该平面称为物方点 P 的核面；核面与像平面的交线（l_1 和 l_2）称为核线。显然，相应像点 p_1 和 p_2 一定在相应的核线 l_1 和 l_2 上，称为核线约束条件。当像点定位和相片概略定向完成后，就可以得到像点在其他相片上的相应核线，像点匹配范围就由二维匹配转化为一维匹配，匹配的速度和准确率就会大大提高。

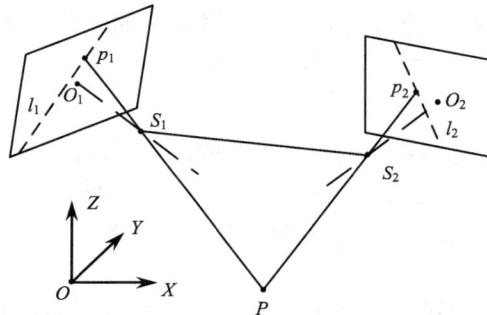

图 8.26　核线示意图

核线匹配分两步进行：第一步初始匹配，确定同名点的范围；第二步精确匹配，确定唯一的同名点。

1）初始匹配

如图 8.27 所示，理论上相片 I_2、I_3 上的同名点应该在相应核线上。但是由于相机参数、摄站参数及像点坐标都存在一定的误差，在实际的测量当中同名点通常偏离核线一定的距离。给定一个阈值 ε（ε 与初始参数的精度有关），将到核线的垂线距离小于 ε 的所有像点都作为同名点处理，即

$$\frac{|k_1 x - k_2 y - cf|}{\sqrt{k_1^2 + k_2^2}} < \varepsilon \qquad (8.50)$$

如图 8.27 所示，图中 p''、p_{21}、p_{22}、p_{23} 和 p'''、p_{31}、p_{32}、p_{33} 即为初步找到的同名点。

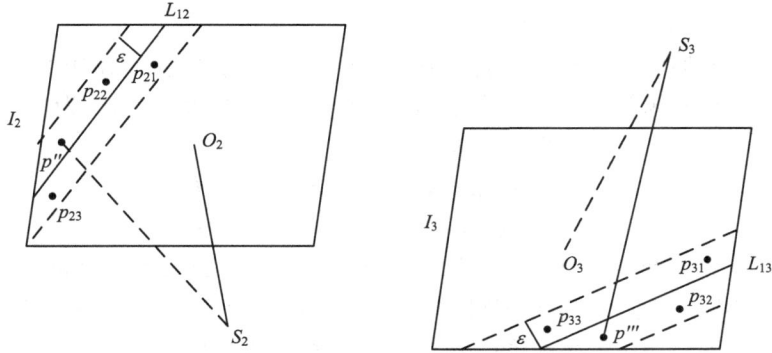

图 8.27 初始匹配结果

2）精确匹配

为减少匹配的歧义性，确定 p' 在相片 I_2 和 I_3 上唯一的同名点，将相片 I_2 上的所有初步同名点 p''、p_{21}、p_{22}、p_{23}，按初始匹配方法在相片 I_3 上求出相应的核线 $l_{p_3''}$、l_{213}、l_{223}、l_{233}，设分别与 l_{13} 相交于点 p_3''、p_{213}、p_{223}、p_{233}（图 8.28）。然后，找出 p''、p_{31}、p_{32}、p_{33} 和 p_3''、p_{213}、p_{223}、p_{233} 两组点间距离最小的两点，则这两个点在相片 I_2 和 I_3 上对应的点就是 I_1 上的 p' 点的同名点。在图 8.28 中，最近的两点为 p_3'' 和 p'''，其对应的像点是 I_2 上的 p'' 点和 I_3 上的 p''' 点，即 p' 的同名像点为 p'' 和 p'''。

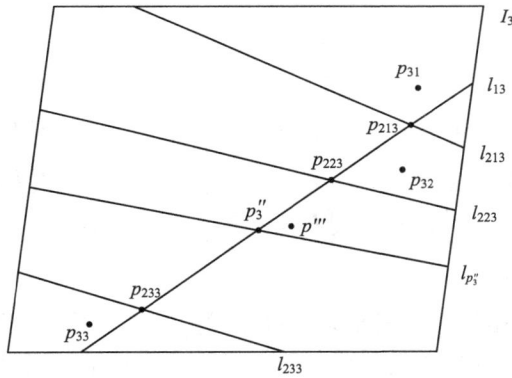

图 8.28 精确匹配结果

以上是基于三张相片进行核线匹配的过程，如果相片多于 3 个，可以按每相邻 3 个相片为一组的方式将相片进行分组匹配，最后对每组的匹配结果进行综合即可得到最终结果。

8.2.7 自检校光束法平差

工业摄影测量光束法平差，是一种把像点坐标视为观测值，整体求解相片外方位元素和测量点空间坐标的摄影测量过程。

自检校光束法平差是在求解待定点空间坐标的同时，将相机内参数和畸变参数作为附加参数，实现像点坐标残余系统误差自动补偿的一种算法。自检校光束法平差以无需额外的附加观测来实现残余系统误差的自动补偿为特点。

1）一般误差方程式

一般情况下，附加参数不能处理成自由未知数，而是把它处理成带权的观测值，以减小附加参数与摄站参数间相关带来的影响。如果不考虑控制点的误差（即认为控制点没有误差），则自检校光束法平差的一般误差方程式为

$$\begin{cases} V_1 = A_1 X_1 + A_2 X_2 + A_3 X_3 - L_1, & P_1 \\ V_3 = X_3 - L_3, & P_3 \end{cases} \tag{8.51}$$

式中，X_1、X_2 和 X_3 分别为外部参数、物方点坐标和附加参数的改正数向量；A_1、A_2 和 A_3 分别为相应的系数矩阵；L_1 为像点坐标的观测值向量；P_1 为像点坐标的权矩阵；L_3 为附加参数虚拟的观测值向量，一般为零向量；P_3 为附加参数虚拟观测值的权矩阵。

令

$$V = \begin{bmatrix} V_1 \\ V_3 \end{bmatrix}, \quad X = \begin{bmatrix} X_1 \\ X_2 \\ X_3 \end{bmatrix}, \quad L = \begin{bmatrix} L_1 \\ L_3 \end{bmatrix}, \quad A = \begin{bmatrix} A_1 & A_2 & A_3 \\ 0 & 0 & I_3 \end{bmatrix}, \quad P = \begin{bmatrix} P_1 & \\ & P_3 \end{bmatrix}$$

则式（8.51）可简写为

$$V = AX - L, P \tag{8.52}$$

相应的法方程式为

$$NX = U \tag{8.53}$$

式中，

$$N = A^T P A, \quad U = A^T P L$$

即

$$\begin{bmatrix} A_1^T P_1 A_1 & A_1^T P_1 A_2 & A_1^T P_1 A_3 \\ A_2^T P_1 A_1 & A_2^T P_1 A_2 & A_2^T P_1 A_3 \\ A_3^T P_1 A_1 & A_3^T P_1 A_2 & A_3^T P_1 A_3 + P_3 \end{bmatrix} \begin{bmatrix} X_1 \\ X_2 \\ X_3 \end{bmatrix} = \begin{bmatrix} A_1^T P_1 L_1 \\ A_2^T P_1 L_1 \\ A_3^T P_1 L_1 + P_3 L_3 \end{bmatrix} \tag{8.54}$$

2）相对控制条件的应用

在实际测量时，常常在物方空间布设一些相对控制（如基准尺两端点间距离、某些物方点位于同一平面内等），其中基准尺两端点间距离是最为常用的相对控制条件。

如果已知两物方点 i 和 j 间的距离为 S_{ij}，则有

$$S_{ij}^2 = (X_i - X_j)^2 + (Y_i - Y_j)^2 + (Z_i - Z_j)^2 \tag{8.55}$$

其相应的误差方程式可写为

$$V_4 = BX_4 - L_4, P_4 \tag{8.56}$$

式中，X_4 为两物方点坐标的改正数向量；B 为系数矩阵；L_4 为常数项；P_4 为相应权值。

将式（8.56）与式（8.51）共同组建误差方程组，即可引入相对控制条件。

自检校光束法平差包含 3 类未知参数：物方点坐标、摄站参数和相机参数。由于测量中通常布设大量的标志点和摄站，参与平差的误差方程式数量和法方程系数矩阵的阶数都非常高。例如，假设对 500 个标志点拍摄 100 张像片，每个标志在所有像片上均成像，相机畸变模型采用 10 参数模型，则仅由共线条件方程线性化得到的误差方程式就有 $500 \times 100 \times 2 = 10^5$

个，法方程系数矩阵的阶数高达 500×3+100×6+10=2110 阶。若利用误差方程式组建整体法方程式，并同时解算所有未知参数，则计算速度将极慢。

逐点法化消元法是摄影测量中实现光束法平差快速计算的常用方法，其基本原理是在每个像点对应的误差方程式中消去物方点坐标，仅保留摄站参数，且不组建整体误差方程式矩阵，而直接构建法方程式，以提高平差速度。在上段所述案例中，若消去物方点坐标，则法方程系数矩阵的阶数将从 2110 阶锐减至 610 阶，计算量明显减小。

8.2.8 工业摄影测量特点

与其他几类工业测量系统相比，工业摄影测量具有以下优点。

（1）瞬间获取被测目标的大量几何信息，特别适用于测量点众多的目标。

（2）采用投影点作为测量点时可实现非接触性测量，不伤及测量目标，不干扰被测物自然状态，可在恶劣条件下（如高低温、高低气压、有毒、有害环境等）作业。

（3）测量精度高，相对测量精度可达 1/100000 甚至更高。

（4）适合于被测目标环境不稳定乃至剧烈变化的测量。

（5）适合于动态目标的外形和运动状态测量。

8.3 关节臂式坐标测量机

8.3.1 关节臂式坐标测量机简介

关节臂式（articulated）坐标测量机（coordinate measuring machine, CMM）是一种多自由度非正交坐标系测量系统，广泛用于模具、汽车零部件、钣金件、塑料制品、木制品、雕塑等的快速检测和逆向设计。其工作流程是：手持关节臂，带动测量机顶端的摄像头、激光扫描头或探针扫描至目标探测点，根据测量机各段臂长和各个关节所转过的角度可求取出目标探测点的位置或坐标。

关节臂式坐标测量机的工作关键在于读取和及时传输各个关节的角度信息。它参照空间支导线测量原理来实现三维坐标测量功能。

8.3.2 关节臂式坐标测量机坐标测量原理

从测绘学的角度看，关节臂式坐标测量机测量原理与空间支导线测量原理相同。空间支导线的特例是平面支导线，平面支导线关节臂式坐标测量机的原理和结构较为简单，不再赘述，以下讨论空间支导线的测量原理。

如图 8.29 所示，关节臂式坐标测量机将 6 个转动臂和 1 个测头通过 6 个旋转关节串联连接，关节臂一端固定于基座上，而测头可在空间自由运动，构成了一个半球形的测量空间。

根据图 8.29 导出其结构图，见图 8.30。图 8.30 中 P 点为测头，其余为各关节臂的交点，分别用 $P_1, \cdots, P_7$ 表示（用黑实点标出，相当于支导线点），各点之间的距离分别用 $d_1, \cdots, d_7$ 表示（相当于支导线的距离观测值），共有 6 个度盘位置（图中箭头所示位置），分别记为 $\alpha_1, \cdots, \alpha_6$（相当于支导线的角度观测值）。分别以相邻两点建立坐标系，坐标系定义如图 8.31 所示，Z 轴为旋转轴，X_{i+1} 轴的指向为度盘 α_i 的零方向，Y 轴按右手坐标系定义确定（为简化，图 8.31 中未标出）。如此可以得到 P 点在各坐标系下的坐标（其中 $P_7 P_6$ 下的坐标为 P 点的最终坐标）为

$$\begin{cases} P_1P下: 原点P_1, \begin{bmatrix} 0 & 0 & d_1 \end{bmatrix}^T = \begin{bmatrix} X_1 & Y_1 & Z_1 \end{bmatrix}^T \\ P_2P_1下: 原点P_2, \begin{bmatrix} 0 & 0 & d_2 \end{bmatrix}^T + \boldsymbol{R}_Z(\alpha_1) \cdot \boldsymbol{R} \cdot \begin{bmatrix} X_1 & Y_1 & Z_1 \end{bmatrix}^T = \begin{bmatrix} X_2 & Y_2 & Z_2 \end{bmatrix}^T \\ P_3P_2下: 原点P_3, \begin{bmatrix} 0 & 0 & d_3 \end{bmatrix}^T + \boldsymbol{R}_Z(\alpha_2) \cdot \boldsymbol{R} \cdot \begin{bmatrix} X_2 & Y_2 & Z_2 \end{bmatrix}^T = \begin{bmatrix} X_3 & Y_3 & Z_3 \end{bmatrix}^T \\ P_4P_3下: 原点P_4, \begin{bmatrix} 0 & 0 & d_4 \end{bmatrix}^T + \boldsymbol{R}_Z(\alpha_3) \cdot \boldsymbol{R} \cdot \begin{bmatrix} X_3 & Y_3 & Z_3 \end{bmatrix}^T = \begin{bmatrix} X_4 & Y_4 & Z_4 \end{bmatrix}^T \\ P_5P_4下: 原点P_5, \begin{bmatrix} 0 & 0 & d_5 \end{bmatrix}^T + \boldsymbol{R}_Z(\alpha_4) \cdot \boldsymbol{R} \cdot \begin{bmatrix} X_4 & Y_4 & Z_4 \end{bmatrix}^T = \begin{bmatrix} X_5 & Y_5 & Z_5 \end{bmatrix}^T \\ P_6P_5下: 原点P_6, \begin{bmatrix} 0 & 0 & d_6 \end{bmatrix}^T + \boldsymbol{R}_Z(\alpha_5) \cdot \boldsymbol{R} \cdot \begin{bmatrix} X_5 & Y_5 & Z_5 \end{bmatrix}^T = \begin{bmatrix} X_6 & Y_6 & Z_6 \end{bmatrix}^T \\ P_7P_6下: 原点P_7, \begin{bmatrix} 0 & 0 & d_7 \end{bmatrix}^T + \boldsymbol{R}_Z(\alpha_6) \cdot \boldsymbol{R} \cdot \begin{bmatrix} X_6 & Y_6 & Z_6 \end{bmatrix}^T = \begin{bmatrix} X_7 & Y_7 & Z_7 \end{bmatrix}^T \end{cases} \quad (8.57)$$

式中，

$$\begin{cases} \boldsymbol{R}_Z(\alpha_i)_{i=1,\cdots,6} = \begin{pmatrix} \cos\alpha_i & -\sin\alpha_i & 0 \\ \sin\alpha_i & \cos\alpha_i & 0 \\ 0 & 0 & 1 \end{pmatrix} \\ \boldsymbol{R} = \begin{pmatrix} 0 & 0 & 1 \\ 0 & -1 & 0 \\ 1 & 0 & 0 \end{pmatrix} \end{cases} \quad (8.58)$$

式（8.57）完全展开比较烦琐，但很有规律性，可以写为

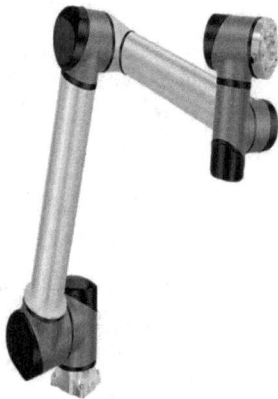

图 8.29　坐标机实物图　　　　图 8.30　空间支导线原理图　　　　图 8.31　各坐标系示意图

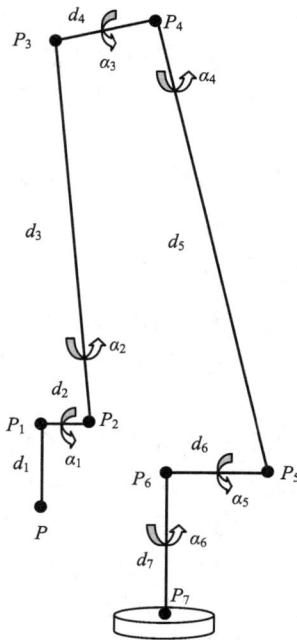

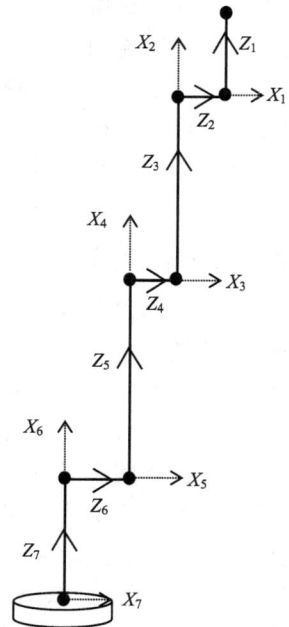

$$
\begin{pmatrix} X_7 \\ Y_7 \\ Z_7 \end{pmatrix} = \begin{pmatrix} 0 \\ 0 \\ d_7 \end{pmatrix} + \boldsymbol{R}_Z\left(\alpha_6\right)\boldsymbol{R}\begin{pmatrix} 0 \\ 0 \\ d_6 \end{pmatrix} + \boldsymbol{R}_Z\left(\alpha_6\right)\boldsymbol{R}\boldsymbol{R}_Z\left(\alpha_5\right)\boldsymbol{R}\begin{pmatrix} 0 \\ 0 \\ d_5 \end{pmatrix} + \cdots
$$
$$
+ \boldsymbol{R}_Z\left(\alpha_6\right)\boldsymbol{R}\boldsymbol{R}_Z\left(\alpha_5\right)\boldsymbol{R}\boldsymbol{R}_Z\left(\alpha_4\right)\boldsymbol{R}\boldsymbol{R}_Z\left(\alpha_3\right)\boldsymbol{R}\boldsymbol{R}_Z\left(\alpha_2\right)\boldsymbol{R}\boldsymbol{R}_Z\left(\alpha_1\right)\boldsymbol{R}\begin{pmatrix} 0 \\ 0 \\ d_1 \end{pmatrix}
$$
（8.59）

进一步简写为

$$
\begin{pmatrix} X_7 \\ Y_7 \\ Z_7 \end{pmatrix} = \begin{pmatrix} 0 \\ 0 \\ d_7 \end{pmatrix} + \sum_{i=1}^{6}\left\{ \left[\prod_{j=i}^{6}\left(\boldsymbol{R}_Z\left(\alpha_j\right)\boldsymbol{R}\right)^{\mathrm{T}}\right]^{\mathrm{T}}\begin{pmatrix} 0 \\ 0 \\ d_i \end{pmatrix}\right\}
$$
（8.60）

也可记为

$$
\boldsymbol{P} = \boldsymbol{F}\left(\alpha_1, \alpha_2, \alpha_3, \alpha_4, \alpha_5, \alpha_6\right)
$$
（8.61）

图 8.31 是一个特例，也即各旋转角 α_i 为零，因此可以得到此时的 P 点坐标为

$$
\begin{pmatrix} X_7 \\ Y_7 \\ Z_7 \end{pmatrix} = \begin{pmatrix} d_2 + d_4 + d_6 \\ 0 \\ d_1 + d_3 + d_5 + d_7 \end{pmatrix}
$$
（8.62）

8.3.3 关节臂测量特点

与传统的正交坐标系测量系统相比，该测量系统具有机械结构简单、体积小、重量轻、测量范围较大、灵活方便、造价低及可以将测量机移到工件现场进行测量等优点。

8.4 用于精密坐标传递的二联激光跟踪仪系统

激光跟踪仪采用球坐标测量原理，坐标测量精度能达到几十微米，兼具测量精度高、范围大、速度快、实时测量、自动化程度高等优点，在航空航天、机械制造与安装、设备检测、计量检定等领域有着广泛的应用。

在粒子加速器工程控制网测量及准直安装中，激光跟踪仪发挥了重要作用。加速器隧道控制网为狭长控制网，为了完成整个控制网的测量，激光跟踪仪采用自由设站与多站拼接相结合的方式，相邻测站通过公共点来转换至统一的坐标系内。公共点转换的精度与其数量及空间分布密切相关，当相邻两测站因通视条件受限导致公共点数量少、分布不均时，就会产生较大的坐标转换误差；当相邻两站公共点数量少于 3 时，可能无法传递点坐标。

在同步辐射光源线站建设时，需要将储存环内的坐标精密传递到光束线站，以指导线站内磁铁部件的安装，保证线站与储存环之间精确的相对位置关系，一般要求控制网的传递精度优于 0.3mm。由于辐射防护的要求，储存环与线站之间一般用厚的水泥墙体隔绝，无法直接通视。这种情况下，有两种坐标传递的思路：一是通过布设控制网从通视条件好的位置将控制网坐标引出，然后多站拼接至该线站的建设位置；二是在墙面上开挖一个直径为 20～30cm 的通光孔，将储存环的控制网传递出去。相比而言，频繁转站会造成精度损失，而且思路一的测量效率低、成本大；思路二的测量成本小、效率高。

关于受限空间内点坐标的传递,林嘉睿等(2017)提出了一种激光跟踪仪双面互瞄定向的方法,其思路是在激光跟踪仪照准部上固定一个靶座来安置球棱镜,根据照准部的运动特性构建几何约束来实现仪器的定向。作为一款精密测量仪器,在激光跟踪仪照准部上安置球棱镜在一定程度上会影响其结构和运动,还有可能与提手部分发生干涉;此外,该法需要在通视路径上布设一个测量点来配合测量解算过程,数学模型较为复杂。

为解决受限空间内精密坐标传递问题,在经纬仪精确互瞄思路的启发下,郭迎钢等(2020c)建立了二联激光跟踪仪系统。该系统首先需要在激光跟踪仪的提手上固定靶座来安放球棱镜,并精确标定球棱镜中心与仪器中心的几何关系;其次,将两台改装的激光跟踪仪精确整平后构成二联激光跟踪仪系统进行坐标测量,两台激光跟踪仪精确互瞄后构建仪器中心之间的互瞄观测值来传递坐标和方位;最后,在上海光源开展了测量试验,验证了该方法的可行性。

8.4.1 系统构成及工作原理

1)系统构成

二联激光跟踪仪系统由两台经过改装的激光跟踪仪和两个球棱镜构成。为了实现激光跟踪仪之间的互瞄,需要将 U 形卡扣固定在激光跟踪仪(徕卡 AT400 系列)的提手上,然后用强力胶将靶座粘在 U 形卡扣上,固定时尽可能使靶座中心接近激光跟踪仪的竖轴。靶座固定后,球棱镜可以在靶座上任意取放,也可以绕水平方向 360°、垂直方向 180° 旋转,从而使系统具有较强的灵活性。球棱镜在靶座上放置的重复性标称精度约为 ±0.01mm,能够保证球棱镜取放、旋转前后的定位中心一致。两个"稳定固联"过程和靶座的高精度加工保证了球棱镜中心与激光跟踪仪中心几何关系的稳定。激光跟踪仪的改装如图 8.32 所示。

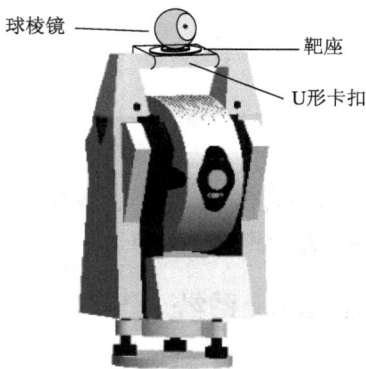

图 8.32 激光跟踪仪的改装图

2)垂向偏心差标定

二联激光跟踪仪系统工作时,两台激光跟踪仪照准对方提手上的球棱镜,为了将第 1 测站的坐标和方位传递到第 2 测站,需要得出两台激光跟踪仪仪器中心的空间位置关系,因此要将瞄准球棱镜中心的观测值改化为瞄准仪器中心的观测值。球棱镜中心与仪器中心的空间位置关系如图 8.33 所示。由于球棱镜无法(也不必要)严格安装在激光跟踪仪的竖轴上,其安装位置与球棱镜等效点 P_B 有一个固定的偏移量 l。激光跟踪仪精确整平后,当仪器绕竖轴转动时,提手上球棱镜的运动轨迹为一个圆。位于 A 处的 1 号激光跟踪仪观测位于 B 处的 2 号激光跟踪仪时,2 号激光跟踪仪在盘左状态和盘右状态下球棱镜的位置关于球棱镜等效点在水平方向上对称,则取盘左盘右时球棱镜平面坐标的中数能够得到仪器中心的平面坐标。即

$$\begin{cases} x_I = \dfrac{x_{S\_L} + x_{S\_R}}{2} \\ y_I = \dfrac{y_{S\_L} + y_{S\_R}}{2} \end{cases} \tag{8.63}$$

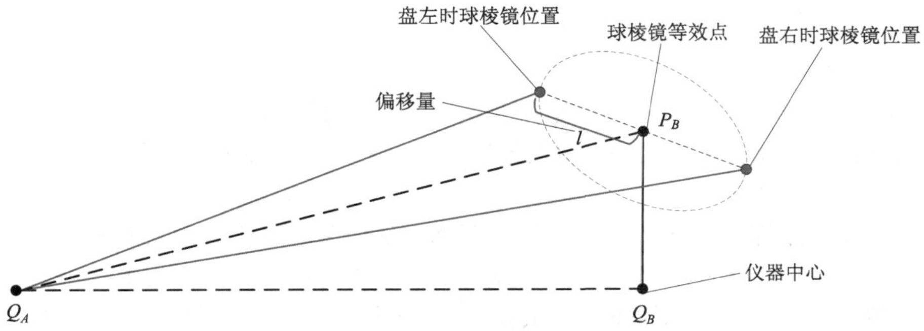

图 8.33　球棱镜等效点与仪器中心的关系图

式中，(x_I, y_I) 为仪器中心的平面坐标；(x_{S_L}, y_{S_L})、(x_{S_R}, y_{S_R}) 分别为盘左、盘右时球棱镜中心的平面坐标。因为盘左盘右取中数能够消除固定偏移的影响，并计算得出仪器中心的平面坐标，所以球棱镜安装位置到球棱镜等效点的固定偏移对系统的定位精度无影响。

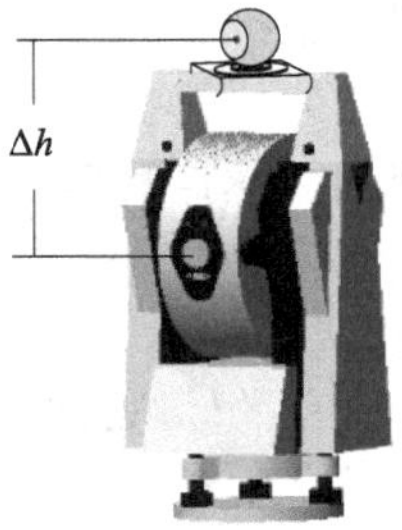

图 8.34　垂向偏心差示意图

在垂直方向上，球棱镜等效点到仪器中心的高差是一个固定值，定义此高差为激光跟踪仪的垂向偏心差 Δh，垂向偏心差示意图如图 8.34 所示，则 Δh 可由球棱镜中心的垂直方向坐标减去仪器中心的垂直方向坐标获得，即

$$\Delta h = Z_B - Z_I \tag{8.64}$$

式中，Z_B 为球棱镜等效点的垂向坐标；Z_I 为仪器中心的垂向坐标。

为了将瞄准球棱镜的观测值改化到仪器中心，需要精确标定两台激光跟踪仪的垂向偏心差。标定过程可在均匀分布控制点的空间内进行，垂向偏心差标定示意图如图 8.35 所示。

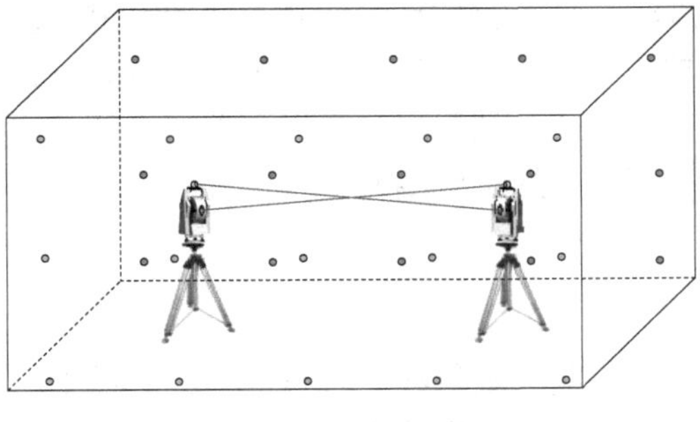

图 8.35　垂向偏心差标定示意图

两台激光跟踪仪严格整平后，首先，尽可能多地观测其周围空间内分布的控制点。其次，1 号激光跟踪仪照准 2 号激光跟踪仪提手上的球棱镜，2 号激光跟踪仪绕竖轴旋转某固定角度（如旋转 90°）后保持不动，连续多个测回测量并记录 1 号跟踪仪的观测数据；再次，2 号激光跟踪仪按照同样的步骤照准 1 号激光跟踪仪提手上的球棱镜并记录观测数据，最后，用 SA 软件的 USMN 功能进行平差解算，取瞄准球棱镜多测回观测值的平均值为球棱镜等效点坐标，则球棱镜等效点 Z 坐标减去对应测站原点（仪器中心）的 Z 坐标，即为该仪器

的垂向偏心差。

　　3）作业流程

　　图 8.36 是一条由二联激光跟踪仪系统测量的空间三维导线。其中，A、B 测站通视良好，B、C 测站仅凭通光孔可见，无法测量其他公共点。利用二联激光跟踪仪系统建立控制网的流程如下。

　　（1）两台激光跟踪仪精确互瞄。1 号、2 号激光跟踪仪按自由设站法架设在 A、B 两处并精确整平，1 号、2 号激光跟踪仪同时调至盘左观测对方提手上的球棱镜并记录观测值；然后调至盘右观测对方提手上的球棱镜并记录观测值；重复多测回，并通过水平方向坐标取平均、垂直方向坐标减去垂向偏心差，将观测值改化至仪器中心。

　　（2）控制点测量。1 号、2 号激光跟踪仪分别观测可视范围内尽可能多的测量点，并记录观测数据。

　　（3）仪器搬站。B 处的 2 号激光跟踪仪保持不动，将 A 处的 1 号激光跟踪仪搬至 C 处自由设站，然后按照（1）～（2）的步骤继续测量。

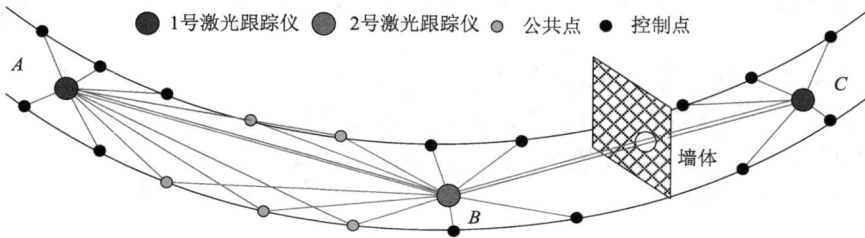

图 8.36　三维导线示意图

　　由图 8.36 可以看出，利用二联激光跟踪仪建立空间三维导线，是在传统自由设站法多站拼接的基础上增加了测站间的互瞄观测值，为测站位置和姿态的解算增加了约束条件。当相邻测站通视条件较好、能观测到多个公共点时，测站间的互瞄观测值能够进一步增强控制网的网形结构；当通视条件较差、公共点数量少甚至无公共点时，仪器中心之间的导线能够承担起传递坐标和方位的任务。因此，利用二联激光跟踪仪系统建立三维导线来测量控制网与传统的自由设站法多站拼接相比，控制网结构更为坚强，适用范围更广，尤其适用于通视条件差、公共点数量少且分布不均的情形。

8.4.2　解算模型

　　采用二联激光跟踪仪系统构建三维导线，共布设了 s 个测站，控制点总数为 m 个。激光跟踪仪的原始观测值为仪器中心照准目标的水平方向 H、垂直角 V 和斜距 S，设第 i 测站观测了 m_i 个控制点，则照准控制点的观测值总数为

$$n_1 = \sum_{i=1}^{s} 3 \cdot m_i \qquad （8.65）$$

s 个测站中的相邻测站间建立了互瞄观测值，则总的互瞄观测数为

$$n_2 = 2 \cdot (s-1) \qquad （8.66）$$

控制网的观测总数为

$$n = n_1 + n_2 = \sum_{i=1}^{s} 3 \cdot m_i + 2 \cdot (s-1) \tag{8.67}$$

以第 1 测站为基准测站，令 (x_i, y_i, z_i)（$i = 1, \cdots, m$）为第 i 号控制点在第 1 测站坐标系下的坐标，令 $({}^{j}X_i, {}^{j}Y_i, {}^{j}Z_i)$ 为第 i 号控制点在第 j 测站坐标系下的坐标，则 m 个控制点对应的未知参数有 $t_1 = 3 \cdot m$ 个。令 $(TX_j, TY_j, TZ_j, R_{X_j}, R_{Y_j}, R_{Z_j})$（$j = 2, 3, \cdots, s$）为第 j 号测站到第 1 测站的平移旋转参数，除了第 1 测站作为坐标系原点外，其余 $s\text{--}1$ 个测站对应的未知参数有 $t_2 = 6 \cdot (s-1)$ 个，则总的未知参数个数为

$$t = t_1 + t_2 = 3 \cdot m + 6 \cdot (s-1) \tag{8.68}$$

第 i 号控制点在第 j 测站的坐标首先缩放 k 倍，其次旋转 $(R_{X_j}, R_{Y_j}, R_{Z_j})$，最后平移 (TX_j, TY_j, TZ_j)，转换为第 1 测站下的坐标。其数学模型为

$$\begin{pmatrix} x_i \\ y_i \\ z_i \end{pmatrix} = k\boldsymbol{R}^{\mathrm{T}} \begin{pmatrix} {}^{j}X_i - TX_j \\ {}^{j}Y_i - TY_j \\ {}^{j}Z_i - TZ_j \end{pmatrix} \tag{8.69}$$

1）函数模型

将测站间的互瞄观测值作为约束条件，按照具有约束条件的参数平差进行解算，其观测方程为

$$\begin{cases} \underset{n_1 \times 1}{\boldsymbol{L}} = \underset{n_1 \times t}{\boldsymbol{A}} \ \underset{t \times 1}{\boldsymbol{X}} + \underset{n_1 \times 1}{\boldsymbol{D}} \\ \underset{n_2 \times t}{\boldsymbol{C}} \ \underset{t \times 1}{\boldsymbol{X}} + \underset{n_2 \times 1}{\boldsymbol{C}_0} = \boldsymbol{0} \end{cases} \tag{8.70}$$

式中，$\boldsymbol{X} = [x_1, y_1, z_1, \cdots, x_m, y_m, z_m, TX_2, TY_2, TZ_2, R_{X_2}, R_{Y_2}, R_{Z_2}, \cdots, TX_s, TY_s, TZ_s, R_{X_s}, R_{Y_s}, R_{Z_s}]^{\mathrm{T}}$，为未知参数的平差值；$\boldsymbol{L}$ 为照准控制点的观测值；$\boldsymbol{A}$、$\boldsymbol{D}$ 为照准控制点观测值对应的系数矩阵和常数向量；$\boldsymbol{C}$、$\boldsymbol{C}_0$ 为测站间互瞄观测值对应的系数矩阵和常数向量。

2）随机模型

随机模型是描述观测值先验精度及观测值之间可能的随机相关性的模型，通常用观测向量的协方差或权矩阵表示。观测向量 $\boldsymbol{L}$ 的随机模型为

$$\mathrm{E}(\boldsymbol{A}\boldsymbol{X} + \boldsymbol{D} - \boldsymbol{L}) = \boldsymbol{0} \tag{8.71}$$

观测向量 $\boldsymbol{L}$ 中有水平方向值 H、垂直角 V、斜距 S 三类观测值，相互之间随机独立，可根据测量仪器的先验精度按照经验公式来确定三类观测值的权比，即

$$P_H = \frac{m_H^2}{m_H^2} = 1, \ P_V = \frac{m_H^2}{m_V^2}, \ P_S = \frac{m_H^2}{m_S^2} \tag{8.72}$$

8.4.3　试验与分析

在上海光源实验大厅的狭长隧道环境内，采用两台徕卡 AT402 激光跟踪仪构成的二联激光跟踪仪系统进行了试验。1 号激光跟踪仪测量了 11 个控制点，2 号激光跟踪仪测量了 9 个控制点，其中有 6 个点由两个测站共同观测。测量场景示意图如图 8.37 所示。

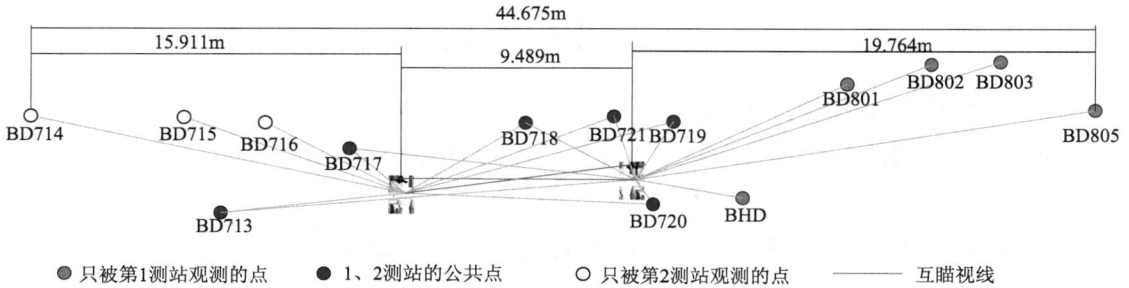

图 8.37　测量场景示意图

1. 系统参数标定

在实验场地内进行系统参数标定，两台激光跟踪仪精确调平后，首先测量标定场中的所有控制点，其次多测回观测对方提手上的球棱镜，最后根据控制网平差得出仪器中心坐标及仪器提手上球棱镜的坐标，取两者 Z 坐标的差值作为垂向偏心差。二联激光跟踪仪系统参数标定观测数据见表 8.2，垂向偏心差标定结果见表 8.3。

表 8.2　二联激光跟踪仪系统参数标定观测数据　　　　　（单位：mm）

		点名	X	Y	Z		点名	X	Y	Z
1号激光跟踪仪	控制点观测值	P1	−29969.33	−19128.08	691.63	2号激光跟踪仪	P1	−29969.31	−19128.07	691.76
		P2	−12956.68	−11296.91	650.99		P2	−12956.65	−11296.88	651.05
		P3	−10205.92	−5760.11	608.28		P3	−10205.89	−5760.09	608.24
		P4	−4745.24	−753.13	922.66		P4	−4745.23	−753.12	922.65
		P5	242.47	2911.64	671.40		P5	242.46	2911.62	671.46
		P6	1713.19	−719.28	715.03		P6	1713.14	−719.27	715.02
		P7	−1870.14	1643.92	914.45		P7	−1870.14	1643.90	914.45
		P8	5191.02	8399.80	941.58		P12	−22127.07	−12128.72	533.54
		P9	7673.61	11193.52	931.67		P13	−16654.27	−8713.98	948.13
		P10	9833.84	13166.21	593.99		P14	−13760.13	−7002.40	934.58
		P11	14615.68	13285.02	714.77					
	球棱镜多测回观测值	第1测回盘左	−7574.44	−5713.91	186.55	球棱镜多测回观测值	第1测回盘左	−0.18	1.65	185.66
		第1测回盘右	−7574.38	−5713.97	186.52		第1测回盘右	−0.49	1.61	185.70
		第2测回盘左	−7576.23	−5714.16	186.56		第2测回盘左	−1.65	−0.20	185.64
		第2测回盘右	−7576.26	−5714.25	186.50		第2测回盘右	−1.65	−0.21	185.69
		第3测回盘左	−7575.76	−5715.97	186.55		第3测回盘左	0.22	−1.53	185.65
		第3测回盘右	−7575.96	−5715.86	186.51		第3测回盘右	0.29	−1.49	185.69
		第4测回盘左	−7574.12	−5715.45	186.55		第4测回盘左	1.51	0.40	185.64
		第4测回盘右	−7574.15	−5715.51	186.50		第4测回盘右	1.48	0.43	185.70
		第5测回盘左	−7574.37	−5713.98	186.56		第5测回盘左	−0.48	1.60	185.63
		第5测回盘右	−7574.50	−5713.88	186.50		第5测回盘右	−0.51	1.61	185.69
	球棱镜等效点坐标		−7575.02	−5714.69	186.53	球棱镜等效点坐标		−0.15	0.39	185.67

表 8.3 垂向偏心差标定结果

仪器编号	1 号激光跟踪仪	2 号激光跟踪仪
垂向偏心差/mm	185.667	185.621

2. 数据处理方案

按照附有约束条件的参数平差编写程序进行平差计算，有以下 5 种处理方案。

方案 1：利用 6 个公共点与互瞄观测值，整体平差后将平差结果作为基准坐标。

方案 2：只利用 6 个公共点进行坐标传递。

方案 3：将两台激光跟踪仪观测数据中 BD713、BD714、BD720 三个点的观测数据删除，只保留 BD718、BD721、BD719 这 3 个公共点。利用 3 个公共点与互瞄观测值进行平差。

方案 4：只利用方案 3 中的 3 个公共点进行坐标传递。

方案 5：在方案 1 的基础上屏蔽公共点信息，只利用互瞄观测值得出 2 号激光跟踪仪相对 1 号激光跟踪仪的平移旋转关系，然后根据 2 号激光跟踪仪的观测值得出目标点的坐标，无公共点坐标传递示意图如图 8.38 所示。

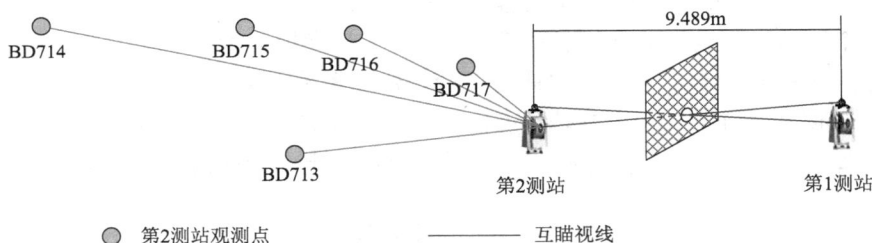

图 8.38 无公共点坐标传递示意图

3. 结果分析

1）方案 2 与方案 1 对比

用平差解算后点位中误差的均方根衡量解算结果的内符合精度，则方案 1 与方案 2 平差结果精度对比如表 8.4 所示。

表 8.4 方案 1 与方案 2 平差结果精度对比

数据处理方案	方案 1	方案 2
点位中误差均方根/mm	0.047	0.050

表 8.4 中，方案 1 是在方案 2 的基础上增加了互瞄观测数据，对比结果表明互瞄观测值参与平差计算后使得点位中误差的均方根变小，提高了平差结果的内符合精度。

2）方案 5 与方案 1 对比

将方案 5 的坐标传递结果与方案 1 的基准坐标做偏差，方案 5 与方案 1 的坐标偏差见表 8.5。

表 8.5　方案 5 与方案 1 的坐标偏差

点名	偏差值/mm			
	dx	dy	dz	dp
BD713	−0.122	0.119	−0.203	0.265
BD714	−0.118	0.190	−0.315	0.386
BD715	−0.100	0.152	−0.204	0.274
BD716	−0.088	0.135	−0.147	0.218
BD717	−0.090	0.111	−0.052	0.152
BD718	−0.050	0.081	0.055	0.110
BD719	−0.009	0.071	0.121	0.141
BD720	−0.017	0.044	0.120	0.129
BD721	−0.029	0.080	0.110	0.139
均方根	0.080	0.117	0.167	0.219

由表 8.5 可以看出，本节方法能够在无公共点的情况下实现高精度的坐标传递，在 2 个测站相距 9m 时，坐标传递的点位偏差均方根优于 0.22mm。

由于 2 个测站在测量前都进行了精确整平，整平精度优于 1″，表明 2 个测站上仪器竖轴与铅垂线方向的夹角小于 1″，可近似认为 2 台仪器的竖轴是平行的。此时，2 台仪器的姿态只是绕 Z 轴（仪器竖轴）有一个旋转角度，称它为定向旋转角 α。将方案 5 得到的定向旋转角与方案 1 整体平差解算得到的定向旋转角进行对比，定向旋转角计算结果如表 8.6 所示。

表 8.6　定向旋转角计算结果

处理方案	方案 1	方案 5
$\alpha/(°)$	107.0310	107.0313

由表 8.6 可计算得出，当相邻两测站无公共点时，只利用互瞄观测值传递所得的定向旋转角精度为 0.0003°=1.08″。

3）其他对比

将方案 2～方案 5 计算得到的控制点坐标与方案 1 得到的基准坐标做差，不同方案所得坐标与基准坐标偏差的均方根如表 8.7 所示。

表 8.7　不同方案所得坐标与基准坐标偏差的均方根

方案	偏差值均方根/mm			
	dx	dy	dz	dp
方案 2	0.001	0.001	0.004	0.005
方案 3	0.013	0.013	0.015	0.024
方案 4	0.015	0.024	0.154	0.157
方案 5	0.080	0.117	0.167	0.219

　　由表 8.7 可知，方案 2 的坐标偏差值均方根为 0.005mm，说明当公共点数量充足时，只利用公共点传递的点坐标与利用公共点及互瞄观测值整体平差所得的点位坐标偏差很小，三维坐标偏差的均方根小于 0.01mm。方案 2 与方案 4 都只用公共点传递坐标，当公共点个数由 6 个变为 3 个时，其偏差值均方根由 0.005mm 增大至 0.157mm，表明公共点个数越多，坐标传递的精度越高。方案 3 与方案 4 对比，在公共点数量仅为 3 个时，互瞄观测值参与平差前后，三维偏差的均方根由 0.157mm 减小为 0.024mm，表明当公共点数量较少时，互瞄观测值作为约束条件参与平差能够显著提高点位精度。

8.5　基于多台激光跟踪仪的边角网坐标测量

　　激光跟踪仪在大型设备安装测量及空间目标姿态测量中应用广泛。多台激光跟踪仪组网后，不但需要求解其中心坐标，还需要求解各测站的旋转参数，才能实现多台激光跟踪仪联合测量。因此，需要建立激光跟踪仪三维边角网平差模型，求解激光跟踪仪测站的位置和姿态参数。但是激光跟踪仪三维边角网平差模型中，不可避免地要引入激光跟踪仪的角度观测值，因此需要建立合理的角度和距离权阵模型，减小角度误差对激光跟踪仪三维边角网整体平差的影响。此外，在精密工业与工程测量中，通常需要使测量数据和大地水平面发生关系，而激光跟踪仪在空间任意位姿态放置均可测量，因此需要将激光跟踪仪的数据改正到水平面中，建立整平状态下的激光跟踪仪三维边角网平差模型。

8.5.1　激光跟踪仪三维边角网坐标系转换原理

　　设激光跟踪仪在空间布设 m 个测站，对 n 个定向点进行了角度和距离观测，第 i 个测站对第 j 个点的角度和距离观测值为 $(Hz_{ij}, V_{ij}, S_{ij})$。经过上述观测后，$m$ 个测站和 n 个定向点就构成了一个空间三维边角网，设第 i 个激光跟踪仪测站相对于全局测量坐标系的旋转参数为 $(R_{X_i}, R_{Y_i}, R_{Z_i})$，平移参数（激光跟踪仪中心的位置参数）为 $(_0X_i, _0Y_i, _0Z_i)$（$i = 1, 2, \cdots, m$），第 j 个定向点在第 i 个测站坐标系下的坐标为 (X_{ij}, Y_{ij}, Z_{ij})，在测量坐标系下的坐标为 (X_j, Y_j, Z_j)（$j = 1, 2, \cdots, n$）。

　　激光跟踪仪对角度和距离的观测是在测站坐标系下进行的，需要将测站的位置和旋转参数及定向点的位置参数从测站坐标系转换到测量坐标系。将第 j 个定向点从第 i 个测站坐标系转换到测量坐标系下的方法为

$$\begin{pmatrix} X_{ij} \\ Y_{ij} \\ Z_{ij} \end{pmatrix} = \begin{pmatrix} a_{i1} & b_{i1} & c_{i1} \\ a_{i2} & b_{i2} & c_{i2} \\ a_{i3} & b_{i3} & c_{i3} \end{pmatrix} \cdot \begin{pmatrix} X_j - {_0X_i} \\ Y_j - {_0Y_i} \\ Z_j - {_0Z_i} \end{pmatrix} \tag{8.73}$$

式中，$a_{i1}, a_{i2}, \cdots, c_{i3}$ 为第 i 个测站旋转参数 $(R_{X_i}, R_{Y_i}, R_{Z_i})$ 的函数，按照 X 轴、Y 轴和 Z 轴的顺序旋转，参见式（8.14）。

8.5.2　不整平状态下三维边角网平差模型

　　设第 i 台激光跟踪仪在不整平状态下的坐标系为 $O_i - X_iY_iZ_i$，第 j 个定向点在第 i 个测站坐标系中的坐标为 (X_{ij}, Y_{ij}, Z_{ij})，第 i 测站对第 j 个定向点的观测值为 $(Hz_{ij}, V_{ij}, S_{ij})$，此时，$Hz_{ij}$ 是以仪器的水平度盘平面为基准的水平角，不整平状态点坐标与观测值的关系如图 8.39 所示。

从图 8.39 中可以看出，点坐标与水平角度和天顶距观测值的函数关系为

$$Hz_{ij} = 2\pi - \arctan \frac{Y_{ij}}{X_{ij}} \tag{8.74}$$

$$V_{ij} = \frac{\pi}{2} - \arctan \frac{Z_{ij}}{\sqrt{X_{ij}^2 + Y_{ij}^2}} \tag{8.75}$$

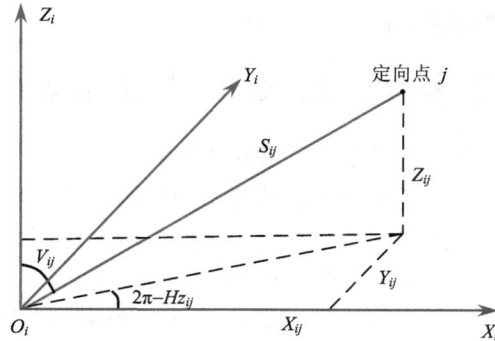

图 8.39　不整平状态点坐标与观测值的关系

式（8.74）和式（8.75）中的定向点坐标为测站坐标，通过式（8.73）可将其转换到测量坐标系，则式（8.74）和式（8.75）变为

$$Hz_{ij} = 2\pi - \arctan \frac{a_{i2} \cdot (X_j - {}_0X_i) + b_{i2} \cdot (Y_j - {}_0Y_i) + c_{i2} \cdot (Z_j - {}_0Z_i)}{a_{i1} \cdot (X_j - {}_0X_i) + b_{i1} \cdot (Y_j - {}_0Y_i) + c_{i1} \cdot (Z_j - {}_0Z_i)} \tag{8.76}$$

$$V_{ij} = \frac{\pi}{2} - \arctan \frac{a_{i3} \cdot (X_j - {}_0X_i) + b_{i3} \cdot (Y_j - {}_0Y_i) + c_{i3} \cdot (Z_j - {}_0Z_i)}{\sqrt{\left[a_{i1} \cdot (X_j - {}_0X_i) + b_{i1} \cdot (Y_j - {}_0Y_i) + c_{i1} \cdot (Z_j - {}_0Z_i)\right]^2 + \left[a_{i2} \cdot (X_j - {}_0X_i) + b_{i2} \cdot (Y_j - {}_0Y_i) + c_{i2} \cdot (Z_j - {}_0Z_i)\right]^2}}$$

$$\tag{8.77}$$

进一步，点坐标与距离观测值的函数关系为

$$S_{ij} = \sqrt{(X_j - {}_0X_i)^2 + (Y_j - {}_0Y_i)^2 + (Z_j - {}_0Z_i)^2} \tag{8.78}$$

分别对式（8.78）、式（8.76）、式（8.77）线性化即可得到观测值误差方程为

$$\begin{cases}
V_{ij}^S = d_1 \cdot \delta_0 X_i + d_2 \cdot \delta_0 Y_i + d_3 \cdot \delta_0 Z_i + d_4 \cdot \delta R_{X_i} + d_5 \cdot \delta R_{Y_i} \\
\qquad + d_6 \cdot \delta R_{Z_i} + d_7 \cdot \delta X_j + d_8 \cdot \delta Y_j + d_9 \cdot \delta Z_j - L_{ij}^S \\
V_{ij}^{Hz} = e_1 \cdot \delta_0 X_i + e_2 \cdot \delta_0 Y_i + e_3 \cdot \delta_0 Z_i + e_4 \cdot \delta R_{X_i} + e_5 \cdot \delta R_{Y_i} \\
\qquad + e_6 \cdot \delta R_{Z_i} + e_7 \cdot \delta X_j + e_8 \cdot \delta Y_j + e_9 \cdot \delta Z_j - L_{ij}^{Hz} \\
V_{ij}^V = f_1 \cdot \delta_0 X_i + f_2 \cdot \delta_0 Y_i + f_3 \cdot \delta_0 Z_i + f_4 \cdot \delta R_{X_i} + f_5 \cdot \delta R_{Y_i} \\
\qquad + f_6 \cdot \delta R_{Z_i} + f_7 \cdot \delta X_j + f_8 \cdot \delta Y_j + f_9 \cdot \delta Z_j - L_{ij}^V
\end{cases} \tag{8.79}$$

式中，$d_1, d_2, \cdots, d_9$，$e_1, e_2, \cdots, e_9$，$f_1, f_2, \cdots, f_9$ 分别为各观测值对定向参数的一阶偏导；L_{ij}^S，L_{ij}^{Hz}，L_{ij}^V 为常数项。

设定向未知参数初值为 $^0\boldsymbol{X} = (\,^0_0X_i,\,^0_0Y_i,\,^0_0Z_i,\,^0R_{X_i},\,^0R_{Y_i},\,^0R_{Z_i},\,^0X_j,\,^0Y_j,\,^0Z_j)$，令

$$\begin{cases} dX = {}^0_0X_j - {}^0_0X_i \\ dY = {}^0_0Y_j - {}^0_0Y_i \\ dZ = {}^0_0Z_j - {}^0_0Z_i \end{cases},\quad \begin{cases} {}^0x = a_{i1}dX + b_{i1}dY + c_{i1}dZ \\ {}^0y = a_{i2}dX + b_{i2}dY + c_{i2}dZ \\ {}^0z = a_{i3}dX + b_{i3}dY + c_{i3}dZ \end{cases},\quad \begin{cases} Hx = -\dfrac{{}^0y}{{}^0x^2 + {}^0y^2} \\[3mm] Hy = \dfrac{{}^0x}{{}^0x^2 + {}^0y^2} \end{cases},$$

$$^0S = \sqrt{dX^2 + dY^2 + dZ^2},\quad \begin{cases} Vx = \dfrac{{}^0x \cdot {}^0z}{{}^0x^2 + {}^0y^2 + {}^0z^2} \cdot \dfrac{1}{\sqrt{{}^0x^2 + {}^0y^2}} \\[3mm] Vy = \dfrac{{}^0y \cdot {}^0z}{{}^0x^2 + {}^0y^2 + {}^0z^2} \cdot \dfrac{1}{\sqrt{{}^0x^2 + {}^0y^2}} \\[3mm] Vz = -\dfrac{{}^0x^2 + {}^0y^2}{{}^0x^2 + {}^0y^2 + {}^0z^2} \cdot \dfrac{1}{\sqrt{{}^0x^2 + {}^0y^2}} \end{cases}$$

则有

$$d_1 = -\frac{dX}{{}^0S} = -d_7,\quad d_2 = -\frac{dY}{{}^0S} = -d_8,\quad d_3 = -\frac{dZ}{{}^0S} = -d_9,\quad d_4 = d_5 = d_6 = 0$$

$$e_1 = -a_{i1} \cdot Hx - a_{i2} \cdot Hy = -e_7,\quad e_2 = -b_{i1} \cdot Hx - b_{i2} \cdot Hy = -e_8$$

$$e_3 = -c_{i1} \cdot Hx - c_{i2} \cdot Hy = -e_9,\quad e_4 = Hx \cdot (-c_{i1}dY + b_{i1}dZ) + Hy \cdot (-c_{i2}dY + b_{i2}dZ)$$

$$e_5 = (a_{i3}dX + b_{i3}dY + c_{i3}dZ) \cdot (Hy \cdot \sin R_{Z_i} - Hx \cdot \cos R_{Z_i})$$

$$e_6 = Hx \cdot (a_{i2}dX + b_{i2}dY + c_{i2}dZ) - Hy \cdot (a_{i1}dX + b_{i1}dY + c_{i1}dZ)$$

$$f_1 = -a_{i1} \cdot Vx - a_{i2} \cdot Vy - a_{i3} \cdot Vz = -f_7$$

$$f_2 = -b_{i1} \cdot Vx - b_{i2} \cdot Vy - b_{i3} \cdot Vz = -f_8$$

$$f_3 = -c_{i1} \cdot Vx - c_{i2} \cdot Vy - c_{i3} \cdot Vz = -f_9$$

$$f_4 = Vx \cdot (-c_{i1}dY + b_{i1}dZ) + Vy \cdot (-c_{i2}dY + b_{i2}dZ) + Vz \cdot (-c_{i3}dY + b_{i3}dZ)$$

$$f_5 = (a_{i3}dX + b_{i3}dY + c_{i3}dZ) \cdot (Vy \cdot \sin R_{Z_i} - Vx \cdot \cos R_{Z_i})$$
$$\quad + Vz \cdot (\cos R_{Y_i} \cdot dX + a_{i3}\sin R_{X_i} \cdot dY - a_{i3}\cos R_{X_i} \cdot dZ)$$

$$f_6 = Vx \cdot (a_{i2}dX + b_{i2}dY + c_{i2}dZ) - Vy \cdot (a_{i1}dX + b_{i1}dY + c_{i1}dZ)$$

$$L_{ij}^S = S_{ij} - {}^0S$$

$$L_{ij}^{Hz} = \arctan\frac{{}^0y}{{}^0x} + Hz_{ij} - 2\pi$$

$$L_{ij}^V = V_{ij} + \arctan\frac{-{}^0y}{\sqrt{{}^0x^2 + {}^0y^2}} - \frac{\pi}{2}$$

将误差方程式（8.79）写成矩阵形式为

$$V = A \cdot \delta X - L \tag{8.80}$$

式中，

$$V = \begin{bmatrix} v_{11}^S & v_{11}^{Hz} & v_{11}^V & \cdots & v_{1n}^S & v_{1n}^{Hz} & v_{1n}^V & \cdots & v_{mn}^S & v_{mn}^{Hz} & v_{mn}^V \end{bmatrix}^T$$

$$L = \begin{bmatrix} L_{11}^S & L_{11}^{Hz} & L_{11}^V & \cdots & L_{1n}^S & L_{1n}^{Hz} & L_{1n}^V & \cdots & L_{mn}^S & L_{mn}^{Hz} & L_{mn}^V \end{bmatrix}^T$$

$$\delta X = \begin{bmatrix} \delta_0 X_1 & \delta_0 Y_1 & \delta_0 Z_1 & \delta R_{X_1} & \delta R_{Y_1} & \delta R_{Z_1} & \cdots & \delta X_n & \delta Y_n & \delta Z_n \end{bmatrix}^T$$

设观测值权阵为 P，按照最小二乘原理即可解算得到未知参数为

$$\delta X = \left(A^T P A \right)^{-1} \cdot \left(A^T P L \right) \tag{8.81}$$

将定向参数初始值 ^0X 加上参数残余值 δX 就可以得到定向参数。

8.5.3　整平状态下三维边角网平差模型

激光跟踪仪可以在垂直、倾斜、水平甚至倒置等多种状态下测量空间点的三维坐标。在

图 8.40　Nivel 倾斜仪

许多工业测量中，测量数据需要归算到水平面上，为此，需要将激光跟踪仪通过内置或外置的电子水准气泡进行严密整平。

绝大部分激光跟踪仪都配备了整平装置，如 API Tracker 系列、徕卡的 AT400、FARO 系列的激光跟踪仪都安装有内置整平装置。徕卡 AT900 系列激光跟踪仪配备了 Nivel 系列的二维水平气泡，Nivel 倾斜仪如图 8.40 所示，其标称的整平精度为 ±1.0″。测量时将水平气泡和激光跟踪仪通过电缆线连接在一起，用水准气泡的测量数据直接对观测值进行改正。

在激光跟踪仪整平状态下，测站坐标系与测量坐标系的变化关系式（8.73）变为

$$\begin{pmatrix} X_{ij} \\ Y_{ij} \\ Z_{ij} \end{pmatrix} = \begin{pmatrix} \cos R_{Z_i} & \sin R_{Z_i} & 0 \\ -\sin R_{Z_i} & \cos R_{Z_i} & 0 \\ 0 & 0 & 1 \end{pmatrix} \cdot \begin{pmatrix} X_j - {_0X_i} \\ Y_j - {_0Y_i} \\ Z_j - {_0Z_i} \end{pmatrix} \tag{8.82}$$

与不整平状态下的平差模型相比，整平状态下的平差模型相对简单，此时，激光跟踪仪的第 i 个测站的参数为 $({_0X_i}, {_0Y_i}, {_0Z_i}, 0, 0, R_{Z_i})$，第 j 个定向点的坐标为 (X_j, Y_j, Z_j)。以水平方向观测值为例，在整平状态下，R_{X_i} 和 R_{Y_i} 的未知项已经消掉，式（8.79）中的 $e_1, e_2, e_3, e_6, \cdots, e_9$ 为

$$\begin{cases} e_1 = \dfrac{\mathrm{d}Y}{\mathrm{d}X^2 + \mathrm{d}Y^2} = -e_7 \\ e_2 = -\dfrac{\mathrm{d}X}{\mathrm{d}X^2 + \mathrm{d}Y^2} = -e_8 \\ e_3 = e_9 = 0 \\ e_6 = -1 \end{cases} \tag{8.83}$$

则由式（8.79）可得到整平状态下水平方向观测值的误差方程为

$$V_{ij}^{Hz} = e_1\delta_0 X_i + e_2\delta_0 Y_i + 0\cdot\delta_0 Z_i - \delta R_{Z_i} - e_7\delta X_j + e_8\delta Y_j + 0\cdot\delta Z_j - L_{ij}^{Hz} \qquad (8.84)$$

同理，可以得到整平状态下斜距和天顶距的观测误差方程为

$$\begin{cases} V_{ij}^V = f_1\delta_0 X_i + f_2\delta_0 Y_i + f_3\delta_0 Z_i + 0\cdot\delta R_{Z_i} + f_7\delta X_j + f_8\delta Y_j + f_9\delta Z_j - L_{ij}^V \\ V_{ij}^S = d_1\delta_0 X_i + d_2\delta_0 Y_i + d_3\delta_0 Z_i + 0\cdot\delta R_{Z_i} + d_7\delta X_j + d_8\delta Y_j + d_9\delta Z_j - L_{ij}^S \end{cases} \qquad (8.85)$$

8.5.4 观测值权阵的确定

激光跟踪仪的测角误差一般采用 $\pm(a+b\times S)$ 的形式，类似于全站仪的测距精度表示方法，式中，a 为固定误差，单位为微米；b 为比例误差，单位通常为 ppm[①]；S 为斜距观测值，单位为米。例如，徕卡 AT901 的标称测角误差为 $\pm\left(15\mu m + 6\times10^{-6}\times S\right)$。

因此，水平方向权定义为

$$P_{Hz} = \left(\frac{S\times10^6}{a+b\times S}\right)^2 \qquad (8.86)$$

实际测试表明，激光跟踪仪一测回垂直方向中误差要大于一测回水平方向中误差，垂直方向权定义为

$$P_V = kP_{Hz} \qquad (8.87)$$

式中，k 为小于 1 的系数，一般取为 0.7～0.8。

对于激光跟踪仪距离观测值的权，其计算公式为

$$P_S = \left(\frac{S\times10^6}{a'+b'\times S}\right)^2 \qquad (8.88)$$

式中，a' 为测距固定误差，单位为微米；b' 为测距比例误差，单位为 ppm。

激光跟踪仪在 IFM 测距模式下，固定误差一般很小。因此，激光跟踪仪的测距标称误差只给出比例误差，例如，AT901 系列激光跟踪仪的测距标称精度为 $\pm 0.5\mu m/m$。在实际平差解算时，激光跟踪仪 IFM 测距值进行赋权时，可以忽略固定误差而只采用比例误差。

8.6 激光跟踪仪多测站抗差马氏光束法平差

关于激光跟踪仪多测站平差模型的研究，Meid（1998）对激光跟踪仪光束法平差的权重、约束条件等进行了研究，提出了加权光束法平差模型。Calkins（2002）在光束法平差的基础上研究了 USMN（unified spatial metrology network），并应用于 SA 软件。Predmore（2010）在考虑每个测量点不确定度椭球的形状和方向的基础上，基于多元统计中的马氏距离建立目标函数进行多测站观测数据的平差解算，取得了很好的应用效果。周维虎等（2012）基于光束法平差模型研究了激光跟踪仪测量精度的评定方法。丁阳等（2018）研究了基于光束法平差的多测站激光跟踪仪数据处理，并指出观测值权值对平差结果影响较大。

受 Predmore（2010）的启发，郭迎钢等（2020d）对激光跟踪仪多测站抗差马氏光束法平差展开讨论。在传统激光跟踪仪光束法平差的基础上，引入马氏距离的概念对平差准则进

---

① ppm=10^{-6}，后同。

行改造，由原来的使"观测值改正数加权平方和最小"改造为使"观测值到加权平均值的马氏距离平方和最小"，并在计算加权平均坐标时对粗差观测值进行剔除，构建激光跟踪仪多测站抗差马氏光束法平差模型。

8.6.1　算法原理

1）激光跟踪仪多测站测量

激光跟踪仪多测站测量示意图如图 8.41 所示，3 台激光跟踪仪分别按自由设站法测量了空间内分布的一些控制点。由于不同测站观测的点坐标属于其相应的测站坐标系，为了获取控制点在全局坐标系内的坐标，需要将多测站的测量数据转换到统一的测量坐标系下。

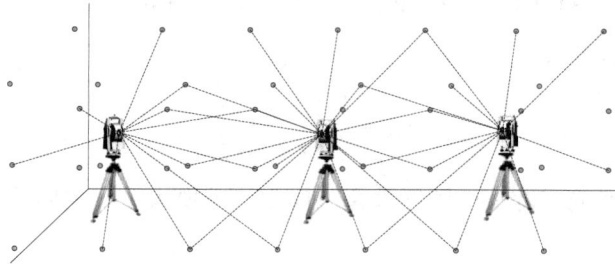

图 8.41　激光跟踪仪多测站测量示意图

以三维 7 参数坐标转换模型为基础进行坐标转换。由于激光跟踪仪测距精度高，各测站的尺度因子取为 1，以第 1 测站为基准测站，第 i 测站坐标系先绕 X 轴旋转 α，再绕 Y 轴旋转 β，再绕 Z 轴旋转 γ，再平移至第 1 测站坐标系的坐标转换模型为

$$\begin{pmatrix} {}^1X_k \\ {}^1Y_k \\ {}^1Z_k \end{pmatrix} = \boldsymbol{R}(\gamma)\boldsymbol{R}(\beta)\boldsymbol{R}(\alpha) \begin{pmatrix} {}^ix_k \\ {}^iy_k \\ {}^iz_k \end{pmatrix} + \begin{pmatrix} {}^1_0X_i \\ {}^1_0Y_i \\ {}^1_0Z_i \end{pmatrix} \tag{8.89}$$

式中，$({}^1X_k, {}^1Y_k, {}^1Z_k)$ 为第 k 号点在第 1 测站的坐标；$({}^ix_k, {}^iy_k, {}^iz_k)$ 为第 k 号点在第 i 测站的坐标，$({}^1_0X_i, {}^1_0Y_i, {}^1_0Z_i)$ 为第 i 测站的坐标系原点在第 1 测站的坐标。

令 $\boldsymbol{R} = \boldsymbol{R}(\gamma)\boldsymbol{R}(\beta)\boldsymbol{R}(\alpha)$，则

$$\boldsymbol{R} = \begin{bmatrix} a_{11} & a_{12} & a_{13} \\ a_{21} & a_{22} & a_{23} \\ a_{31} & a_{32} & a_{33} \end{bmatrix} \tag{8.90}$$

式中，$a_{11} = \cos\gamma\cos\beta$；$a_{12} = -\sin\gamma\cos\alpha + \cos\gamma\sin\beta\sin\alpha$；$a_{13} = \sin\gamma\sin\alpha + \cos\gamma\sin\beta\cos\alpha$；$a_{21} = \sin\gamma\cos\beta$；$a_{22} = \cos\gamma\cos\alpha + \sin\gamma\sin\beta\sin\alpha$；$a_{23} = -\cos\gamma\sin\alpha + \sin\gamma\sin\beta\cos\alpha$；$a_{31} = -\sin\beta$；$a_{32} = \cos\beta\sin\alpha$；$a_{33} = \cos\beta\cos\alpha$。

式（8.89）也可表示为

$$\begin{pmatrix} {}^ix_k \\ {}^iy_k \\ {}^iz_k \end{pmatrix} = \boldsymbol{R}^{\mathrm{T}} \begin{pmatrix} {}^1X_k - {}^1_0X_i \\ {}^1Y_k - {}^1_0Y_i \\ {}^1Z_k - {}^1_0Z_i \end{pmatrix} \tag{8.91}$$

2）光束法平差模型

假设激光跟踪仪在空间内布设了 m 个测站，对 p 个控制点进行了测量，则未知参数个数为

$$t = 6(m-1) + 3p \tag{8.92}$$

设总观测数为 n，则多余观测数为

$$r = n - t \tag{8.93}$$

以（$^i x_k$, $^i y_k$, $^i z_k$）为观测值，以 $^1 X_k$、$^1 Y_k$、$^1 Z_k$ $(k=1,2,\cdots,p)$ 及 $^1_0\alpha_i$、$^1_0\beta_i$、$^1_0\gamma_i$、$^1_0 X_i$、$^1_0 Y_i$、$^1_0 Z_i$ $(i=2,3,\cdots m)$ 为未知参数，建立线性化后的误差方程为

$$V = A \cdot \delta X + L \tag{8.94}$$

式中，$V = \begin{bmatrix} V_{i_{x_k}} \\ V_{i_{y_k}} \\ V_{i_{z_k}} \end{bmatrix}$; $L = AX_0 - \begin{bmatrix} ^i x_k \\ ^i y_k \\ ^i z_k \end{bmatrix}$; $X_0 = [^1 X_{k0}, ^1 Y_{k0}, ^1 Z_{k0}, ^1\alpha_{i0}, ^1\beta_{i0}, ^1\gamma_{i0}, ^1 X_{i0}, ^1 Y_{i0}, ^1 Z_{i0}]^T$ 为未

知参数的初值；$\delta X = [\mathrm{d}^1 X_k, \mathrm{d}^1 Y_k, \mathrm{d}^1 Z_k, \mathrm{d}^1\alpha_i, \mathrm{d}^1\beta_i, \mathrm{d}^1\gamma_i, \mathrm{d}^1 X_i, \mathrm{d}^1 Y_i, \mathrm{d}^1 Z_i]^T$;

$$A = \begin{bmatrix} \dfrac{\partial ^i x_k}{\partial ^1 X_k} & \dfrac{\partial ^i x_k}{\partial ^1 Y_k} & \dfrac{\partial ^i x_k}{\partial ^1 Z_k} & \dfrac{\partial ^i x_k}{\partial ^1_0\alpha_i} & \dfrac{\partial ^i x_k}{\partial ^1_0\beta_i} & \dfrac{\partial ^i x_k}{\partial ^1_0\gamma_i} & \dfrac{\partial ^i x_k}{\partial ^1_0 X_i} & \dfrac{\partial ^i x_k}{\partial ^1_0 Y_i} & \dfrac{\partial ^i x_k}{\partial ^1_0 Z_i} \\[2mm] \dfrac{\partial ^i y_k}{\partial ^1 X_k} & \dfrac{\partial ^i y_k}{\partial ^1 Y_k} & \dfrac{\partial ^i y_k}{\partial ^1 Z_k} & \dfrac{\partial ^i y_k}{\partial ^1_0\alpha_i} & \dfrac{\partial ^i y_k}{\partial ^1_0\beta_i} & \dfrac{\partial ^i y_k}{\partial ^1_0\gamma_i} & \dfrac{\partial ^i y_k}{\partial ^1_0 X_i} & \dfrac{\partial ^i y_k}{\partial ^1_0 Y_i} & \dfrac{\partial ^i y_k}{\partial ^1_0 Z_i} \\[2mm] \dfrac{\partial ^i z_k}{\partial ^1 X_k} & \dfrac{\partial ^i z_k}{\partial ^1 Y_k} & \dfrac{\partial ^i z_k}{\partial ^1 Z_k} & \dfrac{\partial ^i z_k}{\partial ^1_0\alpha_i} & \dfrac{\partial ^i z_k}{\partial ^1_0\beta_i} & \dfrac{\partial ^i z_k}{\partial ^1_0\gamma_i} & \dfrac{\partial ^i z_k}{\partial ^1_0 X_i} & \dfrac{\partial ^i z_k}{\partial ^1_0 Y_i} & \dfrac{\partial ^i z_k}{\partial ^1_0 Z_i} \end{bmatrix}.$$

根据仪器的先验精度来确定各类观测值的权比。激光跟踪仪的原始观测值为水平角 Hz、垂直角 V 和斜距 S，设其对应的方差为 σ_{Hz}^2、σ_V^2、σ_S^2，且 Hz、V 和 S 相互独立。根据误差传播定律，可以得到坐标向量（$^i x_k$, $^i y_k$, $^i z_k$）对应的协方差矩阵

$$^i\Sigma_k = B\Sigma_L B^T \tag{8.95}$$

式中，$\Sigma_L = \begin{pmatrix} \sigma_{Hz}^2 & & \\ & \sigma_V^2 & \\ & & \sigma_S^2 \end{pmatrix}$; $^i\Sigma_k = \begin{pmatrix} \sigma_{i_{x_k}}^2 & \sigma_{i_{y_k} i_{x_k}} & \sigma_{i_{z_k} i_{x_k}} \\ \sigma_{i_{x_k} i_{y_k}} & \sigma_{i_{y_k}}^2 & \sigma_{i_{z_k} i_{y_k}} \\ \sigma_{i_{x_k} i_{z_k}} & \sigma_{i_{y_k} i_{z_k}} & \sigma_{i_{z_k}}^2 \end{pmatrix}$; $B = \begin{pmatrix} \dfrac{\partial X}{\partial Hz} & \dfrac{\partial X}{\partial V} & \dfrac{\partial X}{\partial S} \\[2mm] \dfrac{\partial Y}{\partial Hz} & \dfrac{\partial Y}{\partial V} & \dfrac{\partial Y}{\partial S} \\[2mm] \dfrac{\partial Z}{\partial Hz} & \dfrac{\partial Z}{\partial V} & \dfrac{\partial Z}{\partial S} \end{pmatrix}$

$$= \begin{pmatrix} -Y & -Z\cos Hz & \cos V\cos Hz \\ X & -Z\sin Hz & \cos V\sin Hz \\ 0 & S\cos V & \sin V \end{pmatrix}.$$

根据观测向量的协方差阵定权，即

$$P = \sigma_0^2 \Sigma_k^{-1} \tag{8.96}$$

式中，σ_0 为单位权中误差。

以 $V^T PV = \min$ 为平差准则，使所有目标点观测值相对于坐标最或然值的欧氏距离加权

平方和最小，同时解算未知参数（包括控制点在测量坐标系内的三维坐标及测站坐标系向测量坐标系转换的旋转、平移参数）的最小二乘解，此即为激光跟踪仪多测站传统光束法平差（traditional bundle adjustment，TBA）模型。

3）抗差马氏光束法平差模型

由式（8.95）可以得到第 k 号点在第 i 测站坐标系下坐标（$^ix_k, {}^iy_k, {}^iz_k$）的协方差阵 $\boldsymbol{\Sigma}_k$。设第 i 测站坐标系到第 1 测站坐标系的旋转矩阵为（$^1\boldsymbol{R}_i$）^{T}，则该测站观测的第 k 号点在第 1 测站坐标系下的坐标 $_i\boldsymbol{X}_k = [^1X_k, {}^1Y_k, {}^1Z_k]^T$ 对应的协方差阵为

$$_i^1\boldsymbol{\Sigma}_k = (^1\boldsymbol{R}_i)^T \, {}^i\boldsymbol{\Sigma}_k \, {}^1\boldsymbol{R}_i \tag{8.97}$$

设 m 个测站均观测了第 k 号点，由于每个测站的观测值相互独立，根据误差传播定律，第 k 号点的协方差矩阵为

$$\boldsymbol{\Sigma}_k = \left[\sum_{i=1}^{m} (_i^1\boldsymbol{\Sigma}_k)^{-1} \right]^{-1} \tag{8.98}$$

用 $\boldsymbol{\mu}_k = [^1\overline{X}_k, {}^1\overline{Y}_k, {}^1\overline{Z}_k]^T$ 表示 m 个测站观测的第 k 号点在第 1 测站坐标系下的加权平均坐标，则

$$\boldsymbol{\mu}_k = \boldsymbol{\Sigma}_k \cdot \sum_{j=1}^{m} [(_i^1\boldsymbol{\Sigma}_k)^{-1} \cdot {}_i\boldsymbol{X}_k] \tag{8.99}$$

由马氏距离的定义可知，第 i 测站观测第 k 号点的观测值 $_i\boldsymbol{X}_k$ 到加权平均坐标 $\boldsymbol{\mu}_k$ 的马氏距离为

$$d_{\mathrm{M}} = \sqrt{(\boldsymbol{X}_k - \boldsymbol{\mu}_k)^T (_i^1\boldsymbol{\Sigma}_k)^{-1} (\boldsymbol{X}_k - \boldsymbol{\mu}_k)} \tag{8.100}$$

m 个测站均观测了第 k 号点，Predmore（2010）中定义第 k 号点对应的平均马氏距离为

$$d_{\mathrm{M}_k} = \sqrt{\frac{|\boldsymbol{\Sigma}_k|^{1/3}}{m} \left[\sum_{i=1}^{m} (\boldsymbol{X}_k - \boldsymbol{\mu}_k)^T (_i^1\boldsymbol{\Sigma}_k)^{-1} (\boldsymbol{X}_k - \boldsymbol{\mu}_k) \right]} \tag{8.101}$$

然后以所有控制点的平均马氏距离平方和最小为平差准则，即

$$\sum_{k=1}^{p} \left(d_{\mathrm{M}_k} \right)^2 = \min \tag{8.102}$$

Predmore（2010）只考虑了观测值的先验精度，如果观测值中存在粗差，但其先验精度与其他观测值并无区别，按照式（8.97）～式（8.102）进行计算难以抵抗粗差观测值对解算结果的影响。而且，第 k 号点的协方差阵 $\boldsymbol{\Sigma}_k$ 是由其三维坐标的方差及协方差构成的。已知 3×3 行列式的几何意义为其行向量或列向量所张成的平行六面体的有向体积（丘维生，1996），式（8.101）中将第 k 号点协方差矩阵行列式值的立方根 $|\boldsymbol{\Sigma}_k|^{1/3}$ 作为权因子来求平均马氏距离，这种加权方法会使精度降低，并且方差及协方差大的点在计算平均马氏距离时拥有更大的权重，是不合理的。

为此，在 Predmore（2010）的基础上进行改进。记第 j 测站观测值对应坐标 $_j\boldsymbol{X}_k$ 到加权平均坐标 $\boldsymbol{\mu}_k$ 的残差为 $_jv_k$，则

$$_jv_k = \sqrt{(_j\boldsymbol{X}_k - \boldsymbol{\mu}_k)^T (_j\boldsymbol{X}_k - \boldsymbol{\mu}_k)} \tag{8.103}$$

然后判断 $_iv_k$ 是否大于 3 倍单位权中误差。若是，则在计算第 k 号点的协方差矩阵及加权平均坐标时，第 j 测站对应的协方差和点坐标均不参与计算。即式（8.98）改造为

$$\boldsymbol{\Sigma}_k = \left[\sum_{i=1,\,i\neq j}^{m} (_i^1\boldsymbol{\Sigma}_k)^{-1} \right]^{-1} \tag{8.104}$$

将式（8.99）改造为

$$\boldsymbol{\mu}_k = \boldsymbol{\Sigma}_k \cdot \sum_{i=1,\,i\neq j}^{m} [(_i^1\boldsymbol{\Sigma}_k)^{-1} \cdot {}_i\boldsymbol{X}_k] \tag{8.105}$$

定义第 k 号点对应的马氏距离

$$\mathrm{sum}\_d_{\mathrm{M}_k} = \sqrt{\left[\sum_{i=1}^{m} (\boldsymbol{X}_k - \boldsymbol{\mu}_k)^{\mathrm{T}} (_i^1\boldsymbol{\Sigma}_k)^{-1} (\boldsymbol{X}_k - \boldsymbol{\mu}_k) \right]} \tag{8.106}$$

然后以所有控制点的马氏距离平方和最小为平差准则，即

$$\sum_{k=1}^{p} (\mathrm{sum}\_d_{\mathrm{M}_k})^2 = \min \tag{8.107}$$

据此，同时求解控制点在测量坐标系下的三维坐标及测站坐标系向测量坐标系转换的旋转、平移参数，称为抗差马氏光束法平差（robust Mahalanobis bundle adjustment，RMBA）模型。

8.6.2　试验与分析

为了验证 RMBA 模型的适用性及其解算精度，进行了仿真试验和实测实验，以 SA 软件解算结果作为本节方法的比对对象。

1）仿真试验

设计了 6m×4m×2m 空间内分布的 12 个控制点，拟用徕卡 AT402 激光跟踪仪在 4 个测站位置分别观测这 12 个控制点。控制点及测站坐标见表 8.8，激光跟踪仪多测站模拟测量试验布局如图 8.42 所示。

表 8.8　控制点及测站坐标　　　　　　　　　　　　　（单位：mm）

点名/测站名	X	Y	Z
Q_1	0.000	0.000	0.000
Q_2	3000.000	0.000	0.000
Q_3	6000.000	0.000	0.000
Q_4	0.000	4000.000	0.000
Q_5	3000.000	4000.000	0.000
Q_6	6000.000	4000.000	0.000
Q_7	0.000	0.000	2000.000
Q_8	3000.000	0.000	2000.000
Q_9	6000.000	0.000	2000.000
Q_{10}	0.000	4000.000	2000.000

续表

点名/测站名	X	Y	Z
Q_{11}	3000.000	4000.000	2000.000
Q_{12}	6000.000	4000.000	2000.000
Station1	−2000.000	−2000.000	1000.000
Station2	8000.000	−2000.000	1000.000
Station3	−2000.000	6000.000	1000.000
Station4	8000.000	6000.000	1000.000

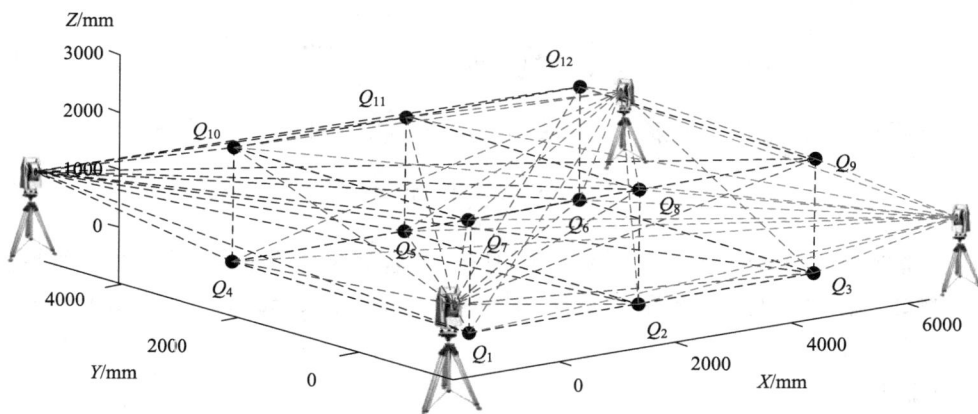

图 8.42　激光跟踪仪多测站模拟测量试验布局

以 MATLAB 为工具进行了模拟测量。根据 12 个控制点及 4 个测站的已知坐标，按照水平角 1.5″、垂直角 1.8″、斜距 0.5μm/m×D 的测量精度，在相应的观测值上加入随机误差，模拟生成了每个测站的观测值。以第 1 测站坐标系为测量坐标系，分别按照 TBA、PREDMORE、SA 软件（2019.09.10 版）和 RMBA 共 4 种方式处理仿真数据，解算的 12 个控制点在测量坐标系下的三维坐标与真值的偏差及其均方根（root mean square，RMS）如表 8.9 所示。

表 8.9　控制点三维坐标与真值的偏差及其均方根　　　　　（单位：mm）

点名	TBA	PREDMORE	SA 软件	RMBA
Q_1	0.03	0.02	0.03	0.03
Q_2	0.04	0.05	0.01	0.03
Q_3	0.06	0.03	0.04	0.03
Q_4	0.04	0.01	0.05	0.04
Q_5	0.07	0.04	0.04	0.03
Q_6	0.05	0.03	0.04	0.04
Q_7	0.02	0.04	0.02	0.00
Q_8	0.05	0.05	0.05	0.02
Q_9	0.08	0.04	0.04	0.04

续表

点名	TBA	PREDMORE	SA 软件	RMBA
Q_{10}	0.03	0.03	0.02	0.02
Q_{11}	0.09	0.06	0.06	0.04
Q_{12}	0.07	0.06	0.07	0.07
RMS	0.057	0.040	0.041	0.034

由表 8.9 可以看出，对于该组模拟数据，TBA 解算结果的坐标偏差均方根为 0.057mm，PREDMORE 方法解算结果的坐标偏差均方根为 0.040mm，SA 软件解算结果的坐标偏差均方根与 PREDMORE 方法的结果相近，为 0.041mm，本书提出的 RMBA 模型解算结果的坐标偏差均方根为 0.034mm。结果表明，TBA 的解算精度最低，本书方法的解算精度要优于 PREDMORE 方法与 SA 软件的解算精度。

为了验证 4 种方法解算效果的稳定性，按照同样的方式随机又生成了 10 组模拟数据，对比 4 种方法对应的 12 个控制点三维坐标与真值的偏差均方根如表 8.10 所示。

表 8.10　控制点三维坐标与真值的偏差均方根　（单位：mm）

数据组	TBA	PREDMORE	SA 软件	RMBA
第 1 组	0.055	0.038	0.042	0.032
第 2 组	0.051	0.019	0.023	0.012
第 3 组	0.048	0.020	0.027	0.016
第 4 组	0.055	0.040	0.041	0.031
第 5 组	0.046	0.020	0.021	0.012
第 6 组	0.048	0.025	0.026	0.024
第 7 组	0.064	0.020	0.031	0.016
第 8 组	0.065	0.020	0.031	0.014
第 9 组	0.048	0.037	0.024	0.022
第 10 组	0.054	0.020	0.027	0.015

由表 8.10 可以看出，10 组模拟数据的测试结果中，TBA 的三维偏差均方根最大，PREDMORE 方法的三维偏差均方根在大部分情况下小于 SA 的结果，RMBA 的三维偏差均方根均最小，与表 8.9 中的结论一致，验证了 4 种方法解算效果的稳定性。

模拟测量试验的范围在 10m 以内，测量精度约为 ±0.075mm。为了测试不同方法的抗差性，在表 8.9 对应的模拟数据中测站 1 照准 Q_1 的测距观测值加上 0.20mm，将其改造为粗差观测值。分别用 4 种方法处理此含有粗差的模拟观测数据，控制点三维坐标与真值的偏差及均方根如表 8.11 所示。

表 8.11　控制点三维坐标与真值的偏差及均方根（含粗差）　（单位：mm）

点名	TBA	PREDMORE	SA 软件	RMBA
Q_1	0.14	0.39	0.06	0.03
Q_2	0.15	0.04	0.02	0.02

点名	TBA	PREDMORE	SA 软件	RMBA
Q_3	0.04	0.05	0.04	0.03
Q_4	0.15	0.03	0.05	0.02
Q_5	0.16	0.03	0.04	0.02
Q_6	0.14	0.04	0.04	0.03
Q_7	0.04	0.05	0.01	0.02
Q_8	0.08	0.06	0.04	0.02
Q_9	0.03	0.05	0.04	0.04
Q_{10}	0.15	0.04	0.01	0.02
Q_{11}	0.17	0.04	0.06	0.04
Q_{12}	0.14	0.04	0.06	0.05
RMS	0.127	0.120	0.042	0.029

对比表 8.11 和表 8.9 可知，在观测值中加入粗差后，TBA 解算的控制点三维坐标偏差均方根由 0.057mm 增大为 0.127mm，且所有点对应的三维坐标偏差均明显变大，表明粗差观测值影响了所有点坐标的解算结果。PREDMORE 方法解算的控制点三维坐标偏差均方根由 0.040mm 增大为 0.120mm，与 TBA 结果不同的是，PREDMORE 结果中只有 Q_1 点的三维坐标偏差明显变大，其余点的三维坐标未受到明显影响。SA 软件解算结果的坐标偏差均方根由 0.041mm 变为 0.042mm，几乎未受到影响。RMBA 方法的坐标偏差均方根由 0.034mm 变为 0.029mm，与加入粗差前的结果相比甚至精度略有提高。分析其原因是，粗差对应的协方差和坐标值均未参与加权平均坐标的计算，相当于将第 1 测站照准 Q_1 的所有观测值剔除，其计算结果有可能比原始观测值的计算结果更优。

为了进一步测试 4 种方法针对不同位置、不同大小、不同类型粗差的抗差性，设计了如下 5 组带有粗差的观测数据。

数据 1：在模拟数据中，测站 1 照准 Q_1 的测距观测值加上 0.50mm，将其改造为粗差观测值，其余观测数据不变。

数据 2：在模拟数据中，测站 1 照准 Q_1、测站 3 照准 Q_8 的测距观测值加上 0.20mm，将其改造为粗差观测值，其余观测数据不变。

数据 3：在模拟数据中，测站 1 照准 Q_1、测站 3 照准 Q_8 的测距观测值加上 0.50mm，将其改造为粗差观测值，其余观测数据不变。

数据 4：在模拟数据中，测站 1 照准 Q_1 的水平角观测值加上 10″，将其改造为粗差观测值，其余观测数据不变。

数据 5：在模拟数据中，测站 1 照准 Q_1、测站 3 照准 Q_8 的水平角观测值加上 10″，将其改造为粗差观测值，其余观测数据不变。

分别用 4 种方法处理这 5 组含有粗差的模拟观测数据，5 组粗差数据的三维坐标与真值的偏差均方根如表 8.12 所示。

表 8.12　5 组粗差数据的三维坐标与真值的偏差均方根　　　　　（单位：mm）

粗差数据	TBA	PREDMORE	SA 软件	RMBA
数据 1	0.288	0.291	0.067	0.062
数据 2	0.129	0.183	0.045	0.065
数据 3	0.293	0.392	0.076	0.056
数据 4	0.073	0.044	0.042	0.029
数据 5	0.077	0.051	0.043	0.030

由表 8.12 中数据 1、数据 2 和数据 3 对应的结果可以看出，当观测值中含有测距粗差时，TBA 和 PREDMORE 方法的三维坐标偏差均方根与表 8.9 中的 RMS 相比明显变大；SA 软件和 RMBA 的结果与表 8.9 中的 RMS 相比略有增大，但仍保持在同一量级。由数据 4 和数据 5 的结果可以看出，当观测值中含有测角粗差时，除了 TBA 外，其余 3 种方法的三维坐标偏差均方根无明显变化，分析其原因是该算例的测量范围较小，距离较近，测角误差引起的点位偏差较小，导致平差结果对测角粗差不敏感。总的来看，TBA 和 PREDMORE 的抗差性较弱，SA 软件与 RMBA 均能够有效抵抗粗差观测值的影响，解算精度与无粗差观测数据的精度基本保持在同一量级。

2）实测试验

利用 1 台徕卡 AT402 激光跟踪仪在上海光源实验大厅按自由设站法采集了 4 个测站的数据，共有 42 个控制点，实测数据试验测量场景示意图如图 8.43 所示。图 8.43 中，点 5 到点 BD821 的距离约为 100m。

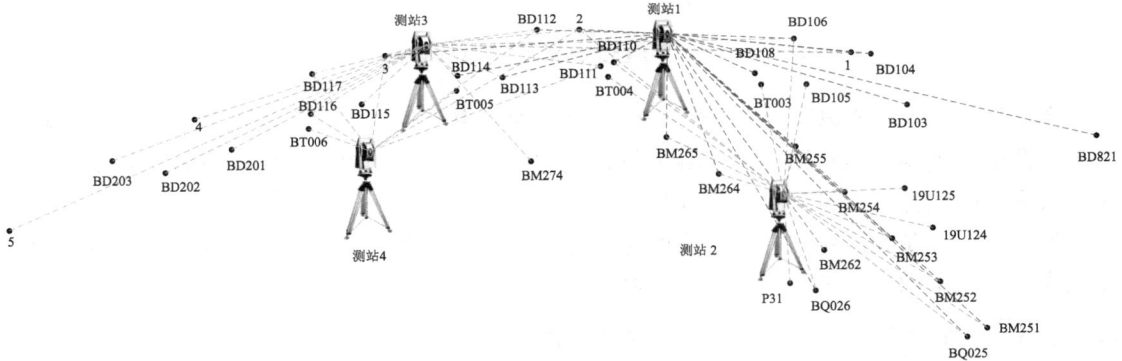

图 8.43　实测数据试验测量场景示意图

SA 软件经受了众多实践应用的考验，可以用其他方法的解算结果与 SA 软件的解算结果公共点转换后的点位偏差来评价其精度。分别用 TBA、PREDMORE、RMBA 及 SA 软件处理这 4 个测站的实测数据，将 4 组平差结果转换至同一坐标系后，求 TBA、PREDMORE 与 RMBA 解算的控制点坐标到 SA 软件解算的控制点坐标的偏差，结果统计情况如表 8.13～表 8.15 所示。

表 8.13　TBA 解算的控制点坐标与 SA 软件解算控制点坐标的偏差统计　（单位：mm）

精度指标	X	Y	Z	点位
最大偏差	0.43	0.21	0.14	0.45
RMS	0.23	0.07	0.05	0.24

表 8.14　PREDMORE 解算的控制点坐标与 SA 软件解算控制点坐标的偏差统计　（单位：mm）

精度指标	X	Y	Z	点位
最大偏差	0.09	0.20	0.12	0.21
RMS	0.04	0.08	0.06	0.11

表 8.15　RMBA 解算的控制点坐标与 SA 软件解算控制点坐标的偏差统计　（单位：mm）

精度指标	X	Y	Z	点位
最大偏差	0.06	0.16	0.21	0.21
RMS	0.02	0.04	0.06	0.07

已知 SA 软件处理这 4 个测站实测数据的点位中误差为 0.05mm，最大点位误差为 0.21mm。对比表 8.13～表 8.15 可知，TBA 解算的控制点坐标与 SA 软件解算的控制点坐标最大偏差达 0.45mm，三维坐标偏差均方根为 0.24mm，与 SA 软件结果的差异较大。PREDMORE 的解算结果与 SA 软件解算的控制点坐标最大偏差达 0.21mm，三维坐标偏差均方根为 0.11mm。RMBA 解算的控制点坐标与 SA 软件解算的控制点坐标最大偏差为 0.21mm，三维坐标偏差均方根为 0.07mm，表明 RMBA 的平差结果与 SA 软件的平差结果在同一精度量级。

8.7　基于距离交会的坐标测量

激光跟踪仪的 IFM 测距精度最高可达 ±0.5μm/m，其测角精度可达 $\pm(15\mu m + 6\times10^{-6}\times S)$，二者不匹配，测角误差是影响点坐标测量误差的主要因素。如果能够消除或减弱角度误差，即可大幅度提高空间三维坐标测量的精度。

显然，多台激光跟踪仪对多个空间定向点进行观测，在删除激光跟踪仪角度观测值后，即组成一个基于激光干涉测距的空间三维网。

8.7.1　激光干涉测距加权秩亏自由网平差

1）激光干涉测距三维网平差模型的建立

如图 8.44 所示，设空间有 m 个激光跟踪仪测站，对 n 个定向点进行了观测，设第 $i(i=1,2,\cdots,m)$ 个测站对第 $j(j=m+1,m+2,\cdots,m+n)$ 个定向点的激光干涉距离观测值为 S_{ij}。

设第 i 个测站点的坐标为 (x_i,y_i,z_i)，第 j 个定向点的坐标为 (x_j,y_j,z_j)，则第 i 个测站对第 j 个定向点的测量方程为

$$(x_j-x_i)^2+(y_j-y_i)^2+(z_j-z_i)^2=(S_{ij}+\Delta S_{ij})^2 \tag{8.108}$$

对式（8.108）进行线性化，即可得到误差方程为

$$v_{ij}=c_{ij}\delta x_i+d_{ij}\delta y_i+e_{ij}\delta z_i-c_{ij}\delta x_j-d_{ij}\delta y_j-e_{ij}\delta z_j-L_{ij} \tag{8.109}$$

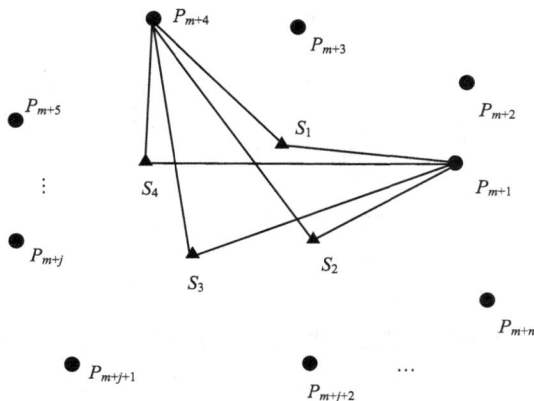

图 8.44　空间三维测边网示意图

式中，

$$
\begin{cases}
c_{ij} = -\dfrac{{}^0x_j - {}^0x_i}{{}^0S_{ij}} \\[3mm]
d_{ij} = -\dfrac{{}^0y_j - {}^0y_i}{{}^0S_{ij}} \\[3mm]
e_{ij} = -\dfrac{{}^0z_j - {}^0z_i}{{}^0S_{ij}} \\[3mm]
L_{ij} = S_{ij} - {}^0S_{ij}
\end{cases}
\tag{8.110}
$$

式中，$({}^0x_i, {}^0y_i, {}^0z_i)$ 为第 i 个测站点的近似坐标；$({}^0x_j, {}^0y_j, {}^0z_j)$ 为第 j 个定向点的近似坐标；${}^0S_{ij}$ 为第 i 个测站和第 j 个定向点的近似坐标计算的斜距值：

$$
{}^0S_{ij} = \sqrt{({}^0x_j - {}^0x_i)^2 + ({}^0y_j - {}^0y_i)^2 + ({}^0z_j - {}^0z_i)^2}
\tag{8.111}
$$

从图 8.44 和式（8.109）中可以看出，若 m 个测站均对 n 个定向点进行观测，则构成激光干涉测距三维网。式（8.109）的误差方程写成矩阵形式为

$$
\underset{mn\times1}{\boldsymbol{V}} = \underset{mn\times t}{\boldsymbol{A}}\ \underset{t\times1}{\delta\boldsymbol{X}} - \underset{mn\times1}{\boldsymbol{L}}
\tag{8.112}
$$

式中，$t = 3(m+n)$。

$$
\begin{cases}
\underset{mn\times1}{\boldsymbol{V}} = \begin{bmatrix} v_{11} & v_{12} & \cdots & v_{1n} & v_{21} & \cdots & v_{2n} & \cdots & v_{mn} \end{bmatrix}^{\mathrm{T}} \\[2mm]
\underset{mn\times1}{\boldsymbol{L}} = \begin{bmatrix} L_{11} & L_{12} & \cdots & L_{1n} & L_{21} & \cdots & L_{2n} & \cdots & L_{mn} \end{bmatrix}^{\mathrm{T}} \\[2mm]
\underset{3(n+m)\times1}{\delta\boldsymbol{X}} = \begin{bmatrix} \delta x_1 & \delta y_1 & \delta z_1 & \cdots & \delta x_m & \delta y_m & \delta z_m & \cdots & \delta x_{m+n} & \delta y_{m+n} & \delta z_{m+n} \end{bmatrix}^{\mathrm{T}}
\end{cases}
\tag{8.113}
$$

由于将测站未知参数放在所有未知参数的前面，则式（8.112）中的系数矩阵为

$$\underset{mn\times t}{\boldsymbol{A}} = \begin{bmatrix} c_{1(m+1)} & d_{1(m+1)} & e_{1(m+1)} & 0 & 0 & 0 & 0 & 0 & 0 & 0 & 0 & 0 & -c_{1(m+1)} & -d_{1(m+1)} & -e_{1(m+1)} & 0 & 0 & 0 & \cdots & 0 & 0 & 0 & 0 & 0 \\ \vdots & \vdots & \vdots & 0 & 0 & 0 & 0 & 0 & 0 & 0 & 0 & 0 & 0 & 0 & 0 & \vdots & \vdots & \vdots & \ddots & \vdots & \vdots & 0 & 0 & 0 \\ c_{1(m+n)} & d_{1(m+n)} & e_{1(m+n)} & 0 & 0 & 0 & 0 & 0 & 0 & 0 & 0 & 0 & 0 & 0 & 0 & 0 & 0 & 0 & \cdots & 0 & 0 & -c_{1(m+n)} & -d_{1(m+n)} & -e_{1(m+n)} \\ 0 & 0 & 0 & c_{2(m+1)} & d_{2(m+1)} & e_{2(m+1)} & 0 & 0 & 0 & 0 & 0 & 0 & -c_{2(m+1)} & -d_{2(m+1)} & -e_{2(m+1)} & 0 & 0 & 0 & \cdots & 0 & 0 & 0 & 0 & 0 \\ 0 & 0 & 0 & c_{2(m+n)} & d_{2(m+n)} & e_{2(m+n)} & 0 & 0 & 0 & 0 & 0 & 0 & 0 & 0 & 0 & 0 & 0 & 0 & \cdots & \cdots & \cdots & 0 & 0 & 0 \\ 0 & 0 & 0 & 0 & 0 & 0 & \ddots & & & 0 & \cdots & 0 & 0 & 0 & 0 & 0 & 0 & 0 & & & & \cdots & \cdots & \cdots \\ 0 & 0 & 0 & 0 & 0 & 0 & & \ddots & & 0 & \cdots & 0 & 0 & 0 & 0 & \vdots & \vdots & \vdots & \ddots & \vdots & \vdots & \cdots & \cdots & \cdots \\ 0 & 0 & 0 & 0 & 0 & 0 & 0 & 0 & 0 & c_{m(m+1)} & d_{m(m+1)} & e_{m(m+1)} & -c_{m(m+1)} & -d_{m(m+1)} & -e_{m(m+1)} & 0 & 0 & 0 & \cdots & 0 & 0 & 0 & 0 & 0 \\ 0 & 0 & 0 & 0 & 0 & 0 & 0 & 0 & 0 & c_{m(m+n)} & d_{m(m+n)} & e_{m(m+n)} & 0 & 0 & 0 & 0 & 0 & 0 & 0 & 0 & 0 & -c_{m(m+n)} & -d_{m(m+n)} & -e_{m(m+n)} \end{bmatrix}$$

$$(8.114)$$

由于式（8.112）是以控制网中测站点和定向点的三维坐标作为未知参数参与平差，且基于激光干涉测距的三维测边网只有激光跟踪仪的长度数据而无位置和方位信息，该三维控制网是典型的秩亏自由网平差。

式（8.112）按照最小二乘平差原理可以解算得到法方程为

$$\boldsymbol{A}^{\mathrm{T}}\boldsymbol{PA}\delta\boldsymbol{X} = \boldsymbol{A}^{\mathrm{T}}\boldsymbol{PL} \tag{8.115}$$

由于矩阵 $\boldsymbol{A}$ 为秩亏阵，则 $\boldsymbol{N} = \boldsymbol{A}^{\mathrm{T}}\boldsymbol{PA}$ 为奇异阵，式（8.115）的解不唯一，为了获得唯一解，必须加入新的约束条件。按照如下原则进行求解：

$$\begin{cases} \boldsymbol{V}^{\mathrm{T}}\boldsymbol{PV} = \min \\ \delta\boldsymbol{X}^{\mathrm{T}}\boldsymbol{P}_{\delta X}\delta\boldsymbol{X} = \min \end{cases} \tag{8.116}$$

在误差方程的基础上，增加约束条件

$$\underset{d\times t'}{\boldsymbol{G}^{\mathrm{T}}}\ \underset{t'\times t'}{\boldsymbol{P}_X}\ \underset{t'\times 1}{\delta\boldsymbol{X}} = \boldsymbol{0} \tag{8.117}$$

式中，系数阵 $\boldsymbol{G}$ 即为约束矩阵，其维数为 d，应该满足条件，即

$$\begin{cases} \mathrm{rank}(\boldsymbol{G}^{\mathrm{T}}) = \mathrm{rank}(\boldsymbol{G}^{\mathrm{T}}\boldsymbol{P}_X) = d \\ \boldsymbol{AG} = \boldsymbol{0} \\ \underset{d\times t'}{\boldsymbol{G}^{\mathrm{T}}}\ \underset{t'\times t'}{\boldsymbol{P}_X}\ \underset{t'\times d}{\boldsymbol{G}} = \underset{d\times d}{\boldsymbol{I}} \end{cases} \tag{8.118}$$

则按照最小二乘原理，构造目标函数可以求解得到法方程

$$\boldsymbol{N}\delta\boldsymbol{X} + \boldsymbol{P}_X\boldsymbol{GK} = \boldsymbol{A}^{\mathrm{T}}\boldsymbol{PL} \tag{8.119}$$

式（8.119）左乘 $\boldsymbol{G}^{\mathrm{T}}$，即可得到

$$\boldsymbol{G}^{\mathrm{T}}\boldsymbol{A}^{\mathrm{T}}\boldsymbol{PA}\delta\boldsymbol{X} + \boldsymbol{G}^{\mathrm{T}}\boldsymbol{P}_X\boldsymbol{GK} = \boldsymbol{G}^{\mathrm{T}}\boldsymbol{A}^{\mathrm{T}}\boldsymbol{PL} \tag{8.120}$$

顾及式（8.118），则式（8.120）变为

$$\boldsymbol{G}^{\mathrm{T}}\boldsymbol{P}_X\boldsymbol{GK} = \boldsymbol{0} \tag{8.121}$$

由于 $\boldsymbol{G}^{\mathrm{T}}\boldsymbol{P}_X\boldsymbol{G}$ 和矩阵 $\boldsymbol{G}$ 的秩均为 d，并且顾及式（8.118）则可以得到

$$\boldsymbol{K} = \boldsymbol{0} \tag{8.122}$$

则法方程式（8.120）变化为

$$\boldsymbol{N}\delta\boldsymbol{X} = \boldsymbol{A}^{\mathrm{T}}\boldsymbol{PL} \tag{8.123}$$

式（8.123）和式（8.117）联立，即可对该法方程求解得到激光跟踪仪测站中心和定向点中心的三维坐标参数为

$$\delta X = (N + P_X G G^{\mathrm{T}} P_X)^{-1} A^{\mathrm{T}} PL \tag{8.124}$$

进一步，可以得到未知参数的权逆阵为

$$Q_{\delta X} = (N + P_X G G^{\mathrm{T}} P_X)^{-1} N (N + P_X G G^{\mathrm{T}} P_X)^{-1} \tag{8.125}$$

2）激光干涉测距三维网基准的确定

从式（8.124）可以看出，激光干涉测距三维网解算的关键是确定约束矩阵 G。若激光干涉测距三维网中有足够的起算数据，则误差方程的系数矩阵 A 为列满秩矩阵，即

$$\mathrm{rank}(A) = t_0 = t \tag{8.126}$$

t 为未知参数个数，也就是说，系数矩阵 A 的秩等于必要观测数 t_0，而且必要观测数等于独立未知参数个数。而激光干涉测距三维网选择测站坐标和定向点坐标值作为未知参数进行参数平差解算，导致起算数据不足，此时系数矩阵 A 为列降秩矩阵

$$\mathrm{rank}(A) = t_0 < t \tag{8.127}$$

即系数矩阵 A 的秩仍旧为 t_0，系数矩阵 A 的秩等于必要观测数 t_0，而必要观测数不等于独立未知参数个数，即由基准不足引起了系数矩阵 A 的秩亏，秩亏数 d 就是缺少的基准个数，即

$$d = t - t_0 \tag{8.128}$$

基于激光干涉测距的空间三维控制网在平差解算过程中，只有激光跟踪仪的距离观测值参与平差，激光跟踪仪的水平角度和垂直角度观测值没有参与平差。由于激光跟踪仪干涉测距的精度很高，整个控制网的尺度基准可以根据激光干涉的精密距离观测值确定，该类型空间三维控制网的基准个数为 $d=6$，即附加约束矩阵的维数为 6。此时，附加约束矩阵 G 的计算为

$$\underset{6 \times t}{G^{\mathrm{T}}} = \begin{pmatrix} 1 & 0 & 0 & \cdots & 1 & 0 & 0 \\ 0 & 1 & 0 & \cdots & 0 & 1 & 0 \\ 0 & 0 & 1 & \cdots & 0 & 0 & 1 \\ 0 & {}^0 z_1 & -{}^0 y_1 & \cdots & 0 & {}^0 z_{m+n} & -{}^0 y_{m+n} \\ -{}^0 z_1 & 0 & {}^0 x_1 & \cdots & -{}^0 z_{m+n} & 0 & {}^0 x_{m+n} \\ {}^0 y_1 & -{}^0 x_1 & 0 & \cdots & {}^0 y_{m+n} & -{}^0 x_{m+n} & 0 \end{pmatrix} \tag{8.129}$$

在激光干涉测距三维网平差中，重心基准不变，其他各个平差值是相对于重心的，所以激光干涉测距三维网平差是以近似值系统为基准的。

3）附加约束矩阵的中心化和标准化

为了使激光干涉测距三维网平差中的矩阵满足式（8.118）的要求，需要对约束矩阵进行中心化和标准化。

中心化就是把坐标原点移到重心点处，则三维控制网中测站点和定向点的重心坐标 $O(\bar{x}, \bar{y}, \bar{z})$ 为

$$\begin{cases} \overline{x} = \dfrac{1}{t} \sum_{i=1}^{t} {}^{0}x_i \\[2mm] \overline{y} = \dfrac{1}{t} \sum_{i=1}^{t} {}^{0}y_i \\[2mm] \overline{z} = \dfrac{1}{t} \sum_{i=1}^{t} {}^{0}z_i \end{cases} \tag{8.130}$$

顾及附加约束矩阵 $\boldsymbol{G}$ 满足式（8.117），则可以得到

$$\begin{cases} \sum_{i=1}^{m+n} \hat{x}_i = 0 \\[2mm] \sum_{i=1}^{m+n} \hat{y}_i = 0 \\[2mm] \sum_{i=1}^{m+n} \hat{z}_i = 0 \\[2mm] \sum_{i=1}^{m+n} ({}^{0}z_i \hat{y}_i - {}^{0}y_i \hat{z}_i) = 0 \\[2mm] \sum_{i=1}^{m+n} (-{}^{0}z_i \hat{x}_i + {}^{0}x_i \hat{z}_i) = 0 \\[2mm] \sum_{i=1}^{m+n} ({}^{0}y_i \hat{x}_i - {}^{0}x_i \hat{y}_i) = 0 \end{cases} \tag{8.131}$$

将激光干涉测距三维网的重心坐标 $O(\overline{x}, \overline{y}, \overline{z})$ 和式（8.131）联立，即可以得到

$$\begin{cases} \dfrac{1}{m+n} \sum_{i=1}^{t} ({}^{0}x_i + \hat{x}_i) = \dfrac{1}{m+n} \sum_{i=1}^{t} ({}^{0}x_i) = \overline{x} \\[2mm] \dfrac{1}{m+n} \sum_{i=1}^{t} ({}^{0}y_i + \hat{y}_i) = \dfrac{1}{m+n} \sum_{i=1}^{t} ({}^{0}y_i) = \overline{y} \\[2mm] \dfrac{1}{m+n} \sum_{i=1}^{t} ({}^{0}z_i + \hat{z}_i) = \dfrac{1}{m+n} \sum_{i=1}^{t} ({}^{0}z_i) = \overline{z} \end{cases} \tag{8.132}$$

从式（8.132）可以看出，基于激光干涉测距的秩亏自由网平差后，重心坐标等于平差前各点近似坐标的中心坐标，也就是说，平差前后中心位置不变，平差前和平差后基准的形式保持固定不变。

进一步，将坐标系的原点移到重心点处，然后以此为基准，求出三维测边网中各个点的重心坐标，即在 $\boldsymbol{G}^{\mathrm{T}}$ 矩阵中，应该将近似坐标 $({}^{0}x_i, {}^{0}y_i, {}^{0}z_i)$ 改变为重心坐标 $({}^{0}x_i - \overline{x}, {}^{0}y_i - \overline{y}, {}^{0}z_i - \overline{z})$，从而完成矩阵的中心化。因此，附加约束矩阵 $\boldsymbol{G}^{\mathrm{T}}$ 的标准化是在中心化的基础上进行的，在三维测边秩亏网平差时，$\boldsymbol{G}^{\mathrm{T}}$ 矩阵的运算为

$$\underset{6\times t\ t\times 6}{\boldsymbol{G}^{\mathrm{T}}\boldsymbol{G}}=\begin{bmatrix} t & 0 & 0 & 0 & -\sum_{i=1}^{t}{}^0\overline{z}_i & \sum_{i=1}^{t}{}^0\overline{y}_i \\[2mm] 0 & t & 0 & \sum_{i=1}^{t}{}^0\overline{z}_i & 0 & -\sum_{i=1}^{t}{}^0\overline{x}_i \\[2mm] 0 & 0 & t & -\sum_{i=1}^{t}{}^0\overline{y}_i & \sum_{i=1}^{t}{}^0\overline{x}_i & 0 \\[2mm] 0 & \sum_{i=1}^{t}{}^0\overline{z}_i & -\sum_{i=1}^{t}{}^0\overline{y}_i & \sum_{i=1}^{t}\left({}^0\overline{z}_i^2+{}^0\overline{y}_i^2\right) & -\sum_{i=1}^{t}{}^0\overline{x}_i\,{}^0\overline{y}_i & -\sum_{i=1}^{t}{}^0\overline{z}_i\,{}^0\overline{x}_i \\[2mm] -\sum_{i=1}^{t}{}^0\overline{z}_i & 0 & \sum_{i=1}^{t}{}^0\overline{x}_i & -\sum_{i=1}^{t}{}^0\overline{x}_i\,{}^0\overline{y}_i & \sum_{i=1}^{t}\left({}^0\overline{z}_i^2+{}^0\overline{x}_i^2\right) & -\sum_{i=1}^{t}{}^0\overline{z}_i\,{}^0\overline{y}_i \\[2mm] \sum_{i=1}^{t}{}^0\overline{y}_i & -\sum_{i=1}^{t}{}^0\overline{x}_i & 0 & -\sum_{i=1}^{t}{}^0\overline{z}_i\,{}^0\overline{x}_i & -\sum_{i=1}^{t}{}^0\overline{z}_i\,{}^0\overline{y}_i & \sum_{i=1}^{t}\left({}^0\overline{y}_i^2+{}^0\overline{x}_i^2\right) \end{bmatrix}$$

（8.133）

式中，

$$\begin{cases} {}^0\overline{x}_i={}^0x_i-\overline{x} \\ {}^0\overline{y}_i={}^0y_i-\overline{y} \\ {}^0\overline{z}_i={}^0z_i-\overline{z} \end{cases}$$

（8.134）

根据基准条件可知，$\boldsymbol{G}^{\mathrm{T}}\boldsymbol{G}$ 矩阵为一个对角矩阵，为了实现 $\boldsymbol{G}$ 矩阵的标准化，引入辅助矩阵 $\boldsymbol{D}$：

$$\underset{6\times 6}{\boldsymbol{D}}=\mathrm{diag}\left(\frac{1}{\sqrt{t}},\frac{1}{\sqrt{t}},\frac{1}{\sqrt{t}},\frac{1}{\sqrt{\sum_{i=1}^{t}\left({}^0\overline{z}_i^2+{}^0\overline{y}_i^2\right)}},\frac{1}{\sqrt{\sum_{i=1}^{t}\left({}^0\overline{z}_i^2+{}^0\overline{x}_i^2\right)}},\frac{1}{\sqrt{\sum_{i=1}^{t}\left({}^0\overline{y}_i^2+{}^0\overline{x}_i^2\right)}}\right)$$

（8.135）

则令

$$\underset{6\times t}{\overline{\boldsymbol{G}}^{\mathrm{T}}}=\underset{6\times 6}{\boldsymbol{D}}\ \underset{6\times t}{\boldsymbol{G}^{\mathrm{T}}}$$

（8.136）

将 $\overline{\boldsymbol{G}}^{\mathrm{T}}$ 作为激光干涉测距三维网平差的附加约束矩阵，则可以得到

$$\overline{\boldsymbol{G}}^{\mathrm{T}}\overline{\boldsymbol{G}}=\mathbf{I}$$

（8.137）

由此可见，$\overline{\boldsymbol{G}}^{\mathrm{T}}$ 矩阵即实现了标准化，该矩阵同时满足

$$\boldsymbol{A}\overline{\boldsymbol{G}}=\boldsymbol{A}(\boldsymbol{D}\boldsymbol{G}^{\mathrm{T}})^{\mathrm{T}}=\boldsymbol{A}\boldsymbol{G}\boldsymbol{D}^{\mathrm{T}}=\boldsymbol{0}$$

（8.138）

由此，即实现激光干涉测距三维网附加约束矩阵的中心化和标准化。

4）激光干涉测距加权秩亏自由网初始坐标解算模型

在进行激光干涉测距三维网平差之前，需要求激光跟踪仪测站和定向点等所有未知参数的近似值，即完成测距三维网的概算。

为了简化控制网概算模型，以激光跟踪仪测站 1 坐标系为概算坐标系。设第一测站的激光跟踪仪对第 j 个定向点的观测值为 (Hz_{1j},V_{1j},S_{1j})，按照球坐标定位原理，可以得到第 j 个定向点在激光跟踪仪测站 1 坐标系下的坐标为

$$\begin{cases} {}^0x_j = S_{1j} \cos V_{1j} \cos Hz_{1j} \\ {}^0y_j = S_{1j} \cos V_{1j} \sin Hz_{1j} \\ {}^0z_j = S_{1j} \sin V_{1j} \end{cases} \quad (8.139)$$

则以 $({}^0x_j, {}^0y_j, {}^0z_j)$ 为第 j 个定向点的近似值。由于定向点坐标的近似值是在测站 1 坐标系下概算得到的,若第 i 个测站对第 j 个定向点的距离观测值为 S_{ij} ,即可得到

$$({}^0x_i - {}^0x_j)^2 + ({}^0y_i - {}^0y_j)^2 + ({}^0z_i - {}^0z_j)^2 = (S_{ij})^2 \quad (8.140)$$

若第 i 个测站对三个以上的定向点进行测量,该测站点坐标近似值即可按照式(8.140)进行测站点坐标的概算,即距离后方交会。

5）轴对准坐标系转换

激光干涉测距三维网平差后,为了系统解算坐标系与传统工业测量系统坐标系保持一致,坐标系的建立一般以第一台仪器的中心为坐标系原点 O ,以第一台仪器中心指向第二台仪器的中心为 X 轴正方向,在第一、第二和第三台仪器中心构成的平面内指向第三台仪器方向为第 Y 轴正方向,按照右手坐标系定义确定 Z 轴。

如图 8.45 所示,设三台激光跟踪仪的中心点在解算坐标系 $O-XYZ$ 下的坐标分别为 $P_1(x_1, y_1, z_1)$ 、 $P_2(x_2, y_2, z_2)$ 和 $P_3(x_3, y_3, z_3)$,且三点不在一条直线上,由这三个测站点即可构成测量坐标系 $P_1-X'Y'Z'$,在测量坐标系中此三点的坐标分别为 $P_1'(0,0,0)$ 、 $P_2'(x_2', 0, 0)$ 和 $P_3'(x_3', y_3', 0)$,且 $x_2' > 0$, $y_3' > 0$,尺度因子不变。

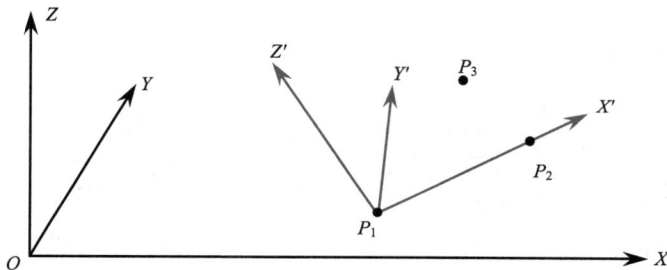

图 8.45　轴对准生成坐标系

设坐标系 $P_1-X'Y'Z'$ 是坐标系 $O-XYZ$ 经过平移 (x_0, y_0, z_0) 和旋转 ε_Z 、 ε_Y 、 ε_X 得到,则显然有 $x_0 = x_1, y_0 = y_1, z_0 = z_1$,可列出三个等式

$$\begin{cases} a_2(x_2 - x_0) + b_2(y_2 - y_0) + c_2(z_2 - z_0) = 0 \\ a_3(x_2 - x_0) + b_3(y_2 - y_0) + c_3(z_2 - z_0) = 0 \\ a_3(x_3 - x_0) + b_3(y_3 - y_0) + c_3(z_3 - z_0) = 0 \end{cases} \quad (8.141)$$

式中, a_i, b_i, c_i （i=2,3）为旋转矩阵中的元素。

由式（8.141）即可得到

$$\begin{cases} \varepsilon_z = \arctan \dfrac{y_2 - y_1}{x_2 - x_1} \\[2mm] \varepsilon_y = -\dfrac{z_2 - z_1}{y_2 - y_1} \cdot \sin \varepsilon_z \\[2mm] \varepsilon_x = \dfrac{(x_3 - x_1)\sin \varepsilon_y \cos \varepsilon_z + (y_3 - y_1)\sin \varepsilon_y \sin \varepsilon_z + (z_3 - z_1)\cos \varepsilon_y}{(y_3 - y_1)\cos \varepsilon_z - (x_3 - x_1)\sin \varepsilon_z} \end{cases} \tag{8.142}$$

则测量坐标系相对于解算坐标系的参数为 $(x_1, y_1, z_1, \varepsilon_x, \varepsilon_y, \varepsilon_z, 1)$，按照坐标系转换原理，即可把激光跟踪仪的测站坐标值和定向点坐标值都转换到测量坐标系下。

8.7.2　激光干涉测距三维网拟稳平差

在三维激光干涉测边网平差中，控制点分为两种类型，一种是测站中心点，一种是定向点。两种点的稳定程度在不同的测量条件下不尽相同，将其分为两种类型，一部分点认为是稳定点，另一部分点认为是不稳定点，则可以将权阵 $\boldsymbol{P_X}$ 写为

$$\boldsymbol{P_X} = \begin{bmatrix} \underset{t_1 \times t_1}{\boldsymbol{0}} & \boldsymbol{0} \\ \boldsymbol{0} & \underset{t_2 \times t_2}{\boldsymbol{I}_2} \end{bmatrix} \tag{8.143}$$

式中，t_1 为不稳定未知参数的个数，其权阵为 $\boldsymbol{0}$；t_2 为稳定程度相同的未知参数个数。误差方程的系数矩阵和未知参数矩阵可以写为

$$\underset{mn \times t}{\boldsymbol{A}} = \begin{bmatrix} \underset{mn \times t_1}{\boldsymbol{A}_1} & \underset{mn \times t_2}{\boldsymbol{A}_2} \end{bmatrix}, \qquad \underset{t \times 1}{\hat{\boldsymbol{X}}} = \begin{bmatrix} \underset{t_1 \times 1}{\hat{\boldsymbol{X}}_1} \\ \underset{t_2 \times 1}{\hat{\boldsymbol{X}}_2} \end{bmatrix} \tag{8.144}$$

则误差方程变为

$$\begin{cases} \boldsymbol{V} = \boldsymbol{A}_1 \hat{\boldsymbol{X}}_1 + \boldsymbol{A}_2 \hat{\boldsymbol{X}}_2 - \boldsymbol{L} \\ \boldsymbol{V}^{\mathrm{T}} \boldsymbol{V} = \min \\ \hat{\boldsymbol{X}}_2^{\mathrm{T}} \hat{\boldsymbol{X}}_2 = \min \end{cases} \tag{8.145}$$

对应于稳定点和不稳定点的分类，将 $\boldsymbol{G}$ 矩阵也按照稳定点和不稳定点进行分块：

$$\underset{d \times t}{\boldsymbol{G}^{\mathrm{T}}} = \begin{pmatrix} \underset{d \times t_1}{\boldsymbol{G}_1^{\mathrm{T}}} & \underset{d \times t_2}{\boldsymbol{G}_2^{\mathrm{T}}} \end{pmatrix} \tag{8.146}$$

顾及权阵分块和附加约束条件则有

$$\underset{d \times t}{\boldsymbol{G}^{\mathrm{T}}} \underset{t \times t}{\boldsymbol{P}_X} \underset{t \times 1}{\hat{\boldsymbol{X}}} = \boldsymbol{0} \tag{8.147}$$

综合考虑式（8.144）、式（8.146）和式（8.147）则有

$$\begin{pmatrix} \boldsymbol{G}_1^{\mathrm{T}} & \boldsymbol{G}_2^{\mathrm{T}} \end{pmatrix} \begin{pmatrix} \boldsymbol{0} & \boldsymbol{0} \\ \boldsymbol{0} & \boldsymbol{I}_2 \end{pmatrix} \begin{pmatrix} \hat{\boldsymbol{X}}_1 \\ \hat{\boldsymbol{X}}_2 \end{pmatrix} = \boldsymbol{G}_2^{\mathrm{T}} \hat{\boldsymbol{X}}_2 = \boldsymbol{0} \tag{8.148}$$

与加权秩亏网平差一样，$\boldsymbol{G}$ 矩阵满足如下要求：

$$\begin{cases} \boldsymbol{G}_2^{\mathrm{T}} \boldsymbol{G}_2 = \boldsymbol{I}_2 \\ \boldsymbol{A} \boldsymbol{G} = \boldsymbol{0} \end{cases} \tag{8.149}$$

在观测权阵为单位权时，解算法方程可以得到

$$\hat{X}_S = \begin{pmatrix} N_{11} & N_{12} \\ N_{21} & N_{22} + G_2 G_2^{\mathrm{T}} \end{pmatrix}^{-1} A^{\mathrm{T}} L \tag{8.150}$$

式中，$\underset{t_1 \times t_1}{N_{11}} = A_1^{\mathrm{T}} A_1$；$\underset{t_1 \times t_2}{N_{12}} = A_1^{\mathrm{T}} A_2 = N_{21}^{\mathrm{T}}$；$\underset{t_2 \times t_2}{N_{22}} = A_2^{\mathrm{T}} A_2$。

进一步，未知参数的权逆阵为

$$Q_{\hat{X}_S} = Q_S N Q_S \tag{8.151}$$

式中，

$$Q_S = \begin{pmatrix} N_{11} & N_{12} \\ N_{21} & N_{22} + G_2 G_2^{\mathrm{T}} \end{pmatrix}^{-1} = \begin{pmatrix} Q_{11} & Q_{12} \\ Q_{21} & Q_{22} \end{pmatrix} \tag{8.152}$$

则可以得到激光干涉测距三维网中，非稳定和稳定两部分未知参数的解为

$$\hat{X}_S = \begin{pmatrix} \hat{X}_1 \\ \hat{X}_2 \end{pmatrix} = \begin{pmatrix} Q_{11} A_1^{\mathrm{T}} L + Q_{12} A_2^{\mathrm{T}} L \\ Q_{21} A_1^{\mathrm{T}} L + Q_{22} A_2^{\mathrm{T}} L \end{pmatrix} \tag{8.153}$$

进一步可得到附加约束矩阵 G 应满足以下条件

$$\begin{cases} (N_{22} - N_{21} N_{11}^{-1} N_{12}) G_2 = 0 \\ G_2^{\mathrm{T}} G_2 = I_2 \end{cases} \tag{8.154}$$

式（8.154）可以作为平差解算中的检核条件。

8.7.3　附有测距常数的激光干涉测距三维网平差

和全站仪测距类似，由于仪器加工和制造工艺、反射棱镜的加工水平等因素影响，激光跟踪仪在测距时，也存在测距加常数和测距乘常数。在激光干涉测距三维网中，为了消除测距加/乘常数对点位精度的影响，可以将激光跟踪仪的测距加/乘常数作为系统未知参数参与平差解算。

从理论上讲，激光跟踪仪测距加常数主要是由激光跟踪仪的测距起算中心与激光跟踪仪的机械中心不一致引起的，广义上还应包含棱镜的反射中心与机械中心不一致的差值。而激光跟踪仪的测距乘常数是指与距离成正比关系的固定改正系数，其成因比较复杂，与激光跟踪仪频率漂移、气象改正不彻底、气象代表性误差等因素有关。

1）附有测距系统误差的平差模型

设第 i 个测站坐标为 (x_i, y_i, z_i)（$i=1,\cdots, m$，m 为测站数），第 j 个定向点坐标为 (x_j, y_j, z_j)（$j=m+1,\cdots, m+n$，n 为定向点个数），第 i 个测站对第 j 个定向点的距离测量值为 S_{ij}。设该激光跟踪仪对该反射棱镜的测距加常数和测距乘常数分别为 a、b，则距离测量的误差方程形式为

$$(x_j - x_i)^2 + (y_j - y_i)^2 + (z_j - z_i)^2 = (S_{ij} + a + b \cdot S_{ij} + v_{ij})^2 \tag{8.155}$$

对式（8.155）求全微分，即可得到误差方程为

$$v_{ij} = c_{ij} \delta x_i + d_{ij} \delta y_i + e_{ij} \delta z_i - c_{ij} \delta x_j - d_{ij} \delta y_j - e_{ij} \delta z_j - \delta a - S_{ij} \delta b - L_{ij} \tag{8.156}$$

式中，$c_{ij} = -\dfrac{{}^0x_j - {}^0x_i}{{}^0S_{ij}}$；　$d_{ij} = -\dfrac{{}^0y_j - {}^0y_i}{{}^0S_{ij}}$；　$e_{ij} = -\dfrac{{}^0z_j - {}^0z_i}{{}^0S_{ij}}$；　$L_{ij} = S_{ij} + {}^0a + {}^0bS_{ij} - {}^0S_{ij}$；

$\left({}^0x_i, {}^0y_i, {}^0z_i\right)$ 为测站点的近似坐标；$\left({}^0x_j, {}^0y_j, {}^0z_j\right)$ 为定向点的近似坐标；${}^0a$、${}^0b$ 为加乘常数的近似值；${}^0S_{ij}$ 为 i、j 两点近似坐标计算的距离值，有

$$
{}^0S_{ij} = \sqrt{\left({}^0x_j - {}^0x_i\right)^2 + \left({}^0y_j - {}^0y_i\right)^2 + \left({}^0z_j - {}^0z_i\right)^2} \tag{8.157}
$$

该模型即为附有系统参数的平差模型。将误差方程式（8.156）写成矩阵形式为

$$
\underset{mn\times1}{\boldsymbol{V}} = \underset{mn\times t}{\boldsymbol{A}}\ \underset{t\times1}{\delta\boldsymbol{X}} + \underset{mn\times2}{\boldsymbol{B}}\ \underset{2\times1}{\boldsymbol{S}} - \underset{mn\times1}{\boldsymbol{L}} \tag{8.158}
$$

式中，系数矩阵 $\boldsymbol{A}$ 参照式（8.118），其他各参数如下

$$
\underset{mn\times1}{\boldsymbol{V}} = \begin{bmatrix} v_{11} & v_{12} & \cdots & v_{1n} & v_{21} & \cdots & v_{2n} & \cdots & v_{mn} \end{bmatrix}^{\mathrm{T}}
$$

$$
\underset{mn\times1}{\boldsymbol{L}} = \begin{bmatrix} L_{11} & L_{12} & \cdots & L_{1n} & L_{21} & \cdots & L_{2n} & \cdots & L_{mn} \end{bmatrix}^{\mathrm{T}}
$$

$$
\underset{t\times1}{\delta\boldsymbol{X}} = \begin{bmatrix} \delta x_1 & \delta y_1 & \delta z_1 & \cdots & \delta x_m & \delta y_m & \delta z_m & \cdots & \delta x_{m+n} & \delta y_{m+n} & \delta z_{m+n} \end{bmatrix}^{\mathrm{T}}
$$

$$
\underset{2\times1}{\boldsymbol{S}} = \begin{bmatrix} \delta a & \delta b \end{bmatrix}^{\mathrm{T}}
$$

$$
\underset{mn\times2}{\boldsymbol{B}} = \begin{bmatrix} -1 & \cdots & -1 & -1 & \cdots & -1 & \cdots & -1 & \cdots & -1 \\ -S_{11} & \cdots & -S_{1n} & -S_{21} & \cdots & -S_{2n} & \cdots & -S_{m1} & \cdots & -S_{mn} \end{bmatrix}^{\mathrm{T}}
$$

按照 $\boldsymbol{V}^{\mathrm{T}}\boldsymbol{P}\boldsymbol{V} = \min$ 原则对方程（8.158）进行求解即可得到法方程

$$
\begin{bmatrix} \boldsymbol{A}^{\mathrm{T}}\boldsymbol{P}\boldsymbol{A} & \boldsymbol{A}^{\mathrm{T}}\boldsymbol{P}\boldsymbol{B} \\ \boldsymbol{B}^{\mathrm{T}}\boldsymbol{P}\boldsymbol{A} & \boldsymbol{B}^{\mathrm{T}}\boldsymbol{P}\boldsymbol{B} \end{bmatrix} \begin{bmatrix} \hat{\boldsymbol{X}} \\ \hat{\boldsymbol{S}} \end{bmatrix} = \begin{bmatrix} \boldsymbol{A}^{\mathrm{T}}\boldsymbol{P}\boldsymbol{L} \\ \boldsymbol{B}^{\mathrm{T}}\boldsymbol{P}\boldsymbol{L} \end{bmatrix} \tag{8.159}
$$

求解法方程（8.159）即可得到未知参数的解

$$
\begin{bmatrix} \hat{\boldsymbol{X}} \\ \hat{\boldsymbol{S}} \end{bmatrix} = \begin{bmatrix} \boldsymbol{N}^{-1} + \boldsymbol{N}^{-1}\boldsymbol{A}^{\mathrm{T}}\boldsymbol{P}\boldsymbol{B}\boldsymbol{M}^{-1}\boldsymbol{B}^{\mathrm{T}}\boldsymbol{P}\boldsymbol{A}\boldsymbol{N}^{-1} & -\boldsymbol{N}^{-1}\boldsymbol{A}^{\mathrm{T}}\boldsymbol{P}\boldsymbol{B}\boldsymbol{M}^{-1} \\ -\boldsymbol{M}^{-1}\boldsymbol{B}^{\mathrm{T}}\boldsymbol{P}\boldsymbol{A}\boldsymbol{N}^{-1} & \boldsymbol{M}^{-1} \end{bmatrix} \cdot \begin{bmatrix} \boldsymbol{A}^{\mathrm{T}}\boldsymbol{P}\boldsymbol{L} \\ \boldsymbol{B}^{\mathrm{T}}\boldsymbol{P}\boldsymbol{L} \end{bmatrix} \tag{8.160}
$$

式中，

$$
\boldsymbol{N} = \left(\boldsymbol{A}^{\mathrm{T}}\boldsymbol{P}\boldsymbol{A} + \boldsymbol{G}\boldsymbol{G}^{\mathrm{T}}\right)^{\mathrm{T}}
$$

$$
\boldsymbol{M} = \boldsymbol{B}^{\mathrm{T}}\boldsymbol{P}\boldsymbol{B} - \boldsymbol{B}^{\mathrm{T}}\boldsymbol{P}\boldsymbol{A}\boldsymbol{N}^{-1}\boldsymbol{A}^{\mathrm{T}}\boldsymbol{P}\boldsymbol{B}
$$

$$
\underset{6\times t}{\boldsymbol{G}^{\mathrm{T}}} = \begin{bmatrix} 1 & 0 & 0 & \cdots & 1 & 0 & 0 \\ 0 & 1 & 0 & \cdots & 0 & 1 & 0 \\ 0 & 0 & 1 & \cdots & 0 & 0 & 1 \\ 0 & {}^0z_1 & -{}^0y_1 & \cdots & 0 & {}^0z_{m+n} & -{}^0y_{m+n} \\ -{}^0z_1 & 0 & {}^0x_1 & \cdots & -{}^0z_{m+n} & 0 & {}^0x_{m+n} \\ {}^0y_1 & -{}^0x_1 & 0 & \cdots & {}^0y_{m+n} & -{}^0x_{m+n} & 0 \end{bmatrix}
$$

进一步，可以得到未知参数的权逆阵

$$\begin{cases} \boldsymbol{Q}_{\hat{X}} = \boldsymbol{N}^{-1} + \boldsymbol{N}^{-1} \boldsymbol{A}^{\mathrm{T}} \boldsymbol{PBM}^{-1} \boldsymbol{B}^{\mathrm{T}} \boldsymbol{PAN}^{-1} \\ \boldsymbol{Q}_{\hat{S}} = \boldsymbol{M}^{-1} \end{cases} \tag{8.161}$$

求解的单位权中误差为

$$\mu = \pm \sqrt{\frac{\boldsymbol{V}^{\mathrm{T}} \boldsymbol{PV}}{mn + 6 - 3(m+n) - 2}} \tag{8.162}$$

在实际平差解算中，也可以先求解 $\boldsymbol{X}$ 再求解 $\boldsymbol{S}$

$$\begin{cases} \hat{\boldsymbol{X}} = (\boldsymbol{A}^{\mathrm{T}} \boldsymbol{PA} - \boldsymbol{A}^{\mathrm{T}} \boldsymbol{PB} (\boldsymbol{B}^{\mathrm{T}} \boldsymbol{PB})^{-1} \boldsymbol{B}^{\mathrm{T}} \boldsymbol{PA})^{-1} (\boldsymbol{A}^{\mathrm{T}} \boldsymbol{PL} - \boldsymbol{A}^{\mathrm{T}} \boldsymbol{PB} (\boldsymbol{B}^{\mathrm{T}} \boldsymbol{PB})^{-1} \boldsymbol{B}^{\mathrm{T}} \boldsymbol{PL}) \\ \hat{\boldsymbol{S}} = (\boldsymbol{B}^{\mathrm{T}} \boldsymbol{PB})^{-1} (\boldsymbol{B}^{\mathrm{T}} \boldsymbol{PL} - \boldsymbol{B}^{\mathrm{T}} \boldsymbol{PA} \hat{\boldsymbol{X}}) \end{cases} \tag{8.163}$$

式（8.163）和式（8.160）是等价的。

2）测距常数显著性检验

从平差模型上讲，所引入的系统参数并不都是显著的，因此需要对系统参数的显著性进行检验，以剔除不显著的参数。

测距加乘常数作为系统参数，其原假设 H_0 为系统参数的线性条件

$$\begin{bmatrix} \boldsymbol{0} & \boldsymbol{I} \end{bmatrix} \cdot \begin{bmatrix} \hat{\boldsymbol{X}} \\ \hat{\boldsymbol{S}} \end{bmatrix} = \boldsymbol{0} \tag{8.164}$$

根据线性假设检验模型，可以得到 F 分布的检验统计量

$$F = \frac{\hat{\boldsymbol{S}}^{\mathrm{T}} \boldsymbol{Q}_{\hat{S}}^{-1} \hat{\boldsymbol{S}} / 2}{\boldsymbol{V}^{\mathrm{T}} \boldsymbol{PV} / [mn + 6 - 3(m+n) - 2]} = \frac{\hat{\boldsymbol{S}}^{\mathrm{T}} \boldsymbol{Q}_{\hat{S}}^{-1} \hat{\boldsymbol{S}} / 2}{\mu^2} \tag{8.165}$$

则检验统计量 F 的拒绝域为

$$F > F_{1-\alpha}(2, mn + 6 - 3(m+n) - 2) \tag{8.166}$$

若检验被拒绝，表明系统参数显著，应该将其引入激光干涉测距的三维秩亏网平差模型中，否则，该系统参数应该从模型中剔除。

若检验其中一个系统参数，原假设 $H_0 : S_i = 0$，则统计量为

$$F = \frac{\hat{\boldsymbol{S}}_i^2 \boldsymbol{Q}_{\hat{S}_i}^{-1}}{\mu^2} = \frac{\hat{\boldsymbol{S}}_i^2}{\mu^2 \boldsymbol{Q}_{\hat{S}_i}} \tag{8.167}$$

也可以按照 t 检验法构造统计量：

$$t_{[mn+6-3(m+n)-1]} = \frac{\hat{\boldsymbol{S}}_i}{\mu \sqrt{\boldsymbol{Q}_{\hat{S}_i}}} \tag{8.168}$$

8.7.4 附有长度约束条件的激光干涉测距三维网平差

为进一步提高激光跟踪仪干涉测距加权秩亏自由网点位平差精度，可以引入长度约束条件。目前常采用膨胀系数较小的碳纤维或因瓦材质的基准尺，其长度通过双频激光干涉仪等设备进行标定，长度基准尺如图 8.46 所示。

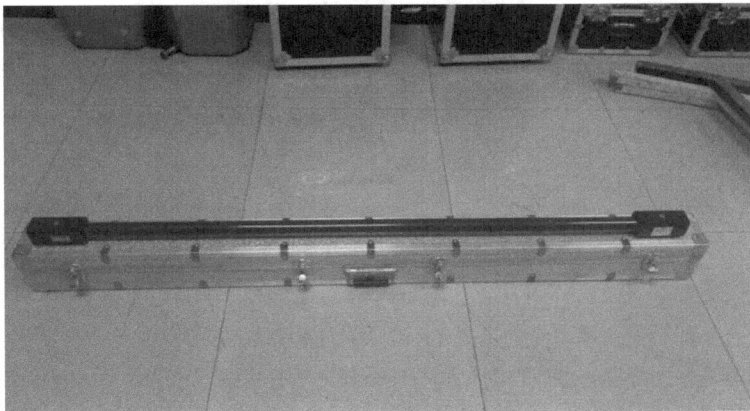

图 8.46　长度基准尺

　　设在测量空间内增加了 1 个距离约束条件，在基准尺两个端点上，依次测量两个端点坐标值 $P_i(x_i, y_i, z_i)$、$P_j(x_j, y_j, z_j)$，设基准尺的距离为 L_0，有

$$(x_j - x_i)^2 + (y_j - y_i)^2 + (z_j - z_i)^2 = (L_0)^2 \tag{8.169}$$

对其进行线性化即可得到

$$c_{ij}\delta x_i + d_{ij}\delta y_i + e_{ij}\delta z_i - c_{ij}\delta x_j - d_{ij}\delta y_j - e_{ij}\delta z_j + W_{ij} = 0 \tag{8.170}$$

将式（8.170）写成矩阵形式即可得到

$$\underset{r \times t}{\boldsymbol{B}_X}\,\underset{t \times 1}{\delta \boldsymbol{X}} + \underset{r \times 1}{\boldsymbol{W}} = \boldsymbol{0} \tag{8.171}$$

则式（8.171）和式（8.116）联立，并构造目标函数即可得到

$$\phi = \boldsymbol{V}^{\mathrm{T}}\boldsymbol{PV} + 2\boldsymbol{K}^{\mathrm{T}}(\boldsymbol{B}_X\delta\boldsymbol{X} + \boldsymbol{W}) \tag{8.172}$$

对式（8.172）求极值条件

$$\frac{\mathrm{d}\phi}{\mathrm{d}\delta\boldsymbol{X}} = 2\boldsymbol{V}^{\mathrm{T}}\boldsymbol{PA} + 2\boldsymbol{K}^{\mathrm{T}}\boldsymbol{B}_X = 0 \tag{8.173}$$

与原条件联立，即可得到法方程

$$\begin{cases} \boldsymbol{A}^{\mathrm{T}}\boldsymbol{PA}\delta\boldsymbol{X} + \boldsymbol{B}_X^{\mathrm{T}}\boldsymbol{K} + \boldsymbol{A}^{\mathrm{T}}\boldsymbol{PAL} = \boldsymbol{0} \\ \boldsymbol{B}_X\delta\boldsymbol{X} + 0\boldsymbol{K} + \boldsymbol{W} = \boldsymbol{0} \end{cases} \tag{8.174}$$

式（8.174）写成矩阵形式为

$$\begin{bmatrix} \boldsymbol{N} & \boldsymbol{B}_X^{\mathrm{T}} \\ \boldsymbol{B}_X & \boldsymbol{0} \end{bmatrix} \cdot \begin{bmatrix} \delta\boldsymbol{X} \\ \boldsymbol{K} \end{bmatrix} + \begin{bmatrix} \boldsymbol{U} \\ \boldsymbol{W} \end{bmatrix} = \boldsymbol{0} \tag{8.175}$$

式中，

$$\boldsymbol{N} = \boldsymbol{A}^{\mathrm{T}}\boldsymbol{PA} \quad \boldsymbol{U} = \boldsymbol{A}^{\mathrm{T}}\boldsymbol{PL}$$

对式（8.175）求解即可以得到

$$\begin{bmatrix} \delta\boldsymbol{X} \\ \boldsymbol{K} \end{bmatrix} = -\begin{bmatrix} \boldsymbol{N} & \boldsymbol{B}_X^{\mathrm{T}} \\ \boldsymbol{B}_X & \boldsymbol{0} \end{bmatrix}^{-1} \cdot \begin{bmatrix} \boldsymbol{U} \\ \boldsymbol{W} \end{bmatrix} \tag{8.176}$$

进一步可以得到单位权中误差，为

$$\mu = \pm \sqrt{\frac{V^{\mathrm{T}}PV}{mn + 6 - \left[3(m+n) - r\right]}} \tag{8.177}$$

式中，r 为约束方程个数。

思考与练习

（1）经纬仪交会坐标测量技术如何实现多台经纬仪定向解算？

（2）工业摄影测量中图像高精度、自动化和智能处理方法有哪些？

（3）简述关节臂式坐标测量机测量原理。

（4）简述二联激光跟踪仪系统构成及工作原理。

（5）试列举几种基于多台激光跟踪仪的边角网坐标测量技术。

（6）简述激光跟踪仪多测站抗差马氏光束法平差方法。

（7）试列举几种基于距离交会的坐标测量技术。

第9章 变形监测网稳定性分析

为发现工程建（构）筑物或大型工业产品的水平位移、沉降等变形，需要建立变形监测网，以其为基础，对监测对象进行定期的重复观测并开展变形分析与预报。

变形体是否发生变形需要依靠监测网来判断，随着时间的推移，监测网受到外界诸多因素影响会发生移动，如不能及时发现并做出调整，仍以变动的监测网为基准，对监测对象开展变形分析就会出现错误。监测网的稳定性及其点位信息的可靠性至关重要，所以定期对监测网进行复测并对网点进行稳定性分析是一项非常重要的工作。变形监测网多期之间对应点坐标变化由测量误差和实际变形组成，受仪器精度、人为因素和外界环境的影响，测量误差无法避免，可通过数据处理手段在一定程度上减弱误差的干扰，估算测量的精度。而点位的实际变形情况则需要通过稳定性分析方法来判断，一旦发生变形，则不宜再作为基准使用。只有经过稳定性分析，采取合适的参考基准进行平差才能获得与实际相符的变形分析结果。

变形监测网稳定性分析方法众多，本章首先简要介绍监测网平差的模型及基准，然后介绍几种常用的方法，供读者参考。

9.1 监测网平差模型及基准

9.1.1 自由网平差模型

变形监测网中各点的稳定性分析是建立在多期观测成果基础之上的。在分析点位变形情况时需建立统一的参考基准，即统一参考系。网点的变形总是相对某一参考系而言的，采用的基准不同，得到的网点位移量也会不同。

设最小二乘平差的函数模型和随机模型为

$$\begin{cases} \underset{n\times1}{\boldsymbol{L}} = \underset{n\times t}{\boldsymbol{A}}\ \underset{t\times1}{\boldsymbol{X}} + \underset{n\times1}{\boldsymbol{\Delta}} \\ \mathrm{E}(\boldsymbol{\Delta}) = \boldsymbol{0} \\ \underset{n\times n}{\boldsymbol{D}_{\Delta\Delta}} = \sigma_0^2 \underset{n\times n}{\boldsymbol{Q}} = \sigma_0^2 \underset{n\times n}{\boldsymbol{P}^{-1}} \end{cases} \tag{9.1}$$

式中，$\boldsymbol{L}$ 为观测向量；$\boldsymbol{A}$ 为系数矩阵；$\boldsymbol{X}$ 为待估参数向量；$\boldsymbol{\Delta}$ 为观测误差向量；$\boldsymbol{D}_{\Delta\Delta}$ 为观测向量协方差矩阵；σ_0^2 为单位权方差；$\boldsymbol{P}$ 和 $\boldsymbol{Q}$ 分别为观测值权阵和权逆阵；n 为观测值个数；t 为未知参数个数。

设误差方程为

$$\underset{n\times1}{\boldsymbol{V}} = \underset{n\times t}{\boldsymbol{A}}\ \underset{t\times1}{\hat{\boldsymbol{x}}} - \underset{n\times1}{\boldsymbol{l}} \tag{9.2}$$

式中，$\hat{\boldsymbol{x}}$ 为参数改正数；$\boldsymbol{l}$ 为自由项。

由最小二乘准则 $\boldsymbol{V}^{\mathrm{T}}\boldsymbol{P}\boldsymbol{V} = \min$，得法方程

$$\boldsymbol{N}\hat{\boldsymbol{x}} - \boldsymbol{U} = \boldsymbol{0} \tag{9.3}$$

式中，$\boldsymbol{N} = \boldsymbol{A}^{\mathrm{T}}\boldsymbol{P}\boldsymbol{A}$；$\boldsymbol{U} = \boldsymbol{A}^{\mathrm{T}}\boldsymbol{P}\boldsymbol{l}$。

当法方程系数阵 N 为满秩矩阵，即 $\mathrm{rank}(N)=t$ 时，$\hat{x}$ 具有唯一解。当 $\mathrm{rank}(N)=t_0<t$ 时，系数阵 N 奇异，其凯里逆 N^{-1} 不存在，法方程没有唯一解。令

$$d=t-t_0 \tag{9.4}$$

式中，d 为秩亏数。此时，该网称为秩亏自由网。产生秩亏的原因是控制网平差时起算数据不足，最大秩亏数等于网中必要起算数据个数。为消除秩亏，得到参数唯一解，需附加约束条件

$$\underset{d\times t}{G^{\mathrm{T}}}\ \underset{t\times t}{P_x}\ \underset{t\times 1}{\hat{x}}=0 \tag{9.5}$$

式中，P_x 为基准权，此处，设 $P_x=I$。G 矩阵需满足如下条件

$$\begin{cases} \mathrm{rank}(G)=d \\ NG=0 \text{或} AG=0 \\ G^{\mathrm{T}}G=I \end{cases} \tag{9.6}$$

将式（9.5）左乘 P_xG 并联立式（9.3），得

$$(N+P_xGG^{\mathrm{T}}P_x)\hat{x}-U=0 \tag{9.7}$$

则

$$\begin{cases} \hat{x}=(N+P_xGG^{\mathrm{T}}P_x)^{-1}U \\ Q_{\hat{x}}=(N+P_xGG^{\mathrm{T}}P_x)^{-1}N(N+P_xGG^{\mathrm{T}}P_x)^{-1} \end{cases} \tag{9.8}$$

以上为附加约束条件的自由网平差方法，可根据实际情况来构造不同的 G 矩阵，确定相应的基准或参考系。

9.1.2　基准

变形监测网的平差基准包括经典基准、重心基准和拟稳基准。对于一维高程网和二维平面边角网基准的讨论，已在第 2.4 节中详细展开，不再赘述。本节以三维变形监测网为例，讨论其基准的表达形式。

三维变形监测网弥补了将三维位置问题分解为二维平面和一维高程处理的缺陷，可以获得更加直接的位置信息，能客观地表达变形结果。在处理三维变形监测网数据时，网点的位置信息在平差前未知，且网点稳定与否需要验后信息来判断，一般采用重心基准。在实际应用中，可根据实际情况选择合适的基准，平差时可用附加约束条件中的 G 矩阵表示。

重心基准下，常用三维网 G 矩阵构造形式见表 9.1。

表 9.1　常用三维网 G 矩阵构造形式

网形	基准数	基准参数	G 矩阵
测距、测天文经纬度和测天文方位角或 GNSS 网	3	3 平移	$\underset{3\times 3m}{G^{\mathrm{T}}}=\begin{bmatrix} 1 & 0 & 0 & \cdots & 1 & 0 & 0 \\ 0 & 1 & 0 & \cdots & 0 & 1 & 0 \\ 0 & 0 & 1 & \cdots & 0 & 0 & 1 \end{bmatrix}$
测边和天顶距网或边角和天顶距网	4	3 平移 1 旋转	$\underset{4\times 3m}{G^{\mathrm{T}}}=\begin{bmatrix} 1 & 0 & 0 & \cdots & 1 & 0 & 0 \\ 0 & 1 & 0 & \cdots & 0 & 1 & 0 \\ 0 & 0 & 1 & \cdots & 0 & 0 & 1 \\ y_1^{[0]} & -x_1^{[0]} & 0 & \cdots & y_m^{[0]} & -x_m^{[0]} & 0 \end{bmatrix}$

续表

网形	基准数	基准参数	G 矩阵
测角和天顶距网	5	3 平移 1 旋转 1 尺度	$\boldsymbol{G}^{\mathrm{T}}_{5\times 3m} = \begin{bmatrix} 1 & 0 & 0 & \cdots & 1 & 0 & 0 \\ 0 & 1 & 0 & \cdots & 0 & 1 & 0 \\ 0 & 0 & 1 & \cdots & 0 & 0 & 1 \\ y_1^{[0]} & -x_1^{[0]} & 0 & \cdots & y_m^{[0]} & -x_m^{[0]} & 0 \\ x_1^{[0]} & y_1^{[0]} & z_1^{[0]} & \cdots & x_m^{[0]} & y_m^{[0]} & z_m^{[0]} \end{bmatrix}$
测边网	6	3 平移 3 旋转	$\boldsymbol{G}^{\mathrm{T}}_{6\times 3m} = \begin{bmatrix} 1 & 0 & 0 & \cdots & 1 & 0 & 0 \\ 0 & 1 & 0 & \cdots & 0 & 1 & 0 \\ 0 & 0 & 1 & \cdots & 0 & 0 & 1 \\ 0 & z_1^{[0]} & -y_1^{[0]} & \cdots & 0 & z_m^{[0]} & -y_m^{[0]} \\ -z_1^{[0]} & 0 & x_1^{[0]} & \cdots & -z_m^{[0]} & 0 & x_m^{[0]} \\ y_1^{[0]} & -x_1^{[0]} & 0 & \cdots & y_m^{[0]} & -x_m^{[0]} & 0 \end{bmatrix}$
测角网	7	3 平移 3 旋转 1 尺度	$\boldsymbol{G}^{\mathrm{T}}_{7\times 3m} = \begin{bmatrix} 1 & 0 & 0 & \cdots & 1 & 0 & 0 \\ 0 & 1 & 0 & \cdots & 0 & 1 & 0 \\ 0 & 0 & 1 & \cdots & 0 & 0 & 1 \\ 0 & z_1^{[0]} & -y_1^{[0]} & \cdots & 0 & z_m^{[0]} & -y_m^{[0]} \\ -z_1^{[0]} & 0 & x_1^{[0]} & \cdots & -z_m^{[0]} & 0 & x_m^{[0]} \\ y_1^{[0]} & -x_1^{[0]} & 0 & \cdots & y_m^{[0]} & -x_m^{[0]} & 0 \\ x_1^{[0]} & y_1^{[0]} & z_1^{[0]} & \cdots & x_m^{[0]} & y_m^{[0]} & z_m^{[0]} \end{bmatrix}$

9.2　常用稳定性分析方法

以下介绍几种常用的变形监测网稳定性分析方法，包括限差法、变形误差椭圆法、t 检验法、平均间隙法、传统相似变换法、迭代加权相似变换法等。

9.2.1　限差法

限差法是较为简易的稳定性分析方法。通过平差后的两期监测网对应点坐标之间的差值与其数倍中误差作比较，来判断点位的稳定性。以水准网为例，假设某点两期高程及其中误差分别为 h_1、h_2 和 σ_{h_1}、σ_{h_2}，则高程变化 Δh 为

$$\Delta h = h_2 - h_1 \tag{9.9}$$

若满足

$$|\Delta h| < k\sqrt{\sigma_{h_1}^2 + \sigma_{h_2}^2} \tag{9.10}$$

则表明该点是稳定的；反之，视其为变形点。k 值一般取为 2 或 3。

多限差法在上述基础上继续增加，如相邻点间距离原测值与其复测值之差、同一条边方位角原测值与其复测值之差、夹角的原测值与其复测值之差等。这种方法被广泛应用于高铁轨道控制网的稳定性分析中。

9.2.2　变形误差椭圆法

以二维平面网为例，变形监测网点位稳定性可利用变形误差椭圆法来分析。类似于相对误差椭圆，变形误差椭圆是指同一点在两期之间坐标差的误差椭圆。假设某点第 1 期和第 2 期平差后的协因数阵为

$$\begin{cases} \boldsymbol{Q}_1 = \begin{pmatrix} {}^1Q_{xx} & {}^1Q_{xy} \\ {}^1Q_{yx} & {}^1Q_{yy} \end{pmatrix} \\ \boldsymbol{Q}_2 = \begin{pmatrix} {}^2Q_{xx} & {}^2Q_{xy} \\ {}^2Q_{yx} & {}^2Q_{yy} \end{pmatrix} \end{cases} \tag{9.11}$$

该点两期之间坐标差协因数阵为

$$\boldsymbol{Q}_{\Delta x_{12}} = \boldsymbol{Q}_1 + \boldsymbol{Q}_2 = \begin{pmatrix} Q_{\Delta_{xx}} & Q_{\Delta_{xy}} \\ Q_{\Delta_{yx}} & Q_{\Delta_{yy}} \end{pmatrix} = \begin{pmatrix} {}^1Q_{xx} + {}^2Q_{xx} & {}^1Q_{xy} + {}^2Q_{xy} \\ {}^1Q_{yx} + {}^2Q_{yx} & {}^1Q_{yy} + {}^2Q_{yy} \end{pmatrix} \tag{9.12}$$

则

$$\begin{cases} K = \sqrt{(Q_{\Delta_{xx}} - Q_{\Delta_{yy}})^2 + 4Q_{\Delta_{xy}}^2} \\ E^2 = \dfrac{1}{2}\theta^2[(Q_{\Delta_{xx}} + Q_{\Delta_{yy}}) + K] \\ F^2 = \dfrac{1}{2}\theta^2[(Q_{\Delta_{xx}} + Q_{\Delta_{yy}}) - K] \\ \tan 2\varphi = \dfrac{2Q_{\Delta_{xy}}}{Q_{\Delta_{xx}} - Q_{\Delta_{yy}}} \end{cases} \tag{9.13}$$

式中，E、F、φ 分别为变形误差椭圆的长半轴、短半轴及主轴方向；θ 为两期观测综合单位权中误差。

求出每一点的变形误差椭圆后，主轴方向不变，取 k（一般取 2 或 3）倍长/短半轴构造新的误差椭圆，即极限变形误差椭圆，根据各点位移量是否超出极限变形误差椭圆来判断其位移是否显著。

9.2.3　t 检验法

假设对某监测网进行了两期观测，分别为第 1 期和第 2 期。根据每一期观测成果，估算其单位权方差

$$\begin{cases} \sigma_1^2 = \dfrac{\boldsymbol{V}_1^{\mathrm{T}} \boldsymbol{P}_1 \boldsymbol{V}_1}{f_1} \\ \sigma_2^2 = \dfrac{\boldsymbol{V}_2^{\mathrm{T}} \boldsymbol{P}_2 \boldsymbol{V}_2}{f_2} \end{cases} \tag{9.14}$$

式中，$\boldsymbol{V}$ 为观测值改正数；$\boldsymbol{P}$ 为观测值权阵；f 为自由度。

在进行 t 检验时，要求两期观测精度相同，需要先对两期观测作整体检验，判断两期观测是否同精度。其检验步骤如下。

（1）原假设 H_0：$\sigma_1^2 = \sigma_2^2$，两期观测等精度；备选假设 H_1：$\sigma_1^2 \neq \sigma_2^2$，两期观测非等精度。

（2）以较大单位权方差为分子，设 $\sigma_1^2 > \sigma_2^2$，作统计量

$$F_0 = \dfrac{\sigma_1^2}{\sigma_2^2} \tag{9.15}$$

（3）选定显著性水平 α，得分位值 F_α，若 $F_0 < F_\alpha(f_1, f_2)$ 则接受原假设 H_0；否则，接受备选假设 H_1。当原假设 H_0 成立时，认为 σ_1^2 和 σ_2^2 无显著差异，就可进行单点稳定性检验。

以水准网为例，设水准网中某点两期得到的高程平差值分别为 H_1 和 H_2，则该点两期之间坐标差 d_H 为

$$d_H = H_2 - H_1 \tag{9.16}$$

两期综合单位权中误差为

$$\sigma_0 = \sqrt{\frac{f_1\sigma_1^2 + f_2\sigma_2^2}{f_1 + f_2}} \tag{9.17}$$

构造统计量

$$T = \frac{d_H}{\sigma_0\sqrt{Q_{H_1} + Q_{H_2}}} \tag{9.18}$$

式中，Q_{H_1} 和 Q_{H_2} 分别为该点平差后的权倒数。选择一定显著性水平 α，对所有点进行检验，查询 t 分布表，判断 $|T|$ 与 $t_{\alpha/2}$ 大小。若 $|T| < t_{\alpha/2}$，认为该点是稳定的；反之，则认为该点发生了变形。

9.2.4 平均间隙法

1971 年，德国测量学者 Pelzer 提出了平均间隙法，此后被广泛用于判断和识别监测网中的不稳定点。基本过程是利用统计检验的方法对控制网几何图形作整体检验，判断控制网在两期观测间是否发生显著性变化。若检验通过，则认为所有网点稳定；反之，则认为控制网中存在变形点。根据每个点对图形不一致性影响的程度，依次排除使图形不一致程度最大的点，对剩余点再次进行整体检验，直到图形一致性检验通过为止。

1）整体检验

联合两期观测求取综合单位权方差为

$$\theta^2 = \frac{V_1^T P_1 V_1 + V_2^T P_2 V}{f_1 + f_2} \tag{9.19}$$

设两期观测网点坐标差为

$$\Delta X = X_2 - X_1 \tag{9.20}$$

坐标差源于测量误差的干扰和网点发生的实际位移，要对位移量的显著性进行检验。从网点的平均变形情况来判断，令

$$\mu^2 = \frac{\Delta X^T P_{\Delta X} \Delta X}{f_{\Delta X}} \tag{9.21}$$

式中，$P_{\Delta X} = Q_{\Delta X}^{-1} = (Q_{X_2} + Q_{X_1})^{-1}$；$f_{\Delta X}$ 为 ΔX 中相互独立参数的个数。

若网点未发生变形，则 θ^2 和 μ^2 作为母体的两个子样方差应差别不大，使用 F 检验对平均点位位移量显著性作出判断，构造统计量

$$F_1 = \frac{\mu^2}{\theta^2} \tag{9.22}$$

F_1 服从自由度为 $f_{\Delta X}$、$f_1 + f_2$ 的 F 分布，选定显著性水平 α，判断 F_1 与 $F_\alpha(f_{\Delta X}, f_1 + f_2)$ 的

大小。若 $F_1 < F_\alpha(f_{\Delta X}, f_1 + f_2)$，通过检验，则表示监测网平均点位位移量不显著；反之，变形点平均点位位移量显著，说明有网点发生变形，需要进一步寻找发生变形的网点。

2）间隙分块法

对应两期观测成果，将网中的点分为稳定点组 X_{11}、X_{12} 和不稳定点组 X_{21}、X_{22}。所有点在两期之间的坐标差由 $\Delta X_1 = X_{21} - X_{11}$ 和 $\Delta X_2 = X_{22} - X_{12}$ 两部分组成，即

$$\Delta X = \begin{bmatrix} \Delta X_1 \\ \Delta X_2 \end{bmatrix} \tag{9.23}$$

对应权阵分块后表示为

$$P_{\Delta X} = \begin{bmatrix} P_{\Delta X_{11}} & P_{\Delta X_{12}} \\ P_{\Delta X_{21}} & P_{\Delta X_{22}} \end{bmatrix} \tag{9.24}$$

则有

$$\Delta X^{\mathrm{T}} P_{\Delta X} \Delta X = \begin{bmatrix} \Delta X_1^{\mathrm{T}} & \Delta X_2^{\mathrm{T}} \end{bmatrix} \begin{bmatrix} P_{\Delta X_{11}} & P_{\Delta X_{12}} \\ P_{\Delta X_{21}} & P_{\Delta X_{22}} \end{bmatrix} \begin{bmatrix} \Delta X_1 \\ \Delta X_2 \end{bmatrix} \tag{9.25}$$

$$= \Delta X_1^{\mathrm{T}} P_{\Delta X_{11}} \Delta X_1 + \Delta X_1^{\mathrm{T}} P_{\Delta X_{12}} \Delta X_2 + \Delta X_2^{\mathrm{T}} P_{\Delta X_{21}} \Delta X_1 + \Delta X_2^{\mathrm{T}} P_{\Delta X_{22}} \Delta X_2$$

式（9.25）加一零项 $(-\Delta X_2^{\mathrm{T}} P_{\Delta X_{21}} P_{\Delta X_{11}}^{-1} P_{\Delta X_{12}} \Delta X_2 + \Delta X_2^{\mathrm{T}} P_{\Delta X_{21}} P_{\Delta X_{11}}^{-1} P_{\Delta X_{12}} \Delta X_2)$，则

$$\Delta X^{\mathrm{T}} P_{\Delta X} \Delta X = (\Delta X_1 + P_{\Delta X_{11}}^{-1} P_{\Delta X_{12}} \Delta X_2)^{\mathrm{T}} P_{\Delta X_{11}} (\Delta X_1 + P_{\Delta X_{11}}^{-1} P_{\Delta X_{12}} \Delta X_2)$$
$$+ \Delta X_2^{\mathrm{T}} (P_{\Delta X_{22}} - P_{\Delta X_{21}} P_{\Delta X_{11}}^{-1} P_{\Delta X_{12}}) \Delta X_2 \tag{9.26}$$

令

$$\begin{cases} \Delta \bar{X}_1 = \Delta X_1 + P_{\Delta X_{11}}^{-1} P_{\Delta X_{12}} \Delta X_2 \\ \bar{P}_{\Delta X_{22}} = P_{\Delta X_{22}} - P_{\Delta X_{21}} P_{\Delta X_{11}}^{-1} P_{\Delta X_{12}} \end{cases} \tag{9.27}$$

得

$$\Delta X^{\mathrm{T}} P_{\Delta X} \Delta X = \Delta \bar{X}_1^{\mathrm{T}} P_{\Delta X_{11}} \Delta \bar{X}_1 + \Delta X_2^{\mathrm{T}} \bar{P}_{\Delta X_{22}} \Delta X_2 \tag{9.28}$$

式（9.28）表明，所有点的坐标差加权平方和被分解为稳定点和不稳定点两个独立部分坐标差加权平方和之和。等式右边第一项为稳定点组位移加权平方和，第二项为某一不稳定点的位移加权平方和。依次对所有点作上述分解，得到所有点对应的 $(\Delta X_2^{\mathrm{T}} \bar{P}_{\Delta X_{22}} \Delta X_2)_i$ $(i = 1, 2, \cdots, n)$，找到 $\max(\Delta X_2^{\mathrm{T}} \bar{P}_{\Delta X_{22}} \Delta X_2)$ 对应的点并剔除，计算

$$\bar{\mu}^2 = \frac{\Delta X_1^{\mathrm{T}} \bar{P}_{\Delta X_{11}} \Delta X_1}{\bar{f}} \tag{9.29}$$

式中，$\bar{f}$ 为稳定点组中独立参数的个数。式（9.29）为剩余点对应的坐标差方差估值，若其中不存在变形点，则 $\bar{\mu}^2$ 与 θ^2 不应有明显差异，所以作 F 检验，构造统计量

$$F_2 = \frac{\bar{\mu}^2}{\theta^2} \tag{9.30}$$

在显著性水平 α 下，比较 F_2 与 $F_\alpha(\bar{f}, f_1 + f_2)$ 大小，若 $F_2 < F_\alpha(\bar{f}, f_1 + f_2)$，通过检验，则表明剩余点中不存在不稳定点；否则，对剩余点重复上述步骤，再次剔除 $\max(\Delta X_2^{\mathrm{T}} \bar{P}_{\Delta X_{22}} \Delta X_2)$ 对应的点并作 F 检验，直到通过检验为止。

9.2.5　传统相似变换法

受外界环境或人为因素的影响，监测网点可能发生任意方向、大小的位移，其变形信息具有不确定性。平差后的两期坐标之间存在一定的平移、旋转、尺度信息，可利用传统相似变换（traditional similarity transformation，TST）法计算两期监测网之间的变换参数，进而求出点位变化信息。

两期监测网之间可通过公共点求解转换参数，七参数坐标转换模型可表示为

$$
\begin{bmatrix} X \\ Y \\ Z \end{bmatrix} = \lambda \begin{bmatrix} u_{11} & u_{21} & u_{31} \\ u_{12} & u_{22} & u_{32} \\ u_{13} & u_{23} & u_{33} \end{bmatrix} \begin{bmatrix} x \\ y \\ z \end{bmatrix} + \begin{bmatrix} \Delta x \\ \Delta y \\ \Delta z \end{bmatrix} \tag{9.31}
$$

式中，(X,Y,Z) 与 (x,y,z) 为同一点在两期观测下的坐标；$\boldsymbol{R} = \begin{bmatrix} u_{11} & u_{21} & u_{31} \\ u_{12} & u_{22} & u_{32} \\ u_{13} & u_{23} & u_{33} \end{bmatrix}$ 为旋转矩阵；

$(\Delta x, \Delta y, \Delta z)$ 为平移量；λ 为尺度。两期观测之间绕 X、Y、Z 轴的旋转角分别为 ω、φ、κ，则 $\boldsymbol{R}$ 表示为

$$
\boldsymbol{R} = \begin{bmatrix} \cos\kappa & \sin\kappa & 0 \\ -\sin\kappa & \cos\kappa & 0 \\ 0 & 0 & 1 \end{bmatrix} \begin{bmatrix} \cos\varphi & 0 & -\sin\varphi \\ 0 & 1 & 0 \\ \sin\varphi & 0 & \cos\varphi \end{bmatrix} \begin{bmatrix} 1 & 0 & 0 \\ 0 & \cos\omega & \sin\omega \\ 0 & -\sin\omega & \cos\omega \end{bmatrix} \tag{9.32}
$$

将式（9.31）线性化，得

$$
\begin{bmatrix} v_X \\ v_Y \\ v_Z \end{bmatrix} = \begin{bmatrix} \dfrac{\partial X}{\partial \lambda} & \dfrac{\partial X}{\partial \omega} & \dfrac{\partial X}{\partial \varphi} & \dfrac{\partial X}{\partial \kappa} & \dfrac{\partial X}{\partial \Delta x} & \dfrac{\partial X}{\partial \Delta y} & \dfrac{\partial X}{\partial \Delta z} \\ \dfrac{\partial Y}{\partial \lambda} & \dfrac{\partial Y}{\partial \omega} & \dfrac{\partial Y}{\partial \varphi} & \dfrac{\partial Y}{\partial \kappa} & \dfrac{\partial Y}{\partial \Delta x} & \dfrac{\partial Y}{\partial \Delta y} & \dfrac{\partial Y}{\partial \Delta z} \\ \dfrac{\partial Z}{\partial \lambda} & \dfrac{\partial Z}{\partial \omega} & \dfrac{\partial Z}{\partial \varphi} & \dfrac{\partial Z}{\partial \kappa} & \dfrac{\partial Z}{\partial \Delta x} & \dfrac{\partial Z}{\partial \Delta y} & \dfrac{\partial Z}{\partial \Delta z} \end{bmatrix} \begin{bmatrix} \mathrm{d}\lambda \\ \mathrm{d}\omega \\ \mathrm{d}\varphi \\ \mathrm{d}\kappa \\ \mathrm{d}\Delta x \\ \mathrm{d}\Delta y \\ \mathrm{d}\Delta z \end{bmatrix} - \begin{bmatrix} X - {}^0X \\ Y - {}^0Y \\ Z - {}^0Z \end{bmatrix} \tag{9.33}
$$

或

$$
\begin{bmatrix} v_X \\ v_Y \\ v_Z \end{bmatrix} = \begin{bmatrix} r_{11} & r_{12} & r_{13} & r_{14} & r_{15} & r_{16} & r_{17} \\ r_{21} & r_{22} & r_{23} & r_{24} & r_{25} & r_{26} & r_{27} \\ r_{31} & r_{32} & r_{33} & r_{34} & r_{35} & r_{36} & r_{37} \end{bmatrix} \begin{bmatrix} \mathrm{d}\lambda \\ \mathrm{d}\omega \\ \mathrm{d}\varphi \\ \mathrm{d}\kappa \\ \mathrm{d}\Delta x \\ \mathrm{d}\Delta y \\ \mathrm{d}\Delta z \end{bmatrix} - \begin{bmatrix} X - {}^0X \\ Y - {}^0Y \\ Z - {}^0Z \end{bmatrix} \tag{9.34}
$$

式中，(v_X, v_Y, v_Z) 为残差；$({}^0X, {}^0Y, {}^0Z)$ 为第 2 期坐标系下的坐标 (x, y, z) 根据两期之间转换参数初值转换至第 1 期坐标系下的坐标，系数矩阵中各元素为

$$\begin{cases} r_{11} = u_{11}x + u_{21}y + u_{31}z \\ r_{13} = \lambda\left[-\sin\varphi\cos\kappa(x) + \sin\varphi\sin\kappa(y) + \cos\varphi(z)\right] \\ r_{14} = \lambda(u_{21}x - u_{11}y) \\ r_{15} = r_{26} = r_{37} = 1 \\ r_{12} = r_{16} = r_{17} = r_{25} = r_{27} = r_{35} = r_{36} = 0 \\ r_{21} = u_{12}x + u_{22}y + u_{32}z \\ r_{22} = \lambda(-u_{13}x - u_{23}y - u_{33}z) \\ r_{23} = \lambda\left[\sin\omega\cos\varphi\cos\kappa(x) - \sin\omega\cos\varphi\sin\kappa(y) + \sin\omega\sin\varphi(z)\right] \\ r_{24} = \lambda(u_{22}x - u_{12}y) \\ r_{31} = u_{13}x + u_{23}y + u_{33}z \\ r_{32} = \lambda(u_{12}x + u_{22}y + u_{32}z) \\ r_{33} = \lambda\left[-\cos\omega\cos\varphi\cos\kappa(x) + \cos\omega\cos\varphi\sin\kappa(y) - \cos\omega\sin\varphi(z)\right] \\ r_{34} = \lambda(u_{23}x - u_{13}y) \end{cases} \tag{9.35}$$

模型可表示为

$$\begin{bmatrix} X \\ Y \\ Z \end{bmatrix} = \begin{bmatrix} x \\ y \\ z \end{bmatrix} + \boldsymbol{M} \cdot \boldsymbol{\xi} + \boldsymbol{d} \tag{9.36}$$

式中，$\boldsymbol{M}$ 为系数矩阵；$\boldsymbol{\xi} = [\mathrm{d}\lambda \quad \mathrm{d}\omega \quad \mathrm{d}\varphi \quad \mathrm{d}\kappa \quad \mathrm{d}\Delta x \quad \mathrm{d}\Delta y \quad \mathrm{d}\Delta z]^{\mathrm{T}}$；$\boldsymbol{d}$ 为位移量。

该方法易受到位移较大点的影响而使计算的模型参数不准确，进而可能导致分析结果错误。

9.2.6 迭代加权相似变换法

Chen（1983）在求解变换参数时，以网点位移的一次范数最小为准则，根据位移的大小不断调整权值，通过迭代求解最终的位移，提出了迭代加权相似变换（iterative weighted similarity transformation，IWST）法。

假设三维控制网包含 n 个待定点，目标函数表示为

$$\sum_{i=1}^{3n} |d_i| = \min \tag{9.37}$$

初始计算时，取权阵 $\boldsymbol{P}^{[1]} = \boldsymbol{I}$，通过 TST 模型计算出位移向量 $\boldsymbol{d}^{[1]}$。在下一次迭代时，根据上一次计算得到的位移向量 $\boldsymbol{d}$ 来定权，则第 i 个观测值的权为

$$P_i^{[2]} = 1 / (d_i^{[1]} + \varepsilon) \tag{9.38}$$

式中，为了避免权值无限大，分母上加了一个微小量 ε。

对于第 j 次迭代，第 i 个观测值的权为

$$P_i^{[j]} = 1 / (d_i^{[j-1]} + \varepsilon) \tag{9.39}$$

此外，也可以选择丹麦法或 Huber 法等其他定权方法来定义权函数。

2.4 节已经推导了自由网不同基准下最小二乘解之间的转换公式，将两期观测平差后最小二乘解转换到同一基准，对应约束条件可表示为

$$\boldsymbol{G}^{\mathrm{T}} \boldsymbol{P}_{\bar{x}} \bar{\boldsymbol{x}} = \boldsymbol{0} \tag{9.40}$$

则在此基准下，有

$$\begin{cases} \bar{\boldsymbol{x}}_1 = [\mathbf{I} - \boldsymbol{G}(\boldsymbol{G}^{\mathrm{T}} \boldsymbol{P}_{\bar{x}} \boldsymbol{G})^{-1} \boldsymbol{G}^{\mathrm{T}} \boldsymbol{P}_{\bar{x}}] \hat{\boldsymbol{x}}_1 \\ \bar{\boldsymbol{x}}_2 = [\mathbf{I} - \boldsymbol{G}(\boldsymbol{G}^{\mathrm{T}} \boldsymbol{P}_{\bar{x}} \boldsymbol{G})^{-1} \boldsymbol{G}^{\mathrm{T}} \boldsymbol{P}_{\bar{x}}] \hat{\boldsymbol{x}}_2 \end{cases} \tag{9.41}$$

式中，$\bar{\boldsymbol{x}}_1$ 和 $\bar{\boldsymbol{x}}_2$ 为同一基准下两期观测最小二乘解。

令 $\boldsymbol{S} = [\mathbf{I} - \boldsymbol{G}(\boldsymbol{G}^{\mathrm{T}} \boldsymbol{P}_{\bar{x}} \boldsymbol{G})^{-1} \boldsymbol{G}^{\mathrm{T}} \boldsymbol{P}_{\bar{x}}]$，式（9.41）中两式作差得

$$\boldsymbol{d} = \boldsymbol{S} \Delta \hat{\boldsymbol{x}} \tag{9.42}$$

按照式（9.43）所示形式进行迭代

$$\begin{cases} \boldsymbol{d}^{[j]} = \boldsymbol{S}_j \Delta \hat{\boldsymbol{x}} \\ \boldsymbol{Q}_{d^{[j]}} = \boldsymbol{S}_j (\boldsymbol{Q}_{11} + \boldsymbol{Q}_{22}) \boldsymbol{S}_j^{\mathrm{T}} \\ \boldsymbol{P}^{[j+1]} = \operatorname{diag}[1/(\boldsymbol{d}_1^{[j]} + \varepsilon), \cdots, 1/(\boldsymbol{d}_i^{[j]} + \varepsilon), \cdots, 1/(\boldsymbol{d}_{3n}^{[j]} + \varepsilon)] \end{cases} \tag{9.43}$$

式中，$\boldsymbol{Q}_{11}$ 和 $\boldsymbol{Q}_{22}$ 分别为第 1 期和第 2 期平差后的协因数阵。

当前后两次迭代的位移量之差小于某一阈值 μ 时，停止迭代，即

$$\left| \boldsymbol{d}^{[j]} - \boldsymbol{d}^{[j-1]} \right| < \mu \tag{9.44}$$

根据得到的最终位移量，利用 F 检验法对每一个点进行稳定性判断，构造统计量：

$$F_i = \frac{\boldsymbol{d}_i^{\mathrm{T}} \boldsymbol{Q}_{d_i}^{-1} \boldsymbol{d}_i}{r_i \sigma_0^2} \tag{9.45}$$

式中，$\boldsymbol{d}_i$ 为第 i 点的两期坐标差；$\boldsymbol{Q}_{d_i}$ 为坐标差对应的协因数阵；$r_i = \operatorname{rank}(\boldsymbol{Q}_{d_i})$；$\sigma_0^2$ 为两期观测综合单位权方差。

选定显著性水平 α，对网点稳定性进行判断

$$F_i \leqslant F_\alpha(r_i, f_1 + f_2) \tag{9.46}$$

满足式（9.46）的点即为稳定点；反之，则为不稳定点。

9.2.7　其他方法

上述几种方法是比较典型的变形监测网稳定性分析方法。此外，还有许多学者研究了适用于不同场景和网形的稳定性分析方法。Duchnowski（2010）将基于中值的稳健估计理论应用到控制网的稳定性分析中，在一定程度上抵抗了粗差的影响，提高了坐标计算的精度，且稳定性分析结果优于 TST 方法。Nowel 和 Kaminski（2014）提出了根据观测值差异分析变形的稳健估计（robust estimation of deformation from observation differences，REDOD）方法，可在一定程度上消除观测数据中存在的粗差对平差结果造成的影响。Velsink（2015）采用全局一致性检验法，通过逐点分析，筛选出变形点，在一定程度上削弱了变形点对参数求解的影响。Amiri-Simkooei 等（2016）将两期观测数据进行平差解算，首先将每一个点当作变形点，其变形量设为待求参数进行求解，解算所有点的位移，剔除位移最大的点；其次进行整体检验，若不通过检验，再次解算所有点的位移，剔除变形最大的点；反复上述过程，直到最后检验通过。该法计算烦琐，需要逐点计算变形（类似于单点检验方法），并且会出现误判最大变形点的情况。

9.3　结合 RANSAC 算法与 TST 模型的稳定性分析

TST 模型在求解相似变换参数时易受较大变形点的影响，稳健性差。若能通过一定的方法剔除变形较大的点，利用剩余较为稳定的点求解变换参数，则可以得到更加客观合理的网点变形信息。随机抽样一致性（random sample consensus，RANSAC）算法可用于数据的提纯（Schnabel et al.，2007），减弱异常点对模型的干扰。刘忠贺等（2021）在 TST 模型的基础上引入 RANSAC 算法，使 TST 模型具备抗差性，称为 RTST 模型。

9.3.1　RTST 模型

1）RANSAC 算法思想

RANSAC 算法通过迭代计算来寻求样本中满足某一正确模型对应的最大内点集，并利用该集合中的样本重新估算模型（刘忠贺等，2019）。基本过程如下。

（1）给定一个数据集，从中随机抽取 t 个样本并计算待求参数模型初值。

（2）设置阈值 ε，利用求出的参数模型初值验证集合中剩余样本的模型误差是否超限。阈值范围内的样本归为内点；否则，归为外点。

（3）统计内点集中样本数量，再次从数据集中随机抽取 t 个样本，重复上述步骤。

（4）经过 r 次迭代次数后，选取迭代过程中的最大内点集，判断该集合样本数量是否达到 k 值，若满足条件，利用该集合计算参数模型并筛选内点集，计算最终的模型；否则，算法失败。

上述过程涉及的参数根据实际情况设定，字母代表含义如下：t，计算模型参数所需最少样本数量；ε，决定一致集样本数量多少；k，表征正确模型对应一致集的最少样本数；r，与外点所占样本集比例有关，决定模型的可靠程度。

2）RTST 模型稳定性分析流程

将利用 RANSAC 算法提高坐标系之间转换参数精度的方法应用到控制网的稳定性分析中来，对 TST 方法进行改进。基本过程如下。

（1）设控制网两期观测误差方程为

$$\begin{cases} \boldsymbol{v}_1 = \boldsymbol{A}_1 \boldsymbol{X}_1 - \boldsymbol{l}_1 \\ \boldsymbol{v}_2 = \boldsymbol{A}_2 \boldsymbol{X}_2 - \boldsymbol{l}_2 \end{cases} \tag{9.47}$$

采用重心基准，分别求解两期观测坐标 $\boldsymbol{X}_1$、$\boldsymbol{X}_2$，单位权中误差 σ_1、σ_2，协因数阵 $\boldsymbol{Q}_{11}$、$\boldsymbol{Q}_{22}$。

（2）平差后的两期坐标之间存在一定的平移、旋转及尺度缩放关系，通过公共点转换的方法对各参数求解。计算过程中采用 RANSAC 算法筛选相对稳定点。相对稳定点筛选流程见图 9.1。

如图 9.1 所示，筛选流程主要分为两步，首先通过迭代筛选出最大内点集，其次利用该内点集重新估算参数模型，迭代筛选最终的稳定点集。

（3）利用筛选出的公共点求解变换参数，将所有点代入该参数模型，计算网点的位移量。

（4）通过 F 检验法对每一个点进行稳定性判断，构造统计量

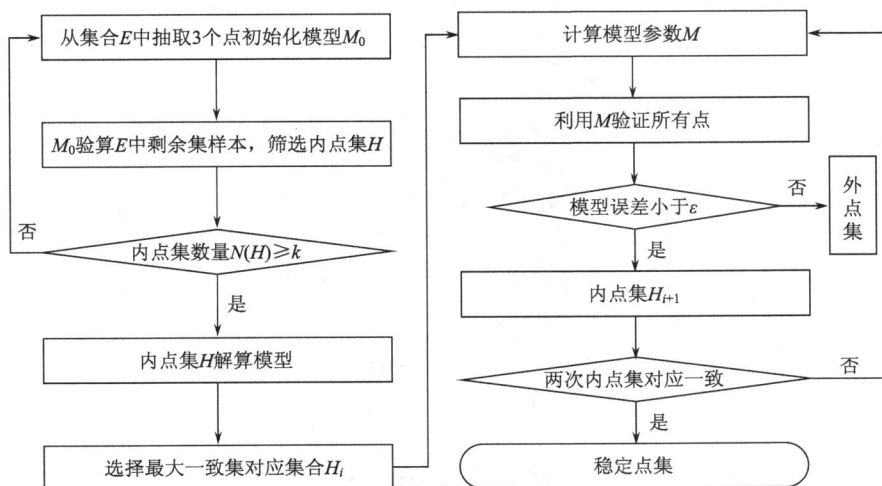

图 9.1　相对稳定点筛选流程

$$F_i = \frac{d_i^{\mathrm{T}} Q_{d_i}^{-1} d_i}{r_i \sigma_0^2} \tag{9.48}$$

式中，d_i 为第 i 点的位移矢量；Q_{d_i} 为位移量对应的协因数阵；$r_i = \mathrm{rank}(Q_{d_i})$；$\sigma_0^2$ 为两期观测的联合验后方差，表示为

$$\sigma_0^2 = \frac{f_1 \sigma_1^2 + f_2 \sigma_2^2}{f_1 + f_2} \tag{9.49}$$

式中，f_1、f_2 分别为两期观测自由度。

选择显著性水平 α，对网点稳定性进行判断

$$F_i \leqslant F_\alpha(r_i, f_1 + f_2) \tag{9.50}$$

满足式（9.50）的点即为稳定点；反之，则为不稳定点。

RTST 模型相比于 TST 模型的改进之处在于求解转换参数过程中引入了 RANSAC 算法，使 TST 模型在应用时具有稳健性。通过筛选并剔除某些发生了变形的点，提高了转换参数的精度，使两期坐标间的转换关系更加准确可靠。

9.3.2　试验与分析

1. 模拟试验

为了验证本节方法的可行性，以粒子加速器隧道控制网为例，设计了模拟试验。

1）数据

在 3m×2m×2m 范围内模拟了一组数据，包含 $S_1 \sim S_6$ 共 6 个测站及 $A_1 \sim A_{16}$ 共 16 个控制点，点位分布均匀且测站完全在控制点所包含的空间内部，网形及试验场景如图 9.2 所示。

网点及测站设计坐标见表 9.2，作为第 1 期理论数据；并在各点的坐标分量上加入方向、大小不同的位移量，作为第 2 期理论数据。

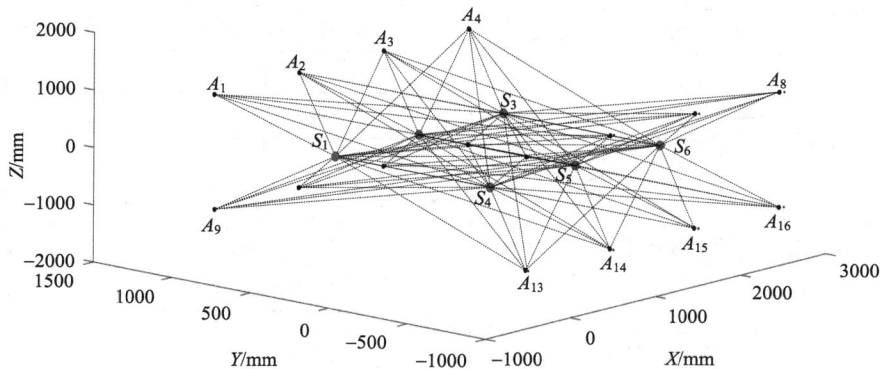

图 9.2　试验场景

表 9.2　网点及测站设计坐标　　　　　　　　　　　　（单位：mm）

点名	X	Y	Z
A_1	−500.000	1000.000（**+0.200**）	1000.000
A_2	500.000	1000.000	1000.000
A_3	1500.000	1000.000	1000.000
A_4	2500.000	1000.000	1000.000（**+0.100**）
A_5	−500.000	−1000.000	1000.000
A_6	500.000	−1000.000	1000.000
A_7	1500.000	−1000.000	1000.000（**−1.000**）
A_8	2500.000	−1000.000	1000.000
A_9	−500.000（**+2.000**）	1000.000	−1000.000
A_{10}	500.000	1000.000	−1000.000
A_{11}	1500.000	1000.000	−1000.000（**−0.300**）
A_{12}	2500.000	1000.000	−1000.000
A_{13}	−500.000	−1000.000	−1000.000（**+3.000**）
A_{14}	500.000	−1000.000	−1000.000
A_{15}	1500.000（**+0.050**）	−1000.000	−1000.000
A_{16}	2500.000	−1000.000	−1000.000
S_1	0.000	500.000	0.000
S_2	1000.000	500.000	0.000
S_3	2000.000	500.000	0.000
S_4	0.000	−500.000	0.000
S_5	1000.000	−500.000	0.000
S_6	2000.000	−500.000	0.000

　　根据表 9.2，对 A_1、A_4、A_7、A_9、A_{11}、A_{13}、A_{15} 共 7 个点的某一坐标分量加入了位移，考虑到 5m 范围内，点位测量精度优于 0.05mm，所以加入的位移量最小为 0.05mm，最大为 3mm，变形点占比 43.75%。两期数据的理论坐标设计完成后，按照测角精度±（15μm+6×10⁻⁶·D），测距精度±0.5μm/m·D 的标称精度向数据添加随机误差，作为两期模拟数据。

2）试验与分析

分别采用 TST 模型、IWST 模型及 RTST 模型对两期模拟数据进行处理，分析控制网的变形及稳定情况。计算过程中，取显著性水平 $\alpha = 0.05$，在对各点进行 F 检验时，$F_{0.05}(3,420) = 2.6261$，不同模型网点稳定性分析结果对比如表 9.3 所示。

表 9.3　不同模型网点稳定性分析结果对比

模型	变形点数量	准确率	误判点	误判点 F 值
TST	14	0.50	A_2、A_3、A_5、A_8	min=3.03
			A_{10}、A_{14}、A_{16}	max=111.69
IWST	9	0.78	A_5、A_6	4.17/2.65
RTST	8	0.88	A_5	3.45

由表 9.3 可知，在 16 个点组成的控制网中，TST 模型受变形点的影响较大，准确率仅为 50%，效果较差。IWST 模型误判了两个点，分析结果优于 TST 模型。RTST 模型误判了 A_5 点，分析结果优于 TST 模型和 IWST 模型。为了检验 3 种方法求解变换参数的准确性，将 3 种方法计算的变形点位移与理论值对比，列于表 9.4 中。

表 9.4　变形点位移与理论值对比　　　　　（单位：mm）

点名	TST 分析结果	IWST 分析结果	RTST 分析结果
A_1	0.005	−0.003	0.025
A_4	−0.011	−0.006	0.006
A_7	−0.023	−0.031	−0.011
A_9	−0.005	0.032	−0.004
A_{11}	−0.005	−0.014	−0.015
A_{13}	0.021	−0.01	−0.001
A_{15}	−0.012	0.035	−0.001

通过表 9.4 可以发现，从整体效果来看，RTST 模型计算的变形点位移量最接近真实变形情况。

2. 实例分析

1）数据来源

采用上海光源储存环 2017 年、2019 年的复测数据，对两期控制网同名点进行稳定性分析。采用重心基准，分别对两期观测数据进行平差，平差结果见表 9.5。

表 9.5　平差结果

年份	测站数量/个	网点数量/个	中误差/mm	自由度
2017	37	181	4.046×10^{-5}	1017
2019	41	167	1.338×10^{-4}	993

表 9.5 中自由度表示多余观测个数。经查询，两期测量数据中同名点数量共 65 个，平差后的同名点分布如图 9.3 所示。

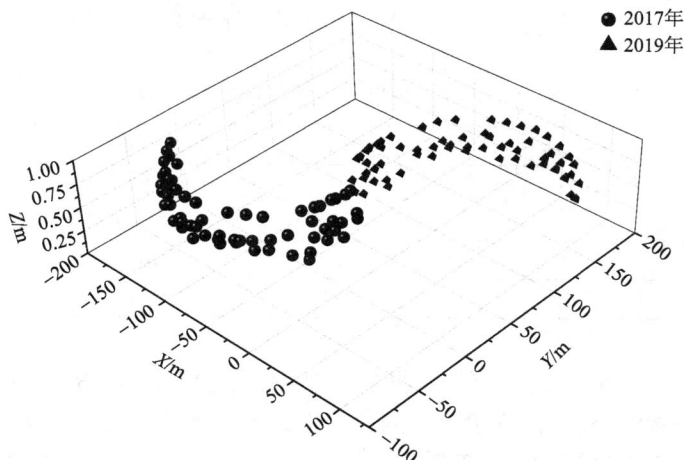

图 9.3　同名点分布图

从图 9.3 可以看出，同名点为储存环部分网点，以这些点为基础，采用不同方法分析其稳定性。

2）试验与分析

利用 TST 模型、IWST 模型及 RTST 模型对 65 个同名点进行处理。TST 模型和 IWST 模型直接对所有点进行处理。RTST 模型处理的基本过程为：①筛选同名点中部分相对稳定点，将距离阈值设为 0.3mm，最终得到 35 个相对稳定点；②利用这些点计算变换参数；③计算剩余点在此变换参数下的位移量。计算时，取显著性水平 α 为 0.05，不同方法稳定性分析结果见表 9.6。

表 9.6　不同方法稳定性分析结果

方法	数量/个	名称	位移量/mm	F 值
TST	2	BD512、BD518	3.036/0.729	13.435/2.988
IWST	1	BD512	3.151	5.907
RTST	2	BD512、BD616	2.962/0.390	13.158/2.821

从表 9.6 可以发现，3 种方法分析结果略有不同。3 种方法均探测出 BD512 点为变形点，且位移量基本相等，在 3mm 左右；TST 模型及 RTST 模型多探测出一个变形点，且不是同一点，但其位移量较 BD512 点小。不同模型所得变形量如图 9.4 所示。

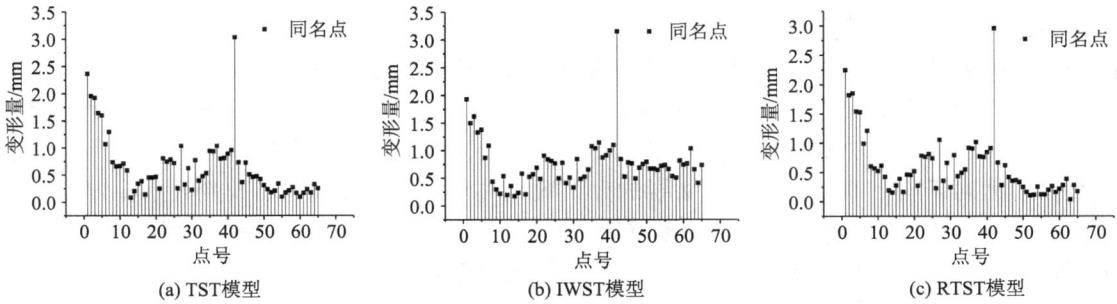

(a) TST模型　　　　　　　　(b) IWST模型　　　　　　　　(c) RTST模型

图 9.4　不同模型所得变形量

从图 9.4 可以清楚地看出，3 种方法处理结果均显示第 42 号点（BD512）发生了变形，且十分明显，而其余点变形相对较小。为了进一步验证 3 种方法处理结果的正确性，利用 SA 软件对两期数据进行了处理，将两期数据中的同名点进行最佳拟合变换，见图 9.5。

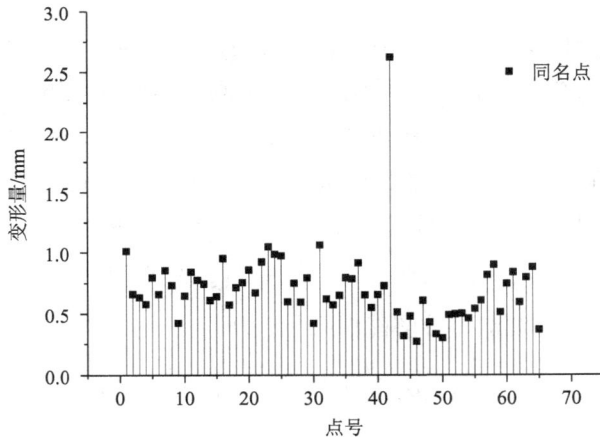

图 9.5　最佳拟合变换

从图 9.5 中可以看出，第 42 号点发生了较大的变形，与 3 种方法处理结果相一致。

9.4　变形监测网稳定点选取的平方型 M_{split} 相似变换法

在无稳定基准的监测网变形分析时，可以选择相对关系稳定的拟稳点作为基准。周江文和欧吉坤（1984，1987）研究了拟稳平差及拟稳点的选择、更换问题，提出了根据稳定程度赋予控制点"相对属度"及"名次"来选定稳定点的思路。在中国学者抗差估计研究的基础上（周江文，1989；Yang，1999；杨元喜等，2002；Yang et al.，2002），Wisniewski（2008，2010），Wisniewski 和 Zienkiewicz（2016）提出了 M_{split} 估计，该方法不仅能够同时估计正常参数和系统误差（或粗差），而且当系统误差（或粗差）较多时，正常参数估计值仍不会受到太大影响。Zienkiewicz（2015）将 $M_{\text{split}(q)}$ 估计引入参考网变形分析：首先定义所有参考点为基准，所有参考点的位移会在相似变换中以残差的形式出现，则稳定点的位移表现为偶然误差，不稳定点的位移表现为粗差；其次用 $M_{\text{split}(q)}$ 估计参考点分为 q 个变形趋势相近的点组，取点数最多的点组为稳定点组。此过程中，如何确定 q 值是一个尚未得到妥善解决的问题。Nowel（2019）提出了一种基于假设检验来确定 q 的思路：首先取 $q=1$，对应的零假设为"所有的点均为稳定点"；若不通过，取 $q=2$，对应的零假设为"参考点可以分为两组变形趋势相近的点，不存在其他变形趋势的点组"；q 取值依次增大，直至零假设通过为止。但该过程存在崩溃的风险，即 q 的取值比必要的分组数大时，会将部分稳定点误判为不稳定点。

在 Nowel（2019）的基础上，郭迎钢等（2020a）提供了一种解决思路：利用 $M_{\text{spl:t(2)}}$ 将参考点划分为稳定点组和不稳定点组，以点数多的为稳定点组，点数少的为不稳定点组，然后舍去不稳定点组，将稳定点组继续划分，直至满足约束条件为止，避免了参数 q 的确定，并将该方法应用于三维变形监测参考网稳定点选取，提高了其正确性和稳健性。

9.4.1　M_{split} 估计原理

由 Huber 和 Ronchetti（2009）的研究可知，M 估计的准则函数为

$$\sum_{i=1}^{n} \rho(y_i, \theta) = \min \tag{9.51}$$

式中，$y_i (i=1,\cdots,n)$ 为相互独立的观测值；θ 为未知参数；$\rho(\bullet)$ 为选定的实函数。

M_{split} 估计是 M 估计的一个拓展，假设观测值 y_i 可以看作随机变量 $Y_\alpha : P_{\theta_\alpha}$ 或 $Y_\beta : P_{\theta_\beta}$ 的样本，即 y_i 的概率分布 P_θ 是 P_{θ_α} 和 P_{θ_β} 的混合分布。为了求解未知参数的估值 θ_α 和 θ_β，M_{split} 估计通过为每一个观测值定义初级分解能（elementary split potential）来描述将 y_i 看作 Y_α 或 Y_β 的可能性。观测值 y_i 对应的初级分解能（周江文和欧吉坤，1984）为

$$K_{\alpha,\beta} = p(y_i; \theta_\alpha)^{-\ln p(y_i; \theta_\beta)} = p(y_i; \theta_\beta)^{-\ln p(y_i; \theta_\alpha)} \tag{9.52}$$

定义全局分解能为所有观测值分解能的乘积，即

$$K_{\alpha,\beta}(\boldsymbol{y}; \theta_\alpha, \theta_\beta) = \prod_{i=1}^{n} K_{\alpha,\beta}(y_i; \theta_\alpha, \theta_\beta) \tag{9.53}$$

式中，$\boldsymbol{y} = [y_1, \cdots, y_n]^{\text{T}}$。

以全局分解能最大为目标，则 M_{split} 估计的准则函数为

$$K_{\alpha,\beta}(\boldsymbol{y}; \theta_\alpha, \theta_\beta) = \max \Leftrightarrow \sum_{i=1}^{n} \rho(y_i, \theta_\alpha)\rho(y_i, \theta_\beta) = \min \tag{9.54}$$

估值 θ_α 和 θ_β 即为式（9.54）最优问题的解。函数 $\rho(y_i, \theta_\alpha)$ 和 $\rho(y_i, \theta_\beta)$ 要求为二阶可导的凸函数。M_{split} 估计是指 $M_{\text{split}(q)}$ 估计取 $q=2$ 的特殊情形，q 也可取值为 3 及以上的整数，对应的观测值可以看作 3 个及以上不同分布对应的样本。

平方型 M_{split} 估计是 M_{split} 估计的一种，是指式（9.54）取 $\rho(y_i, \theta_\alpha) = v_{i\alpha}^2$、$\rho(y_i, \theta_\beta) = v_{i\beta}^2$。Wisniewski（2009）对平方型 M_{split} 估计进行了详细研究，表明平方型 M_{split} 估计具有抗差性。以下通过一个简单算例来介绍平方型 M_{split} 估计的效果。如图 9.6 所示，设观测向量 $\boldsymbol{Y} = [1.50, 2.05, 2.10, 1.90, 1.95, 2.00]$ 是对真值 $X=2.00$ 的一组观测，其中 $Y_1=1.50$ 可以看作一个含有粗差或系统误差的观测值。该组观测的最小二乘估值 $X_{\text{LS}}=1.92$，平方型 M_{split} 的估值 $\theta_\alpha = 1.54$、$\theta_\beta = 2.02$。取 $\theta_\beta = 2.02$ 作为 M_{split} 估计的参数估值，其结果与最小二乘估值相比更接近于真值，说明平方型 M_{split} 估计能够一定程度上抵抗粗差或系统误差的影响。

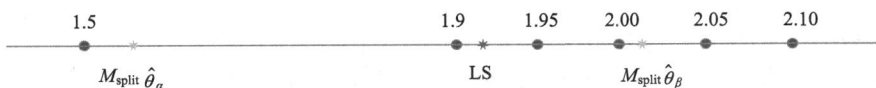

图 9.6　平方型 M_{split} 估计的应用示例

9.4.2　参考点稳定性判断方法

设三维变形监测参考网两期观测的误差方程为

$$\begin{cases} v_1 = A_1 x_1 - l_1 \\ v_2 = A_2 x_2 - l_2 \end{cases} \tag{9.55}$$

用 $\hat{x}_1$、$\hat{x}_2$ 表示两期观测的控制点坐标估值，在其平差计算过程中，可能用到了不同的平差基准。则原始位移矢量为

$$\Delta \hat{x} = \hat{x}_2 - \hat{x}_1 \tag{9.56}$$

设三维参考网内共有 n 个参考点，第 2 期的控制点坐标相对于第 1 期可能存在旋转、平移和缩放，则存在 TST 模型

$$\underset{3n \times 1}{\hat{x}_2} = \underset{3n \times 1}{\hat{x}_1} + \underset{3n \times 7}{H} \cdot \underset{7 \times 1}{t} + \underset{3n \times 1}{d} \Rightarrow \Delta \hat{x} = Ht + d \tag{9.57}$$

式中，t 为相似变换向量，包括旋转、平移和尺度缩放参数；H 为相似变换的设计矩阵；d 为变形向量。

根据 9.2.5 节知识可知，TST 模型不甚可靠，故还可以应用 IWST 模型处理。IWST 虽然能够有效抵抗位移较大的参考点对相似变换参数的影响，但是当不稳定点较多，特别是不稳定点数接近稳定点数时，IWST 模型可能会失效。而 M_{split} 估计不仅能同时估计正常参数和系统误差（或粗差），而且当系统误差（或粗差）较多时，正常参数估计值仍不会受到很大影响。为了使 S 变换参数的求解过程更加稳健，本节将平方型 M_{split} 估计引入其中，设计了平方型 M_{split} S 变换（squared M_{split} similarity transformation, SMST）模型。建立位移矢量计算模型

$$\Delta \hat{x} : \sim (1-\tau) \cdot P_s(Ht, \hat{Q}_{\Delta \hat{x}}) + \tau \cdot P_d(Ht, b \cdot \hat{Q}_{\Delta \hat{x}}) \tag{9.58}$$

式中，τ 为概率系数；$\hat{Q}_{\Delta \hat{x}}$ 为原始位移的协方差矩阵；$P_s(\cdot)$ 为正常分布（对应于稳定点），对应的概率为 $1-\tau$；$P_d(\cdot)$ 为污染分布（对应于不稳定点），对应的概率为 τ。约定 $b>1$，因此可将此模型可以看作方差膨胀模型。

在平方型 $M_{split(q)}$ 估计的实际应用中，尚未有很好的方法来确定 q 的值。结合稳健性需求，本节提出如下思路：利用 $M_{split(2)}$ 将参考点划分为稳定点组和不稳定点组，以点数多的为稳定点组，点数少的为不稳定点组，然后舍去不稳定点组，将稳定点组继续划分，直至满足约束条件为止。据此思路，平方型 $M_{split(2)}$ 估计可将式（9.57）分裂为两个 S 变换，即

$$\begin{cases} \Delta \hat{x}_{(\alpha)} = Ht_{(\alpha)} + d_{(\alpha)} \\ \Delta \hat{x}_{(\beta)} = Ht_{(\beta)} + d_{(\beta)} \end{cases} \tag{9.59}$$

将式（9.54）中的 $\rho(y_i, \theta_\alpha) = v_{i\alpha}^2$、$\rho(y_i, \theta_\beta) = v_{i\beta}^2$ 替换为 $\rho(x_i, \theta_\alpha) = d_{i\alpha}^2$、$\rho(x_i, \theta_\beta) = d_{i\beta}^2$，可建立目标函数

$$\sum_{i=1}^{n} (\Delta \hat{x}_{(\alpha)} - Ht_{(\alpha)})(\Delta \hat{x}_{(\beta)} - Ht_{(\beta)}) = \min \tag{9.60}$$

SMST 模型可按照如下步骤进行。

（1）对两期观测值进行平差计算，权矩阵 $\boldsymbol{P}$ 取单位阵 $\mathbf{I}$，得到所有参考点的两期坐标。

（2）根据式（9.60）可求解出两组 S 变换参数 $\boldsymbol{t}_{(\alpha)}$ 和 $\boldsymbol{t}_{(\beta)}$。

（3）将两组变换参数进行对比，若两组变换参数无明显差异，则认为参与分裂计算的所有点均为稳定点；否则，认为参考点组可分裂为两个具有明显差异的点组。实际计算时，可以取两组变换参数中平移参数之差的最大值 $m = \max(\left|Tx_{(\alpha)} - Tx_{(\beta)}\right|, \left|Ty_{(\alpha)} - Ty_{(\beta)}\right|, \left|Tz_{(\alpha)} - Tz_{(\beta)}\right|)$ 与所有控制点上灵敏度椭球主轴长度的平均值 e 进行对比。若 $m \geqslant e$，则认为两组变换参数有明显差异；若 $m < e$，则认为两组变换参数无明显差异。

（4）逐个参考点进行归类。若 $d_{i(\alpha)} \leqslant d_{i(\beta)}$，则第 i 点归于 α 点组；反之，则归于 β 点组。

（5）统计 α 点组的总点数 $\mathrm{num}_{(\alpha)}$ 和 β 点组的总点数 $\mathrm{num}_{(\beta)}$。若 $\mathrm{num}_{(\alpha)} \geqslant \mathrm{num}_{(\beta)}$，则 α 点组为稳定点组，β 点组为不稳定点组；反之，则 β 点组为稳定点组，α 点组为不稳定点组。

（6）将不稳定点组中的点从总的参考点组中剔除，将剩余点作为参考点组代入步骤（2）再次进行分裂，直至步骤（3）中分裂所得的两组变换参数无明显差异时停止迭代。

（7）根据停止迭代时参考点组对应的相似变换参数计算坐标差向量，在此基础上进行假设检验，分析每个点的变形情况。

可通过 F 检验判断稳定点

$$F_i = \frac{\boldsymbol{d}_i^{\mathrm{T}} \boldsymbol{Q}_{d_i}^{-1} \boldsymbol{d}_i}{r_i \sigma_0^2} \leqslant F_\alpha(r_i, f) \tag{9.61}$$

式中，$\boldsymbol{Q}_{d_i}$ 为第 i 点的位移矢量 $\boldsymbol{d}_i$ 对应的协因数阵；σ_0^2 为两期观测的联合验后方差因子；α 为显著性水平；$f = f_1 + f_2$ 为两期观测的自由度之和；$r_i = \mathrm{rank}(\boldsymbol{Q}_{d_i})$。

基于 SMST 模型的变形分析流程图如图 9.7 所示。

相关研究表明，平方型 M_{split} 估计能够有效抵抗粗差或系统误差的影响，甚至在粗差个数超过正常观测值个数的情况下，仍能得出正确结果。SMST 模型利用平方型 M_{split} 估计来计算两期观测之间的相似变换参数，理论上会有类似的优势：与 TST 模型相比，SMST 模型理论上能够有效抵抗位移较大的参考点对相似变换参数的影响；与 IWST 模型相比，SMST 模型理论上能够在不稳定点较多，特别是不稳定点数超过稳定点数时仍保持有效性，给出更加合理的变形分析结果。

9.4.3　试验与分析

为了验证基于 SMST 模型的参考点稳定性判断方法的应用效果，本节进行模拟试验与实测试验。

1）模拟试验

在 6m×4m×2m 空间内设计了 12 个控制点，模拟徕卡 AT402 激光跟踪仪在 4 个固定位置设站，对 12 个控制点进行两期观测。具体的观测量为 4 个测站照准 12 个控制点的水平角、垂直角和斜距，共 48×3=144 个观测值；待估参数为控制点的三维坐标及测站的位置和姿态（除基准测站外），共 12×3+（4–1）×6=54 个待估参数，则每期观测的自由度为 144–54=90。控制点及测站坐标见表 8.8，激光跟踪仪多测站模拟测量试验布局如图 8.42 所示。

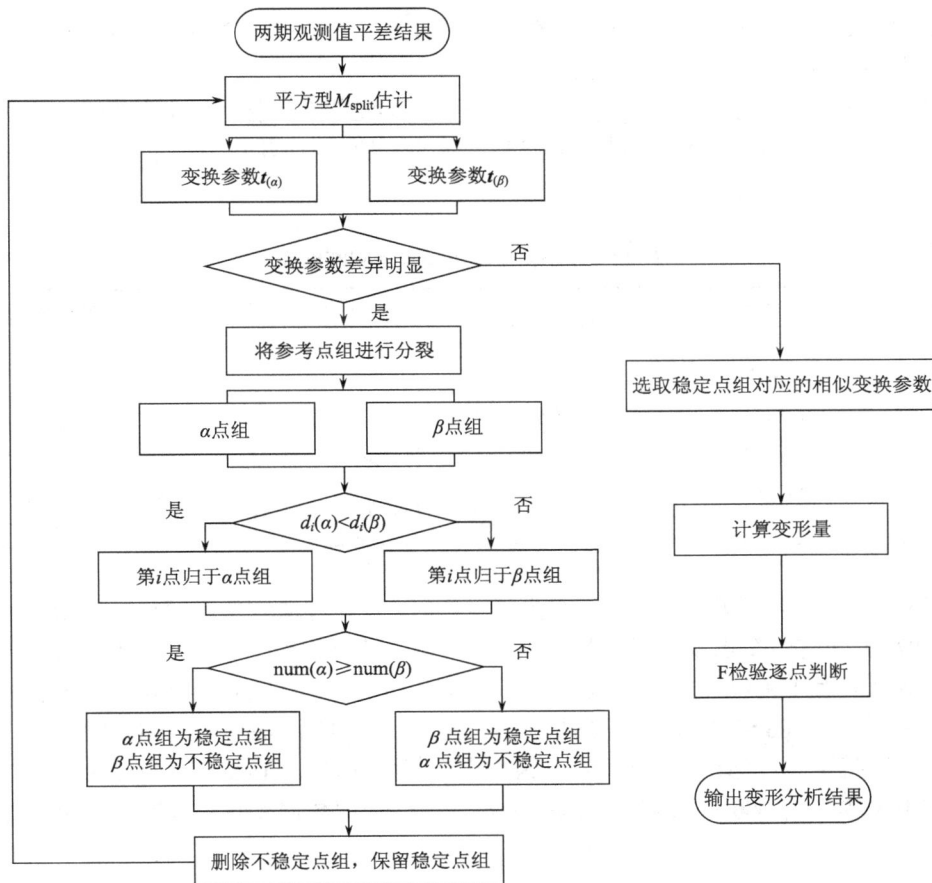

图 9.7 基于 SMST 模型的变形分析流程图

根据 12 个控制点及 4 个测站的设计坐标，按照徕卡 AT402 激光跟踪仪的标称精度（水平方向 1″、垂直角 1.5″、斜距 0.5μm/m·D）在观测值上加入随机误差，生成第 1 期的模拟观测数据，然后按照如下方案生成第 2 期 5 种模拟观测数据。由于模拟测量的范围在 10m 以内，其测量精度优于±0.075mm。

数据 1：按照第 1 期模拟观测数据的生成方式得到第 2 期观测数据，即两期观测之间没有不稳定点。

数据 2：在 Q_1 的 X 坐标分量上加 0.200mm，然后加入随机观测误差，即两期观测之间有 1 个控制点发生了小的位移。

数据 3：在 Q_1 的 X 坐标分量上加 0.200mm，在 Q_4 的 Z 坐标分量上加 1.000mm，然后加入随机观测误差，即两期观测之间有 2 个不稳定点，其中 1 个控制点发生了大的位移，1 个控制点发生了小的位移。

数据 4：在 Q_1、Q_2、Q_3 的 X 坐标分量上加 0.200mm，在 Q_4、Q_5 的 Z 坐标分量上加 1.000mm，然后加入随机观测误差，即两期观测之间有 5 个不稳定点，其中有两个控制点发生了大的位移，3 个控制点发生了小的位移。

数据 5：在 Q_1、Q_2、Q_3 的 X 坐标分量上加 0.200mm，在 Q_4、Q_5、Q_6、Q_7 的 Z 坐标分

量上加 1.000mm，然后加入随机观测误差，即两期观测之间有 7 个不稳定点，其中 4 个控制点发生了大的位移，3 个控制点发生了小的位移。

将 12 个公共点等权按最小二乘法平差，得到两期控制点坐标及其协方差矩阵，分别利用 TST、IWST、RTST 和 SMST 模型进行参考网的不稳定点判断。3 个模型的不稳定点判断结果见表 9.7。

表 9.7　3 个模型的不稳定点判断结果

模拟数据	模拟变形情况	TST 模型分析结果	IWST 模型分析结果	RTST/SMST 模型分析结果
数据 1	无	无	无	无
数据 2	Q_1	Q_1	Q_1	Q_1
数据 3	Q_1、Q_4	Q_4	Q_1、Q_4	Q_1、Q_4
数据 4	Q_1、Q_2、Q_3、Q_4、Q_5	Q_1、Q_3、Q_4、Q_{10}	Q_2、Q_3、Q_4、Q_5	Q_1、Q_2、Q_3、Q_4、Q_5
数据 5	Q_1、Q_2、Q_3、Q_4、Q_5、Q_6、Q_7	Q_4、Q_5、Q_6、Q_7、Q_{10}	Q_2、Q_3、Q_4、Q_5、Q_6、Q_7	Q_1、Q_2、Q_3、Q_4、Q_5、Q_6、Q_7

由表 9.7 可知，对于数据 1，当所有点都稳定时，4 种方法均作出了正确判断。对于数据 2，当两期观测间有 1 个点发生了小的位移时，4 种方法同样作出了正确判断。对于数据 3，当两期观测之间有 1 个位移较大的点和 1 个位移较小的点时，TST 模型只判断出了位移较大的点，IWST 模型、RTST 模型和 SMST 模型作出了正确判断。对于数据 4 和数据 5，当不稳定点个数接近甚至超过稳定点数时，TST 模型出现了判断错误，IWST 模型出现了漏判，RTST 模型和 SMST 模型的判断结果依然正确。用 4 个模型处理数据 3 时，数据 3 对应的坐标差计算结果与模拟坐标差对比列于表 9.8 中。

表 9.8　数据 3 对应的坐标差计算结果与模拟坐标差对比　　　　　　（单位：mm）

点名	TST 模型的坐标差			IWST 模型的坐标差			RTST 模型的坐标差			SMST 模型的坐标差		
	dX	dY	dZ	dX	dY	dZ	dX	dY	dZ	dX	dY	dZ
Q_1	**-0.247**	0.095	0.116	**-0.199**	0.020	-0.006	**-0.196**	-0.013	-0.009	**-0.194**	-0.004	0.022
Q_2	-0.054	0.033	-0.010	-0.005	-0.001	-0.027	0.019	-0.027	-0.016	0.000	-0.004	-0.013
Q_3	-0.060	-0.024	-0.057	-0.012	-0.018	0.031	-0.037	0.032	0.002	-0.007	0.000	**0.031**
Q_4	0.019	0.095	**-0.773**	0.014	0.020	**-1.033**	-0.038	0.004	**-1.070**	-0.009	-0.004	**-1.019**
Q_5	0.016	0.059	0.183	0.011	0.024	0.028	-0.006	0.029	-0.040	-0.012	0.021	0.028
Q_6	0.022	-0.031	0.047	0.017	-0.025	-0.003	0.010	0.004	-0.045	-0.006	-0.007	-0.017
Q_7	0.000	0.018	0.103	-0.022	0.012	-0.019	-0.006	-0.009	-0.007	-0.007	-0.005	0.009
Q_8	0.007	-0.039	0.048	-0.015	-0.005	0.031	-0.010	0.012	0.022	-0.001	0.000	0.025
Q_9	-0.010	-0.103	-0.088	-0.031	-0.028	0.000	-0.032	0.035	0.017	-0.017	-0.003	0.000
Q_{10}	0.104	0.022	**0.269**	0.029	0.016	0.010	-0.031	0.009	-0.032	0.015	0.000	0.023
Q_{11}	0.109	-0.024	0.143	**0.034**	0.010	-0.012	0.009	-0.011	-0.038	0.020	0.015	-0.012
Q_{12}	0.095	-0.100	0.016	0.020	-0.026	-0.033	-0.003	**0.049**	-0.037	0.006	0.000	-0.028

由表 9.8 可以看出，TST 模型的坐标差与模拟坐标差存在显著差异，最大达 0.269mm，说明当存在位移较大的点时，TST 模型计算的相似变换参数会受到影响，导致其稳定性分析结果难以反映出实际变形情况。IWST 模型的坐标差与模拟坐标差的差异最大为 0.034mm，RTST 模型的坐标差与模拟坐标差的差异最大为 0.049mm，SMST 模型的坐标差与模拟坐标差的差异最大为 0.031mm，这 3 种模型均有效抵抗了位移较大点的影响。

以数据 4 为例，对比 4 种模型计算的空间位移量与模拟空间位移量。数据 4 对应的空间位移量计算结果与模拟空间位移量对比见表 9.9。

表 9.9　数据 4 对应的空间位移量计算结果与模拟空间位移量对比　　　（单位：mm）

点名	TST 结果		IWST 结果		RTST 结果		SMST 结果	
	位移量	与模拟量差值	位移量	与模拟量差值	位移量	与模拟量差值	位移量	与模拟量差值
Q_1	0.365	0.165	0.000	**−0.200**	0.211	0.011	0.202	0.002
Q_2	0.000	−0.200	0.199	−0.001	0.196	−0.004	0.186	**−0.014**
Q_3	0.000	−0.200	0.218	0.018	0.227	**0.027**	0.208	0.008
Q_4	0.719	−0.281	1.079	**0.079**	0.999	−0.001	0.994	−0.006
Q_5	0.692	−0.308	0.986	−0.014	1.004	0.004	0.995	−0.005
rms		0.237		0.097		0.013		0.008
Q_{10}	0.478	0.478	0.000	0.000	0.000	0.000	0.000	0.000

由表 9.9 可知，当实际存在位移较大的点，且不稳定点个数接近稳定点个数时，TST 模型未能发现不稳定点 Q_2、Q_3，且误将 Q_{10} 判断为变形点，与实际变形情况不相符。IWST 模型能够准确识别出位移大的点（Q_4、Q_5），但未能完整识别出所有的位移较小的点（漏判了 Q_1）。RTST 模型和 SMST 模型均有效判断出了所有的变形点。

数据 5 中存在位移较大的点，且不稳定点个数超过了稳定点个数，将 4 种模型处理数据 5 计算的空间位移与模拟空间位移量进行对比。数据 5 对应的空间位移量计算结果与模拟空间位移量对比见表 9.10。

表 9.10　数据 5 对应的空间位移量计算结果与模拟空间位移量对比　　　（单位：mm）

点名	TST 结果		IWST 结果		RTST 结果		SMST 结果	
	位移量	与模拟量差值	位移量	与模拟量差值	位移量	与模拟量差值	位移量	与模拟量差值
Q_1	0.000	−0.200	0.000	**−0.200**	0.182	−0.018	0.198	−0.002
Q_2	0.000	−0.200	0.211	0.011	0.186	−0.014	0.191	−0.009
Q_3	0.000	−0.200	0.214	0.014	0.232	**0.032**	0.198	−0.008
Q_4	0.555	−0.445	1.047	**0.047**	1.024	0.024	1.023	0.023
Q_5	0.528	−0.472	0.977	−0.023	1.011	0.011	0.993	−0.007
Q_6	0.640	−0.360	0.991	−0.009	1.010	0.010	0.990	−0.010
Q_7	0.729	−0.271	1.022	0.022	1.002	0.002	0.969	**−0.031**
rms		0.326		0.079		0.018		0.016
Q_{10}	0.615	**0.615**	0.000	0.000	0.000	0.000	0.000	0.000

表 9.10 反映出的规律与表 9.9 相同，不再赘述。

以稳定点组为参考基准计算出的位移量能够更加合理地反映出实际变形情况。稳定点组两期坐标的坐标差均方根能够衡量其相对稳定程度，可以用来量化评比由不同模型得到的稳定点组的优劣。计算 4 种模型在处理 5 组数据时稳定点两期坐标之差的均方根，见表 9.11。

表 9.11　稳定点两期坐标之差的均方根　　　　　　　（单位：mm）

数据	TST 模型	IWST 模型	RTST 模型	SMST 模型
数据 1	0.000	0.000	0.027	0.000
数据 2	0.055	0.024	0.024	0.022
数据 3	0.149	0.037	0.044	0.031
数据 4	0.297	0.087	0.031	0.038
数据 5	0.442	0.095	0.029	0.033

表 9.11 中，对比 4 种模型处理同一组数据的稳定点坐标差均方根，RTST 模型的最小，SMST 模型的次之，TST 模型的最大。对比同一个模型处理不同数据的结果，对于 TST 模型，数据 2 的均方根已达 0.055mm，数据 3 到数据 5 的均方根都大于 0.100mm，表明稳定点坐标差受到了严重影响。IWST 模型在数据 1、数据 2 和数据 3 时保持着良好的抗差性能，均方根值均小于 0.040mm，与验后单位权中误差相当，可以认为两期坐标的差值主要是偶然误差引起的；在处理数据 4 和数据 5 时，均方根显著变大，接近 0.100mm，表示当不稳定点个数接近甚至超过稳定点数时，IWST 模型会受到一定程度的影响。相比较而言，RTST 模型和 SMST 模型稳定有效。

2）实测试验

以上海光源控制网 2016 年、2017 年的复测数据为例，分析其稳定性。SSRF 控制网内控制点分布情况如图 9.8 所示。

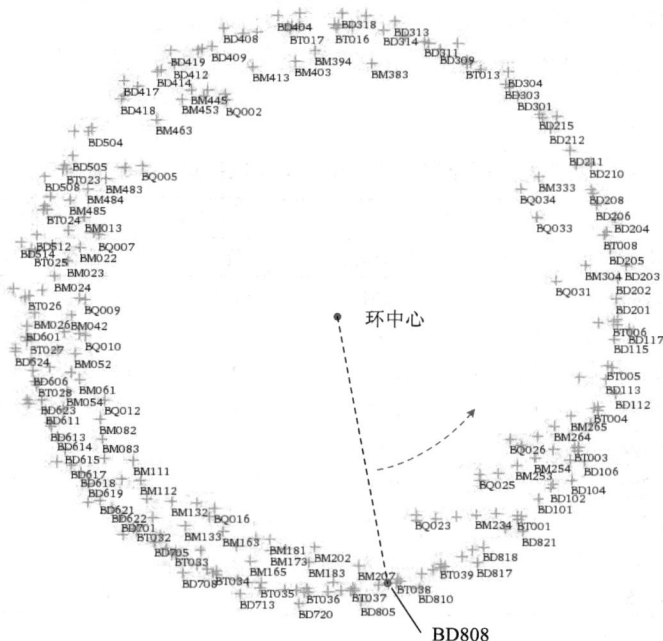

图 9.8　SSRF 控制网内控制点分布情况

　　激光跟踪仪对隧道控制网的观测量为水平角、垂直角和斜距，待估参数为控制点的三维坐标及测站的位置和姿态（除基准测站外）。取重心基准对两期的数据进行平差计算后，得到两期控制点坐标及其对应的协方差阵，共有 268 个公共点。分别利用 4 种模型对这两期观测数据进行稳定性分析，稳定性分析结果见表 9.12。

表 9.12　稳定性分析结果

变形信息	TST	IWST	RTST	SMST
不稳定点个数	124	119	119	133
最大变形对应点名	BD212	BM111	BM111	BD305
最大位移量/mm	1.24	1.15	1.18	1.56
稳定点坐标差均方根/mm	0.72	0.57	0.39	0.50

　　由表 9.12 可知，利用 4 种方法进行稳定性分析，得到的不稳定点个数不尽相同，寻找出的最大位移点及对应的位移量也不一致。用稳定点两期坐标差的均方根来衡量各模型的优劣，IWST、SMST 和 RTST 模型的结果基本相当，TST 模型的效果最差。

　　SMST 模型控制网两期观测间的变形情况分析如图 9.9 所示。其中，图 9.9（a）反映了控制网的整体变形趋势；为了便于数据分析，以 BD808 号控制点为原点将环形展开，以控制点与环中心连线与 BD808 号点与环中心连线的夹角 θ 为横坐标，以变形量为纵坐标作图，如图 9.9（b）所示。

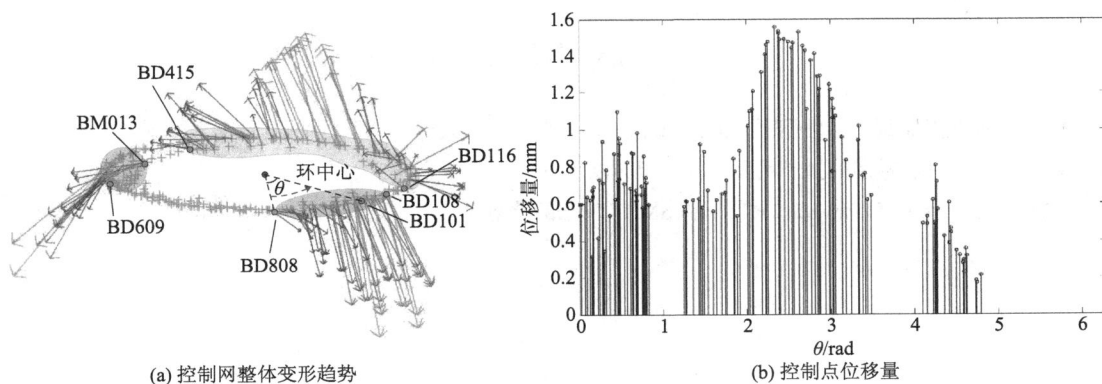

(a) 控制网整体变形趋势　　　　　　　(b) 控制点位移量

图 9.9　SMST 模型控制网两期观测间的变形情况分析

　　由图 9.9 可以看出，2016~2017 年，SSRF 控制网主要在 3 个区域发生了变形。经查阅点名，对应的 3 个区域为 BD808~BD108、BD116~BD415、BM013~BD609。从整体变形趋势来看，变形主要发生在垂直方向，BD808~BD108、BM013~BD609 两个区域发生了沉降，BD116~BD415 区域整体上升。分析其原因，是整个控制网中缺乏绝对稳定基准，本书选取了两期观测的相对稳定点为基准，这些相对稳定点有可能发生了整体沉降；BD116~BD415 区域的沉降量小于稳定点组的平均沉降量，从而使该区域的变形分析结果呈现出整体上升；BD808~BD108、BM013~BD609 两个区域的沉降量大于稳定点组的平均沉降量，从而使其变形分析结果呈现整体下沉。此外，有少部分点在平面方向发生了一定程度的变形，可能是对应区域设备安装调整造成的，也可能是对应测站的观测质量不高，影响了变形分析结果。SMST 模型分析得出，共有 133 个点发生了位移，不稳定点数量接近于总点数（268个）的一半；最大位移点为 BD305，位移量为 1.56mm。上海光源控制网有 4 类控制点，BD表示外墙点，BT 表示支柱点，BM 表示地面点，BQ 表示锯齿墙点。各类控制点的变形情况统计见表 9.13。

表 9.13　各类控制点的变形情况统计

控制点类型	总点数	不稳定点数	不稳定点所占比例/%
BD（外墙）点	155	86	55
BM（地面）点	77	28	36
BQ（锯齿墙）点	13	6	46
BT（支柱）点	23	13	57

由表 9.13 可知，各类控制点中不稳定点所占比例从低到高依次为 BM（地面）点、BQ（锯齿墙）点、BD（外墙）点、BT（支柱）点。根据调查，SSRF 隧道与实验大厅均采用了桩厚板基础，储存环隧道还采取了桩基防沉降措施，这些措施保证了地面点的稳定性。锯齿墙具有较厚的基础底板，且设计了专门的防沉降措施，也具有较强的稳定性。支柱点分布在环建筑的支撑柱上，与异形钢结构的屋盖连接，外墙点分布于环建筑最外侧的走廊上，从结构上看，这两类点的稳定性要弱于地面点和锯齿墙点，这与变形分析结果反映的规律相符。

思考与练习

（1）三维变形监测网自由网平差的约束矩阵 G 有哪几种形式？

（2）试列举几种常用的控制网稳定性分析方法。

（3）对比分析 TST、IWST、RTST 和 SMST 算法的特点。

主要参考文献

柏宏武, 冀有志. 2013. 立方镜在航天器天线总装测量中的应用. 空间电子技术, 10(2): 58-62, 78.

边少锋, 李厚朴. 2018. 大地测量计算机代数分析. 北京: 科学出版社.

蔡国柱. 2014. 大型离子加速器先进准直安装方法研究. 兰州: 中国科学院研究生院(近代物理研究所)博士学位论文.

蔡立艮, 周春华, 戎晓力, 等. 2014. 一种基于无线传感网络的电容式静力水准仪研制. 自动化与仪表, 29(12): 18-21, 46

陈德福, 聂磊. 2008. 液体静力水准仪及其应用. 北京: 地震出版社.

陈军. 2013. 基于星敏感器/陀螺的卫星姿态确定技术研究. 长沙: 国防科学技术大学硕士学位论文.

陈永奇. 1993. 特大型精密工程 SSC 测量投影方式的选择. 武汉测绘科技大学学报, 18(2): 10-14.

程志强. 2016. 基于单相片的三维坐标测量技术研究. 郑州: 解放军信息工程大学硕士学位论文.

丁辰, 张建军, 郑培智, 等. 2016. FAST 高精度基准控制网测量方案优化. 测绘工程, 25(7): 62-65.

丁阳, 伍吉仓, 鲍金. 2018. 基于光束法平差的多测站激光跟踪仪数据处理. 工程勘察, (9): 44-48.

董忠言, 蒋理兴, 肖凯. 2015. 一种二维编码标尺的数字水准仪系统原理设计与试验进展. 测绘科学技术学报, 32(2): 114-119.

杜为民, 蔡惟鑫. 1990. 北京正负电子对撞机工程静力水准测量系统. 地壳形变与地震, 10(4): 102-107.

范百兴. 2013. 激光跟踪仪高精度坐标测量技术研究与实现. 郑州: 解放军信息工程大学博士学位论文.

范百兴, 李广云, 李佩臻, 等. 2014a. 激光干涉测距三维秩亏网的拟稳平差. 测绘科学技术学报, 31(5): 459-462.

范百兴, 李广云, 易旺民, 等. 2017. 激光跟踪仪测量原理与应用. 北京: 测绘出版社.

范百兴, 李宗春, 杨凡, 等. 2014b. 大型 DRAP 轧钢辊系精密控制测量及检测. 测绘通报, (S2): 32-35, 42.

房建成, 宁晓琳. 2006. 天文导航原理及应用. 北京: 北京航空航天大学出版社.

冯其强, 李广云, 李宗春. 2013. 数字工业摄影测量技术及应用. 北京: 测绘出版社.

冯伟泉, 李春杨, 姚建廷, 等. 2015. 航天器 AIT 模型与试验有效性评估方法. 航天器环境工程, 32(3): 229-235.

付子傲. 1990. 电子经纬仪用于抛物面天线检测. 解放军测绘学院学报, 17(1): 75-78.

富帅. 2015. 基于单目视觉的大型工件现场测量系统研究. 南京: 南京航空航天大学硕士学位论文.

郭晓菲, 吴鹏, 王智力. 2012. 一种新型静力水准仪的安装与调试. 大地测量与地球动力学, 32(z1): 143-145.

郭欣. 2014. 航天器总装过程的质量控制方法. 航天器环境工程, 31(3): 332-336.

郭迎钢. 2021. 高精度工程控制网建立及数据处理若干问题研究. 郑州: 战略支援部队信息工程大学博士学位论文.

郭迎钢, 李宗春, 何华, 等. 2020a. 变形监测网稳定点选取的平方型 M_{split} 相似变换法. 测绘学报, 49(11): 1419-1429.

郭迎钢, 李宗春, 刘忠贺, 等. 2020b. 工程测量平面控制网计算基准面选定方法. 测绘科学技术学报, 37(3): 232-238, 245.

郭迎钢, 李宗春, 赵文斌, 等. 2020c. 用于精密坐标传递的二联激光跟踪仪系统. 光学精密工程, 28(1): 30-38.

郭迎钢, 赵文斌, 李宗春, 等. 2020d. 激光跟踪仪多测站抗差马氏光束法平差. 光学精密工程, 28(9): 2046-2055.

何晓业. 2010. 静力水准系统的最新发展及应用. 合肥: 中国科学技术大学出版社.

何晓业, 黄开席, 陈森玉, 等. 2006. CCD 静力水准系统的数据采集. 数据采集与处理, 21(Z1): 213-217.

何晓业, 黄开席, 陈森玉, 等. 2007a. CCD 静力水准系统的标定方法和拟合. 大地测量与地球动力学, 27(3): 113- 117.

何晓业, 黄开席, 陈森玉, 等. 2007b. 一种用于高能加速器高程监测的静力水准系统. 核技术, 30(6): 486-490.

何晓业, 黄开席, 陈森玉, 等. 2007c. 静力水准系统在 BEPCII 预准直中的应用. 原子能科学技术, 41(2): 252-256.

何晓业, 吴军. 2010. 上海光源静力水准系统的安装与调试. 核技术, 33(5): 326-329.

胡小聪. 2019. 基于嵌入式图像处理的桥梁挠度监测研究与设计. 成都: 电子科技大学硕士学位论文.

华锡生, 黄腾. 2002. 精密工程测量技术及应用. 南京: 河海大学出版社.

黄志文. 1992. 北京正负电子对撞机首级精密工程控制网测量. 冶金测绘, 1(1): 40-47.

蒋山平, 黄海, 张鹏嵩, 等. 2022. 真空低温太阳辐照环境下的天线热变形测量技术. 航天器环境工程, 39(3): 268-273.

焦人希. 1980. 平面测量学之理论及实务. 台北: 文笙书局.

金恂叔. 2003. 国外航天器试验标准发展现状及其应用. 航天器环境工程, 20(4): 49-54.

靳奉祥, Mayoud M. 2001. 欧洲 LEP 离子对撞机的稳定性分析. 测绘工程, 10(2): 20-23.

孔祥元, 郭际明. 2020. 控制测量学. 4 版. 武汉: 武汉大学出版社.

孔祥元, 郭际明. 2015. 精密激光测距仪 ME5000 基本原理及微机辅助扩展测程初探. 勘察科学技术, (3): 48-52.

孔祥元, 魏克让. 1983. 精密工程测量中几种典型布网方案的分析和比较. 工程勘察, (2): 68-72.

李干, 李宗春, 牟爱国. 2013. 65m 射电望远镜背架结构日照温度效应实验研究. 天文学报, 54(2): 189-198.

李广云, 范百兴. 2017. 精密工程测量技术及其发展. 测绘学报, 46(10): 1742-1751.

李广云, 李宗春. 2011. 工业测量系统原理与应用. 北京: 测绘出版社.

李厚朴. 2012. 基于计算机代数系统的大地坐标系精密计算理论及其应用研究. 测绘学报, 41(4): 628.

李建中, 徐忠阳, 尚延生, 等. 2016. 全站仪测量原理与应用. 北京: 解放军出版社.

李丽琼, 曾春平, 吕高见. 2015. 小卫星 AIT 流程简化探讨. 航天器工程, 24(1): 120-125.

李农发, 赵义飞, 欧同庚, 等. 2014. 新型光机引张线仪的研制. 大地测量与地球动力学, 34(1): 180-182.

李清泉. 2021. 动态精密工程测量. 北京: 科学出版社.

李世安, 刘经南, 施闯. 2005. 应用 GPS 建立区域独立坐标系中椭球变换的研究. 武汉大学学报(信息科学版), 30(10): 888-891.

李学鹏, 仲思东. 2018. 数字水准仪测量编解码技术研究. 中国测试, 44(5): 17-23.

李宗春, 郭迎钢, 汤进九, 等. 2021. 用三联全站仪法建立高精度三维导线. 武汉大学学报(信息科学版), 46(4): 546-554.

李宗春, 李广云, 冯其强, 等. 2012. 上海天文台φ65m 射电望远镜精密安装测量. 测绘通报, (S1): 126-130.

李宗春, 李广云, 汤廷松, 等. 2005. 电子经纬仪交会测量系统在大型天线精密安装测量中的应用. 海洋测绘, 25(1): 26-30.

李祖锋, 高建军, 缪志选, 等. 2010. 利用最优抵偿投影面算法限制 GPS 边长投影变形. 测绘工程, 19(1): 75-77.

梁振英, 董鸿闻, 姬恒炼. 2004. 精密水准测量的理论和实践. 北京: 测绘出版社.

林嘉睿, 孟伟, 杨凌辉, 等. 2017. 激光跟踪仪的双面互瞄定向. 光学精密工程, 25(10): 2752-2758.

刘经南, 叶晓明, 杨蜀江. 2009. 数字电子水准仪原理综述. 电子测量与仪器学报, 23(7): 89-94.

刘仁钊, 刘廷明. 2007. 精密工程测量控制网的建立方法. 地理空间信息, 5(2): 106-109.

刘少创, 贾阳, 马友青, 等. 2015. 嫦娥三号月面巡视探测器高精度定位. 科学通报, 60(4): 372-378.

刘少平, 杨永波, 张东升, 等. 2021. 一种改进的单目视觉桥梁挠度非接触测量方法. 测绘通报, (10): 98-102.

刘忠贺, 李宗春, 郭迎钢, 等. 2019. 利用 RANSAC 算法筛选坐标转换中相对稳定公共点. 测绘科学技术学报, 36(5): 487-493.

刘忠贺, 李宗春, 郭迎钢, 等. 2021. 结合 RANSAC 算法与传统相似变换模型的稳定性分析. 测绘工程, 30(5): 43-48, 57.

卢成静, 黄桂平, 李广云. 2007. 数字摄影测量用于天线热变形测量的精度测试. 测绘通报, (7): 5-7.

栾京东, 李晓星, 周国锋, 等. 2014. 高精度紧缩场的机械精度检测与电性能验证. 北京航空航天大学学报, 40(1): 104-109.

欧同庚, 赵义飞, 李农发, 等. 2013. JSY-ID 型数字静力水准遥测仪性能测试及标定方法研究. 大地测量与地球动力学, 33(A02): 88-90.

强锡富. 2004. 传感器. 3 版. 北京: 机械工业出版社.

丘维声. 1996. 高等代数. 北京: 高等教育出版社.

邵锡惠, 肖诗侬, 袁树友. 1988. 微波天线的近景摄影测量校准和变形观测. 测绘学报, (1): 57-64.

邵新星, 黄金珂, 员方, 等. 2021. 基于视觉的桥梁挠度测量方法与研究进展. 实验力学, 36(1): 29-42.

宋超智, 陈瀚新, 温宗勇. 2019. 大国工程测量技术创新与发展. 北京: 中国建筑工业出版社.

宋宇健. 2018. 基于 CCD 激光三角法测距系统的设计与实现. 西安: 西安工业大学硕士学位论文.

孙刚, 万毕乐, 刘检华, 等. 2011. 基于三维模型的卫星装配工艺设计与应用技术. 计算机集成制造系统, (11): 2343-2350.

孙继先, 左营喜, 杨戟, 等. 2014. 德令哈 13.7m 望远镜热变形研究. 天文学报, 55(3): 246-255.

孙丽, 王兴业, 李闯, 等. 2021. 基于等强度梁的新型双光纤光栅静力水准仪. 光学学报, 41(14): 58-66.

孙现申, 赵泽平. 2004. 应用测量学. 北京: 解放军出版社.

陶本藻. 1984. 自由网平差与变形分析. 北京: 测绘出版社.

陶本藻. 2001. 自由网平差与变形分析. 武汉: 武汉测绘科技大学出版社.

汪启跃, 王中宇. 2017. 基于单目视觉的航天器位姿测量. 应用光学, 38(2): 250-255.

汪昭义. 2021. 粒子加速器准直测量中的数据融合研究. 合肥: 中国科学技术大学硕士学位论文.

王保丰, 李广云, 李宗春, 等. 2007. 高精度数字摄影测量技术在 50m 大型天线中的应用. 测绘工程, 16(1): 42-46.

王鸿飞, 张建军, 丁辰, 等. 2016. 精密三维测边网在 FAST 基准控制网中的应用. 测绘通报, (9): 13-16.

王磊, 郭际明, 申丽丽, 等. 2013. 顾及椭球面不平行的椭球膨胀法在高程投影面变换中的应用. 武汉大学学报(信息科学版), 38(6): 725-728.

王若璞, 张超, 李崇辉. 2018. 大地天文测量原理与方法. 北京: 测绘出版社.

王同合, 李晨阳, 蒋理兴, 等. 2021. 改进二维编码的数字水准测量系统. 测绘科学技术学报, 38(2): 111-116.

王巍. 2016. 合肥光源升级改造测量准直及测量精度的研究. 合肥: 中国科学技术大学博士学位论文.

王欣宇, 范百兴, 于英, 等. 2018. 一种视觉引导经纬仪自动测量方法. 测绘工程, 27(6): 32-40.

王兴涛, 李迎春, 李晓燕. 2012. "天绘一号"卫星星敏感器精度分析. 遥感学报, 16(Z1): 90-93.

王永强. 2017. 基于单相片的视觉测量技术研究. 郑州: 解放军信息工程大学硕士学位论文.

吴迪军, 熊伟, 姚静. 2012a. 港珠澳大桥工程坐标系设计. 测绘通报, (1): 53-55.

吴迪军, 熊伟, 姚静. 2012b. 港珠澳大桥主体工程测量关键技术浅析. 测绘通报, (9): 58-60.

吴国镛. 1987. ME-3000 高精度测距仪的检测及维修技术. 地壳形变与地震, (3): 224-232.

吴翼麟. 1997. 中国的特种精密工程测量. 测绘工程, 6 (2): 1-7.

吴翼麟, 孔祥元, 潘正风, 等. 1993. 特种精密工程测量. 北京: 测绘出版社.

羡一民. 1996. 双频激光干涉仪的原理与应用(一). 工具技术, (4): 44-46.

熊春宝, 杨俊志. 2011. 测地机器人. 北京: 测绘出版社.

熊介. 1981. 法截线与圆弧、切线之间的关系. 测绘学报, 10(3): 44-50.

熊介. 1988. 椭球大地测量学. 北京: 解放军出版社.

徐晓权, 熊涛, 刘宏阳. 2007. 载人航天器总装过程技术研究. 载人航天, (4): 12-17.

徐忠阳. 2003. 全站仪测量原理与应用. 北京: 解放军出版社.

许文学. 2006. 大型天线测量方法研究及应用. 郑州: 解放军信息工程大学硕士学位论文.

颜丙聪. 2015. 基于激光跟踪仪的某型号产品总装精测技术研究. 哈尔滨: 哈尔滨工业大学硕士学位论文.

杨凡. 2014. 加速器准直测量控制网建立的理论与方法. 郑州: 解放军信息工程大学博士学位论文.

杨俊志. 2004. 全站仪的原理及其检定. 北京: 测绘出版社.

杨俊志, 李恩宝, 温殿忠. 2009. 数字水准测量. 北京: 测绘出版社.

杨学存. 2005. 超声波静力水准仪的研制. 西安: 西安科技大学硕士学位论文.

杨学存, 侯媛彬. 2005. 超声波静力水准仪的研制. 工矿自动化, (4): 25-27.

杨阳. 2015. 基于模型的双目位姿测量方法研究与实现. 西安: 西安电子科技大学硕士学位论文.

杨友涛. 2008. 工程三维控制网平差方法研究. 成都: 西南交通大学硕士学位论文.

杨玉. 2019. 基于 HOM 干涉仪的量子精密测距方法研究. 西安: 西安电子科技大学博士学位论文.

杨元喜, 宋力杰, 徐天河. 2002. 大地测量相关观测抗差估计理论. 测绘学报, 31(2): 95-99.

杨再华, 孙刚, 隆昌宇, 等. 2017. 星上设备安装姿态高精度自动测量系统设计. 机械工程学报, 53(20): 20-27.

杨占立, 范百兴, 西勤, 等. 2018. 一种光电自准直仪空间坐标系建立方法研究. 计量学报, 39(1): 12-14.

杨振. 2009. 光学准直测量技术研究与应用. 郑州: 解放军信息工程大学硕士学位论文.

杨振, 郭迎钢, 向民志. 2018a. 基于遗传算法的激光跟踪仪控制网优化设计. 测绘科学技术学报, 35(2): 126-130.

杨振, 沈越, 邓勇, 等. 2018b. 基于激光跟踪仪的快速镜面准直与姿态测量方法. 红外与激光工程, 47(10): 303-308.

杨志强, 石震, 杨建华. 2017. 磁悬浮陀螺寻北原理与测量应用. 北京: 测绘出版社.

尹晖, 李小祥, 甘喆渊. 2016. 椭球变换法建立地方独立坐标系的变形研究. 测绘工程, 25(2) : 1-5.

于成浩. 2008. 3 维准直测量技术在上海光源中的应用研究. 测绘学报, 37(4): 531.

于来宝, 陈志高, 郭晓菲, 等. 2014. 磁致伸缩液位传感器在水准仪上的应用研究. 自动化与仪表, 29(12): 18-21, 46.

于来法. 1988. 陀螺定向测量. 北京: 解放军出版社.

于英, 范百兴, 向民志. 2014. 经纬仪与视觉深度组合测量. 测绘工程, 23(4): 40-44.

袁娜. 2006. 基于激光干涉原理的准直技术的研究. 天津: 天津大学硕士学位论文.

翟翊, 魏忠邦, 李惠芳. 2009. 斜距归算成水平距离的若干问题. 测绘科学技术学报, 26(1): 5-7.

张浩. 2007. 磁致旋光-塞曼双频激光器的理论及实验研究. 西安: 西北工业大学硕士学位论文.

张宏翔, 寿芳. 2014. 卫星型号 AIT 过程关键环节的风险控制. 质量与可靠性, (1): 31-35.

张书练. 2005. 正交偏振激光原理研究. 北京: 清华大学出版社.

张辛, 杨爱明, 许其凤, 等. 2014. 滇中引水工程独立坐标系统建立的关键技术研究. 武汉大学学报(信息科学版), 39(9): 1047-1051.

张瑜. 2012. FAST 反射面板视觉检测的关键技术研究. 合肥: 中国科学技术大学硕士学位论文.

张正禄, 李晓东. 1989. 局部相对误差椭圆——测量控制网的一种相邻精度. 测绘通报, (4): 9-13.

张正禄, 邓勇, 罗长林, 等. 2006. 论精密工程测量及其应用. 测绘通报, (5): 17-20.

张正禄, 吴栋材, 杨仁. 1992. 精密工程测量. 北京: 测绘出版社.

张祖勋, 郑顺义, 王晓南. 2022. 工业摄影测量技术发展与应用. 测绘学报, 51(6): 843-853.

赵芳, 刘少平, 邹宇, 等. 2021. 基于图像相关和相机位姿的结构变形测量系统. 仪表技术与传感器, (12): 75-80.

赵吉先, 刘荣, 郑加柱, 等. 2010. 精密工程测量. 北京: 科学出版社.

赵素文. 2012. 单频干涉精密距离测量关键技术研究. 西安: 中国科学院研究生院(西安光学精密机械研究所)博士学位论文.

赵义飞, 欧同庚, 李农发, 等. 2013. CCD 引张线仪在亭子口水利枢纽工程中的应用. 大地测量与地球动力学, 33(增刊Ⅱ): 98-99.

郑国忠. 1981. 高能加速器精密工程测量介评. 工程勘察, (6): 26-31.

郑国忠. 1982. 用数学模型扭曲法设计精密工程测量控制网. 工程勘察, (3): 18-20.

郑国忠. 1985. 射电望远镜天线的精密测量概述. 工程勘察, (3): 4-8.

周江文. 1989. 经典误差理论与抗差估计. 测绘学报, 18(2): 115-120.

周江文, 欧吉坤. 1984. 拟稳点的更换——兼论自由网平差若干问题. 测绘学报, 13(3): 161-170.

周江文, 欧吉坤. 1987. 名次法及拟稳点的选定. 测绘学报, 16(2): 88-94.

周江文, 陶本藻, 庄昆元, 等. 1987. 拟稳平差论文集. 北京: 测绘出版社.

周荣伟, 朱丽春, 胡金文, 等. 2012. FAST 单元面板面型检测算法研究. 天文研究与技术, 9(1): 14-20.

周维虎, 丁蕾, 王亚伟, 等. 2012. 光束法平差在激光跟踪仪系统精度评定中的应用. 光学精密工程, 20(4): 851-856.

周维虎, 石俊凯, 纪荣祎, 等. 2017. 飞秒激光频率梳精密测距技术综述. 仪器仪表学报, 38(8): 1859-1868.

邹进贵, 徐亚明, 潘正风, 等. 2007. 基于 TCRP1201 全站仪的高程自动测量系统开发与应用研究. 测绘通报, (12): 30-33.

Amiri-Simkooei A R, Alaei-Tabatabaei S M, Zangeneh-Nejad F, et al. 2017. Stability analysis of deformation-monitoring network points. Journal of Surveying Engineering, 143(1): 1-12.

Bursa M, Fialova V. 1993. Parameters of the Earth's tri-axial level ellipsoid. Studia Geophysica et Geodaetica, 37(1): 1-13.

Calkins J M. 2002. Quantifying coordinate uncertainty fields in couple spatial measurement system. Blacksburg: Virginia Polytechnic Institute and State University.

Chen Y Q. 1983. Analysis of deformation surveys: a generalized method. Fredericton: University of New Brunswick.

Decae A E, Gervaise J. 1960. Geodetic Survey of the CERN Proton Synchrotron. Geneva: CERN.

Duchnowski R. 2010. Median-based estimates and their application in controlling reference mark stability. Journal of Surveying Engineering, 136(2): 47-52.

Gervaise J, Wilson E J N. 1987. High precision geodesy applied to CERN accelerators. Applied Geodesy, 12: 207-246.

Huber P J, Ronchetti E M. 2009. Robust Statistics. 2nd ed. Hoboken: John Wiley & Sons.

Lecun Y, Bottou L, Bengio Y, et al. 1998. Gradient-based learning applied to document recognition. IEEE, 86(11):

2278-2324.

Lu Z P, Qu Y Y, Qiao S B. 2014. Geodesy: Introduction to Geodetic Datum and Geodetic Systems. Berlin: Springer.

Mayoud M. 1987. Applied Metrology for LEP. Berlin: Springer.

Myers S, Schopper H. 2013. Accelerators and Colliders. Berlin: Springer.

Nowel K. 2019. Squared $M_{\text{split(q)}}$ S-transformation of control network deformations. Journal of Geodesy, 93(7): 1025-1044.

Nowel K, Kaminski W. 2014. Robust estimation of deformation from observation differences for free control networks. Journal of Geodesy, 88(8): 749-764.

Predmore R. 2010. Bundle adjustment of multi-position measurements using the Mahalanobis distance. Precision Engineering, 34(1): 113-123.

Schnabel R, Wahl R, Klein R. 2007. Efficient RANSAC for point-cloud shape detection. Computer Graphics Forum, 26(2): 214-226.

Velsink H. 2015. On the deformation analysis of point fields. Journal of Geodesy, 89(11): 1071-1087.

Wisniewski Z. 2008. Estimation of parameters in a split functional model of geodetic observations. Journal of Geodesy, 82(10): 655.

Wisniewski Z. 2009. M_{split} estimation. Part II: Squared M_{split} estimation and numerical examples. Geodezja I Kartografia, 58(1): 23-48.

Wisniewski Z. 2010. $M_{\text{split(q)}}$ estimation: estimation of parameters in a multi split functional model of geodetic observations. Journal of Geodesy, 84(6): 355-372.

Wisniewski Z, Zienkiewicz M H. 2016. Shift-M^*_{split} estimation in deformation analyses. Journal of Surveying Engineering, 142(4): 04016015.

Yang Y X. 1999. Robust estimation of geodetic datum transformation. Journal of Geodesy, 73(5): 268-274.

Yang Y X, Song L J, Xu T H. 2002. Robust estimator for correlated observations based on bifactor equivalent weights. Journal of Geodesy, 76(6-7): 353-358.

Zienkiewicz M H. 2015. Application of M_{split} estimation to determine control points displacements in networks with unstable reference system. Survey Review, 47(342): 174-180.